全国林业职业教育教学指导委员会
高职园林类专业工学结合“十二五”规划教材

园林制图

YUANLINZHITU

李耀健　李高峰 ◎主编

中国林业出版社

内 容 简 介

园林制图是支撑园林设计、园林施工及造价等课程的基础课程。本教材内容分为园林工程制图基础和园林工程制图实务两个模块。前者简略地介绍园林制图的基本原理和知识，包括：园林工程图基本类型初识，制图工具和材料的识别与使用，工程图的基本制图标准；后者在项目教学中融入必需的基本理论知识，主要内容包括：园林总平面图的绘制与识读，山水地形设计图的绘制与识读，园路与广场设计图、园桥设计图的绘制与识读，园林建筑设计图的绘制与识读，植物景观设计图的绘制与识读以及效果图的绘制与识读。本教材适合"教、学、做"一体化教学方式，从而强化实践活动，突出技能训练，并注重培养良好的空间想象能力及刻苦细致的学习态度。

本教材主要为高等职业院校园林技术、园林工程技术、城市园林、景观设计等专业的教学服务，同时也可作为园林、建筑类岗位从业人员培训的参考教材。

图书在版编目(CIP)数据

园林制图 / 李耀健，李高峰主编. —北京：中国林业出版社，2014.1(2016.7 重印)
全国林业职业教育教学指导委员会高职园林类专业工学结合"十二五"规划教材
ISBN 978-7-5038-7263-1

Ⅰ. ①园…　Ⅱ. ①李…　②李…　Ⅲ. ①园林设计－建筑制图－高等职业教育－教材　Ⅳ. ①TU986.2

中国版本图书馆 CIP 数据核字(2013)第 274064 号

国家林业局生态文明教材及林业高校教材建设项目

中国林业出版社·教材出版中心

策划编辑： 牛玉莲　康红梅　田　苗
责任编辑： 田　苗
电　　话： 83143557
传　　真： 83143516

出版发行　中国林业出版社(100009　北京市西城区德内大街刘海胡同 7 号)
　　　　　E-mail：jiaocaipublic@163.com　电话：(010)83143500
　　　　　http://lycb.forestry.gov.cn
经　　销　新华书店
印　　刷　北京市昌平百善印刷厂
版　　次　2014 年 1 月第 1 版
印　　次　2016 年 7 月第 2 次印刷
开　　本　787mm×1092mm　1/16
印　　张　20
字　　数　434 千字
定　　价　42.00 元

全国林业职业教育教学指导委员会
高职园林类专业工学结合“十二五”规划教材
专家委员会

《园林制图》
编写人员

主　编

李耀健
李高峰

副主编

孛随文
张晓玲

编写人员（按姓氏拼音排序）

孛随文（甘肃林业职业技术学院）
陈淑君（宁波城市职业技术学院）
李高峰（河南林业职业学院）
李耀健（宁波城市职业技术学院）
任雪玲（洛阳市绿化工程管理处）
徐一斐（湖南环境生物职业技术学院）
张　丹（河南林业职业学院）
张淑红（山西林业职业技术学院）
张晓玲（山西林业职业技术学院）
周业生（广西生态工程职业技术学院）

序言

Foreword

我国高等职业教育园林类专业近十多年来经历了由规模不断扩大到质量不断提升的发展历程，其办学点从2001年的全国仅有二十余个，发展到2010年的逾230个，在校生人数从2001年的9080人，发展到2010年的40 860人；专业的建设和课程体系、教学内容、教学模式、教学方法以及实践教学等方面的改革不断深入，也出版了富有特色的园林类专业系列教材，有力推动了我国高职园林类专业的发展。

但是，随着我国经济社会的发展和科学技术的进步，高等职业教育不断发展，高职园林类专业的教育教学也显露出一些问题，例如，教学体系不够完善、专业教学内容与实践脱节、教学标准不统一、培养模式创新不足、教材内容落后且不同版本的质量参差不齐等，在教学与实践结合方面尤其欠缺。针对以上问题，各院校结合自身实际在不同侧面进行了不同程度的改革和探索，取得了一定的成绩。为了更好地汇集各地高职园林类专业教师的智慧，系统梳理和总结十多年来我国高职园林类专业教育教学改革的成果，2011年2月，由原教育部高职高专教育林业类专业教学指导委员会(2013年3月更名为全国林业职业教育教学指导委员会)副主任兼秘书长贺建伟牵头，组织了高职园林类专业国家级、省级精品课程的负责人和全国17所高职院校的园林类专业带头人参与，以《高职园林类专业工学结合教育教学改革创新研究》为课题，在全国林业职业教育教学指导委员会立项，对高职园林类专业工学结合教育教学改革创新进行研究。同年6月，在哈尔滨召开课题工作会议，启动了专业教学内容改革研究。课题就园林类专业的课程体系、教学模式、教材建设进行研究，并吸收近百名一线教师参与，以建立工学结合人才培养模式为目标，系统研究并构建了具有工学结合特色的高职园林类专业课程体系，制定了高职园林类专业教育规范。2012年3月，在系统研究的基础上，组织80多名教师在太原召开了高职园林类专业规划教材编写会议，由教学、企业、科研、行政管理部门的专家，对教材编写提纲进行审定。经过广大编写人员的共同努力，这套总结10多年园林类专业建设发展成果，凝聚教学、科研、生产等不同领域专家智慧、吸收园林生产和教学一线的最新理论和技术成果的系列教材，最终于2013年由中国林业出版社陆续出版发行。

该系列教材是《高职园林类专业工学结合教育教学改革创新研究》课题研究的主要成果之一，涉及18门专业(核心)课程，共21册。编著过程中，作者注意分析和借鉴国内已出版的多个版本的百余部教材的优缺点，总结了十多年来各地教育教学实践的经验，深入研究和不同课程内容的选取和内容的深度，按照实施工学结合人才培养模式的要求，对高等职业教育园林类专业教学内容体系有较大的改革和理论上的探索，创新了教学内容与实践教学培养的方式，努力融“学、教、做”为一体，突出了“学中做、做中学”的教育思想，同时在教材体例、结构方面也有明显的创新，使该系列教材既具有博采众家之长的特点，又具有鲜明的行业特色、显著的实践性和时代特征。我们相信该系列教材必将对我国高等职业教育园林类专业建设和教学改革有明显的促进作用，为培养合格的高素质技能型园林类专业技术人才作出贡献。

全国林业职业教育教学指导委员会

2013 年 5 月

前言

Preface

“园林制图”是园林类专业的专业基础课程，主要支撑园林设计、园林工程施工及造价等岗位；前者要求学生能规范地制图，后者要求学生会识图。因此本课程的学习目标是使学生掌握园林制图的基本知识和方法；使其具备园林制图和识图的基本技能和技术。

本教材按照“素质好、知识实、能力强”的培养目标进行定位，针对景观绘图员、景观设计员、施工员等岗位要求，去掉一些难度较大、理论性较强、实用性较弱的内容，将重点放在技能性训练和实际绘图能力的培养，将园林工程设计图(平、立、剖面图)与效果图(轴测、透视图)绘制的基本知识、标准与规范以及绘制能力融入各个教学项目中。本教材的内容分为基础学习和项目教学两个模块。基础学习模块简略地介绍园林制图的基本知识，以学生自主学习为主，不同院校根据情况不同可增减教师的教学辅导课时；项目教学中融入大量必需的基本理论知识，重点在于“教、学、做”一体化教学，从而突出和强化实践活动。在结合课程专业技能的学习过程中，注意贯穿培养诚信、刻苦、善于沟通和合作的品质，树立可持续的发展观，为发展职业能力奠定良好的基础。

本教材与以往同类教材相比，具有以下特点：

(1)根据课程特点，教材尽量体现项目任务驱动、实践导向的课程设计思想。

(2)按设计工作项目的顺序，结合职业技能考证要求组织教材内容。以典型的案例和实践操作为载体，引入必需的理论知识，加强操作训练，强调理论在实践过程中的应用。

(3)本教材图文并茂，直观形象，文字通俗简洁，提高学生的学习兴趣，通过各个案例和实践项目的操作，加深学生对知识与技能的认识。

(4)教材内容较好地体现时代性、通用性、实用性，将较新的设计理念和表现方式体现出来，使教材更贴近本专业的发展和实际需要。

(5)本课程的根本目的是培养学生的绘图和读图能力，在此基础上结合专业特点提高学生的绘图水平，因此教材中的图纸和相关内容尽量符合规范性、专业性和艺术性要求。

本教材由李耀健、李高峰担任主编，字随文、张晓玲任副主编。编写分工如下：李耀健编写模块1；李高峰、张丹编写项目1；张晓玲、张淑红编写项目2；李高峰、任雪玲编写项目3；字随文、徐一斐编写项目4；李耀健、周业生编写项目5；李耀健、陈淑君编写项目6。由李耀健完成全书的统稿工作。

由于编者水平所限，书中内容不当之处在所难免，恳请读者批评指正！

编 者
2013年7月

目录

Contents

模块 1

园林工程制图基础

学习目标

会熟练使用制图工具和选择材料，能识别园林工程图的基本类型，并能查找和运用工程制图的标准和规范。

学习任务

(1)能初识园林工程图基本类型。

(2)能识别、使用制图工具与材料。

(3)能熟悉工程图的基本制图标准与规范。

单元 1
园林工程图基本类型初识

学习目标

【知识目标】

(1)了解各类园林设计图的表现形式和内容。

(2)明确各类园林图与投影类型的对应关系。

(3)掌握物体基本元素点、线、面的正投影规律。

【技能目标】

(1)能识别各类园林设计图。

(2)能判断不同园林设计图的投影类型。

(3)能绘制物体表面不同位置点、线、面的三视图。

(4)具有初步的空间想象能力、自主学习和研究意识。

1.1 园林工程图简介

1.1.1 园林工程制图作用

工程建设(如园林工程、建筑工程、装饰工程等)都要经过设计和施工两个主要过程。其中园林设计涉及面最广,是设计人员综合运用山石、水体、植物和建筑等造园要素,经过艺术构思把想象中的空间美景通过整套的“设计图纸”表示出来。一般要经过方案设计、技术设计、施工设计 3 个阶段。施工就是根据设计图纸把建筑造起来,把房间装饰起来,把“园”建造起来。

“园林制图”就是介绍园林设计图绘制和识读规律的一门课程,是从事园林工程建设的设计和施工技术人员表达设计意图、交流技术思想、指导生产施工等必须具备的基本知识和基本技能,不懂这门“语言”,就是“图盲”,工作起来会困难重重。另外,没有制图知识作基础,许多专业课程将难以甚至无法进行。因此,“园林制图”课程是园林工程技术及其相关专业的学生和从事相关行业的工程技术人员必须学习的内容。

1.1.2　园林工程图的含义

以园林设计为例，首先要提出方案，完成初步设计图(方案图)，上报有关部门审批。有关部门审批后，还要绘制出指导施工用的整套图纸(施工图)。设计图与施工图的图示原理和绘图方法是一致的，但表达内容的深入程度、详细程度、准确程度不同。设计图和施工图统称工程图。所以，工程图是按一定的投影原理和方法并遵照国家工程建设标准有关规定绘制的，准确表达工程体的形状、大小、位置，并说明有关技术要求的图样。它是审批建设工程项目的依据。在生产施工中，它是备料和施工的依据；当工程竣工时，要按照工程图的设计要求进行质量检查和验收，并以此评价工程优劣；工程图还是编制工程概算、预算和决算及审核工程造价的依据；工程图是具有法律效力的技术文件。

1.1.3　园林工程图基本类型及特点

根据设计阶段不同，园林工程图可分为园林设计图和施工图两大类。

1.1.3.1　园林设计图

(1)园林总体规划设计图

园林总体规划设计图，以设计总平面图为主要表现形式(图 1-1-1)。它表明一处征用地区域范围的总体综合设计内容，反映组成园林各部分之间的平面关系及尺寸，是表现工程总体布局的图样，也是工程施工放线、土方工程及编制施工规划的依据。它既有艺术构思的表现性，又有较强的科学性和施工指导性。优秀的平面图，既是图又是画。

为增加说明性，必要时还可绘出总立面图(图 1-1-2)、剖面图、景点透视(图 1-1-3)或全园(或景区局部)的鸟瞰图(图 1-1-4)等。

鸟瞰图是反映园林全貌的图样，具有一定的说明性，但主要作用在于艺术表现力。它把局部园林景观用透视法表现出来，好像一幅自然风景照片，给人以身临其境的真实感受。

(2)竖向设计图

竖向设计图用来补充说明总平面图，又称地形设计图，反映造园要素的实际高程及它们之间的高差。图 1-1-5 为小游园竖向设计图。在园林工程和建筑工程设计图中一般都有竖向设计图，建筑装饰设计主要涉及室内设计一般不用画这类图。

(3)种植设计图

花草树木是构成园林的首要条件。种植设计是园林设计的核心。园林种植设计是表示设计植物的种类、数量和规格，种植位置、类型及种植要求的图样，是组织种植施工、编制预算和养护管理的重要依据。最简单的园林设计只要这一张图即可。图 1-1-6 为某办公楼前的种植设计图。

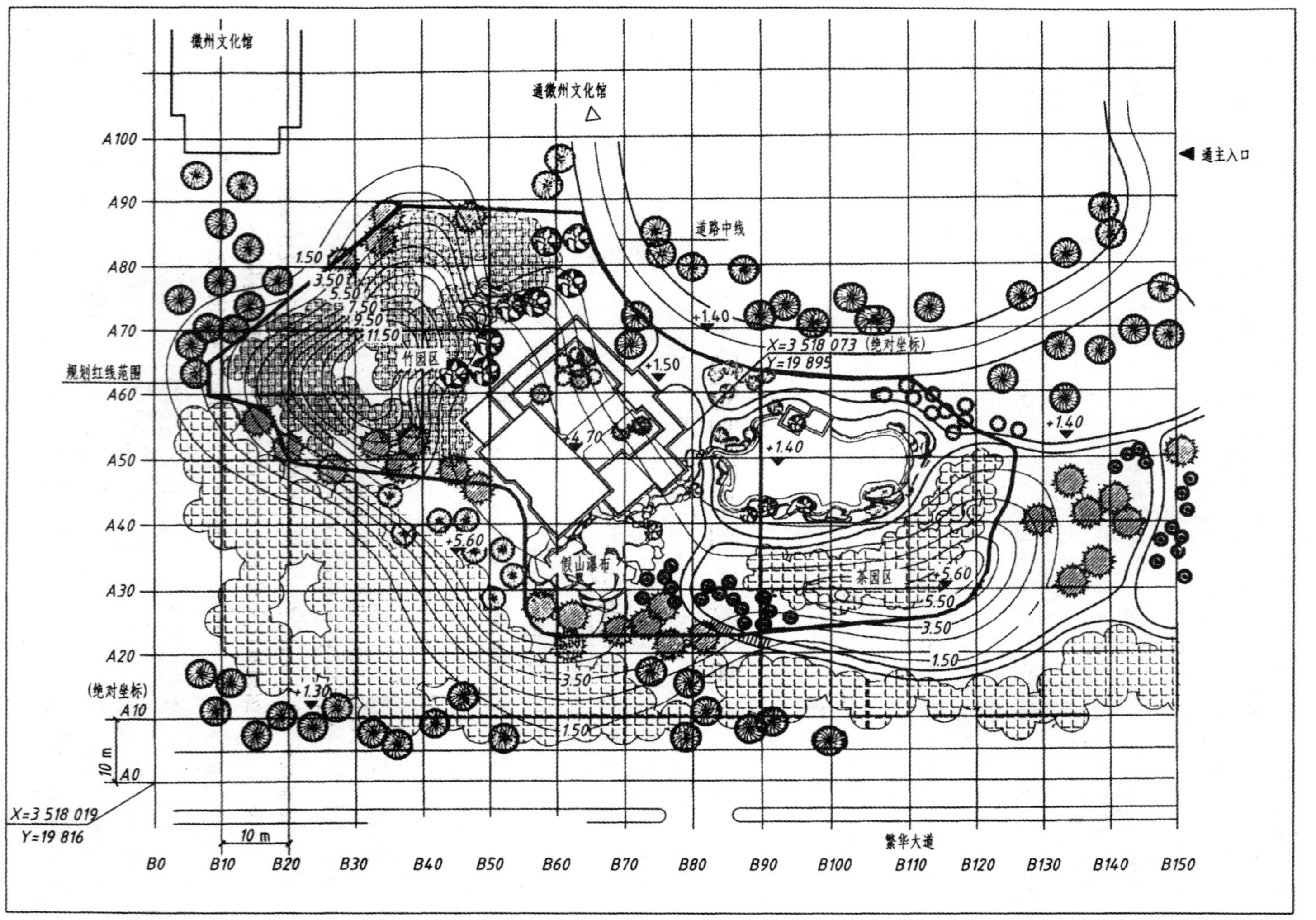

图 1-1-1　宣城纪念馆总平面图

图 1-1-2　总立面图

图 1-1-3　透视图

图 1-1-4　鸟瞰图

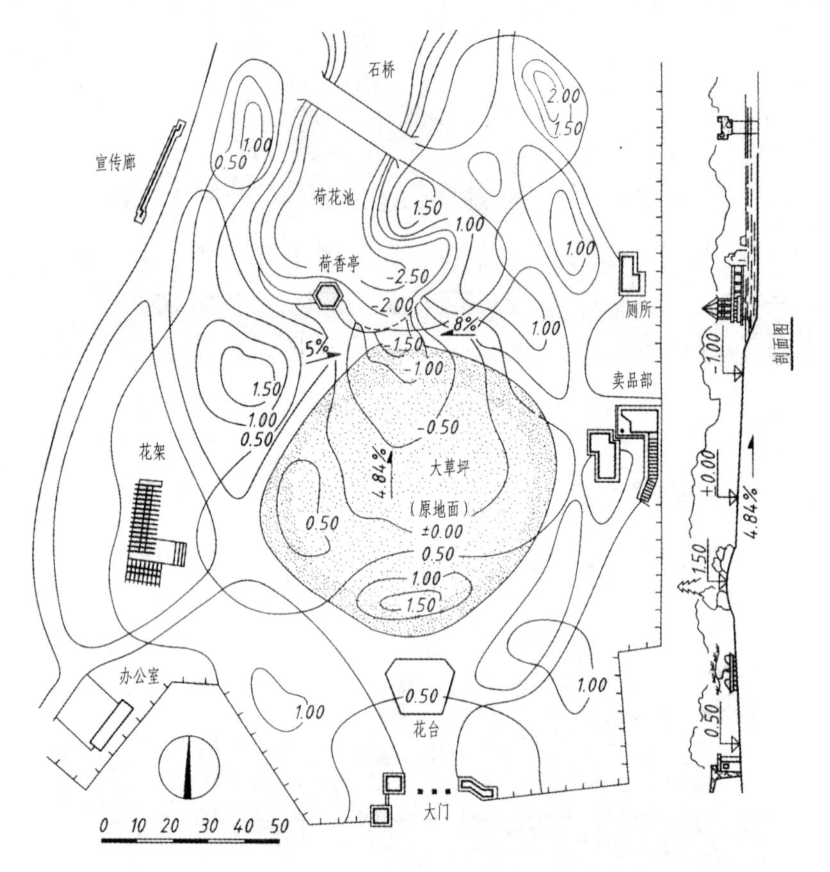

图 1-1-5　小游园竖向设计图

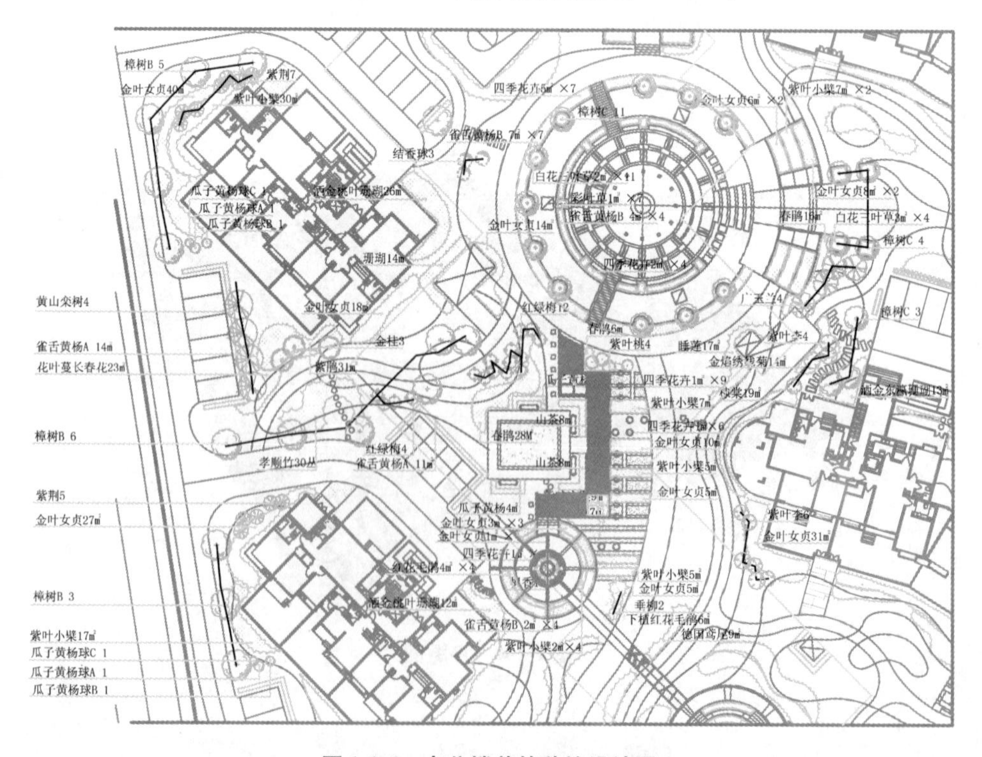

图 1-1-6　办公楼前的种植设计图

1.1.3.2　园林施工图

园林施工图从组成内容上来分应该包含园林施工总平面图、园林建筑(或称景观建筑)施工图、山水地形(含假山、水景及微地形等)施工图、园路栈桥(园路、铺装、园林栈桥等)施工图以及植物景观设计施工图。而植物景观设计施工图可理解为深化的种植设计图。通常把房屋、厅堂、园亭、园廊等称为园林建筑，广义的园林建筑也可包括把假山、园路、园桥和水景等(这一部分内容一般习惯称为水景工程图、假山工程图等)。因此，园林施工图主要还是指表达园林建筑的设计构思和意图，以及建筑各部分的结构、构造、装饰、设备的做法和施工要求。

园林施工图根据专业分为建筑施工图、结构施工图和设备施工图。

(1) 园林建筑(广义)施工图

建筑施工图简称“建施”，主要反映园林建筑(含假山水景、园路栈桥等)的规划位置、外形和大小、内外装修、内部布置、细部构造做法及施工要求等。

①园林建筑(狭义)施工图　就是将园林建筑的内外形状、大小、构造、装饰等详细地表示在图纸上，用于指导工程施工。基本图样包括建筑总平面图、建筑平面图、建筑立面图、建筑剖面图、构造详图(施工图)和建筑透视图(设计图附)等。图 1-1-7 为古典亭(景观建筑)的建筑施工图，图 1-1-8 为公园伞亭花架(建筑小品)的建筑施工图。

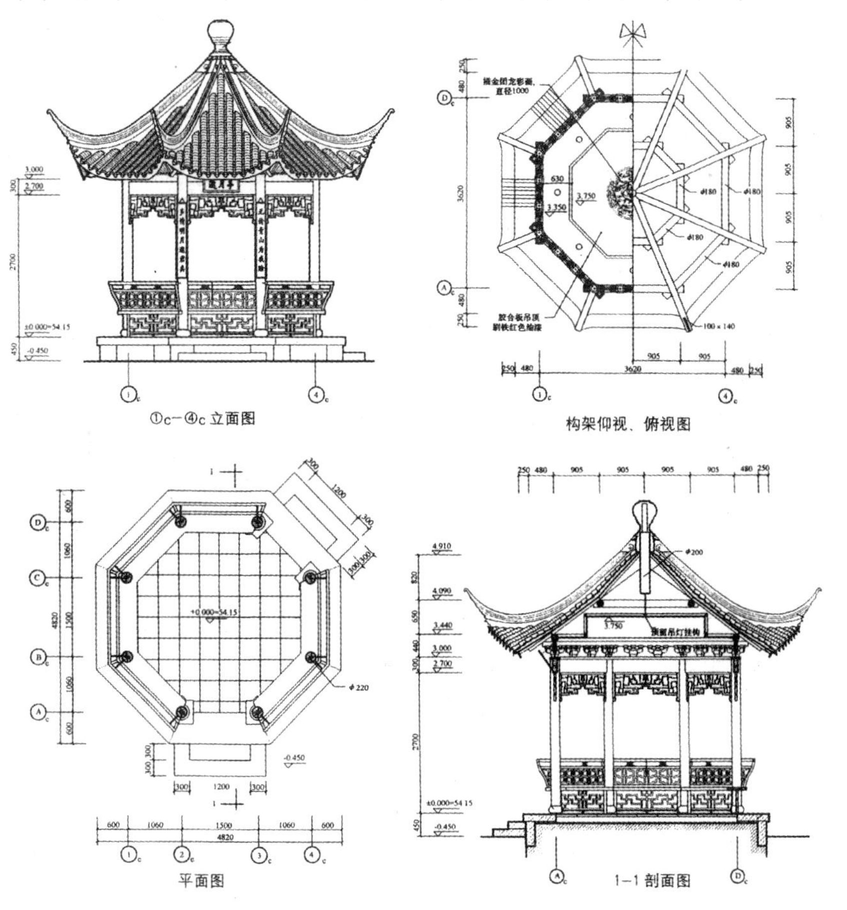

图 1-1-7　古典亭的建筑施工图

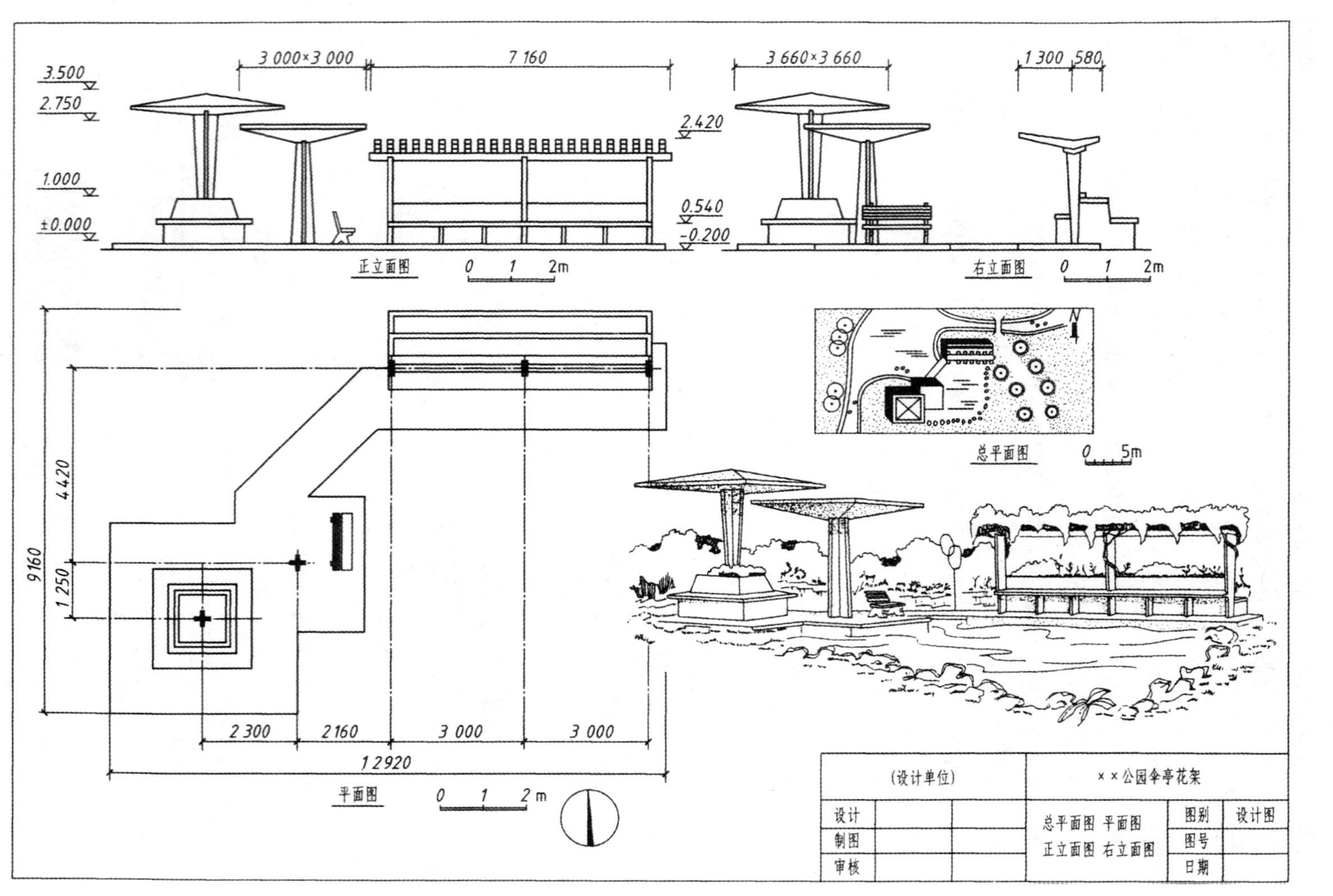

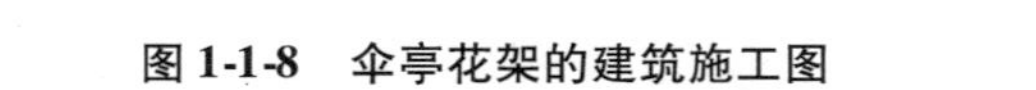
图 1-1-8　伞亭花架的建筑施工图

②假山工程图　主要包括假山平面图、立面图、剖(断)面图和基础平面图(图1-1-9)，用于指导假山的施工。

③园路工程图　主要包括平面图和横断面图。平面图主要表示园路的平面布置情况，包括园路所在范围内的地形及建筑设施、路面宽度与高程等。横断面图一般与局部平面图配合，用以说明园路的断面形状、尺寸、各层材料、做法和施工要求等。

④驳岸工程图　驳岸工程属于水景工程，驳岸工程图包括驳岸平面图和断面详图(图1-1-10)。驳岸平面图表示驳岸线的位置和形状。断面详图表示某一区段驳岸的构造、尺寸、材料、做法要求及主要部位(如岸顶、常水位、最高水位、基础底面等)标高。

(2)结构施工图

结构施工图简称"结施"，主要表达建筑物承重结构如基础、梁柱、屋架的形状大小、布置、内部构造和使用材料等的详细情况，包括结构布置平面图、各构件结构详图等(图1-1-11)。园林建筑既要保证建筑物的使用功能，也要保证其稳定性、安全性和耐久性。

(3)设备施工图

主要表示各种设备、管道和线路的布置、走向以及安装施工要求等。设备施工图又分为给水排水施工图(水施)、供暖施工图(暖施)、通风与空调施工图(通施)、电气施工图(电施)等。设备施工图一般包括平面布置图、系统图和详图。

1.2 投影基础

在日常生活中，人们对"形影不离"这个自然现象习以为常，即物体在阳光照射下，会在附近的墙面、地面等处留下它的影子，这就是自然界的落影现象。人们从这一现象中认识到光线、物体和影子之间的关系，并归纳出了平面上表达物体形状、大小的投影原理和作图方法。

1.2.1　投影概念及投影类型

自然界所见的物体影子与工程图样所反映的投影是有区别的，前者只能反映物体的外轮廓，后者反映的物体不仅外轮廓清晰，同时还反映出其内部轮廓，这样才能清楚地表达物体的形状和大小(图1-1-12)。因此，要完成工程图样所要求的投影，应有3个假设条件：一是假设光线能穿透物体；二是光线在穿透物体的同时，能反映其内、外轮廓线；三是对形成投影的光线的投影方向作相应选择，以便得到所需要的投影。

在投影理论中，把发出光线的光源称为投影中心；光线称为投影线；落影的平面称为投影面；组成影子的能反映物体形状的内、外轮廓线称为投影。用投影表示物体的形状和大小的方法称为投影法；用投影法画出的物体的图形称为投影图。综上所述，投影图的形成过程如图1-1-13所示。

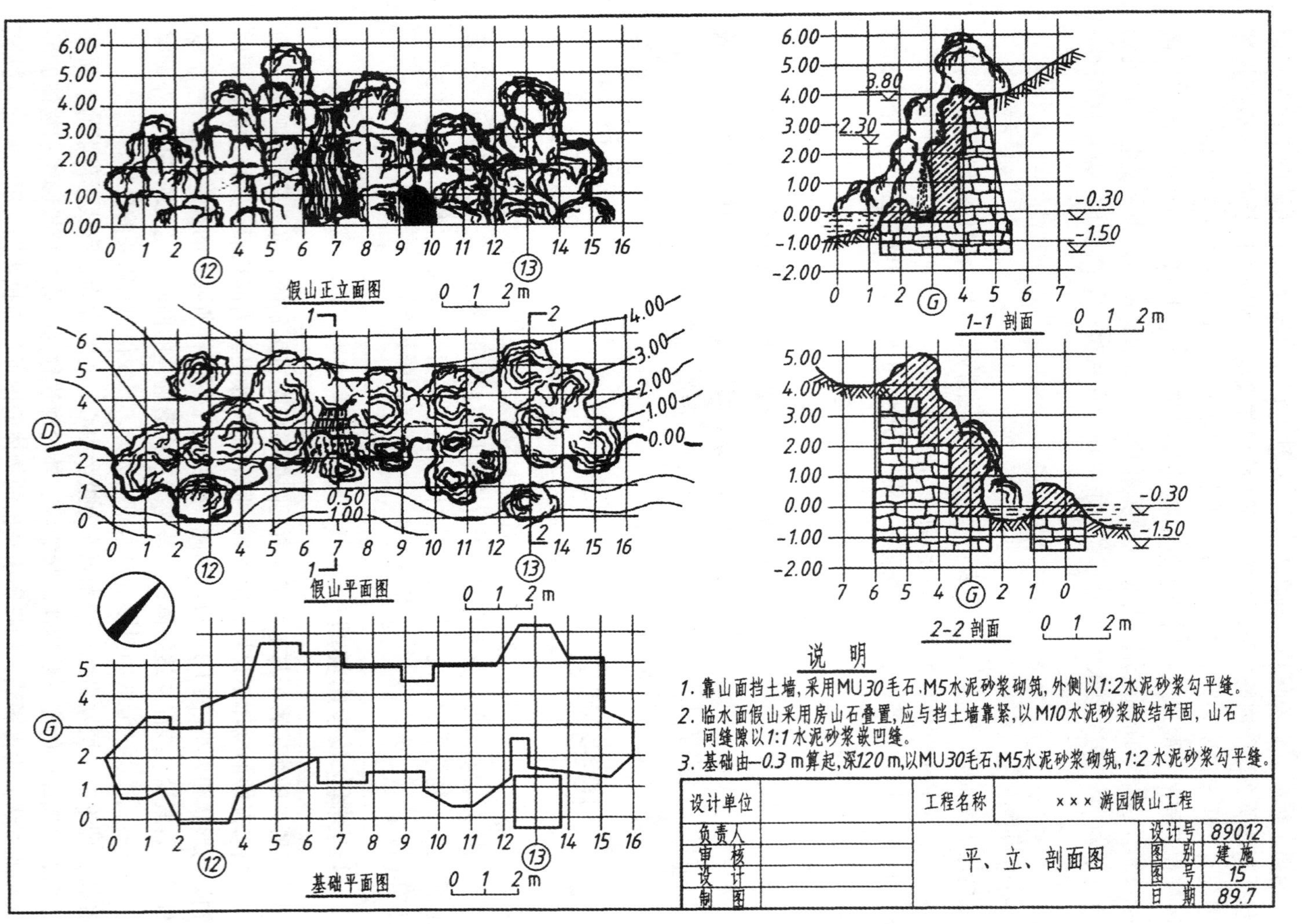
假山正立面图
0 1 2 m
假山平面图
0 1 2 m
基础平面图
0 1 2 m
1-1 剖面
0 1 2 m
2-2 剖面
0 1 2 m
3.80
2.30
-0.30
-1.50
说 明
1. 靠山面挡土墙，采用MU30毛石.M5水泥砂浆砌筑，外侧以1:2水泥砂浆勾平缝。
2. 临水面假山采用房山石叠置，应与挡土墙靠紧，以M10水泥砂浆胶结牢固，山石间缝隙以1:1水泥砂浆嵌凹缝。
3. 基础由-0.3 m算起，深120 m，以MU30毛石、M5水泥砂浆砌筑，1:2水泥砂浆勾平缝。
设计单位
工程名称
×××游园假山工程
负责人
审 核
设 计
制 图
平、立、剖面图
设计号 89012
图 别 建施
图 号 15
日 期 89.7

图 1-1-9 假山施工图

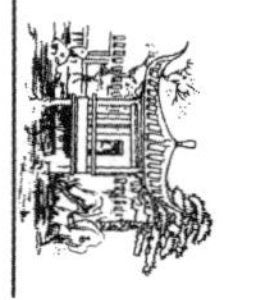

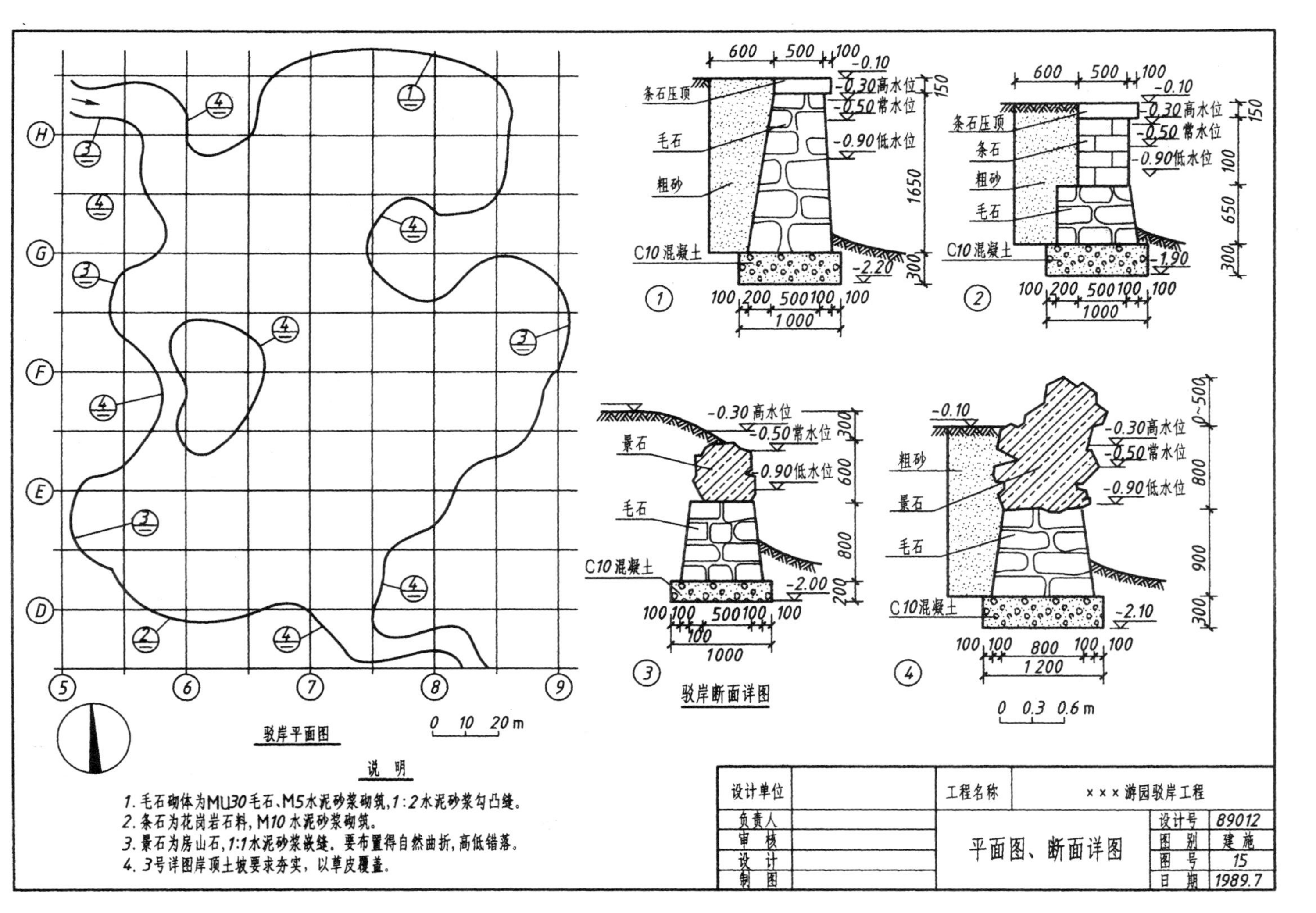

图 1-1-10　驳岸工程施工图

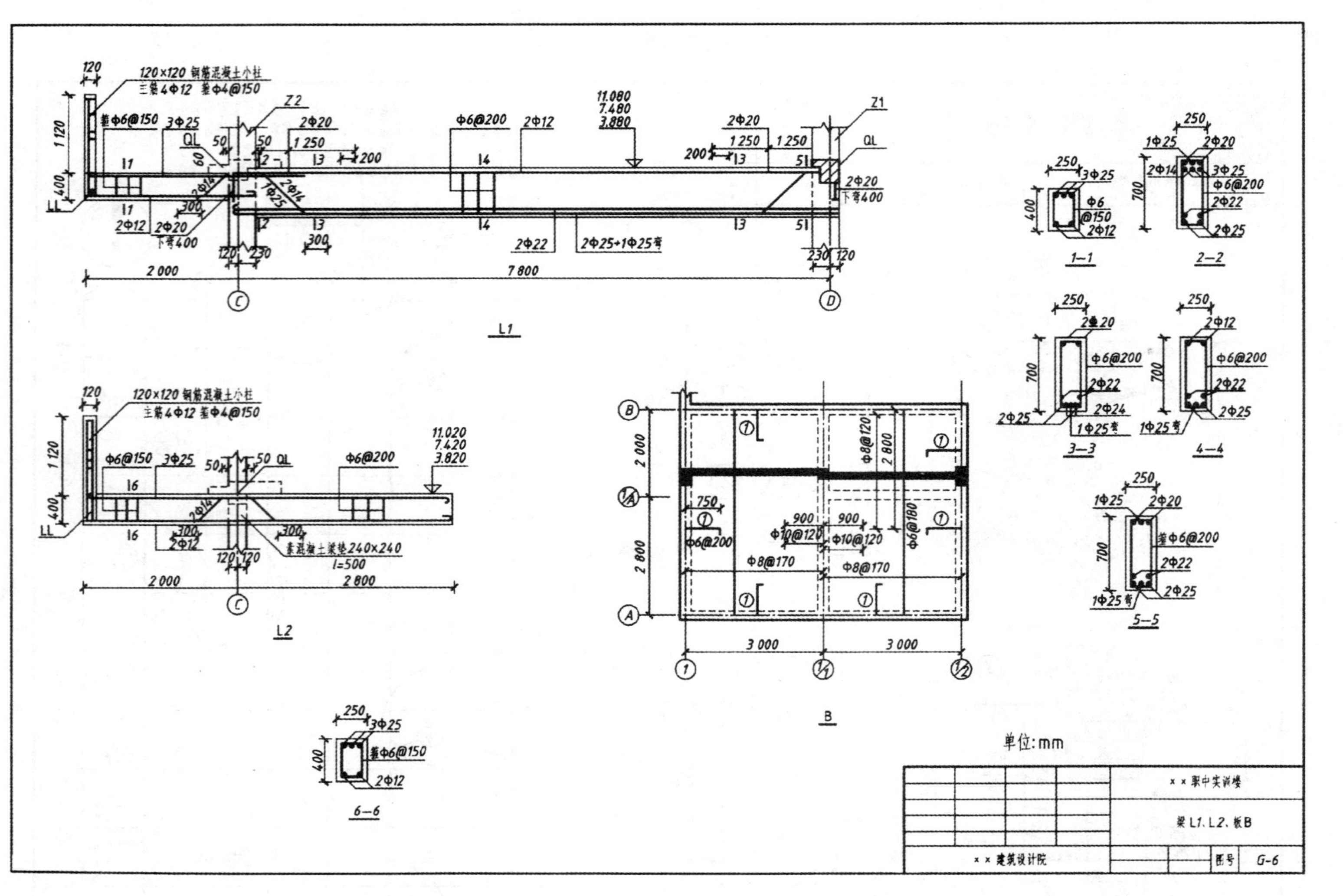

图 1-1-11　梁的结构详图

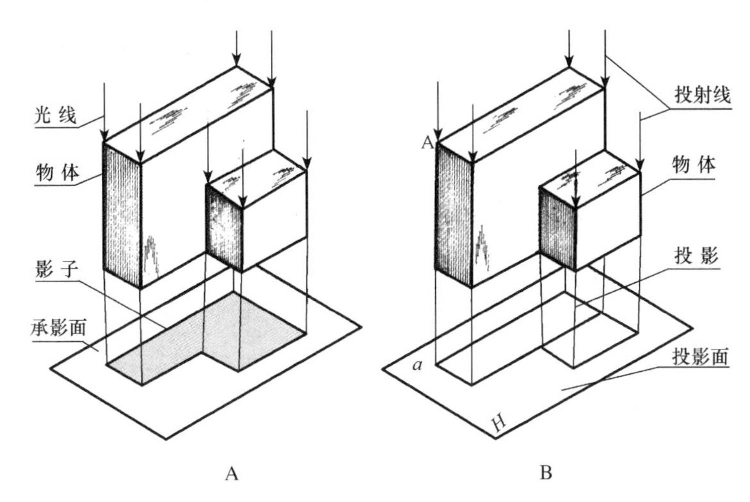

图 1-1-12　影子与投影

A. 影子　B. 投影

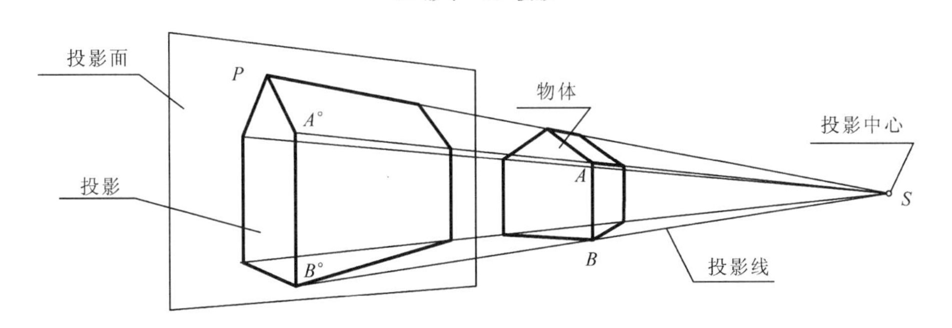

图 1-1-13　投影图的形成

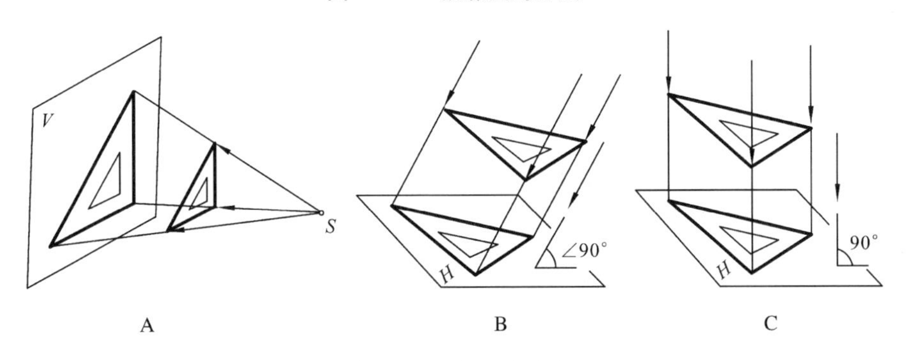

图 1-1-14　投影的分类

A. 中心投影　B. 正投影　C. 斜投影

1.2.1.1　投影的分类

(1) 中心投影

由一点发出投影线投射物体所形成的投影，称为中心投影，如图 1-1-14A 所示。中心投影的特性是：投影线相交于一点 S，投影的大小与物体离投影面的距离有关。在投影中心点 S 与投影面距离不变的情况下，物体离点 S 越近，投影越大，反之越小。

(2)平行投影

由相互平行的投影线投射物体所形成的投影，称为平行投影。平行投影图形的大小与物体离投影面的距离无关。根据投影线和投影面的夹角不同，平行投影又分为正投影和斜投影两种，如图1-1-14B、C所示。平行投影线垂直于投影面时所得的投影，称为正投影；平行投影线倾斜于投影面时所得的投影，称为斜投影。

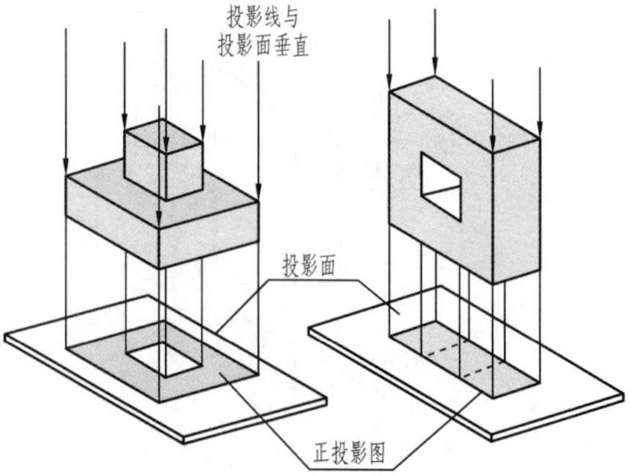

投影线与
投影面垂直
投影面
正投影图

图1-1-15　正投影图及其表达

1.2.1.2　正投影的基本特性

1)正投影图及其表达

正投影条件下，物体的某个表面平行于投影面，该面的正投影可反映其实际形状，标上尺寸就可知其大小。所以，一般工程图样都选用正投影原理绘制。用正投影法绘制的图样称为正投影图。在正投影图中，习惯上将可见的内、外轮廓线画成粗实线；不可见的孔、洞、槽等轮廓线画成细虚线(图1-1-15)。

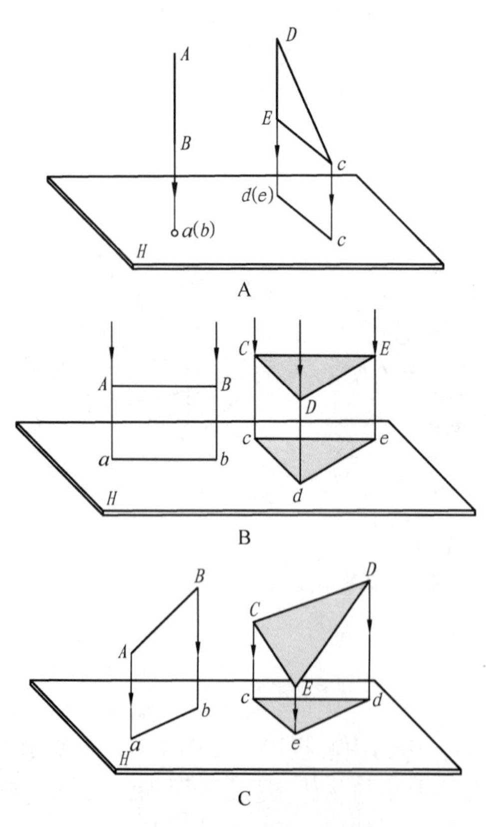

图1-1-16　正投影的基本特性

A. 积聚性　B. 显实性　C. 类似性

2)直线和平面的正投影特性

(1)积聚性

当空间的直线和平面垂直于投影面时，直线的投影变为一个点，平面的投影变为一条直线，如图1-1-16A所示。这种具有收缩、积聚性质的正投影特性称为积聚性。

(2)显实性(实形性)

当直线和平面平行于投影面时，它们的投影分别反映实长和实形，如图1-1-16B所示。在正投影中具有反映实长或实形的投影特性称为显实性。

(3)类似性(缩变性)

当直线与平面均倾斜于投影面时，如图1-1-16C所示，直线的投影比实长短；平面的投影比原来的实际图形面积缩小，但仍反映其原来图形的类似形状，在正投影中，这种特性称为类似性。

3)标高投影图

标高投影图是利用正投影法画出的

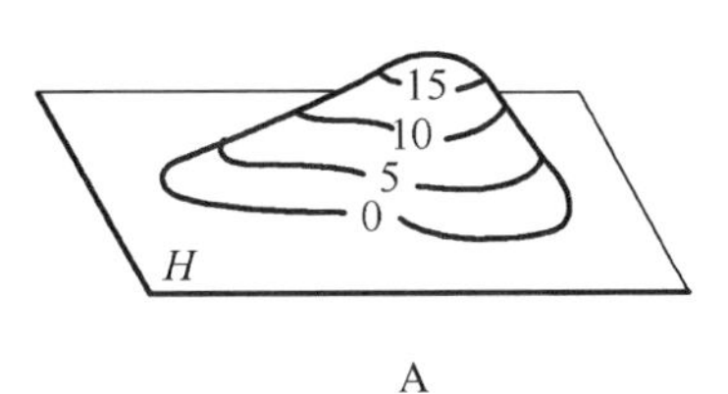

A

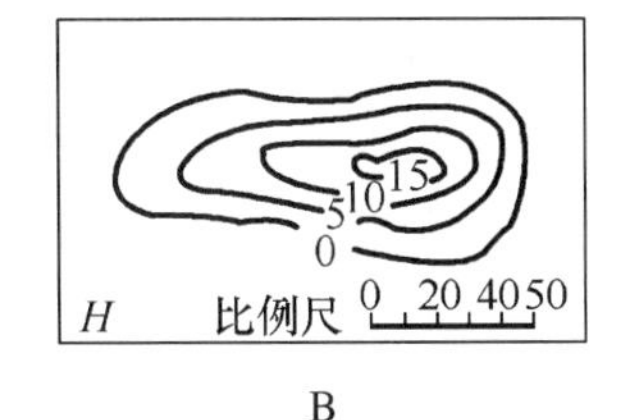

B

图 1-1-17　标高投影图

A. 立体图　B. 标高投影图

单面投影图，并在其上注明标高数据。它是绘制地形图等高线的主要方法，在建筑工程上常用来表示地面的起伏变化，如图 1-1-17 所示。

4) 三面正投影图及其特性

(1) 三面正投影体系

在建筑装饰制图实践中，表达空间变换、形状各异的形体可以采用多种投影表示方法。正投影法由于具有图示方法简便、能真实反映物体的形状和大小、容易度量等特点，因此成为建筑工程领域中主要采用的图样形式。

从正投影的概念可以知道，当确定投影方向和投影面后，一个物体便能在此投影面上获得唯一的投影图，但这个正投影图并不能反映该物体的全貌。从图 1-1-18 中可以看到，空中 4 个不同形状的物体，它们在同一个投影面上的正投影都是相同的。所以，物体的一个正投影图是不能全面反映空间物体的形状的，通常必须建立一个三面投影体系，才能准确、完整地描述一个物体的形状。为此，我们设立 3 个相互垂直的平面作为投影面，如图 1-1-19 所示，即水平面（*H*）、正立面（*V*）和侧立面（*W*）。这 3 个投影面互相垂直相交，形成 *OX*、*OY*、*OZ* 这 3 条交线，称为投影轴，3 条轴线的交汇点“*O*”称为投影原点。这样 3 个投影面围合而成的空间投影体系，称为三面正投影体系。

(2) 三面正投影图

①三面正投影图的形成　在建立的三面正投影体系中放入一个物体，根据正投影的概念，只有当平面平行于投影面时，它的投影才反映实形，所以我们将物体的底面平行

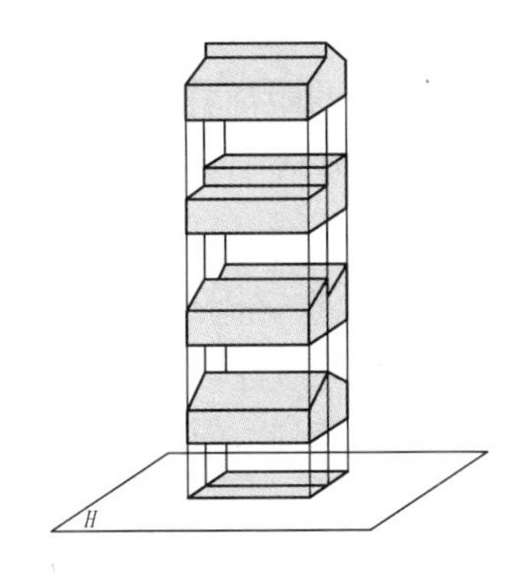

图 1-1-18　物体的一个投影不能确定其空间形状

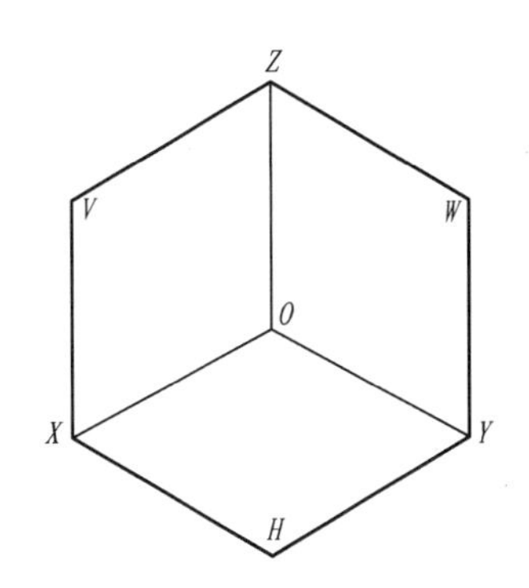

图 1-1-19　三面正投影体系的建立

于 H 面，正面平行于 V 面。采用3组不同方向的平行投影线向3个投影面垂直投影，在3个投影面上分别得到该物体的正投影图，称为三面正影图，如图1-1-20所示。

由于这3个投影图与我们观察的视线方向一致，因此在制图中常简称为三视图。H 面上的投影图，称为水平投影图或俯视图；V 面上的投影图，称为正面投影图或正视图；W 面上的投影图，称为侧面投影图或侧视图。

②三面投影图的展开　在工程制图中，需要将空间形体反映在二维平面上，即图纸上。所以必须将3个垂直投影面上的投影图画在一个平面上，这就是三面投影图的展开。展开时，必须遵循一个原则：V 面始终保持不动，首先将 H 面绕 OX 轴向下旋转90°，然后将 W 面绕 OZ 轴向右旋转90°，最终使3个投影图位于一个平面图上，如图1-1-21所示。此时，OY 轴线分解成 $OY_{阶}$ OY_H 两根轴线，它们分别与 OX 轴和 OZ 轴处于同一直线上。

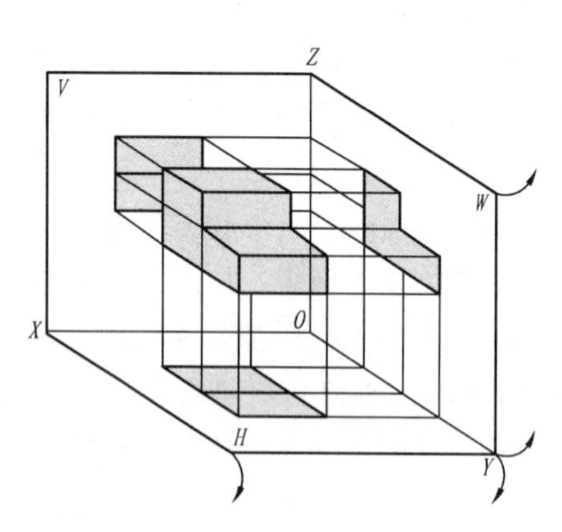

图1-1-20　三面正投影图的形成

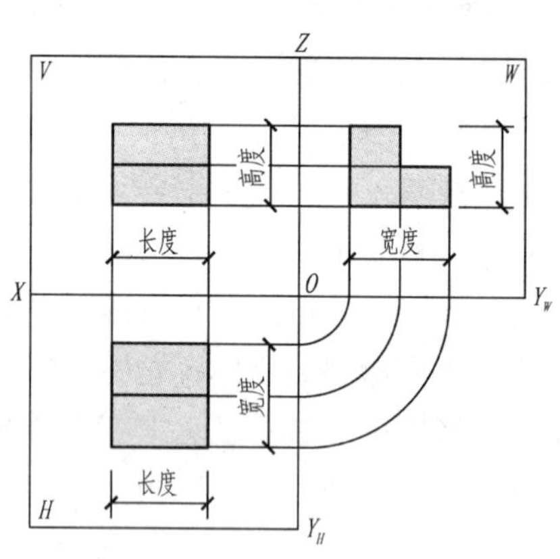

图1-1-21　三面正投影图的展开

三面投影体系的位置是固定的，投影面的大小与投影图无关。在实际作图中，只需画出物体的三面投影图，不必画出3个投影面的边框线，也不用文字注明投影面、轴线与原点。工程制图中的图样一般按无轴投影图来画。

③三面投影图的规律　在图1-1-21展开的三面正投影图中可以看出，一个空间形体具有正面、侧面和顶面3个方向的形状，具有长度、宽度和高度3个方向的尺寸。

在三面投影体系中，平行于 OX 轴的形体，两端点之间的距离称为长度；平行于 OY 轴的形体，两端点之间的距离称为宽度；平行于 OZ 轴的形体，两端点之间的距离称为高度。

形体的一个正投影图能反映形体两个方向的尺寸。水平投影图反映形体的顶面形状和长、宽两个方向的尺度；正面投影图反映形体的前面形状和长、高两个方向的尺度；侧面投影图反映形体的侧面形状和高、宽两个方向的尺度。因此，根据三面投影图可以得出形体在空间的形状与大小。

分析图1-1-21可以发现，三面投影图两两之间都存在着一定的联系：正面投影和侧面投影具有相同的高度；水平投影和正面投影具有相同的长度；侧面投影和水平投影具有相同的宽度。因此在作图中，必须使 Y、H 面投影位置左右对正，即遵循“长对正”的

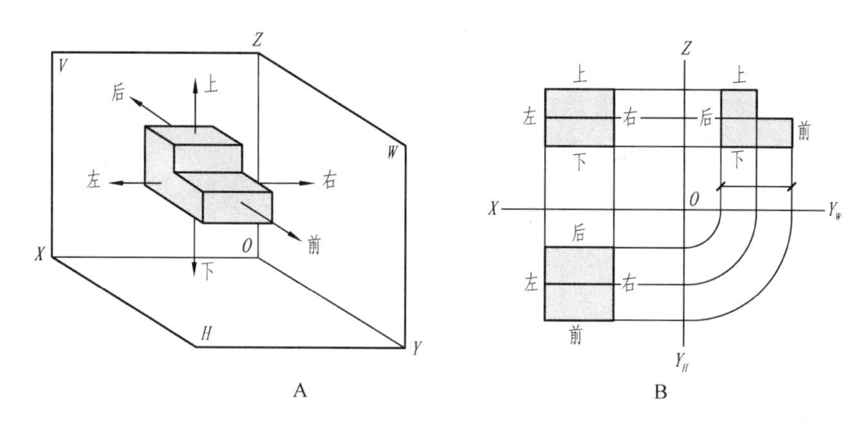

图 1-1-22　形体在三面投影体系中的方位

A. 立体图　B. 投影图

规律；使 *Y*、*W* 面投影上下平齐，即遵循“高平齐”的规律；使 *H*、*W* 面投影宽度相等，即遵循“宽相等”的规律。“三等关系”是三面投影图的基本规律。

此外，分析图 1-1-22 可以看到，三面投影图还能反映空间形体在三面投影体系中上、下、左、右及前、后 6 个方位的位置关系，每个投影图可以分别反映形体相应的 4 个方位。水平投影图反映形体前、后、左、右 4 个方位；正面投影图反映形体上、下、左、右 4 个方位；侧面投影图反映形体前、后、上、下 4 个方位。因此，可以根据投影图所反映的方位对应关系，判断形体上任意点、线、面的空间位置关系。

1.2.2　园林工程图绘制与投影的关系

不管是方案设计图、建筑施工图还是结构施工图，也不管是平面、立面、剖面还是效果图，都是按照一定的原理绘制的，这个原理就是投影原理。景点透视和鸟瞰图就是按照中心投影原理绘制的(图 1-1-23、图 1-1-24)。

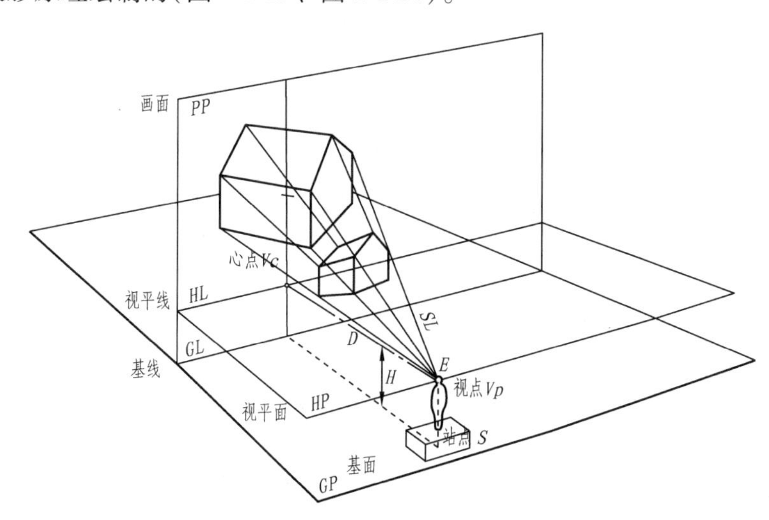

图 1-1-23　中心投影原理

图 1-1-24　景点透视图

应用中心投影的原理绘制的具有逼真立体感的单面投影图称为透视图，它是表达立体效果尤其是园林效果最常用的方法。它的特点是真实直观，具有立体感，符合人们的视觉习惯，但绘制复杂，形体的尺寸不能直接在图中量度和标注，所以不能作为施工的依据，仅用于园林、建筑、室内设计等方案的表现。

平面、立面和剖面是按照正投影原理绘制的，正投影图的特点是作图比较简便，图样可反映实形，便于度量和尺寸标注；缺点是无立体感，需将多个正投影图结合起来分析、想象，才能得出立体形状。

轴测效果图一般是按照斜投影原理绘制的(图 1-1-25、图 1-1-26)，轴测投影图是应用平行斜投影的原理，只需在一个投影面上作出的具有一定立体感的单面投影图。它的特点是所作图较透视图简单、快捷，但立体感稍差，表面形状有变形和失真，因此一般作为工程上的辅助图样。

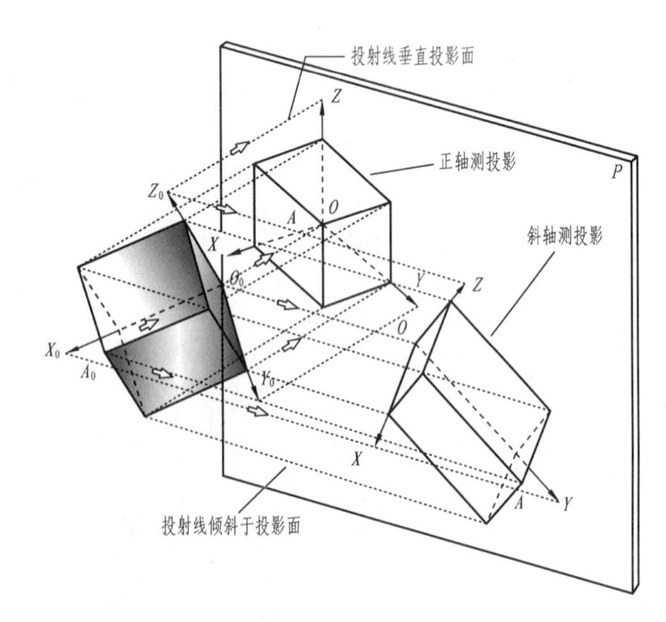

图 1-1-25　斜投影原理

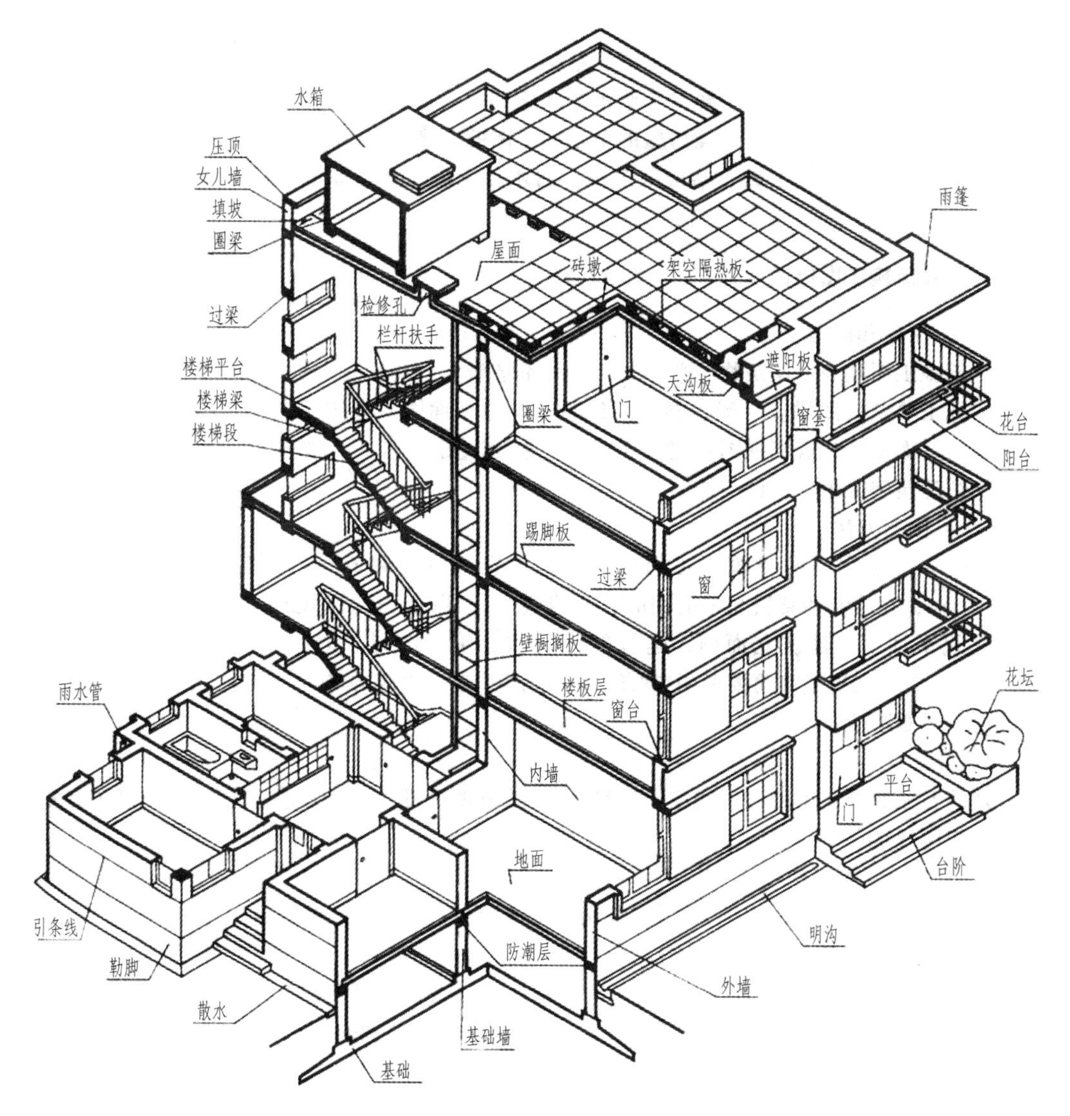

图 1-1-26　住宅的轴测示意图

1.2.3　点、线、面的正投影

1.2.3.1　空间点的投影

点的投影规律是重中之重，一条直线的投影可以看成是两个端点的投影连线，一条曲线的投影可以看成是若干连续点的投影；一个面的投影可以看成是组成面的点和线的投影；一个物体的投影可以看成是组成物体的点、线、面的投影。因此，点的正投影规律和方法是求解任何复杂形体正投影的基础。

(1)点的投影的形成

过空间一点 A 向投影面 H 作垂直投射线，投射线与投影面相交于点 a，则点 a 就是空间点 A 在 H 投影面上的投影(图 1-1-27)。一般情况下，为区别空间点及其投影，规定：空间点用大写字母表示，如 A、B、C、…，点的投影用对应的小写字母表示，如 a、b、c、…。

(2)点的两面投影

如图 1-1-28 所示，在 Aa 投射线上假设有两点 A_1、A_2，则 A_1、A_2 的投影 a_1、a_2 与点 A 的投影 a 重合为一点。可见，空间点在一个投影面上的投影，不能唯一确定该点在空间的位置。为此，需要另设一个正投影面 V，使 V 面与 H 面互相垂直，组成点的两面投影体系，V 面与 H 面的交线为投影轴 OX。

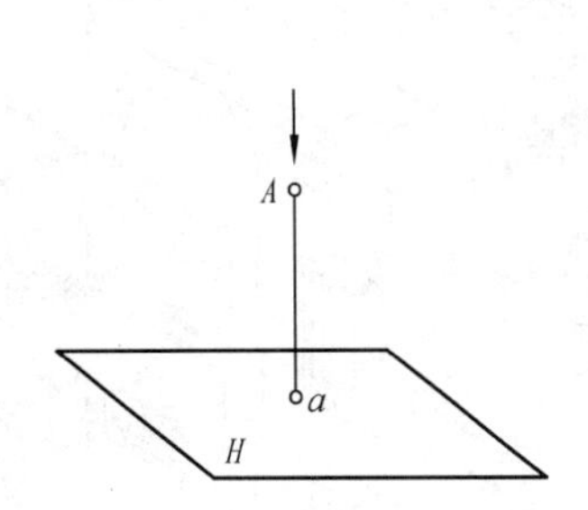

图 1-1-27 点的投影的形成

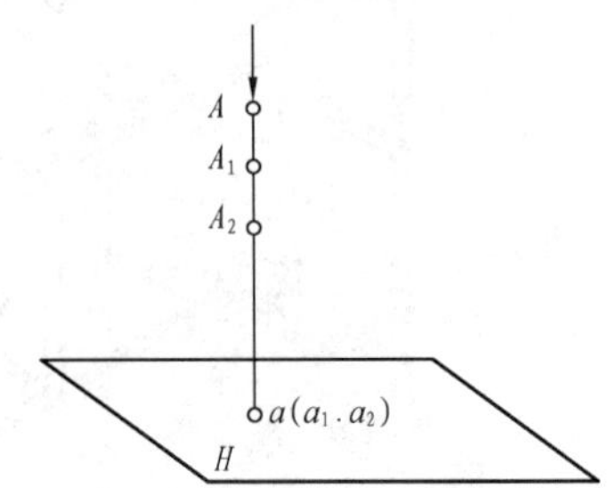

图 1-1-28 点的单面投影的多样性

如图 1-1-29A 所示，在两面投影体系中，过点 A 分别向 H 面及 V 面作垂直投射线，与 H 面及 V 面分别相交于点 a 及 a'。在投影法中，V 面的投影用相应小写字母右上角加一撇表示，a'即为点 A 在 V 面上的投影，称为点 A 的正面投影；a 为点 A 在 H 面的投影，称为点 A 的水平投影。

过点 A 的两条投射线 Aa 和 $A\ a'$确定了一个平面 Q。因为 Q 面既垂直于 H 面，又垂直于 V 面，且知 H 面和 V 面是互相垂直的，所以它与 H 面和 V 面的交线 aa_x 和 $a'a_x$ 也就互相垂直，并且 aa_x 和 $a'a_x$ 还同时垂直于 OX 轴，并相交于点 a_x。这就证明四边形 Aa_xa'是一个矩形。由此得知：$a'a_x=Aa$；$aa_x=Aa'$。又因为线段 Aa 表示点 A 到 H 面的距离，而线段 Aa'表示点 A 到 V 面的距离，由此可知：线段 $a'a_x$ 等于点 A 到 H 面的距离；线段 aa_x 等于点 A 到 V 面的距离。

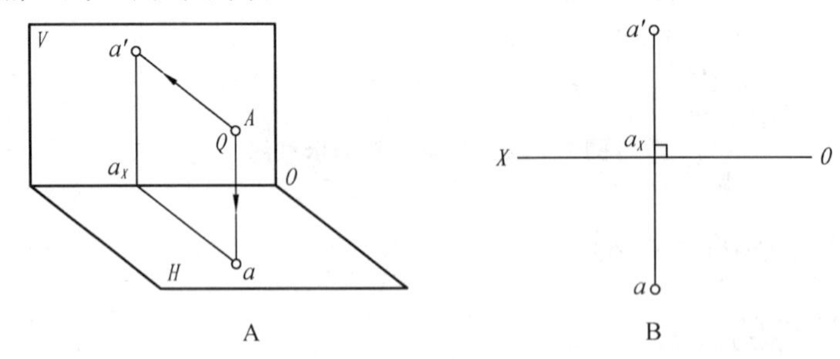

图 1-1-29 点的两面投影

A. 直观图 B. 投影图

由此可得出结论一：点到某一投影面的距离等于该点在另一投影面上的投影到相应投影轴的距离。

由上面分析可知，$aa_x \perp OX$，$a'a_x \perp OX$。当 H 面绕 OX 轴旋转 90°与 V 面成为一个平面时，点的水平投影 a 与正面投影 a'的连线就成为一条垂直于 OX 轴的直线，即 $aa' \perp OX$，如图 1-1-29B 所示。

由此可得出结论二：点的两面投影之间的连线，一定垂直于两投影面的交线，即垂

直于相应的投影轴。

(3) 点的三面投影

如图 1-1-30 所示，投影面 W 面与 V 面和 H 面均垂直相交，形成三面投影体系。为作出点 A 在 W 面上的投影，从点 A 向 W 面作垂直投影线，所得垂足即为点 A 的侧面投影或称 W 面投影，用字母 a''表示。把 3 个投影面展开在一个平面上时，仍使 V 面保持不动，H 面绕 OX 轴向下旋转 90°，W 面绕 OZ 轴向后旋转 90°，得到点的三面投影图。按前述点的两面投影特性，同理可分析出点在三面投影体系中的投影规律：

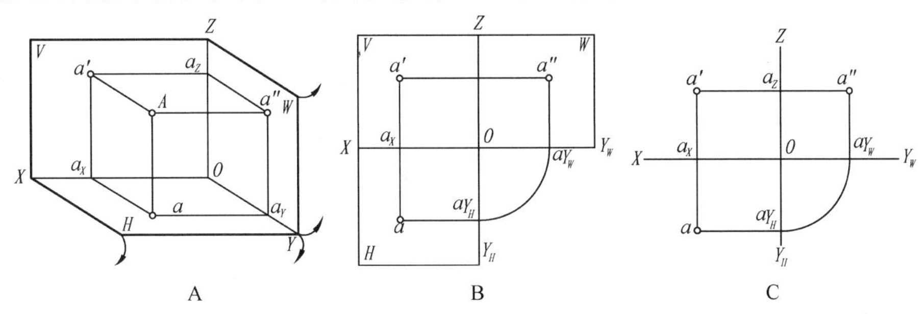

图 1-1-30　点的三面投影图

A. 直观图　B. 展开图　C. 投影图

①点 A 的 V 面投影 a'和点 A 的 H 面投影 a 的连线垂直于 OX 轴，即 $aa' \perp OX$。

②点 A 的 V 面投影 a'和点 A 的 W 面投影 a''的连线垂直于 OZ 轴，即 $a'a'' \perp OZ$。

③点 A 的 H 面投影到 OX 轴的距离等于该点的 W 面投影到 OZ 轴的距离，即 $aa_x = a''a_z$，它们都反映该点到 V 面的距离。

根据以上点的投影特性，点的每两个投影之间都存在一定的联系。因此，只要给出一点的任意两个投影，便可以求出其第三投影。

[**例 1-1-1**] 在图 1-1-31A 中，已知一点 A 的水平投影 a 和正面投影 a'，求其侧面投影 a''。

作图：

①过 a'引 OZ 轴的垂线 $a'a_z$。

②在 $a'a_z$ 的延长线上截取 $a''a_z = aa_x$，则 a''即为所求，如图 1-1-31B 所示。按图 1-1-31C 作法也可求出。

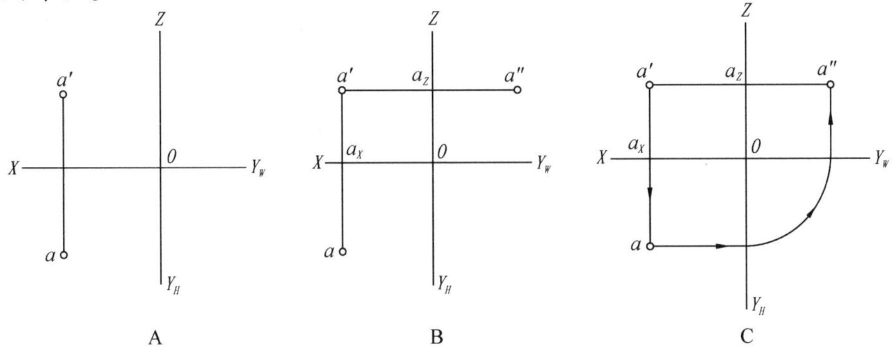

图 1-1-31　求点的第三面投影

按照点的三面投影特性，我们同样可以根据已知点的正面投影和侧面投影作水平投影，或已知点的侧面投影和水平投影作正面投影。

(4)点的投影与直角坐标的关系

若把图 1-1-32A 所示的 3 个投影面看成坐标面，那么各投影轴就相当于坐标轴，其中 OX 轴相当于横坐标轴 X，OY 轴相当于纵坐标轴 Y，OZ 轴相当于竖坐标轴 Z。三轴的交点 O 就是坐标原点。这样空间点到 3 个投影面的距离就等于它的 3 个坐标，即：

点 A 到 W 面的距离 $Aa'' = Oa_x$ = 点 A 的 X 坐标；

点 A 到 V 面的距离 $Aa' = Oa_y$ = 点 A 的 Y 坐标；

点 A 到 H 面的距离 $Aa = Oa_z$ = 点 A 的 Z 坐标。

因此，空间点的位置可以用它到 3 个投影面的距离来确定，也可以用它的坐标来确定。

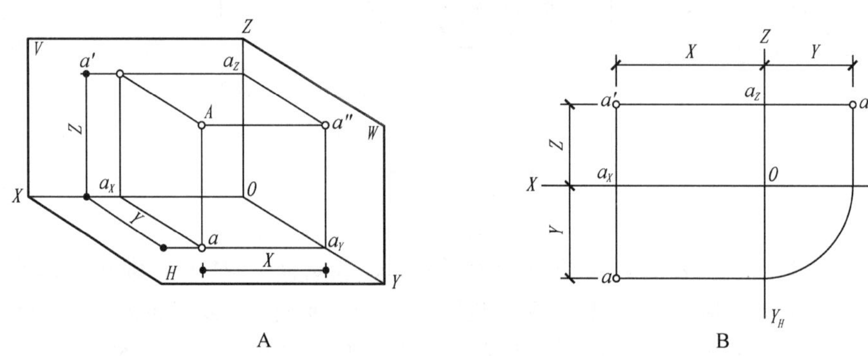

图 1-1-32　点的投影与直角坐标的关系

A. 直观图　B. 投影图

当 3 个投影面展开在一个平面上时，如图 1-1-32B 所示，我们可以清楚地看出：由点 A 的 X、Y 两个坐标可以决定点 A 的水平投影 a；由点 A 的 X、Z 两个坐标可以决定点 A 的正面投影 d；由点 A 的 Y、Z 两个坐标可以决定点 A 的侧面投影 a''。

这样就得出结论：已知一点的三面投影，就可以求出该点的 3 个坐标；反之，已知点的 3 个坐标，同样可以作出该点的三面投影。

[**例 1－1－2**] 已知点 A 的坐标(15，20，10)，试作出该点的三面投影图。

作图(图 1-1-33)：

①作投影轴，视投影轴为坐标轴。在 OX 轴上，从点 O 向左截取点 a_x，使 $Oa_x = 15$。

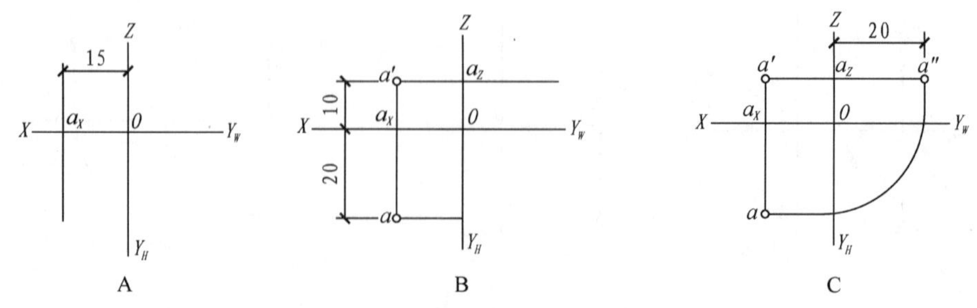

图 1-1-33　根据点的坐标作点的投影图

②过点 a_x 引 OX 轴的垂线，在该垂线上自点 a_x 向下截取 $aa_x=20$，向上截取 $a'a_x=10$，得到水平投影 a 及正面投影 a'。

③过点 a' 引 OZ 轴的垂线，在所引垂线上截取 $a''a_z=20$，求得侧面投影 a''。

当空间点位于一个投影面内时，它的3个坐标中必有一个为0。在图1-1-34中，点 D 位于 H 面内，则点 D 的 Z 坐标值为0。点 D 的水平投影 d 与点 D 本身重合；正面投影 d' 落在 OX 轴上；侧面投影 d'' 落在 OY 轴上。当三面投影图展开时，d'' 在 OY_W 轴上。

当空间点位于投影轴上，它的两个坐标等于零，即该点的两个投影与点本身重合，第三个投影与原点重合，见图1-1-34中的点 E。在投影面或投影轴上的点，称为特殊位置点。

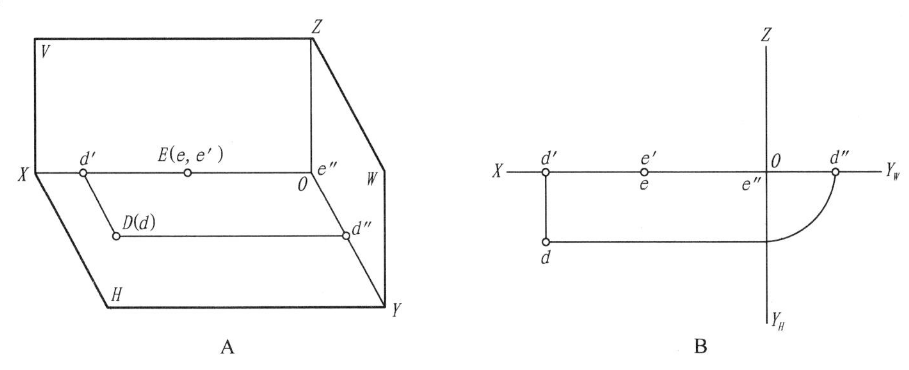

图1-1-34　特殊位置点的投影

(5)空间点的相对位置及重影点

两点的相对位置是指沿平行于投影轴 OX、OY、OZ 方向的左右、前后和上下的相对关系，是由两点相对于投影面 W、V、H 的距离差(坐标差)决定的。X 坐标差表示两点的左右位置，Y 坐标差表示两点的前后位置，Z 坐标差表示两点的上下位置。即 X 坐标大者在左，小者在右；Y 坐标值大者在前，小者在后；Z 坐标值大者在上，小者在下。在图1-1-35中，分析比较 A、B 两点的投影及坐标关系，可知点 A 位于点 B 的左后上方。

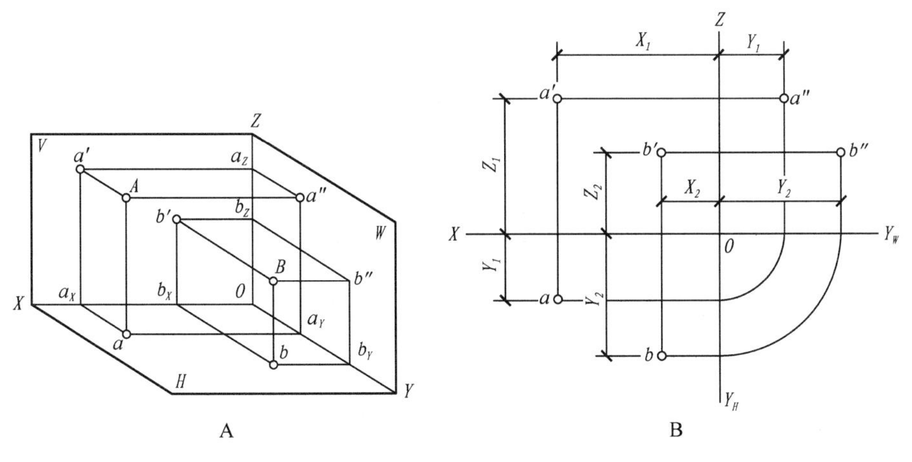

图1-1-35　两个点的相对位置

［例1-1-3］已知点A在点B的正前方15mm处，如图1-1-36A所示。求作点A的投影。

作图(图1-1-36)：

①由于点A在点B的正前方，说明点A的X、Z坐标都与点B的相同，所以a'重合于b'，b'在a'之后，b'不可见，所以记作“(b')”。

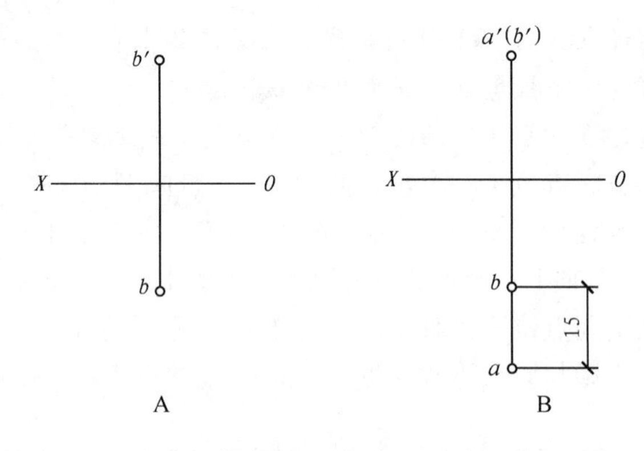

图1-1-36　求点A的投影(已知点A对点B的相对位置)

A. 已知条件　B. 作图步骤

②点A在点B的正前方15mm，说明点A的Y坐标比点B的Y坐标大15mm，即在H面上点A距OX轴比点B远15mm。所以延长bb'，并在其延长线上截取$ba=15$mm，得到a。

当两点某个方向坐标差等于零时，两点必位于同一投影线上，则它们在与该投射线相垂直的投影面上的投影必定重合。若两点(或多点)位于某一投影面的同一投影线上，则它们在该投影面上的投影必然重合，这些点称为该投影面的重影点(表1-1-1)。

表1-1-1　投影面的重影点

名称	H面的重影点(上下重影)	V面的重影点(前后重影)	W面的重影点(左右重影)
立体图	Z V a′ A a″ W b O b″ X B a(b) H Y	Z V c′(d′) D d″ C W c″ O X d c H Y	Z V e′ f′ E F W e″(f″) O X e f H Y
投影图	Z a′ a″ b b″ X O Y_W a(b) Y_H	Z c′(d′) d″ e″ b O X Y_W d e Y_H	Z e′ f′ e″(f″) O X Y_W e f Y_H

（续）

名称	H 面的重影点（上下重影）	V 面的重影点（前后重影）	W 面的重影点（左右重影）
投影特性	A、B 两点的水平投影 a、b 重合，说明这两点的 X、Y 坐标相同，位于向 H 面的同一条投影线上。所以 a、b 为 H 面的重影点。A、B 两点的相对高度，可从 V 面投影或 W 面投影看出，A 在 B 的正上方。向 H 面投影时，A 遮挡 B，点 A 的 H 面投影可见，点 B 的 H 面投影不可见，重合的投影标记为 $a(b)$	C、D 两点的正面投影 c'、d' 重合。说明这两点的 X、Z 坐标相同，位于向 V 面的同一投影线上，所以 c'、d' 为 V 面的重影点。从 H 面或 W 面投影可以看出，点 C 在点 D 的前方。对 V 面投影而言，C 遮挡 D，点 C 可见，点 D 不可见，重合的投影标记为 $c'(d')$	E、F 两点的侧面投影 e''、f'' 重合，说明这两点的 Y、Z 坐标相同，位于向 W 面的同一投影线上，所以 e''、f'' 为 W 面的重影点。从 H 面或 V 面投影可以看出，点 E 在点 F 的左方。对 W 面投影而言，点 E 可见，点 F 为不可见，重合的投影标记为 $e''(f'')$

从表 1-1-1 可知，当两点的某一投影重合时，就会产生判断重影的可见与不可见的问题。可见性是相对一个投影面而言的，我们可以由点的另外两个投影面的投影关系或点的坐标关系来确定其可见或不可见。坐标大者为可见，坐标小者为不可见。在作图中，不可见点的投影字母需加小括号区别。

1.2.3.2　空间直线的投影

1）直线投影的形成

由几何学可知，直线的空间位置可以由直线上任意两点来确定，因此直线的投影可通过直线上任意两点的投影决定。求作直线的投影，只要作出直线上两点的投影，两点的同面投影连线，就是直线在该投影面上的投影，如图 1-1-37 所示。

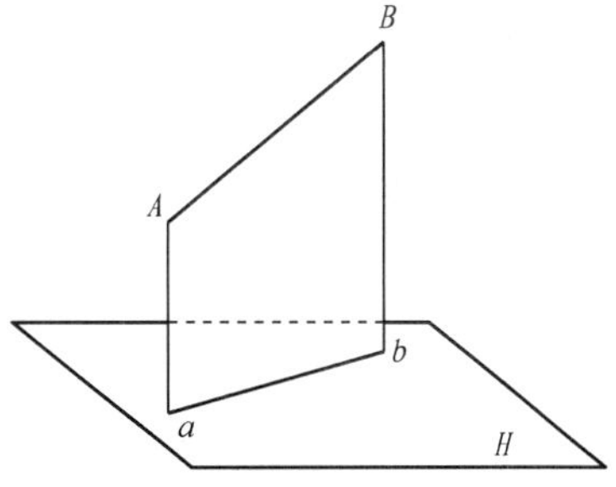

图 1-1-37　直线投影的形成

2）一般位置直线

（1）一般位置直线的投影特点

如图 1-1-38 所示，直线 AB 与 3 个投影面都倾斜，它与投影面 H、V、W 分别有一倾角，用 α、β、γ 表示，且 α、β、γ 均为锐角，这种直线称为一般位置直线，简称一般直线。

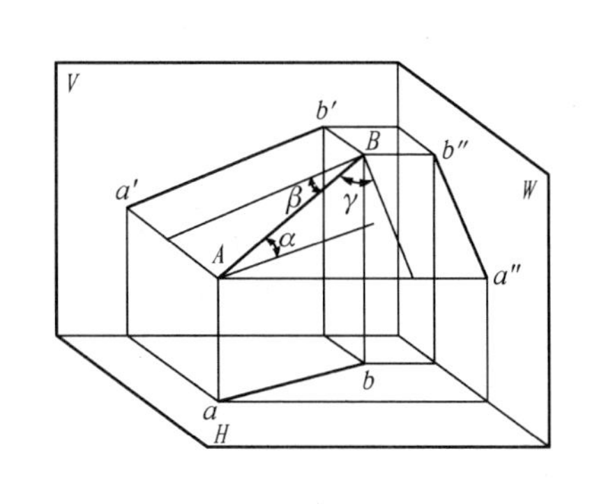

A　　B

图 1-1-38　一般位置直线的投影

一般位置直线的投影特点如下：

①一般位置直线在3个投影面上的投影均倾斜于投影轴。

②一般位置直线的投影与3个投影轴的夹角，均不反映空间直线对投影面的倾角。

③一般位置直线的投影长度均小于实长。

(2)一般位置直线的实长及其对投影面的倾角

由一般位置直线的投影特点可以得知，直线的投影不反映实长，投影与投影轴的夹角也不反映空间直线对投影面的倾角。在投影图中可运用直角三角形法求解一般直线的实长及倾角，如图1-1-39所示。

在投影图上求线段实长的方法是：以线段在某个投影面上的投影为一直角边(如 ab)，以线段两端点到该投影面的距离差为另一直角边(如 ΔZ)，作一个直角三角形，这个直角三角形的斜边就是所求线段的实长(如 aB_1)，此斜边与投影的夹角就等于线段对该投影面的倾角。

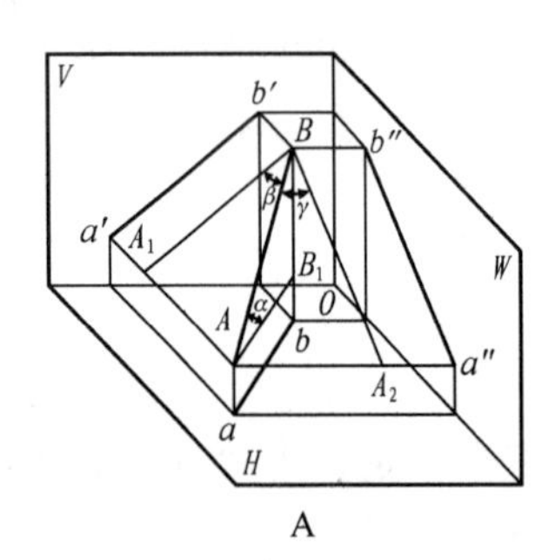

A

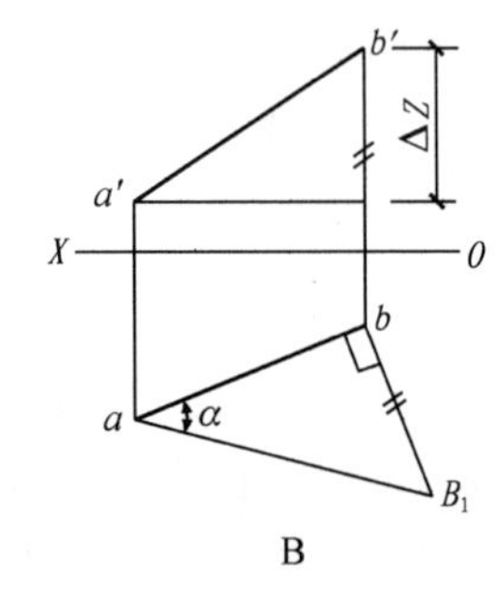

B

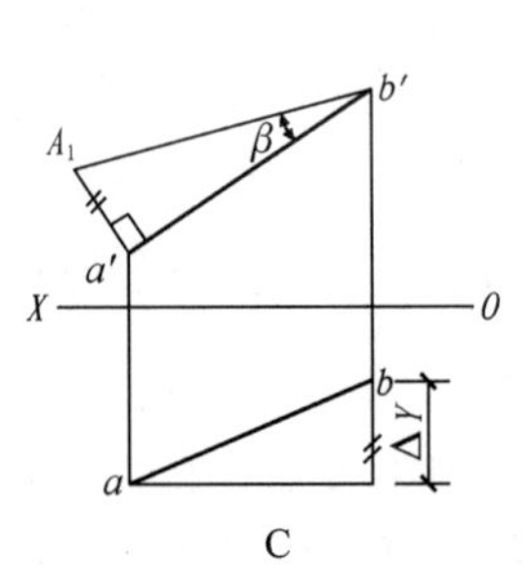

C

图1-1-39　用直角三角形法求一般位置直线的实长及倾角

A. 直观图　B. 以水平投影作直角三角形　C. 以正面投影作直角三角形

[例1-1-4] 试用直角三角形法求图1-1-40A所示直线 CD 的实长及其对投影面 H 的倾角 α。

分析：要求直线 CD 对投影面 H 的倾角，必须以直线的水平投影 cd 为直角边，另一直角边则是正投影 $c'd'$ 两端点到 OX 轴的距离差 ΔZ。

作图步骤：详见图1-1-40B所示。

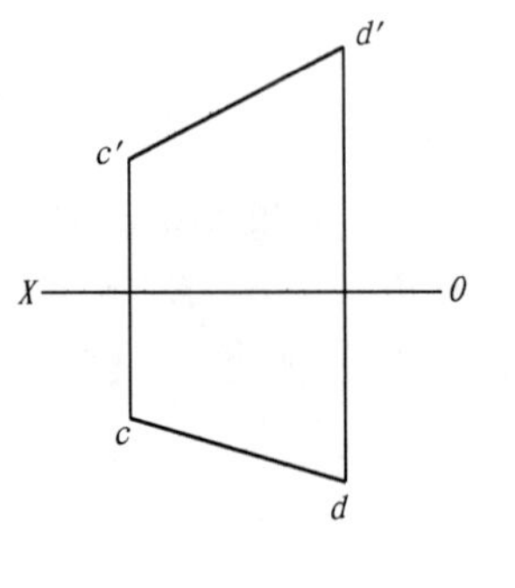

A

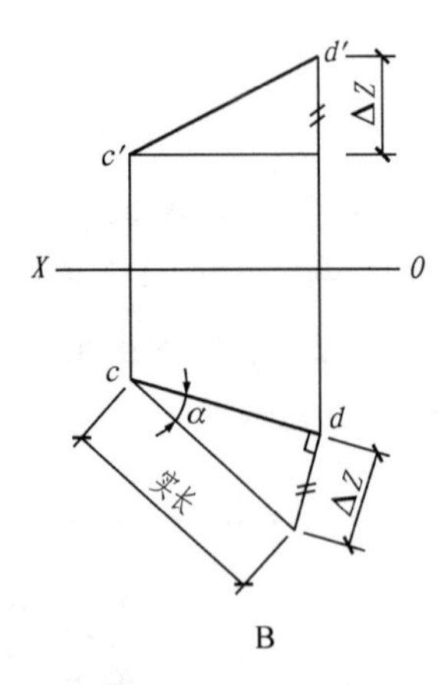

B

图1-1-40　求解线段 CD 的实长及倾角

A. 已知条件　B. 作图步骤

3)投影面平行线

平行于一个投影面，但与另两个投影面都倾斜的直线称为投影面平行线。

投影面平行线有3种形式(表1-1-2)：

水平线——平行于水平投影面 H 的直线。

正平线——平行于正立投影面 Y 的直线。

侧平线——平行于侧立投影面 W 的直线。

表 1-1-2　投影面的平行线

名称	水平线($AB/\!/H$)	正平线($AB/\!/V$)	侧平线($AB/\!/W$)
直线在形体上的位置	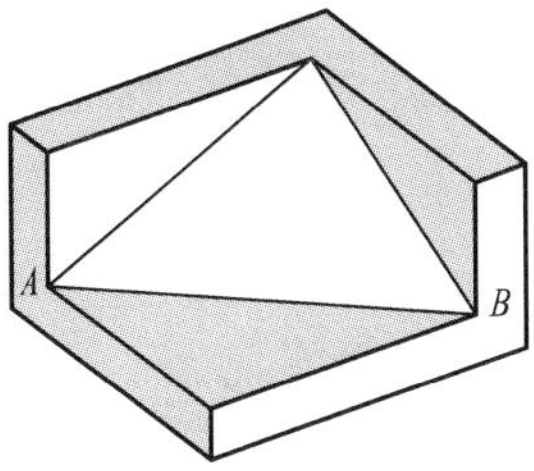	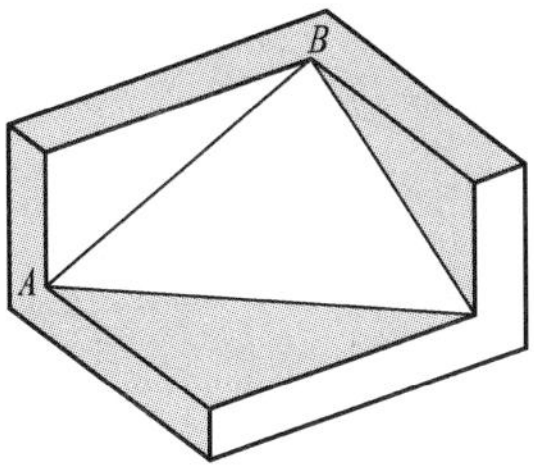	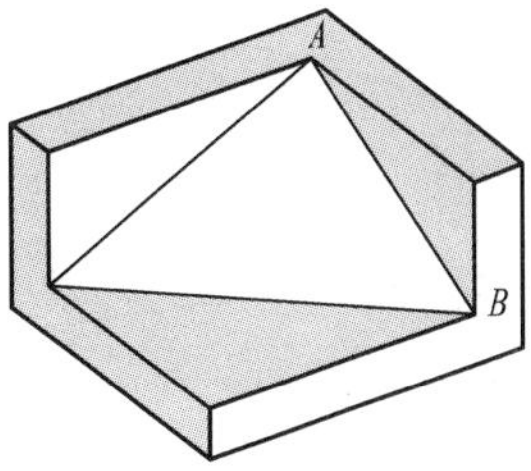
立体图	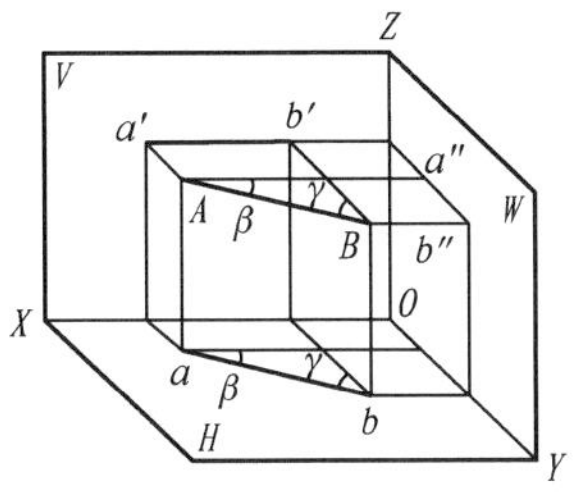	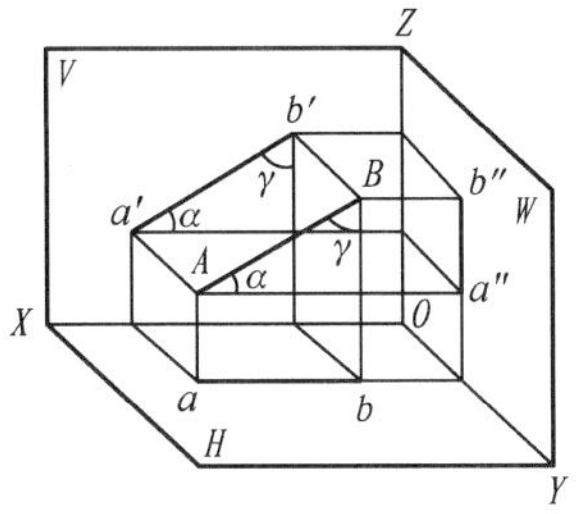	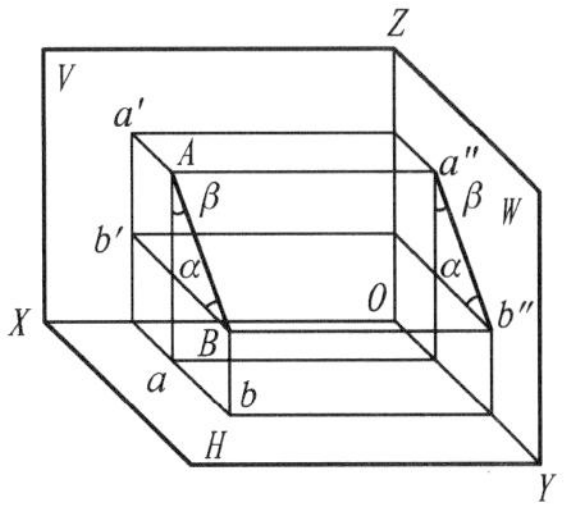
投影图	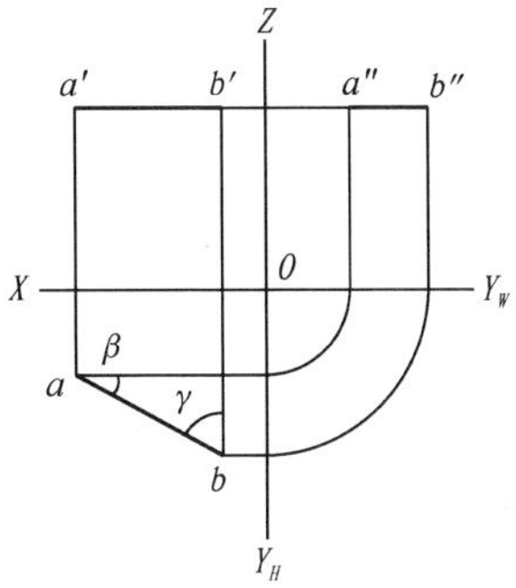	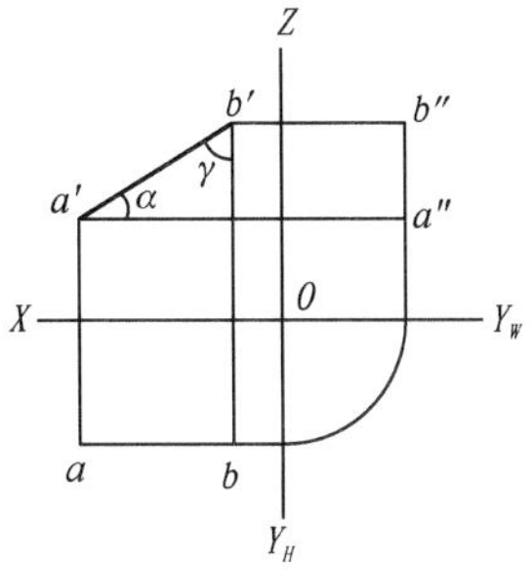	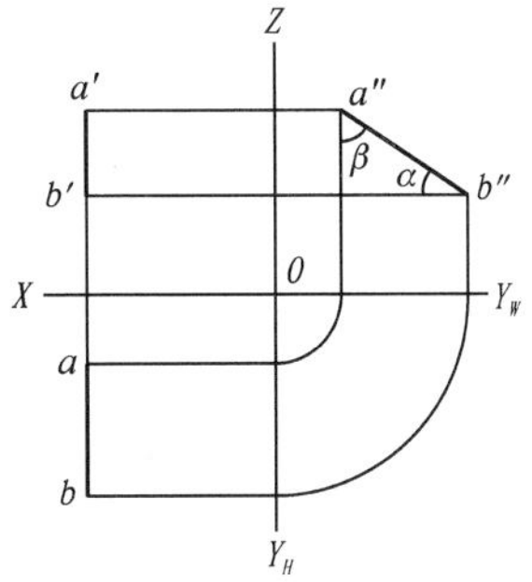
投影特性	1. H 面投影反映实长 2. H 面投影与 OX 轴、OY_H 轴的夹角，分别反映直线 AB 与 V 面、W 面的倾角 β、γ 3. V 面投影及 W 面投影分别平行于 OX 轴和 OY_W 轴，但均不反映实长，且比实长短	1. V 面投影反映实长 2. V 面投影与 OX 轴、OZ 轴的夹角，分别反映直线 AB 与 H 面、W 面的倾角 α、γ 3. H 面投影及 W 面投影分别平行于 OX 轴和 OZ 轴，但均不反映实长，且比实长短	1. W 面投影反映实长 2. W 面投影与 OY_W 轴、OZ 轴的夹角，分别反映直线 AB 与 H 面、V 面的倾角 α、β 3. H 面投影及 V 面投影分别平行于 OY_H 轴和 OZ 轴，但均不反映实长，且比实长短

分析表 1-1-2，可以归纳出投影面平行线的投影特性：

①投影面平行线在它所平行的投影面上的投影反映实长(有显实性)，此投影与投影轴的夹角，反映直线与相应投影面的倾角。

②投影面平行线的其他两个投影平行于相应的投影轴，但不反映实长。

4)投影面垂直线

垂直于一个投影面，平行于另两个投影面的直线，称为投影面的垂直线。

投影面垂直线有 3 种形式(表 1-1-3)：

表 1-1-3　投影面的垂直线

名称	铅垂线($AB \perp H$)	正垂线($AB \perp V$)	侧垂线($AB \perp W$)
直线在形体上的位置	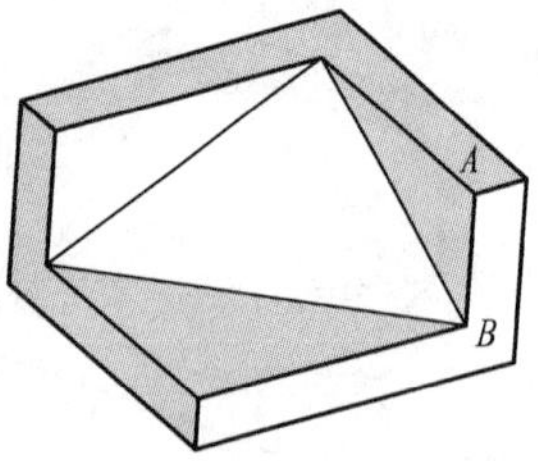	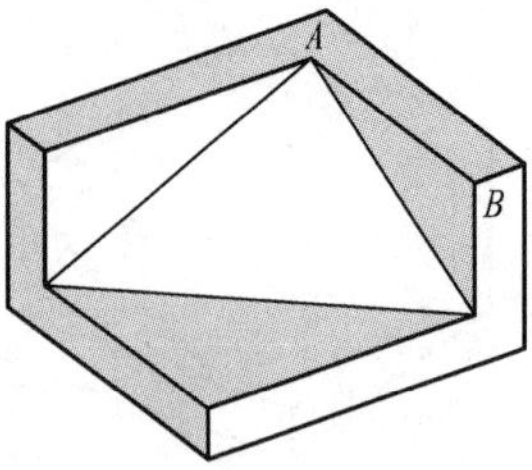	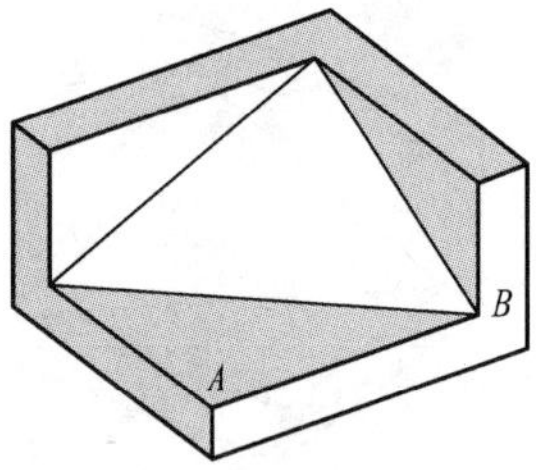
立体图	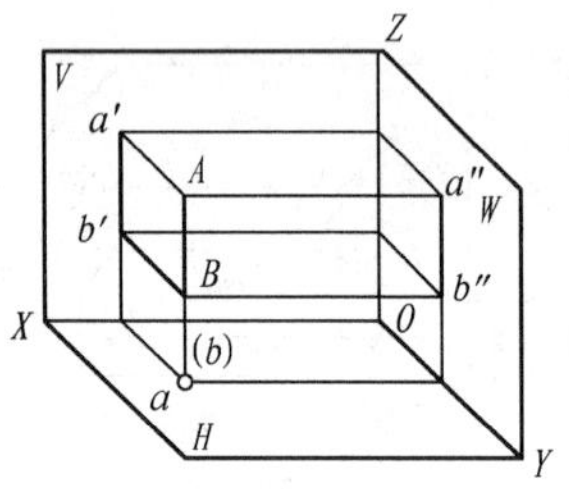	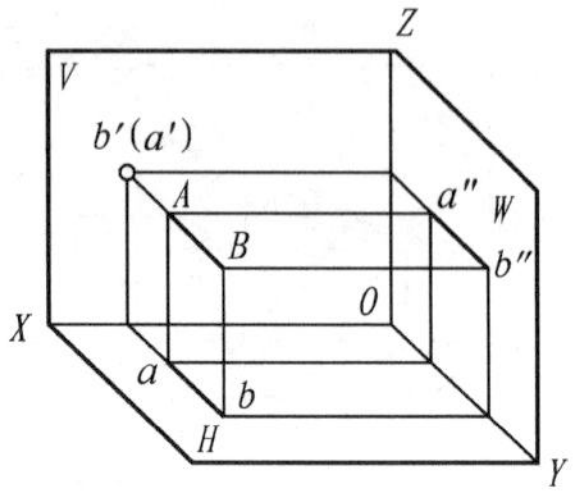	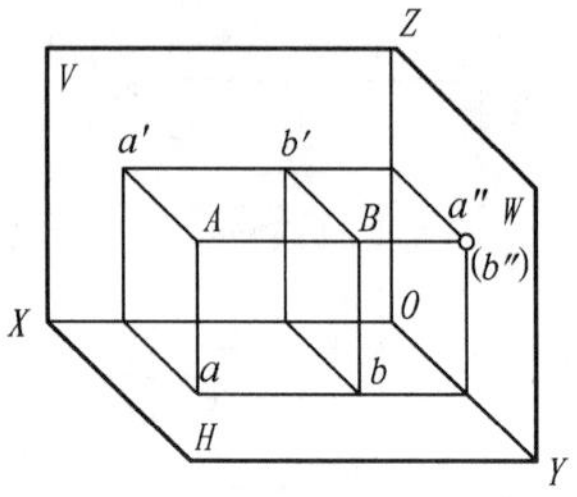
投影图	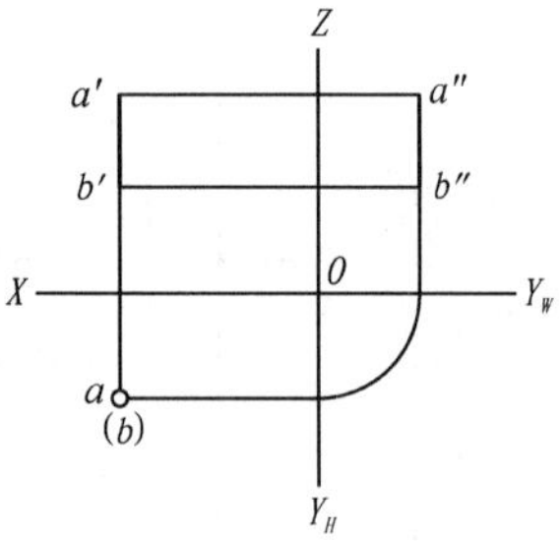	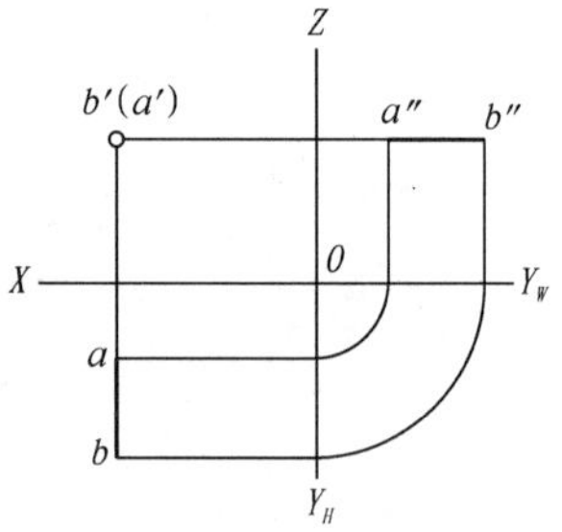	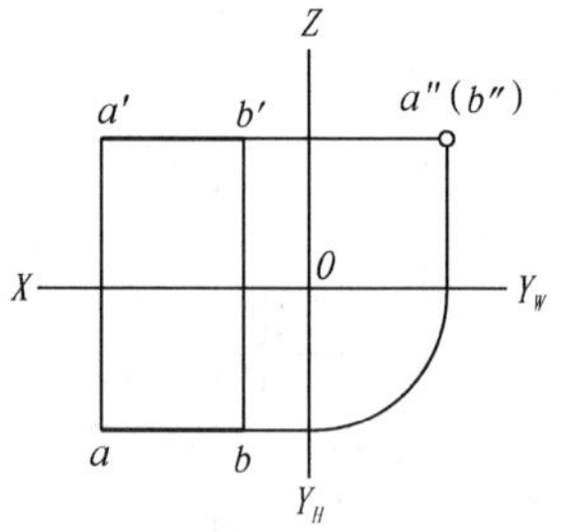
投影特性	1. H 面投影积聚成一点 2. V 面投影与 W 面投影分别垂直于 OX 轴和 OY_H 轴，且均反映实长	1. V 面投影积聚成一点 2. H 面投影与 W 面投影分别垂直于 OX 轴和 OZ 轴，且均反映实长	1. W 面投影积聚成一点 2. V 面投影与 H 面投影分别垂直于 OZ 轴和 OY_H 轴，且反映实长

铅垂线——垂直于水平投影面 H 的直线。

正垂线——垂直于正立投影面 V 的直线。

侧垂线——垂直于侧立投影面 W 的直线。

分析表 1-1-3，可以归纳出投影面垂直线的投影特性：

①投影面垂直线在它所垂直的投影面上的投影积聚成一点(有积聚性)。

②投影面垂直线的其他两个投影分别垂直于相应的投影轴，并反映实长(有显实性)。

1.2.3.3　平面的投影

1)平面表示法

由几何学可知，平面可由以下几何元素来确定：

①不在同一直线上的 3 个点(图 1-1-41A)。

②一条直线和线外一点(图 1-1-41B)。

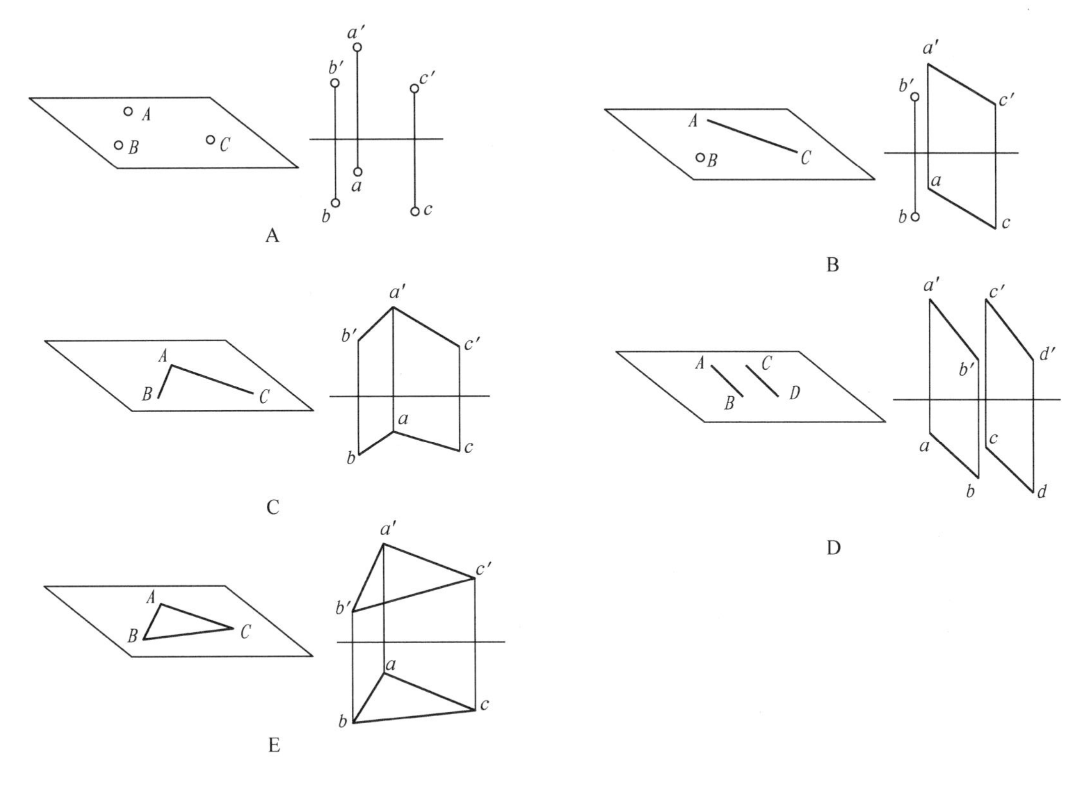

图 1-1-41　平面表示法——几何元素表示法

③两相交直线(图 1-1-41C)。

④两平行直线(图 1-1-41D)。

⑤任一平面图形(图 1-1-41E)。

以上 5 种平面的表示方法，称为几何元素表示法。这几种方法所表示的平面位置是唯一的，而且可以相互转换，后 4 个方法可由第一种基本方法转化而来。

2)各种位置平面的投影

空间平面根据其在三面投影体系中的位置可以划分为 3 种情况：

一般位置平面——与 3 个投影面都倾斜的平面。

投影面平行面——只平行于一个投影面，而与另外两个投影面垂直的平面。

投影面垂直面——只垂直于一个投影面，而与另外两个投影面倾斜的平面。

(1)一般位置平面

一般位置平面在各投影面上的投影既不反映平面实形，也不具有积聚性，投影均为原图形的类似形，且各投影的图形面积均小于实形，也不反映平面对投影面的倾角的实形，如图 1-1-42 所示。

(2)投影面的平行面

投影面的平行面有 3 种形式(表 1-1-4)：

水平面——平行于 H 面的平面。

正平面——平行于 V 面的平面。

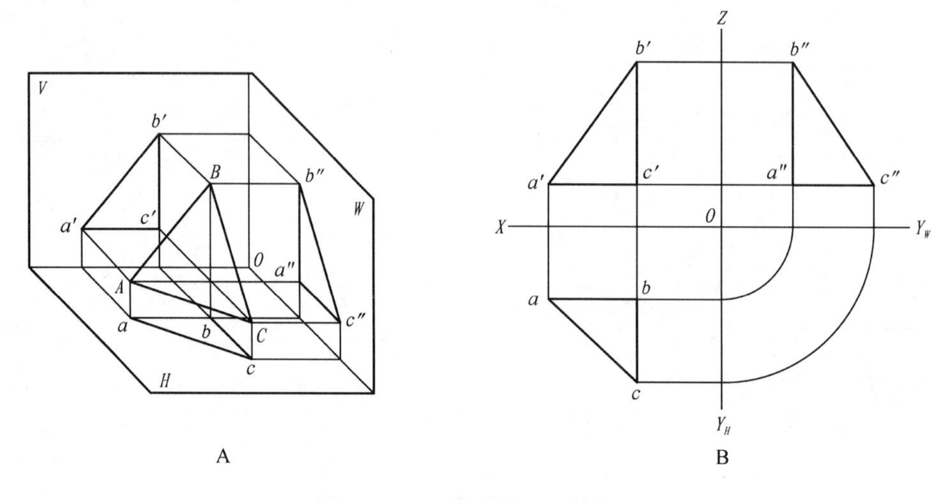

图 1-1-42　一般位置平面的投影

侧平面——平行于 *W* 面的平面。

分析表 1-1-4 所示 3 种平行面，可以归纳出投影面平行面的投影特性：

①投影面平行面在它所平行的投影面上的投影反映实形。

②投影面平行面在另外两个投影面上的投影积聚成直线，该直线分别平行于相应的投影轴。

表 1-1-4　投影面的平行面

名称	水平面(*P*//*H*)	正平面(*Q*//*V*)	侧平面(*R*//*W*)
平面在形体上的位置			
立体图			

（续）

名称	水平面（$P//H$）	正平面（$Q//V$）	侧平面（$R//W$）
投影图	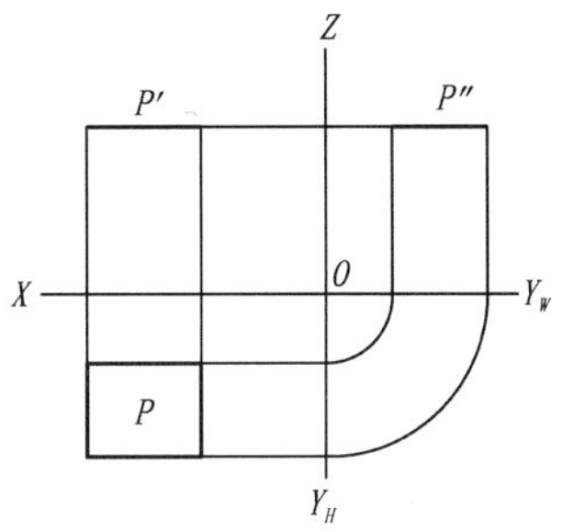 Z　P′　P″　X　O　Y_W　P　Y_H	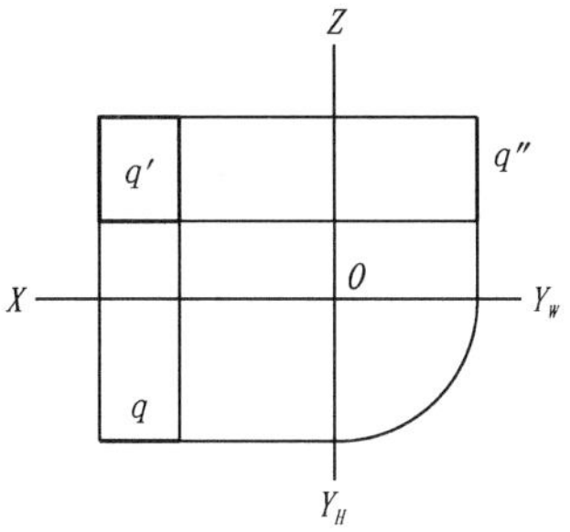 Z　q′　q″　X　O　Y_W　q　Y_H	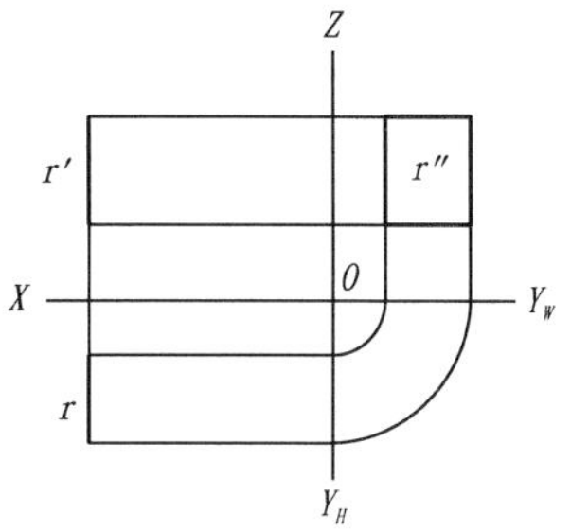 Z　r′　r″　X　O　Y_W　r　Y_H
投影特性	1. H 面投影反映实形 2. V 面投影与 W 面投影分别积聚成直线，且分别平行于 OX 轴和 OY_W 轴	1. V 面投影反映实形 2. H 面投影与 W 面投影分别积聚成直线，且分别平行于 OX 轴和 OZ 轴	1. W 面投影反映实形 2. V 面投影与 H 面投影分别积聚成直线，且分别平行于 OZ 轴和 OY_H 轴

（3）投影面的垂直面

投影面的垂直面有 3 种形式（表 1-1-5）：

铅垂面——垂直于 H 面，倾斜于 V 面和 W 面的平面。

正垂面——垂直于 V 面，倾斜于 H 面和 W 面的平面。

侧垂面——垂直于 W 面，倾斜于 V 面和 H 面的平面。

分析表 1-1-5 所示 3 种投影面垂直面，可以归纳出投影面垂直面的投影特性：

①投影面垂直面在它所垂直的投影面上的投影积聚为直线，此直线与投影轴的夹角反映平面对另两个投影面倾角的实形。

②投影面垂直面在另外两个投影面上的投影为原平面图形的类似形，面积比实形小。

表 1-1-5　投影面的垂直面

名称	铅垂面（$P\perp H$）	正垂面（$Q\perp V$）	侧垂面（$R\perp W$）
平面在形体上的位置	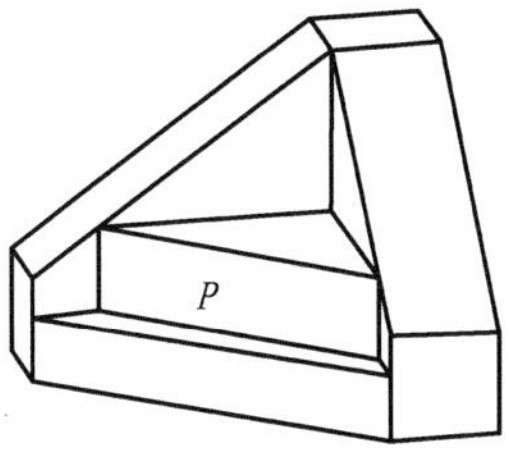 P	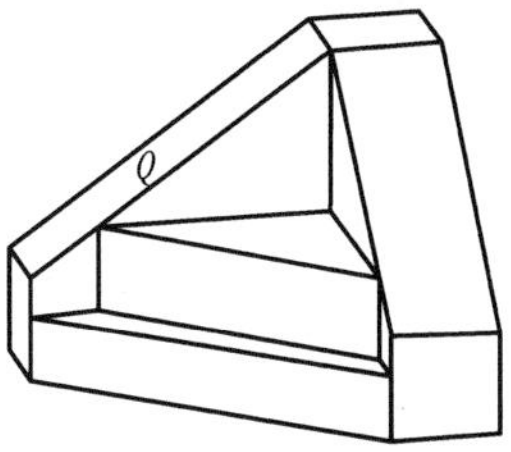 Q	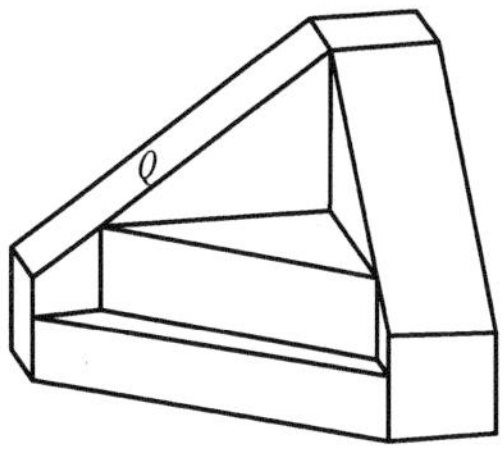 Q

（续）

名称	铅垂面($P\perp H$)	正垂面($Q\perp V$)	侧垂面($R\perp W$)
立体图			
投影图			
投影特性	1. H面投影积聚成一条斜线，并反映对V、W面的倾角β与γ 2. V面投影与W面投影均为面积缩小的类似形	1. V面投影积聚成一斜线，并反映对H、W面的倾角α与γ 2. H面投影与W面投影均为面积缩小的类似形	1. W面投影积聚成一斜线，并反映对H、V面的倾角α和β 2. H面投影与V面投影均为面积缩小的类似形

知识拓展

第三角投影

在三面投影体系中，3个相互垂直的投影面H、V、W延伸后将空间划分为8个分角。将V面之前、H面之上与W面之左形成的分角作为第一分角，依此类推(图1-1-43)。我国的工程制图采用的是第一分角正投影法，而欧洲及日本等一些国家多采用第三角正投影法，即在第三角采用正投影法完成投影图。

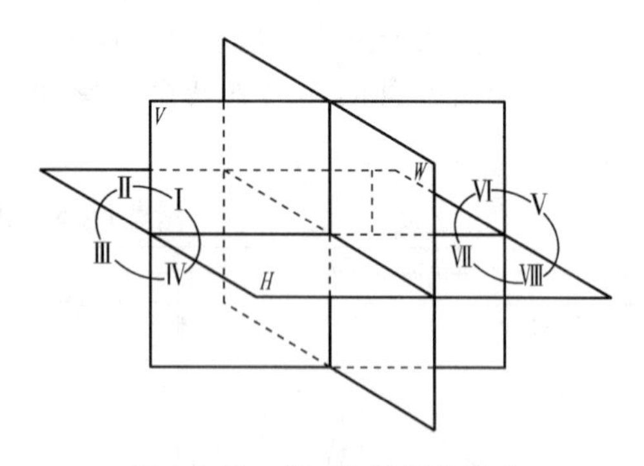

图1-1-43　第三角投影的形成

随着国际间技术交流的不断增加，我们也会看到用第三角投影法画的工程技术图样。因此，我们有必要对第三角投影的知识有所了解，下面就第三角投影做一简介。

1. 第三角投影的形成

我们已经知道在第一角投影中，采用的投影顺序是：观察者→物体→投影面，即投影线先通过物体上各点，然后投影到投影面上，得到物体的正投影图(图1-1-44)。投影图展开时，规定V面不动，H面向下转90°，W面向右旋转90°。而在第三角投影中，将物体置于第三分角内，投影时采用的顺序是：观察者→投影面→物体。所设投影面是

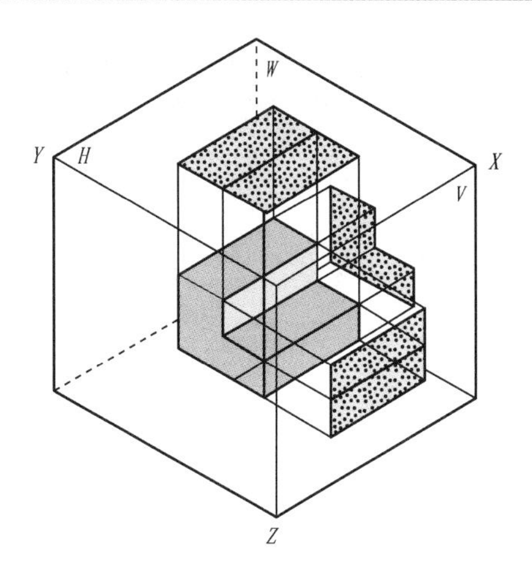

图 1-1-44　八分角的立体图

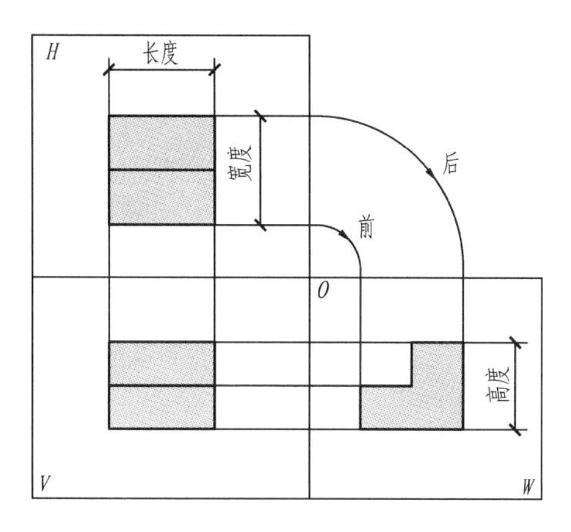

图 1-1-45　第三角投影图的展开

透明的，如同隔玻璃观看物体一般。它同样采用正投影的方法，投影线先穿过投影面，然后投射到物体的各顶点，投影线与投影面的各交点形成物体的投影图如图 1-1-43 所示。

第三角投影图在展开时也是规定 *V* 面不动，而是将 *H* 面绕 *OX* 轴向上旋转 90°，*W* 面绕 *OZ* 轴向前翻转 90°，使它们处于同一平面。因此，同样遵循“长对正、高平齐、宽相等”的三面正投影规律，如图 1-1-45 所示。

2. 第三角投影与第一角投影的比较

对照第三角投影图与第一角投影图，两者有以下不同点：

①观察者、物体、投影面三者的相对位置不同。

②投影图的名称和投影图的摆放位置不同。在图 1-1-45 所示的第三角投影图中，在 *V* 面上得到的投影图，称为前视图；在 *H* 面得到的投影图，称为顶视图；在 *W* 面得到的投影图，称为右视图。顶视图在前视图的上方，右视图在前视图的右方。

③投影图形及其所反映的方位关系有差别。对比图 1-1-44 和图 1-1-45，两者的 *V* 面及 *H* 面的投影图形完全相同，而 *W* 面的投影图则有差别，且反映物体的前后关系不同。在第三角投影图中，顶视图的下方与右视图的左方，都表示物体的前面；顶视图的上方与右视图的右方，都表示物体的后面，这与第一角投影法的投影关系截然相反。

巩固训练

用硫酸纸描摹园林或建筑设计平面图和轴测图，幅面规格为 A3，用绘图铅笔，在同一张图纸上绘制，样图由教师提供，主要在课外完成。

通过描摹园林或建筑设计图，初步感受工程制图的特点、趣味和方法，同时进一步加强识别工程图的类型与内容，激发学生的求知欲；并在此基础上完成制图工具的使用以及制图标准的引入学习。

（此次描摹作业，要求不必太高和太多，每次作业只要提出一些基本要求，留一些空间和问题让学生自己去感受和探索。）

自测题

1. 设计图与施工图有什么区别?
2. 轴测图与透视图有什么区别?
3. 平面图、立面图、轴测图和透视图分别与何种投影类型相对应?
4. 正投影有哪些特性?

单元 2
制图工具和材料的识别与使用

学习目标

【知识目标】

(1)了解并识别图板、丁字尺、三角板、比例尺、多用圆规、曲线板、绘图笔、图纸、墨水、胶带纸等工具和材料。

(2)掌握制图工具和材料的使用方法。

【技能目标】

(1)能使用各种制图工具。

(2)能选择合理的制图材料。

(3)养成正确的绘图习惯。

2.1 制图工具类型与使用方法

2.1.1 绘图笔

在工程制图中主要用到的绘图笔有绘图铅笔、鸭嘴笔(直线笔)和针管笔等,可以用这些笔来完成草图和正图的绘制。

2.1.1.1 绘图铅笔

绘图铅笔中常用的是木质铅笔(图 1-2-1A)。根据铅芯的软硬程度分为 B 型和 H 型,"B"表示软铅芯,标号为 B、2B、…6B,数字越大表示铅芯越软;"H"表示硬铅芯,标号为 H、2H、…6H,数字越大表示铅芯越硬;"HB"软硬程度介于两者之间。用法要求如下:

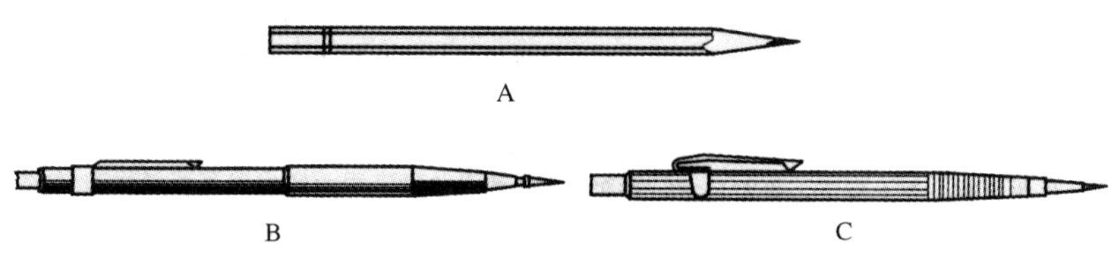

图 1-2-1 绘图铅笔

A. 绘图铅笔 B. 咬合式自动铅笔 C. 套管式自动铅笔

(1)削铅笔时，笔尖应该削成锥形，铅芯露出6~8mm，并注意一定要保留有标号的一端。

(2)绘图时，根据不同用途选择不同型号的铅笔，通常B或HB用于画粗线，即定稿；H或者2H用于画细线，即打草稿；HB或者H用于画中线或书写文字。此外还要根据绘图纸选用绘图铅笔，绘图纸表面越粗糙选用的铅芯应该越硬，表面越细密选用的铅芯越软。

(3)除了木质铅笔还有自动铅笔，自动铅笔根据外观形式又分为咬合式自动铅笔(图1-2-1B)和套管式自动铅笔(图1-2-1C)，在制图中建议用木质铅笔，这样画线时用力轻重比较容易操作，容易画出需要的线条；作草图不限用何种铅笔。

2.1.1.2　鸭嘴笔

鸭嘴笔又称直线笔或者墨线笔，笔头由两扇金属叶片构成(图1-2-2)。绘图时，在两扇叶片之间注入墨水，注意每次加墨量以不超过6mm为宜。通过调节笔头上的螺母调节两扇叶片的间距，从而改变墨线的粗细度。画线时，螺母应该向外，小指应该放在尺身上，笔杆向画线方向倾斜30°左右。

2.1.1.3　针管笔

针管笔又称自来水直线笔，通过金属套管和其内部金属针的粗细度调节出墨量，从而控制线条的宽度(图1-2-3)，在绘图中根据需要选择不同型号的针管笔。

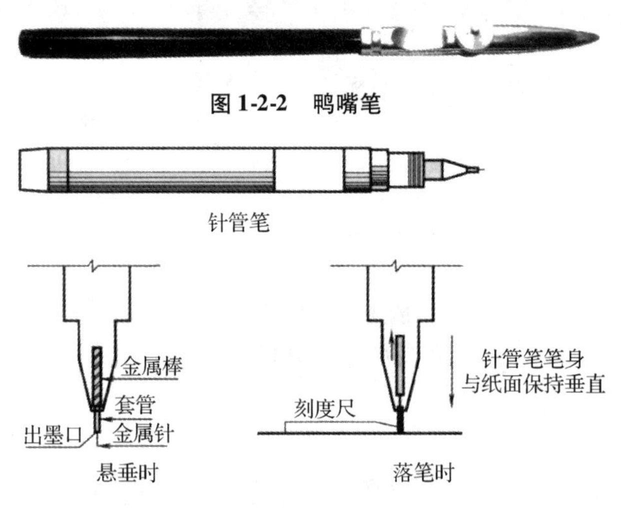

图1-2-2　鸭嘴笔

图1-2-3　针管笔及其构造示意

(1)针管笔由于构造不同，添加墨水的方式有两种：一种可以像普通钢笔一样吸墨水；另一种带有一个可以拆卸的小管，可以向其中滴墨水。不管哪种方式，针管笔都不需要频繁的加墨，并且对于线宽的调控更为方便，所以现在针管笔已经逐步取代了鸭嘴笔。

(2)针管笔必须使用碳素墨水或专用的制图墨水，用后一定要清洗干净。利用鸭嘴笔或者针管笔描图线的过程称为上墨线，在绘制的过程中应该按照一定顺序进行：先曲后直，先上后下，先左后右，先实后虚，先细后粗，先图后框。

2.1.2　图板、制图用尺

2.1.2.1　图板

(1)规格与型号

0号(1200mm×900mm)、1号(900mm×600mm)、2号(600mm×450mm)。图板的大小要比相应的图纸大一些，0号图板适用于绘制A0的图纸，1号图板适用于绘制A1的图纸。

(2) 使用方法

选取光滑表面作为绘图工作面，将图纸利用图钉或者透明胶布固定于图板之上，绘制图纸时图板要倾斜放置，倾斜角度为20°左右。

2.1.2.2　丁字尺

丁字尺由尺头和尺身构成，有固定式和可调式两种。

(1) 使用方法

尺头紧靠图板的工作边，上下移动尺身到合适位置，沿着丁字尺的工作边(有刻度的一边)从左到右绘制水平线条(图 1-2-4)。

(2) 注意事项

不要使用工作边进行纸张裁剪，防止裁纸刀损坏工作边；另外，使用完毕最好将丁字尺悬挂起来，防止尺身变形。

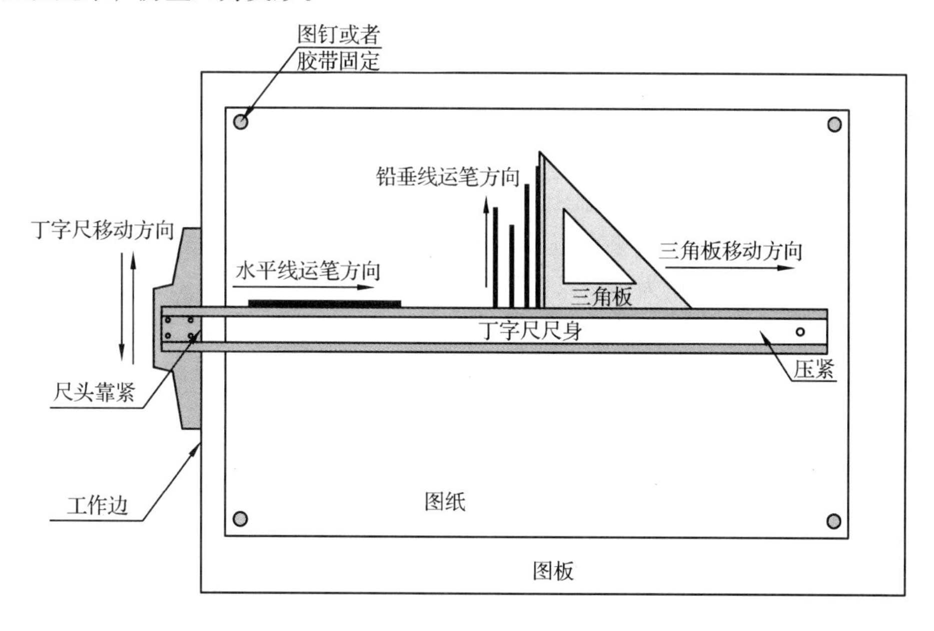

图 1-2-4　图板、丁字尺、三角板的使用

2.1.2.3　三角板

一副三角板有 30° ×60° ×90°和 45° ×45° ×90°两块。所有的铅垂线都是由丁字尺和三角板配合绘制的，具体方法如图 1-2-4、图 1-2-5 所示。

利用一副三角板可绘制与水平线成 15°及其倍数角(如 30°、45°、60°、75°等）的斜线。

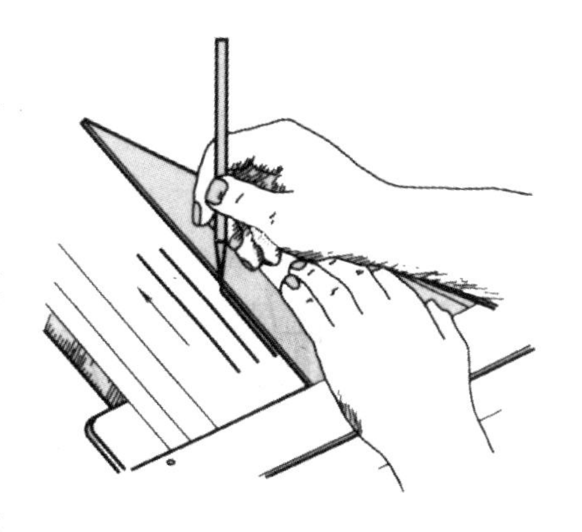

图 1-2-5　垂直线的绘制

2.1.2.4　直尺

直尺是常见的绘图工具，是三角板的辅助工具，用于绘制一般直线。直尺的用法比较简单，在这里就不做介绍了。

2.1.2.5　比例尺

很多时候需要根据实际情况选择适宜的比例，将形体缩放之后绘制到图纸上。人们将常用的比例用刻度表现出来，以缩放图纸或者量取实际长度，这样的量度工具称为比例尺。

常见的比例尺有三棱尺和比例直尺两种（图1-2-6）。

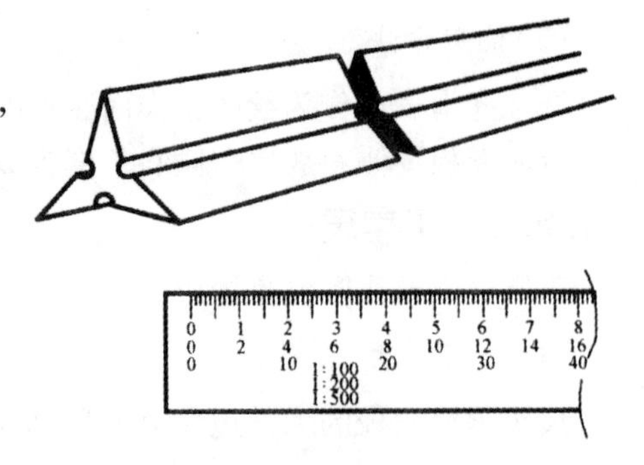

图1-2-6　三棱尺和比例直尺

（1）三棱尺成三棱柱状，通常有6种刻度，分别为1∶100、1∶200、1∶300、1∶400、1∶500和1∶600。比例直尺外观与一般的直尺没有区别，通常有1行刻度和3行数字，分别对应1∶100、1∶200和1∶500 3种比例，还应注意比例尺上的数字以米为单位。

（2）比例尺是图上距离与实际距离之比，分子为1，分母为整数，分母越大比例尺越小。实际距离＝图上距离×M，M为比例尺分母。图纸比例尺主要根据图纸的类型和要求来确定，具体内容将在后文中介绍。

（3）图纸缩放计算公式为$X = a \cdot M_1/M_2$，其中x代表缩放后图上距离，a为原图上对应距离，M_1、M_2分别为原图、新图比例尺的分母。

（4）比例尺最主要的用途就是可以不用换算直接得到图上某段长度的实际距离。以图1-2-6中的比例直尺的使用为例，假设图上长度为2cm，如果是1∶100的比例，就应该按照比例直尺第一行读数读取，即实际长度是2m；如果是1∶200的比例，则实际长度为4m；如果是1∶500的比例，实际距离就应该是10m。此外，1∶200的刻度还可以作为1∶2、1∶20、1∶2000比例尺使用，只需要将得到的数字按照比例缩放即可，图上距离仍然为2cm，以上比例对应的实际距离分别为0.02m、0.2m、20m，其他比例的使用方法与此相同。

2.1.3　圆规与分规

2.1.3.1　圆规

圆规用于画圆和圆弧、量取线段长度、等分线段以及基本的几何作图等。常见的是

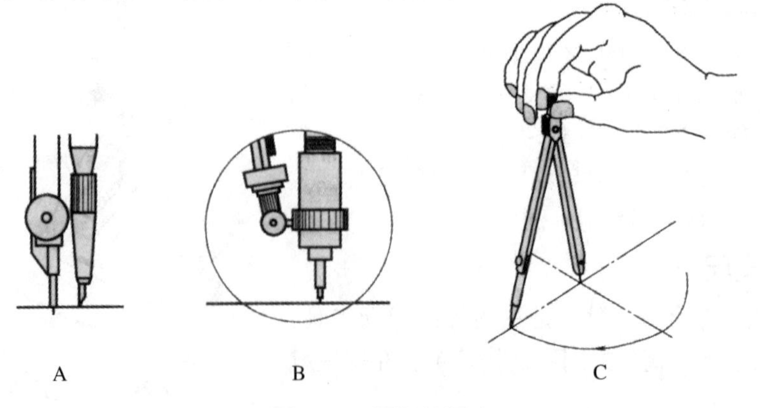

图1-2-7　圆规的用法

三用圆规，一只脚的端部插的是钢针，用于确定圆心；另一只脚的端部可以根据需要安装铅芯、针管笔专用接头或者钢针，分别用于绘制圆周、墨线圆以及作为分规使用。

(1)绘制圆周时，铅芯底端要与钢针的台肩平齐，一般应伸出芯套6～8mm(图1-2-7A)。

(2)绘制墨线圆时，需要将圆规安装铅芯的一只脚卸下，安装与针管笔连接的构件(图1-2-7B)。

(3)绘制圆周或者圆弧时，应该按照顺时针的方向转动，并稍向画线的方向倾斜(图1-2-7C)。

除了一般的圆规之外，当绘制小半径的圆周时，可以采用专门的小圆圆规。

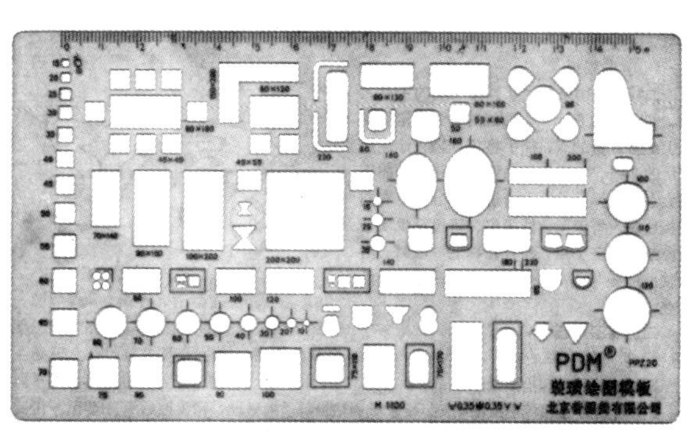

图1-2-8 建筑模板

2.1.3.2 分规

分规主要用来量取长度和等分线段或弧线，可以用圆规代替。分规常用于机械制图中，在园林制图中用得比较少，在这里就不做详细介绍了。

2.1.4 制图模板类

2.1.4.1 建筑模板

建筑模板主要用来绘制各种建筑标准图例和常用的符号，如柱、墙、门的开启线，详图索引符号等，模板上镂空的符号和图例符合比例，只要用笔将镂空的图形描绘出来就可以(图1-2-8)。

图1-2-9 各种曲线板

2.1.4.2 曲线板

图纸中非圆曲线可以借助曲线板进行描绘。曲线板的形式有很多，如图1-2-9所示。一般可选用复式曲线板，相当于这几种形式的组合(图1-2-10)。

为了保证曲线的圆滑程度，使用曲线板的时候应该按以下步骤操作：

①首先定出曲线上足够数量的点，徒手将各点连接成曲线。

图1-2-10 复式曲线板

②然后在曲线板上选取相吻合的曲线段，从曲线起点开始，第一段连线的原则是找四点连三点，即找与点1、2、3、4吻合的曲线，但是只连接1、2、3这3个点。

③以后的部分连线的原则是找五点连三点，并向前回退一个点，如第二段曲线，找到与点2、3、4、5、6吻合的曲线，然后顺次连接点3、4、5这3个点，以后依此类推(图1-2-11)。

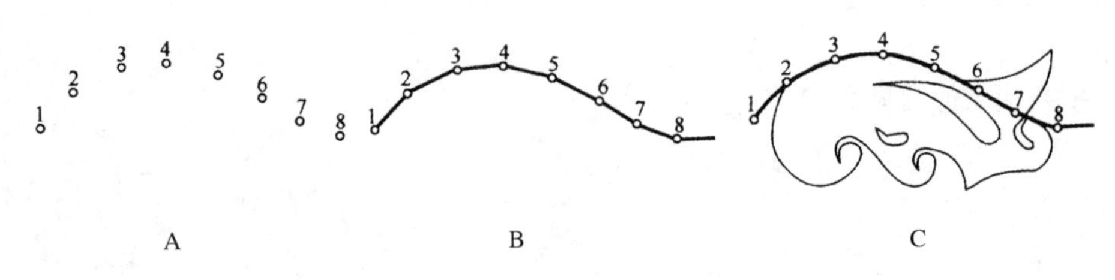

图1-2-11　曲线板的使用

2.1.4.3　圆板

在园林设计图纸中有很多圆形，如广场、种植池、树木的平面图例等，如果都借助圆规来绘制工作量大且烦琐，这时可以借助圆板(图1-2-12)。使用时，根据需要按照圆板上的标注找到直径合适的圆，利用标识符号对准圆心，沿镂空的内沿绘制圆周即可。

2.1.4.4　椭圆板

除了圆板之外，还有用于绘制不同尺度椭圆的椭圆板。椭圆板形式与圆板相似，只不过镂空的图形是一系列椭圆，使用方法与圆板相同。

在使用模板或者丁字尺、三角板等工具时，为了防止跑墨，可以在这些工具的背面找几个支点，粘上相同厚度的纸片，这样工具与图纸就会保留一定的空隙。

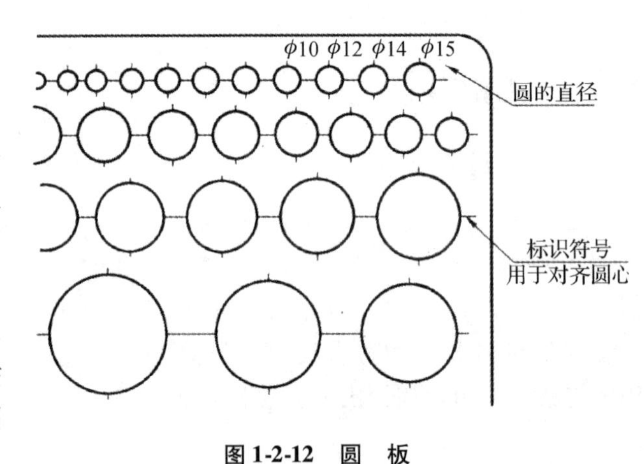

图1-2-12　圆　板

2.2 制图材料简介

2.2.1　图纸

制图图纸种类比较多，如草图纸、硫酸纸、制图纸，各种图纸有着各自的特点和优势，使用时根据实际需要加以选择。

2.2.1.1 草图纸

草图纸价格低廉，纸薄、透明，如普通白纸、拷贝纸等，一般用来临摹、打草稿、记录设计构想。

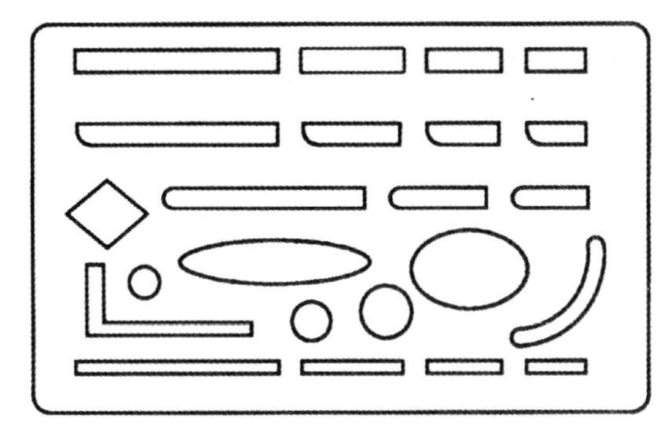

图 1-2-13 擦线板

2.2.1.2 硫酸纸

硫酸纸一般为浅蓝色，透明光滑，纸质薄且脆，不易保存，但由于硫酸纸绘制的图纸可以通过晒图机晒成蓝图，进行保存，所以硫酸纸广泛应用于设计的各个阶段，尤其是需要备份、图纸份数较多的施工图阶段。

2.2.1.3 制图纸

制图纸纸质厚重，不透明，整张为标准 A0 大小(幅面尺寸为 1189mm × 840mm)，制图时根据需要进行裁剪。

此外，还有牛皮纸、白卡纸、铜版纸等制图用纸。

2.2.1.4 其他

(1)橡皮、清洁刷、擦线板

橡皮最好选用专用的制图橡皮，并配合清洁刷清除橡皮屑。清洁刷可以根据需要选择，清洁、柔软即可。

为了防止擦掉有用的线条，可以选配擦线板(图 1-2-13)，有塑料的和金属的，也可以自己制作。

(2)墨水

由于绘制正图线条使用的是针管笔，植物、山石的绘制及写字也可以用钢笔或美工笔等，因此，一定要采用碳素墨水或者专门的制图墨水。

(3)辅助材料

除了上面所列的物品之外，还需要准备排笔(图 1-2-14)、裁纸刀、刀片、透明胶带、图钉、橡皮或插图片等。

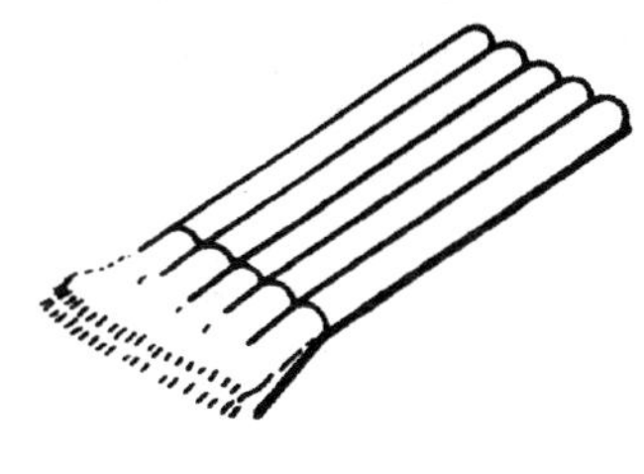

图 1-2-14 排 笔

用橡皮擦拭图纸时，会出现很多橡皮屑，为了保持土面整洁，应及时用排笔将橡皮屑清扫干净。

另外，绘图时还需用胶带纸(或绘图钉和夹子)、砂纸、小刀、单(双)面刀片等用品。

知识拓展

基本作图方法

一、仪器作图

利用绘图仪器绘制图纸的过程称为仪器作图。在要求比较严格、对精确度要求较高的时候采用仪器作图。绘制的方法与步骤可以概括为：先底稿，再校对，上墨线，最后复核签字。

需要注意的是，仪器作图并非尺规作图。尺规作图仅限于有限次地使用没有刻度的直尺和圆规进行作图，由于对作图工具的限制，使得一些看起来很简单的几何作图问题变得难以解决。

下面就针对仪器作图的方法作具体介绍。

1. 打底稿

打底稿的时候采用2H的铅笔轻轻绘制，并按照以下步骤进行：

①确定比例、布局，使得图形在画面中的位置适中　先按照图形的大小和复杂程度，确定绘图比例，选择图幅，绘制图框和标题栏；然后根据比例估计图形及其尺寸标注所占的空间，布置图面。

②确定基线　绘制出图形的定位轴、对称中心、对称轴或者基准线等。

③绘制轮廓线　根据图形的尺度绘制主要的轮廓线，勾勒图形的框架。

④绘制细部　按照具体的尺寸关系，绘制出图形各个部分的具体内容。

⑤标注尺寸　按照国家制图标准的规定，按照图样的实际尺寸进行标注。

⑥整理、检查　对所绘制的内容进行反复的校对，修改错线和添加漏线，最后擦除多余的线条。

2. 定铅笔稿

如果铅笔稿作为最后定稿，铅笔图线加深一定要做到粗细分明，通常宽度 b 和 $0.5b$ 的图线常采用B和HB的铅笔加深，宽度为 $0.25b$ 的图线采用H或者2H的铅笔绘制。

加深过程中一般按照先粗线，再中线，最后绘制细线的过程。为了保证线宽一致，可以按照线宽分批加深。

3. 上墨线

如果最后采用的是墨线稿，则在打底稿之后可以直接描绘墨线，当然也可承接第二步进行绘制。在上墨线的时候，可以按照先曲后直、先上后下、先左后右、先实后虚、先细后粗、先图后框的顺序。

4. 复核签字

对整个图面进行检查，并填写标题栏和会签栏，书写图纸标题等。

二、徒手作图

不借助绘图仪器，徒手绘制图纸的过程称为徒手作图，所绘制的图纸称为草图。草图是工程技术人员交流、记录设计构思、进行方案创作的主要方式，工程技术人员必须熟练掌握徒手作图的技巧。徒手作图的制图笔可以是铅笔、针管笔、普通钢笔、速写笔等，可以绘制在白纸上，也可以绘制在专用的网格纸上。

1. 注意事项

①草图的“草”字只是相对于仪器作图而言，并没有允许潦草的意思。草图上的线条也要粗细分明，基本平直，方向正确，长短大致符合比例，线形符合国家标准。画草图用的铅笔要软些，如B、HB；铅笔要削长些，笔尖不要过尖，要圆滑些；画草图时，持笔的位置高些，手放松些，这样画起来比较灵活。

②画草图时要手眼并用。作垂直线、等分线段或圆弧，截取相等的线段等，都是靠眼睛估测的。

③徒手画平面图形时，不要急于画细部，先要绘制出轮廓。画草图时，既要注意

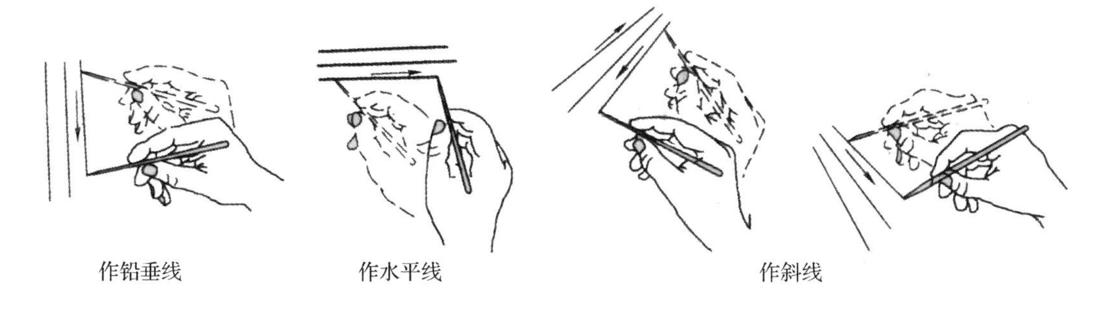

图 1-2-15　徒手绘制直线的方法

图形整体轮廓的比例，又要注意整体与细部的比例是否正确，草图最好画在方格纸(坐标纸)上，图形各部分之间的比例可借助方格数的比例来确定。

2. 徒手绘图的方法

①直线的绘制　徒手线条图的绘制可以从简单的直线开始练习。在练习中应该注意运笔的速度、力量、方向和支撑点。运笔速度要保持均匀、平稳，用笔力量应该适中，基本运笔方向为从左至右、从上至下。运笔的支撑点：第一种以手掌一侧或者小指关节与纸面接触的部分作为支撑点，适合于作较短的线条；第二种以肘关节为支撑点，靠小臂和手腕的转动，同时小指关节轻轻接触纸面，适用于绘制较长的直线；第三种是将整个手臂和肘关节架空或者肘关节和小指轻触纸面，可以作出更长的线条。

画水平线时，铅笔要放平些，初学画草图时，可先画出直线两端点，然后持笔沿直线位置悬空比划一、两次，掌握好方向，并轻轻画出底线。然后眼睛盯住笔尖，沿底稿线画出直线，并改正底稿线不平滑之处。绘制铅垂线和倾斜线时的方法与绘制水平线的方法相同，要特别注意眼睛要盯住线的终点(图 1-2-15)。

通过直线徒手绘制练习，掌握绘图的技巧后，就可以进行线条的排列、交叉和叠加的练习，在这个练习中要尽量保证整体排列和叠加的块面均匀。

②曲线的绘制　在徒手绘制曲线的时候，可以先确定曲线上的一系列点，然后将这些点顺次连接。一定要注意曲线的光滑度，尽量一气呵成，如果中间不得不中断，断点处不能出现明显的接头。

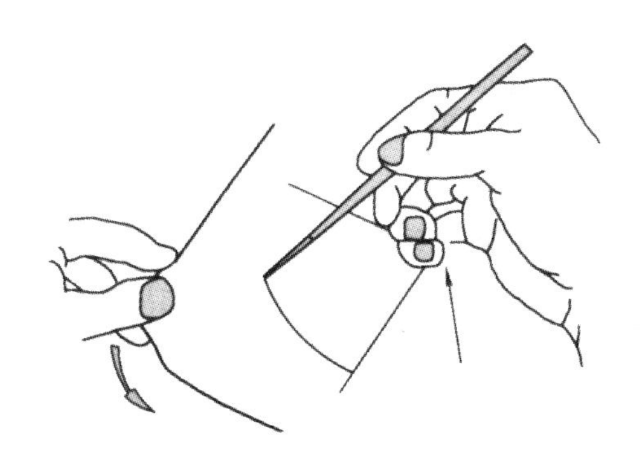

图 1-2-16　徒手绘制大图

③圆和椭圆的绘制　绘制大圆的时候可以按照图 1-2-16 所示的方法，绘制出圆心以及垂直的两条对称轴线，并确定好圆周上 4 个分点，将小指放置在圆心位置，以小指支撑点为圆心，绘图笔放置在其中一个点上，顺时针旋转纸张，保持笔长不变，就可以绘制出所需的圆周。

如果绘制小圆，方法较为简单。首先将圆心确定出来，经过圆心作相互垂直的径向射线，并在射线上目测半径长度，绘制出圆周的 4 个分点，然后用曲线将 4 个点连接起来，即得圆周(图 1-2-17A)。对于稍大的圆周可以采用图 1-2-17B 所示的方法绘制，即作出圆周上 8 个或 12 个点后连接成圆。

徒手绘制椭圆的方法如图 1-2-17C 所

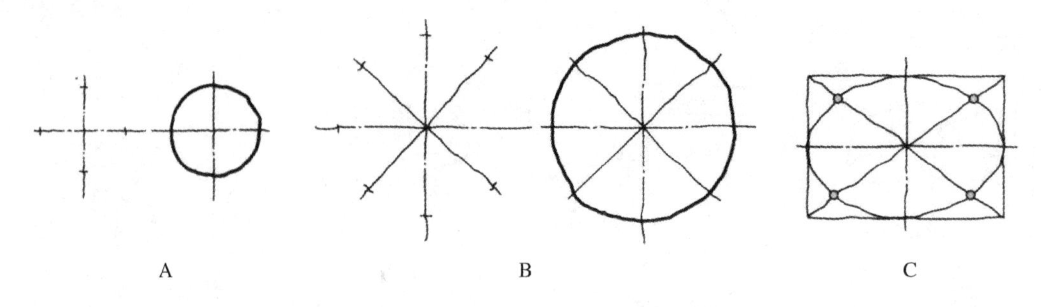

图1-2-17　徒手绘制小图和椭圆

示，按照椭圆的长短轴绘制出矩形，连接对角线，在椭圆中心到每一个矩形顶点的线段上，通过目测得到7∶3的分点。最后将4个分点和长短轴端点顺次连接成椭圆。

另外，山石、植物、地形等高线等，不管草图还是正图，一般都采用手绘方法。

三、计算机作图

借助计算机，利用专门的制图软件如AutoCAD、CorelDRAW、Photoshop等进行（二维和三维）作图的方法，称为计算机作图或电脑作图；以后将在专门的课程里学习，在本课程中不作进一步介绍。

巩固训练

运用制图工具对照教师提供的范图进行重复性操作练习，并同时熟悉有关材料的性能。

每种主要工具按要求进行重复性操作练习，课堂上先在教师的指导下进行训练，然后课外反复训练，为了增加趣味和有效性，可对照有关工程图进行综合性的操作训练。

自测题

1. 如何用丁字尺来画平行线以及与三角板结合画垂直线？
2. 如何用曲线板来画不规则曲线，使之形成圆滑的曲线？
3. 到文化用品商店熟悉绘图用的常用材料特点，并进行合理选购。

单元 3 工程图的基本制图标准

学习目标

【知识目标】

(1)了解图纸图幅、标题栏与会签栏、图线、字体、比例、尺寸标注、常用符号、常用图例等标准和规范。

(2)初步掌握书写文字和画线要领。

(3)掌握工程图的制图规范。

【技能目标】

(1)能写图幅、工程字,能准确画线。

(2)能在制图中查找和参照标准和规范。

3.1 工程制图图纸图幅

为了使工程图纸统一,保证图面质量,提高制图的效率,便于技术交流,满足设计、施工、管理等的要求,根据《房屋建筑制图统一标准》(GB/T 50001—2001)、《总图制图标准》(GB/T 50103—2001)、《建筑制图标准》(GB/T 50104—2001)、《建筑结构制图标准》(GB/T 50105—2001)等标准,结合园林工程图的特点,介绍有关规定。在园林图的绘制过程中,必须遵守国家的统一标准。

3.1.1 图幅、图框

图幅是指制图所用图纸的幅面。幅面的尺寸应符合表 1-3-1 的规定及图 1-3-1 的格式。幅面的长边与短边的比例 $l:b=\sqrt{2}$。A0 号图纸的面积为 1m^2,长边为 1189mm,短边为 841mm。A1 号图纸幅面大小是 A0 号图纸的对开(1/2),A2 号图纸幅面大小是 A1 号图纸幅面的对开,以此类推(图 1-3-2)。

表 1-3-1 图纸幅面及图框尺寸 mm

尺寸	A0	A1	A2	A3L	A4
$b \times l$	840 × 1189	594 × 840	420 × 594	297 × 420	210 × 297
a	25				
c	10			5	

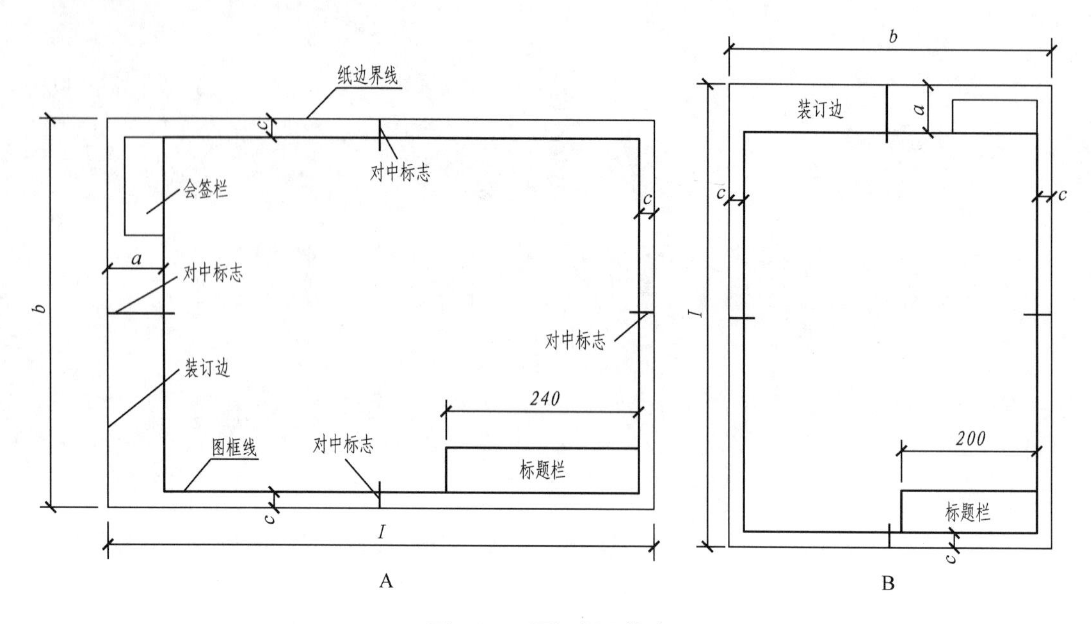

图 1-3-1　图纸幅面格式

A. A0 ~ A3 横式幅面　B. A0 ~ A3 立式幅面

图纸的使用一般分为横式和立式两种，以长边为水平边的称为横式，以短边为水平边的称为立式。一般A0 ~ A3 图纸宜采用横式，必要时也可采用立式。

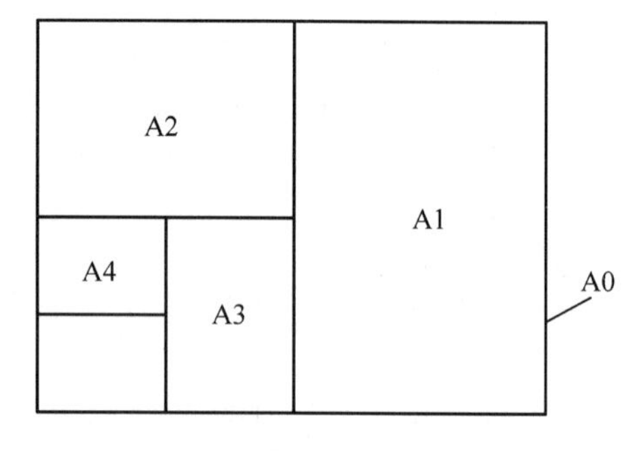

图 1-3-2　图纸的裁剪

绘图时可以根据需要加长图纸长边的尺寸，短边不得加长，但加长后的尺寸应遵守表 1-3-2 的规定。

绘图时还必须在图幅内画上图框，图纸的所有内容均须在图幅线以内。图框线与图幅边线的间隔 a 和 c 应符合表 1-3-1 的规定。

很多情况下，图幅需要加长，但也要按标准加长(表 1-3-2)。

表 1-3-2　图纸长边加长尺寸

mm

幅面代号	长边尺寸	长边加长后的尺寸									
A0	1189	1486	1635	1783	1932	2080	2230	2378			
A1	841	1051	1261	1471	1682	1892	2102				
A2	594	743	891	1041	1189	1338	1486	1635	1783	1932	2080
A3	420	630	841	1051	1261	1471	1682	1892			

注：有特殊需要的图纸，可采用 $b \times l$ 为 841mm × 892mm 与 1189mm × 1261mm 的幅面。

3.1.2　标题栏、会签栏

(1)标题栏

工程图纸的图名、图号、设计人姓名、审批人姓名、日期等要集中制成一个表格放在图纸的右下角(图 1-3-3)，此栏称为标题栏，又称图标。涉外工程的标题栏内，各项主要内容的中文下方应附有译文，设计单位的上方或左方，应加“中华人民共和国”字样。学生制图作业标题栏格式可参照图 1-3-4。

(2)会签栏

会签栏是各种负责人签字用的表格，栏内应写会签人员所代表的专业、姓名、日期(图 1-3-5)，其尺寸为 100mm×20mm。一个会签栏不够时，可另加一个，两个会签栏并列；不需要会签栏的图纸，可以不设会签栏。

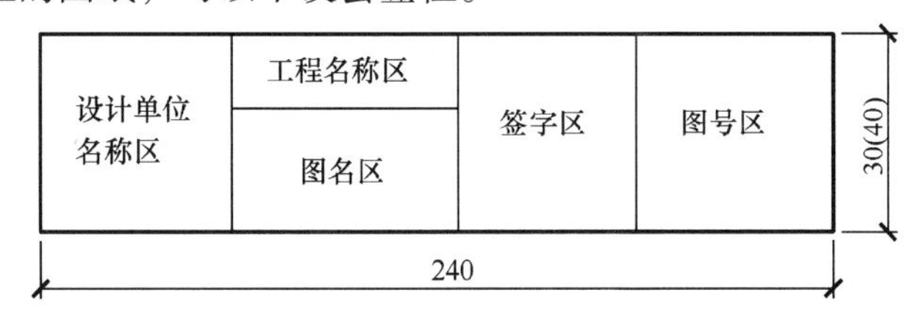

图 1-3-3　标题栏

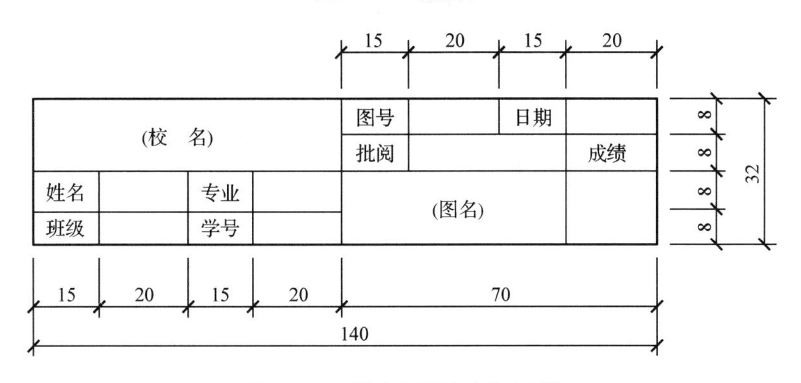

图 1-3-4　学生制图作业标题栏

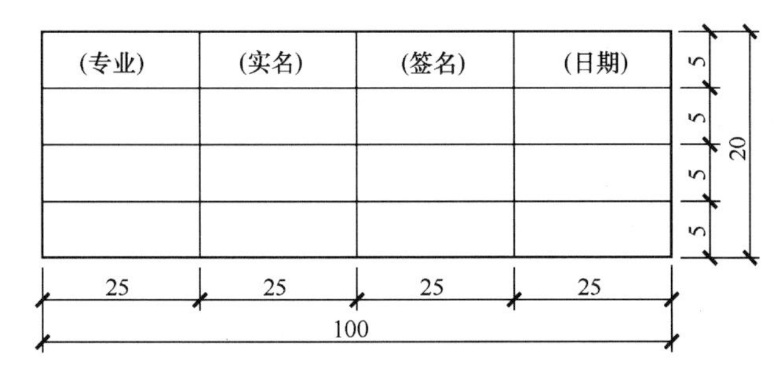

图 1-3-5　会签栏

3.2 工程制图图线与字体

3.2.1 图线

在绘图时，为了清晰地表达图中的不同内容，并能够分清主次，必须正确地使用不同的线型和选择合适的线宽。

3.2.1.1 线型

线型是指绘图中所使用的不同形式的线。建筑制图中的线型有实线、虚线、单点长画线、双点长画线、折断线和波浪线等，其中有些线型还分粗、中、细3种。线型的种类和用途见表1-3-3。

表1-3-3　线型的种类和用途

名　称		线　型	线宽	一般用途
实线	粗		b	主要可见轮廓线
	中		$0.5b$	可见轮廓线
	细		$0.25b$	可见轮廓线、图例线
虚线	粗		b	新建建筑物或园林建筑小品不可见的轮廓线；排水线
	中		$0.5b$	不可见轮廓线 总平面图中拟建或计划扩建的建筑物、铁路、道路、桥涵、围墙以及其他设施的轮廓线
	细		$0.25b$	总平面图中原有建筑物和道路、桥涵、围墙等设施不可见的轮廓线；结构详图中不可见钢筋混凝土构件的轮廓线；剖面图中被去除部分的轮廓线
单点长画线	粗		b	吊车轨道线
	中		$0.5b$	土方填挖区的零点线
	细		$0.25b$	分水线、中心线、对称轴、定位轴
双点长画线	粗		b	预应力钢筋线
	中		$0.5b$	见各有关专业制图标准
	细		$0.25b$	假想轮廓线、成形前原始轮廓线
折断线			$0.25b$	断开界线
波浪线			$0.25b$	断开界线

3.2.1.2 线宽组

在制图时，应根据所绘图样的复杂程度及图纸比例，先确定粗线线宽 b，线宽 b 的

数值可以从表 1-3-3 的第一行中选取。粗线的线宽确定以后，和粗线成比例的中线及细线的宽度也就随之确定了。

3.2.1.3　图线的画法及注意事项

(1)图纸中线宽组的选择见表 1-3-4，且在同一张图纸内，相同比例的各种图样应选择相同的线宽组。

(2)图纸的图框线、标题栏的外框线及分格线的线宽可参见表 1-3-5。

表 1-3-4　线宽组

线宽比 b	线宽组					
	2.0	1.4	1.0	0.7	0.5	0.35
0.5b	1.0	0.7	0.5	0.35	0.25	0.18
0.25b	0.5	0.35	0.25	0.18	—	—

表 1-3-5　图框线、标题栏线的宽度　　mm

幅面代号	图框线	标题栏外框线	标题栏分格线、会签栏线
A0、A1	1.4	0.7	0.35
A2、A3、A4	1.0	0.7	0.35

(3)相互平行的线，其间隙不宜小于其中的粗线宽度，且不宜小于 0.7mm。

(4)虚线、点画线或双点画线的线段长度和间隔，宜分别相等。

(5)点画线或双点画线，当在较小图形中绘制有困难时，可用实线代替。

(6)点画线或双点画线的两端不应是点，点画线与点画线交接或点画线与其他图线交接时，应是线段交接。

(7)虚线与虚线交接或虚线与其他图线交接时，应是线段交接。虚线为实线的延长时不得与实线连接(图 1-3-6)。

(8)图线不得与文字、数字或符号重叠、混淆，不可避免时，应首先保证文字等清晰。

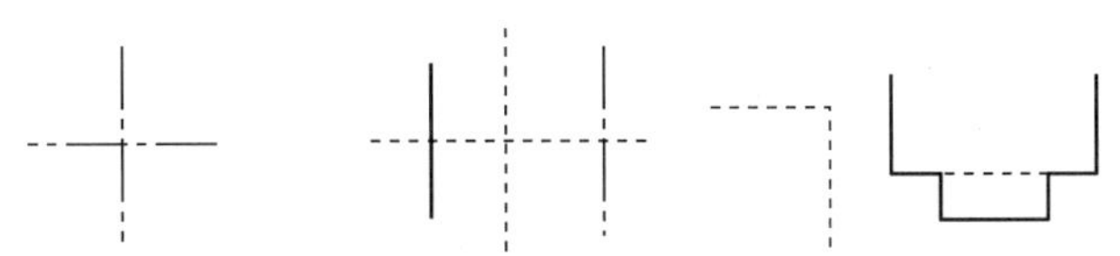

图 1-3-6　图线交接的正确画法

3.2.2　字体

制图中常用的文字有汉字、阿拉伯数字及拉丁字母、罗马数字等。

国家标准规定：图纸上需要书写的文字、数字或符号等，均应笔画清晰、字体端正、排列整齐，标点符号清楚正确，且必须用黑墨水书写。

3.2.2.1　汉字的书写规定

(1)工程图纸中的汉字，宜采用长仿宋体，大标题或图册封面等可用黑体。汉字的书写必须遵守国务院公布的《汉字简化方案》和有关规定。

(2)汉字的规格指汉字的大小，即字高。汉字的字高用字号表示，如高为 5mm 的字就为 5 号字。常用的字号有 3. 5、5、7、10、14、20 等。如需字号更大的字，则字高应以$\sqrt{2}$的比值递增。规定汉字的字高应不小于 3. 5mm。

长仿宋体字应写成直体字，其字高和字宽应符合表 1-3-6 的规定。

表 1-3-6　长仿宋字高宽关系

mm

字高	20	14	10	7	5	3. 5
字宽	14	10	7	5	3. 5	2. 5

3. 2. 2. 2　长仿宋字的写法

(1)在书写长仿宋字时，应先打好字格，以便字与字之间的间隔均匀、排列整齐。书写时，应做到字体满格、端正；注意起笔和落笔的笔锋抑扬顿挫和横平竖直。

(2)书写长仿宋字时，要注意汉字的结构，并应根据汉字的不同结构特点，灵活处理偏旁和整体的关系。

(3)每一笔画的书写都应做到干净利落、顿挫有力，不应歪曲、重叠和脱节。并特别注意起笔、落笔和转折等。

(4)长仿宋字例字如图 1-3-7 所示，书写的基本笔画见表 1-3-7。

园林规划设计方案绿地小品平立剖面详图结
构施工说明比例图号日期单位项目负责人审
核绘制道路广场铺装钢筋混凝土花架座凳照
明假山上下高低左右

图 1-3-7　长仿宋字例字

表 1-3-7　长仿宋字书写的基本笔画(运笔特征)

笔画名称	笔　法	运　笔　说　明
横		横可略斜，运笔起落略顿，使尽端呈三角形，但应一笔完成
竖		竖要垂直，有时可向左略斜，运笔同横
撇		撇的起笔同竖，但是随斜向逐渐变细，而运笔也由重到轻

（续）

笔画名称	笔 法	运 笔 说 明
捺	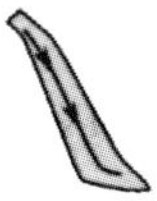	捺与撇相反，起笔轻而落笔重，终端稍顿再向右尖挑
点		点笔起笔轻而落笔重，形成上尖下圆的光滑形象
竖钩		竖钩的竖向竖笔，但要挺直，稍顿后向左上尖挑
横钩	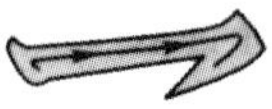	横钩由两笔组成，横向横笔，末笔应起重落轻，钩尖如针
挑		运笔由轻到重再轻，由直转弯，过渡要圆滑，转折有棱角

3.2.2.3 黑体字的写法

（1）黑体字又称等线体，即笔画的粗细相等。黑体字的字形一般为正方形，且字形较大，显得醒目、有力，多用于大标题或图册封面，园林图中也常用黑体字表达其设计效果。

（2）书写黑体字时，应做到字形饱满有力、横平竖直；各种笔画的宽度相等，无起笔和落笔的笔锋。

北 京 天 津 上 海 重 庆 香 港 澳 门
台 湾 内 蒙 古 黑 龙 江 吉 林 辽 宁
山 东 河 南 安 徽 福 建 苏 浙 湖 夏
广 西 贵 州 青 云 藏 新 疆 回 壮 族
省 自 治 行 政 区 直 辖 市 州 县 镇

图 1-3-8 黑体字例字

（3）黑体字例字如图 1-3-8 所示，基本笔画见表 1-3-8。

表 1-3-8 黑体字书写的基本笔画（运笔特征）

横	竖	竖撇	斜撇	平撇	斜撇

左斜点	挑点	挑	平捺	顿捺	右斜点
竖钩	左弯钩	右弯钩	竖平钩	折弯钩	折平钩

3.2.2.4　数字及字母的写法

①工程图纸中常用到的拉丁字母、阿拉伯数字和罗马数字的书写都可根据需要写成直体或斜体。斜体的倾斜度应从字的底线逆时针向上倾斜75°，其宽度、高度与相应的直体相同。

②数字及字母也可按其笔画宽度分为一般字体和窄字体两种。数字与字母的字高应不小于2.5mm。

③数字及字母书写示例如图1-3-9所示，字母和数字分A型和B型。A型字宽(d)为字高(h)的10/14，B型字宽(d)为字高(h)的7/10。用于题目或者标题的字母和数字又分为等线体和截线体两种写法。按照是否铅垂又分为直体和斜体两种。

为了使字体排列整齐匀称，满型的字体如“图”、“醒”等须略小些，而笔画少的字体如“一”、“小”等须略大些。这样统观起来效果较好。

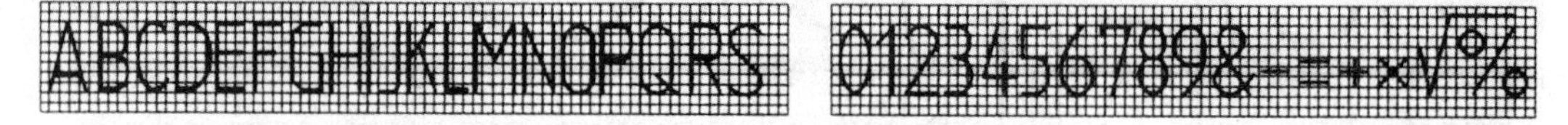

等线体

截线体

ABC123 ABC123 A B C 123 ABCabf
ABC48 ABX123 124abcd abcd1234
ABabd34 ABαβ123 124abcd 124ABcd
ABCDE ABC489 ABC123 1245AB

直体

ABCDE ABCD123 ABC456 12345
ABCDE ABCDE ABC123 ABC345
abcd 123 ABO12 abc012 ABC012
ABCDE abcdef 12345 12345

斜体

图1-3-9　字母与数字书写示例

3.3 图纸比例与尺寸标注

3.3.1 图纸比例

工程图纸中的建筑物或机械图中的机械零件，都不能按它们的实际大小画到图纸上，需按一定的比例放大或缩小。图形与实物相对应的线性尺寸之比称为比例。比例的大小，是指比值的大小，如1∶50大于1∶100。

比例的选择，应根据图样的用途和复杂程度确定，并优先选用常用比例(表1-3-9)。

表1-3-9　绘图常用的比例

常用比例	1∶1、1∶2、1∶5、1∶10、1∶20、1∶50、1∶100、1∶150、1∶200、1∶500、1∶1000
可用比例	1∶3、1∶4、1∶6、1∶15、1∶25、1∶30、1∶40、1∶60、1∶250、1∶300、1∶400、1∶600

比例应以阿拉伯数字表示，如1∶1、1∶2、1∶100等。比例一般以阿拉伯数字注写在图名的右侧，字的底线应相平；比例数字的字号应比图名的字号小一号或小两号，如图1-3-10所示。

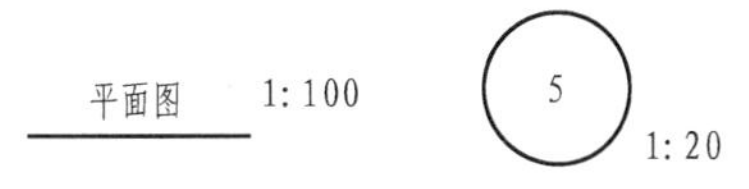

图1-3-10　比例的注写

3.3.2 尺寸标注

在工程图中，除了按比例画出物体的图形外，还必须标注其实际尺寸，才能完整地表达出形体的大小和各部分的相对关系，进行正确无误的施工。

3.3.2.1 线段的尺寸标注

图样上的尺寸标注，应包括尺寸界线、尺寸线、尺寸起止符号和尺寸数字(图1-3-11)。

(1)尺寸界线

尺寸界线应用细实线绘制，一般应与被注线段垂直，其一端应离开图样轮廓线不小于2mm，另一端宜超出尺寸线2～3mm。必要时，图样轮廓线可用做尺寸界线(图1-3-12)。

(2)尺寸线

尺寸线应用细实线绘制，应与被注线段平行，且不宜超出尺寸界线。中心线或任何

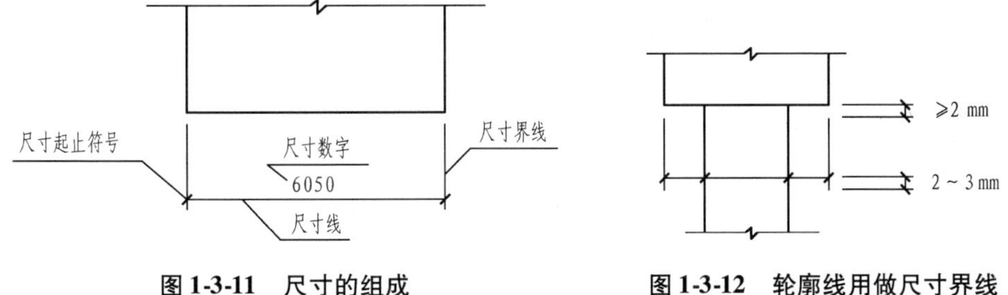

图1-3-11　尺寸的组成　　图1-3-12　轮廓线用做尺寸界线

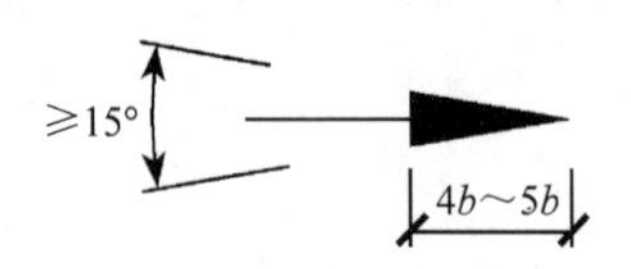

图 1-3-13　箭头尺寸起止符号

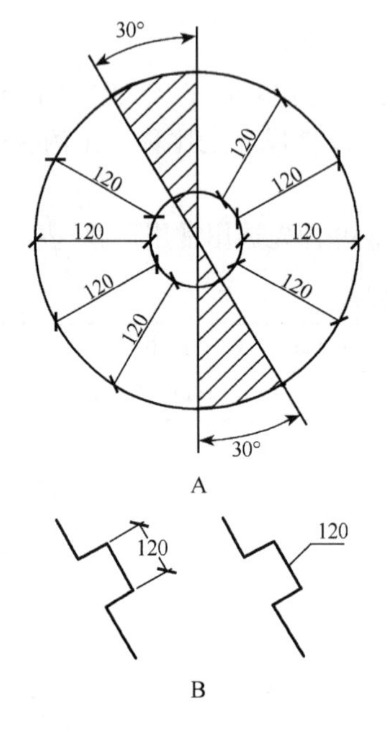

图 1-3-14　尺寸数字的注写方向
A. 一般注写方式　B. 30°斜线区内注写方式

图线均不得用作尺寸线。

(3)尺寸起止符号

尺寸起止符号一般用中粗斜短线绘制，其倾斜方向与尺寸界线成顺时针 45°角，长度宜为 2～3mm。半径、直径、角度与弧长的尺寸起止符号宜用箭头表示(图 1-3-13)。

(4)尺寸数字

图样上的尺寸数字是图样的实际尺寸，与图样的尺寸无关。尺寸数字的大小也不得从图上直接量取。标注尺寸数字时应按下列规定：

①图样上尺寸数字的单位，除标高和总平面图以米为单位外，均必须以毫米为单位，并可省略不写。

②尺寸数字的读数方向，应按图 1-3-14A 的规定注写。若尺寸数字在 30°斜线区内，宜按图 1-3-14B 的形式注写。

③尺寸数字应依据其读数方向注写在靠近尺寸线的上方中部，如没有足够的注写位置，最外边的尺寸数字可注写在尺寸界线的外侧，中间相邻的尺寸数字可错开注写，也可引出注写(图 1-3-15)。

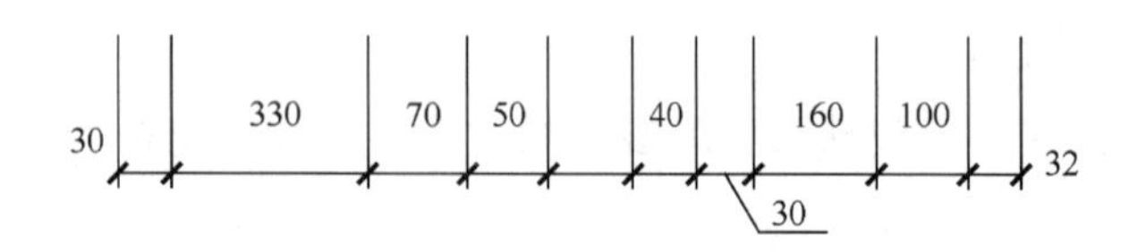

图 1-3-15　尺寸数字的注写位置

3.3.2.2　尺寸的排列与布置

(1)尺寸宜标注在图样轮廓线以外，不宜与图线、文字及符号等相交(图 1-3-16A)。

(2)图线不得穿越尺寸数字，不可避免时，应将尺寸数字处的图线断开(图 1-3-16A)。

(3)互相平行的尺寸，应从被标注的图样轮廓线由近向远整齐排列，小尺寸应离轮廓线较近，大尺寸应离轮廓线较远(图 1-3-16B)。

(4)图样轮廓线以外的尺寸线，距图样最外轮廓线之间的距离，不宜小于 10。平行排列的尺寸线的间距，宜为 7～10，并应保持一致(图 1-3-16B)。

(5)总尺寸的尺寸界线应靠近所指部位，中间的分尺寸的尺寸界线可稍短，但其长度应相等(图 1-3-16B)。

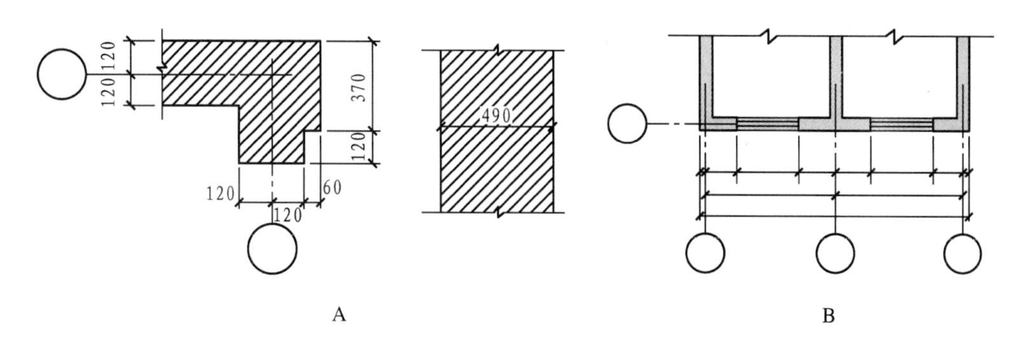

图 1-3-16　尺寸排列与布置

A. 尺寸数字的注写　B. 尺寸的排列

3.3.2.3　半径、直径的尺寸标注

(1)半径的尺寸标注

①标注圆或圆弧的半径尺寸时，半径数字前要加注半径符号“*R*”。半径的尺寸线，应一端从圆心开始，另一端画箭头指至圆弧(图 1-3-17)。

②当被标注的圆较小时，可按图 1-3-18A 所示标注。

③当被标注的圆较大时，可按图 1-3-18B 所示标注。

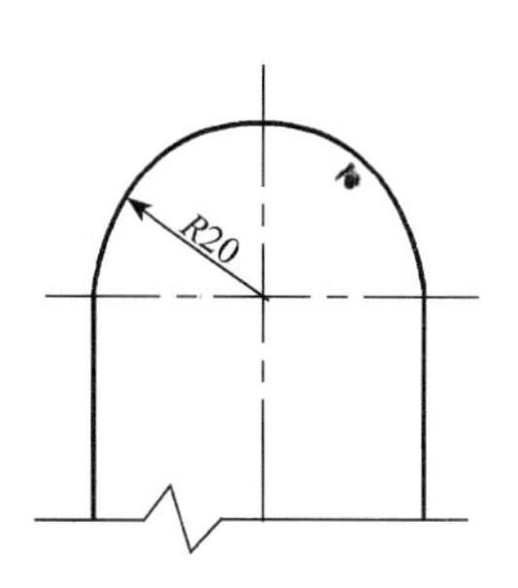

图 1-3-17　半径标注方法

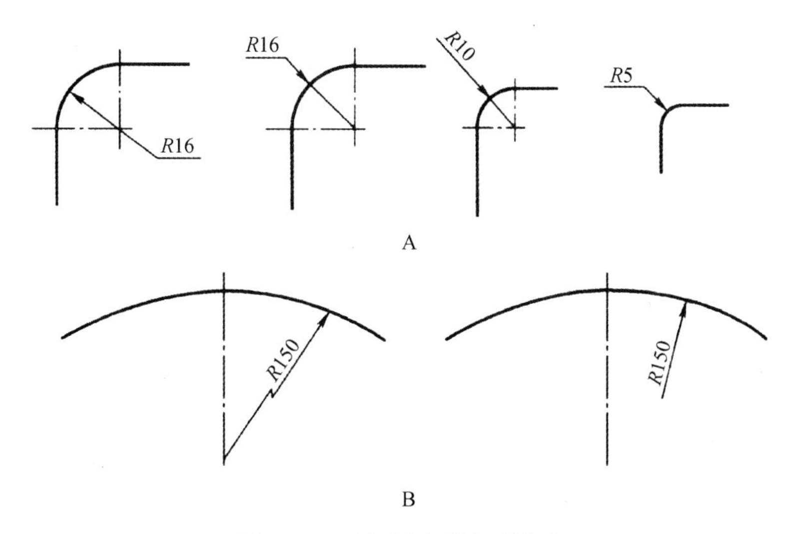

图 1-3-18　圆弧半径的标注方法

A. 小圆弧半径的标注方法　B. 大圆弧半径的标注方法

(2)直径的尺寸标注

①标注圆的直径尺寸时，尺寸数字前要加直径符号“*Φ*”。在圆内标注的直径尺寸线应通过圆心，两端画箭头指至圆弧(图 1-3-19)。

②当被标注的圆的直径尺寸较小时，可标注在圆外(图 1-3-20)。

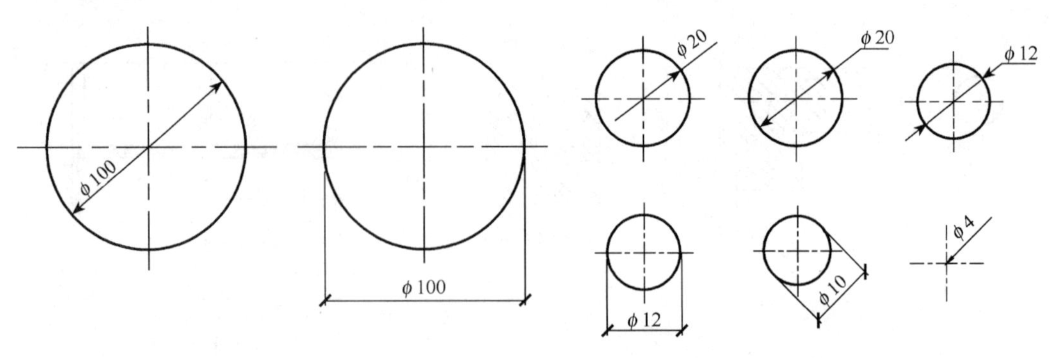

图 1-3-19　圆的直径的标注方法　　　　图 1-3-20　小圆直径的标注方法

③球的尺寸标注方法为：标注球的半径尺寸时，应在尺寸数字前加注符号“*SR*”。标注球的直径尺寸时，应在尺寸数字前加注符号“*SΦ*”。

注写方法与圆弧半径和圆直径的尺寸标注方法相同。

3.3.2.4　角度、弧长、弦长的尺寸标注

(1)角度的尺寸标注

角度的尺寸线，应以圆弧线表示。该圆弧的圆心应是该角的顶点；角的两个边为尺寸界线；角度的起止符号应以箭头表示，如没有足够的头位置画箭，可用圆点代替；角度数值应水平方向注写(图 1-3-21)。

(2)弧长的尺寸标注

标注圆弧的弧长时，尺寸线应以与该圆弧同心的圆弧线表示，尺寸界线应垂直于该圆弧的弦，起止符号应以箭头表示，弧长数值的上方加注圆弧符号(图 1-3-22)。

(3)弦长的尺寸标注

标注圆弧的弦长时，尺寸线应以平行于该弦的直线表示，尺寸界线应垂直于该弦，起止符号应以中粗斜短线表示(图 1-3-23)。

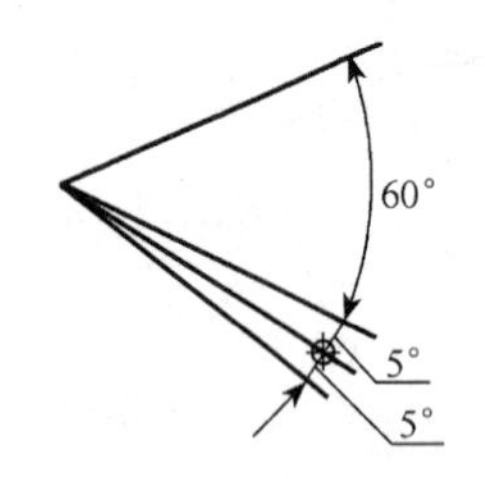

图 1-3-21　角度的标注方法

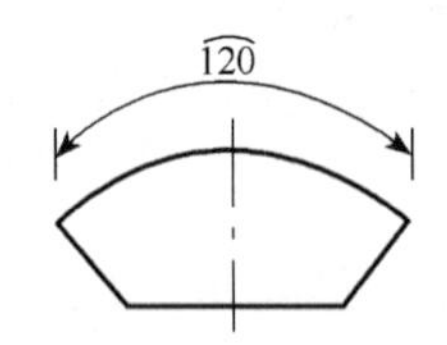

图 1-3-22　弧长的标注方法

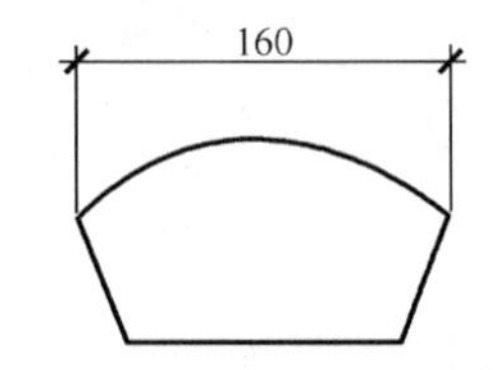

图 1-3-23　弦长的标注方法

3.3.2.5　薄板厚度、正方形、坡度、非圆曲线等尺寸标注

(1)在薄板板面标注板厚尺寸时，应在厚度数字前加厚度符号“*t*”(图 1-3-24)。

(2)标注正方形的尺寸，可用“边长×边长”的形式，也可在边长数字前加正方形符号“□”(图 1-3-25)。

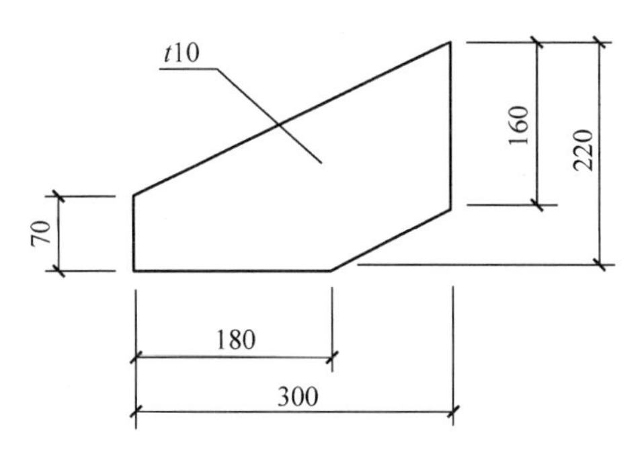

图 1-3-24　薄板厚度标注方法

图 1-3-25　标注正方形的尺寸

(3)标注坡度时，在坡度数字下，应加注坡度符号“——”。坡度符号应为指向下坡方向的单边箭头，如图1-3-26A、B；坡度有时也可用直角三角形标注，即用直角三角形的两直角边之比来表示坡度的大小(图1-3-26C)。

(4)当标注外形为非圆曲线的构件尺寸时，可采用坐标形式标注(图1-3-27)。

(5)比较复杂的图形，可用网格的形式来标注尺寸(图1-3-28)。

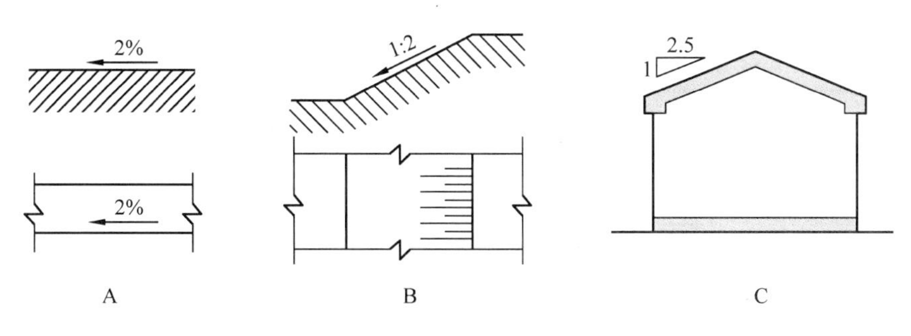

图 1-3-26　坡度的标注方法

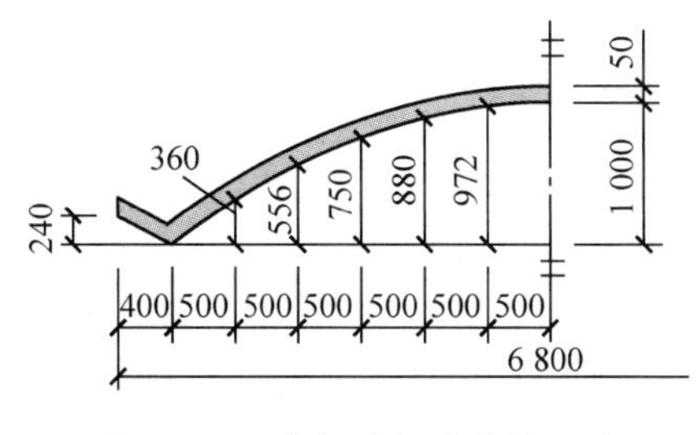

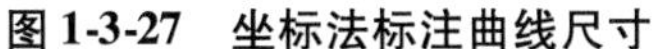

图 1-3-27　坐标法标注曲线尺寸

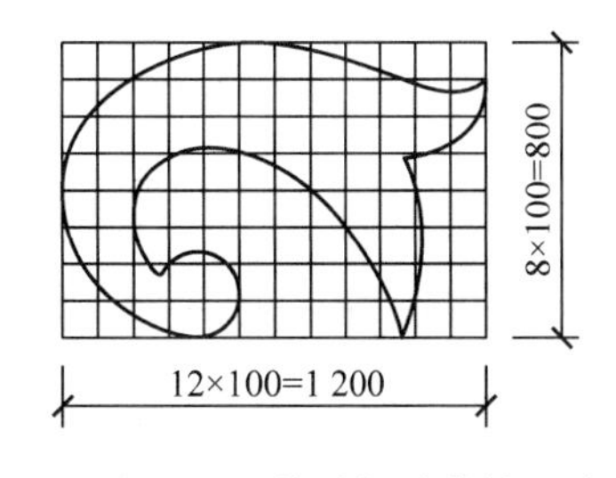

图 1-3-28　网格法标注曲线尺寸

3.3.2.6　尺寸的简化标注

(1)单线图尺寸的标注

杆件或管线的长度，在单线图(桁架简图、钢筋简图、管线图等)上，可直接将尺寸沿杆件或管线的一侧注写(图1-3-29)。

(2)连排等长尺寸的标注

连续排列的等长尺寸，可用“个数×等长尺寸=总长”的形式标注(图1-3-30)。

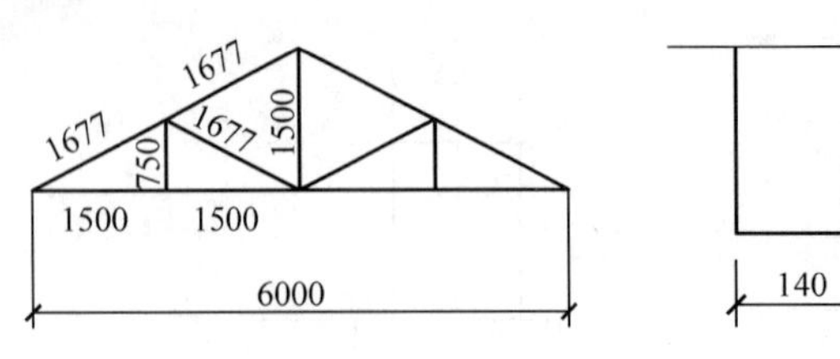

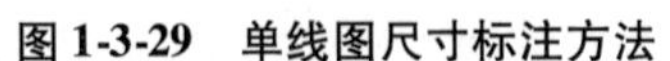
图 1-3-29　单线图尺寸标注方法

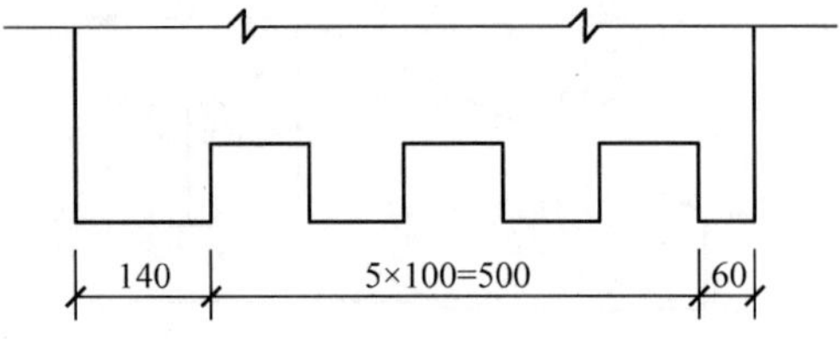

图 1-3-30　等长尺寸标注方法

(3)相同要素的尺寸标注

构配件内的构造要素(如孔、槽等)如相同，可仅标注其中一个要素的尺寸(图 1-3-31)。

(4)对称构件的尺寸标注

对称构件采用对称省略画法时，该对称构件的尺寸线应略超过对称符号，仅在尺寸线的一端画尺寸起止符号，尺寸数字应按整体全尺寸注写，其注写位置宜与对称符号对正(图 1-3-32)。

两个构件，如个别尺寸数字不同，可在同一图样中将其中一个构件的不同尺寸数字注写在括号内，该构件的名称也应注写在相应的括号内(图 1-3-33)。

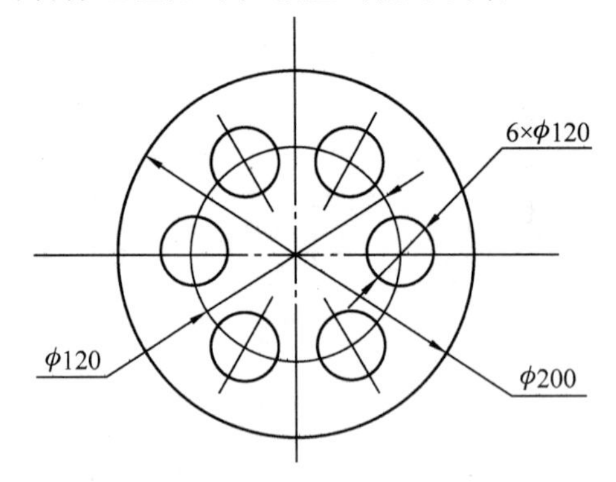

图 1-3-31　相同要素尺寸标注方法

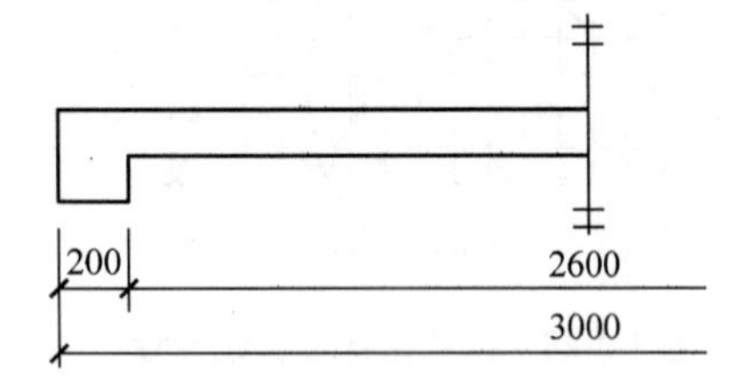

图 1-3-32　对称构件尺寸标注方法

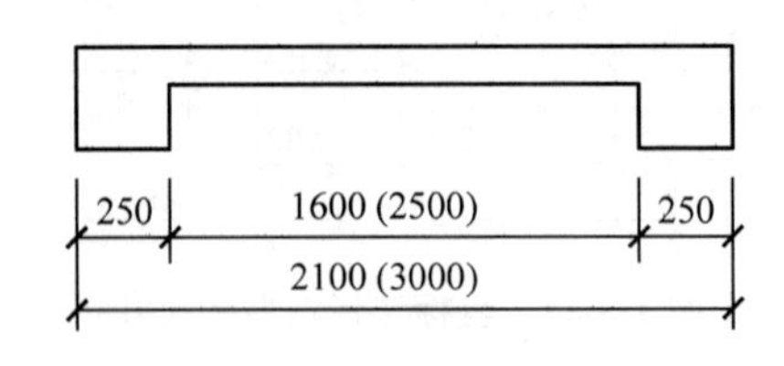

图 1-3-33　相似构件尺寸标注方法

3. 3. 2. 7　标高的标注

标高符号应以等腰直角三角形表示，按图 1-3-34A 所示形式用细实线绘制，如标注位置不够，也可按图 1-3-34B 所示形式绘制。标高符号的具体画法如图 1-3-34C、D 所示。

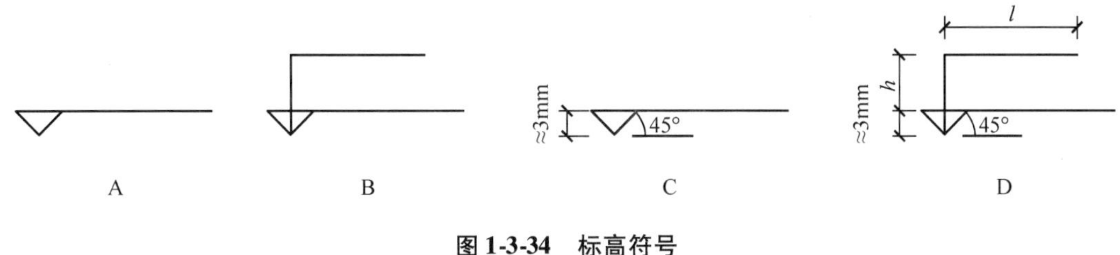

图 1-3-34　标高符号

（l——取适当长度注写标高数字　h——根据需要取适当高度）

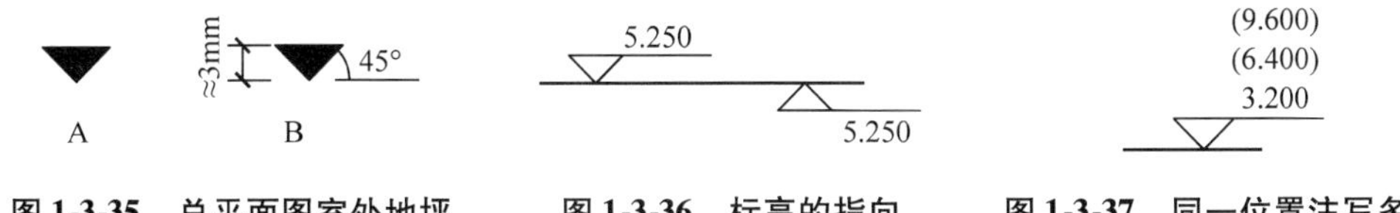

图 1-3-35　总平面图室外地坪标高符号

图 1-3-36　标高的指向

图 1-3-37　同一位置注写多个标高数字

（1）总平面图室外地坪标高符号，宜用涂黑的三角形表示（图 1-3-35A），具体画法如图 1-3-35B 所示。

（2）标高符号的尖端，应指至被标注的高度。尖端可向上，也可向下（图 1-3-36）。

（3）标高数字应以米（m）为单位，注写到小数点以后第三位。在总平面图中，可注写到小数点以后第二位。

（4）零点标高应注写成 ±0.000，正数标高不注“+”，负数标高应注“-”，例如 3.000、-0.600。

（5）在图样的同一位置需表示几个不同标高时，标高数字可按图 1-3-37 所示的形式注写。

3.4 常用制图符号及定位轴线

3.4.1　常用制图符号

3.4.1.1　索引符号与详图符号

（1）图样的某一局部或构件，如需另见详图应以索引符号索引，如图 1-3-38A 所示。索引符号是由直径为 10mm 的圆和水平直径组成，圆及水平直径均应以细实线绘制。索引符号的编号应按下列规定编写：

①索引出的详图，如与被索引的图样在同一张纸内，应在索引符号的上半圆中用阿拉伯数字注明该详图的编号，并在索引符号的下半圆中间画一段水平细实线（图 1-3-38B）。

②索引出的详图，如与被索引的图样不在同一张图纸内，应在索引符号的上半圆中用阿拉伯数字注明该详图的编号，在索引符号的下半圆中用阿拉伯数字注明该详图所在图纸的编号（图 1-3-38C），数字较多时，可加文字标注。

③索引出的详图，如果采用标准图，应在索引符号水平直径的延长线上加注该标准

图册的编号(图 1-3-38D)。

(2)索引符号如果用于索引剖面详图，应在被剖切的部位绘制剖切位置线，并应以引出线引出索引符号，引出线所在的一侧应为投射方向。索引符号的编写同(1)规定(图 1-3-39)。

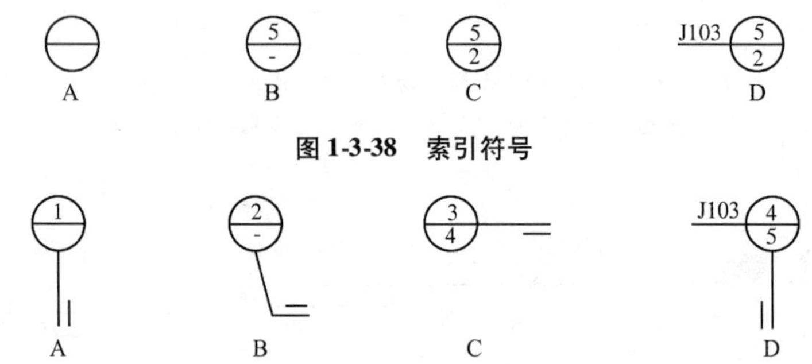

图 1-3-38　索引符号

图 1-3-39　用于索引剖面详图的索引符号

(3)零件、钢筋、杆件、设备等的编号，以直径为 4 ~ 6mm(同一图样应保持一致)的细实线圆表示，其编号应用阿拉伯数字按顺序编写(图 1-3-40)。

(4)详图的位置和编号应以详图符号表示，详图符号的圆的直径为 14mm，应以粗实线绘制。详图应按下列规定编号：

①详图与被索引的图样在同一张图纸内时，应在详图符号内用阿拉伯数字注明该详图的编号(图 1-3-41A)。

②详图与被索引的图样如不在一张图纸内时，可用细实线在详图符号内画一条水平直径，并在上半圆中注明详图的编号，在下半圆中注明被索引的图样所在的图纸号(图 1-3-41B)。

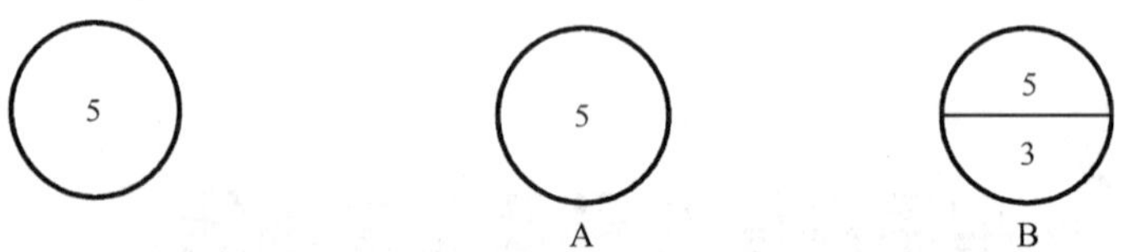

图 1-3-40　零件、钢筋等的编号　　　　图 1-3-41　详图符号

3.4.1.2　引出线

当图样中的内容有需要用文字或图样加以说明的时候，要用引出线引出。

(1)引出线应以细实线绘制，宜采用水平方向，与水平线成 30°、45°、60°或 90°的直线，或经上述角度再折为水平线；文字说明宜注写在横线上方(图 1-3-42A)，也可注写在水平线的端部(图 1-3-42B)；索引详图的引出线，应对准索引符号的圆心(图 1-3-42C)。

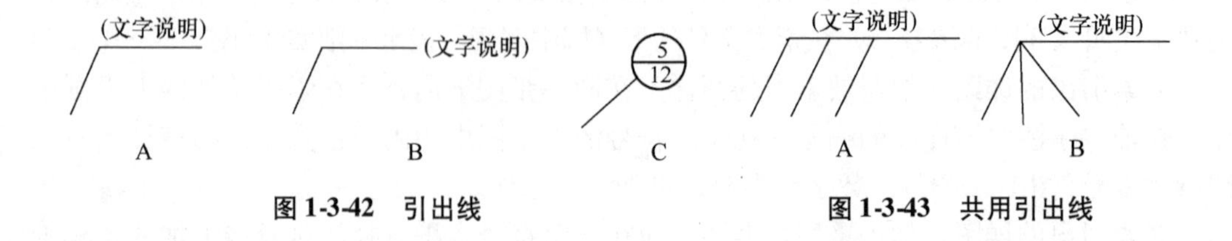

图 1-3-42　引出线　　　　图 1-3-43　共用引出线

(2)同时引出几个相同部分的引出线，宜互相平行(图1-3-43A)，也可画成集中于一点的放射线(图1-3-43B)。

(3)多层构造或多层管道共用引出线，应通过被引出的各层。文字说明宜注写在水平线上方，也可注写在水平线的端部，说明的顺序由上至下，并应与被说明的层次相一致；如层次为横向排列，则由上至下的说明顺序应与由左至右的层次相一致(图1-3-44)。

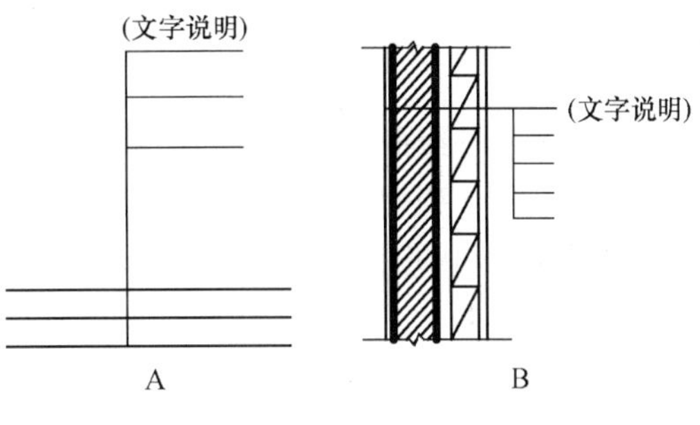

图1-3-44　多层结构引出线

3.4.1.3　其他符号

(1)对称符号

应按图1-3-45所示，用细实线绘制，平行线的长度宜为6～10mm。平行线的间距为2～3mm，平行线在对称线两侧的长度应相等。

(2)连接符号

应以折断线表示需连接的部位，以折断线两端靠图样一侧的大写拉丁字母表示连接符号。两个被连接的图样，必须用相同的字母编号(图1-3-46)。

(3)指北针

在平面图或总平面图中需要用指北针指示方位。指北针宜用细实线绘制，如图1-3-47所示，圆的直径宜为24mm，指针的尾部的宽度宜为3mm。需要用较大直径绘制指北针时，指针尾部宽度宜为直径的1/8。

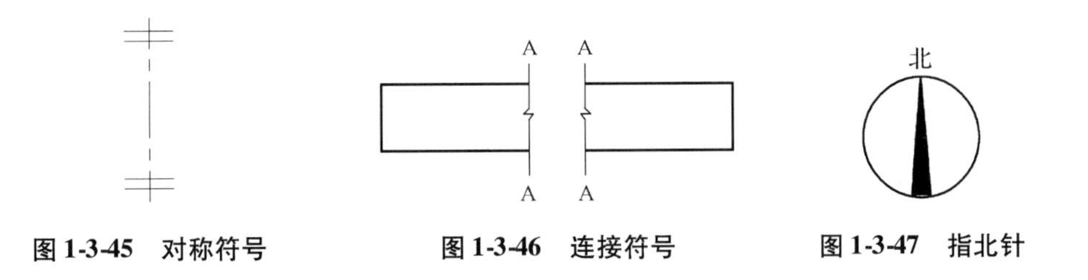

图1-3-45　对称符号　　图1-3-46　连接符号　　图1-3-47　指北针

3.4.2　定位轴线

定位轴线应用细点画线绘制。

定位轴线一般应编号，编号应注写在轴线端部的圆内。圆应用细实线绘制，直径为8～10mm。定位轴线圆的圆心，应在定位轴线的延长线或延长线的折线上。

平面图上定位轴线的编号，宜标注在图样的下方或左侧。横向编号应用阿拉伯数字，从左至右顺序编写，竖向编号应用大写拉丁字母，从下至上顺序编写(图1-3-48)。

拉丁字母的I、O、Z不得用作轴线编号。如字母数量不够使用，可增用双字母或单字母加数字注脚，如AA、BA、…YA或A_1、B_1、…Y_1。

组合较复杂的平面图中定位轴线也可采用分区编号(图1-3-49)，编号的注写形式应

为“分区号-该分区编号”。分区号采用阿拉伯数字或大写拉丁字母表示。

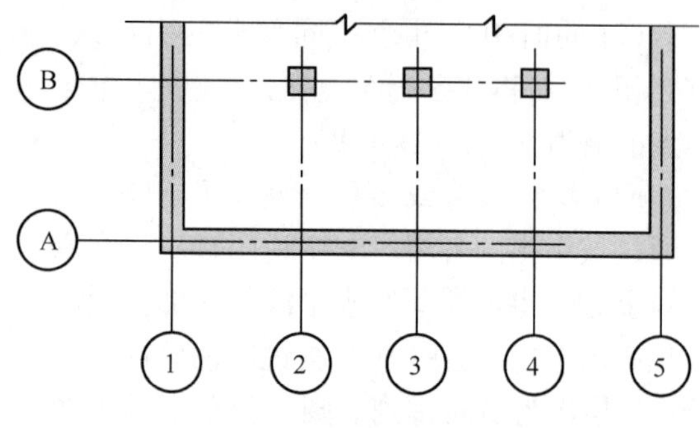

图 1-3-48 定位轴线的编号

附加定位轴线的编号，应以分数形式表示，并应按下列规定编写：

两根轴线间的附加轴线，应以分母表示前一轴线的编号，分子表示附加轴线的编号，编号宜用阿拉伯数字顺序编写，即：

(1/2)表示 2 号轴线之后附加的第一条轴线；

(3/C)表示 C 号轴线之后附加的第三条轴线。

1 号轴线或 A 号轴线之前的附加轴线的分母应以 01 或 0A 表示，即：(3/01)表示 1 号轴线之前附加的第一条轴线；(3/0A)表示 A 号轴线之前附加的第三条轴线。

圆形平面图中定位轴线的编号，其径向轴线宜用阿拉伯数字表示，从左下角开始，按逆时针顺序编写；其圆周轴线宜用大写字母表示，从外向内顺序编写(图 1-3-50)。

折线形平面图中定位轴线的编号可按图 1-3-51 所示的形式编写。

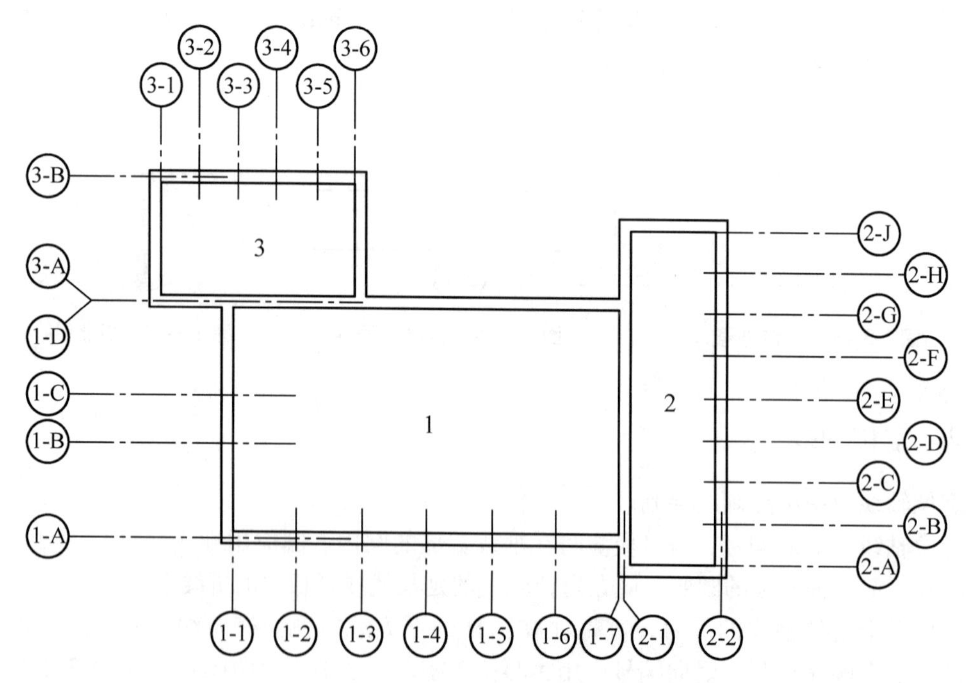

图 1-3-49 定位轴线的分区编号

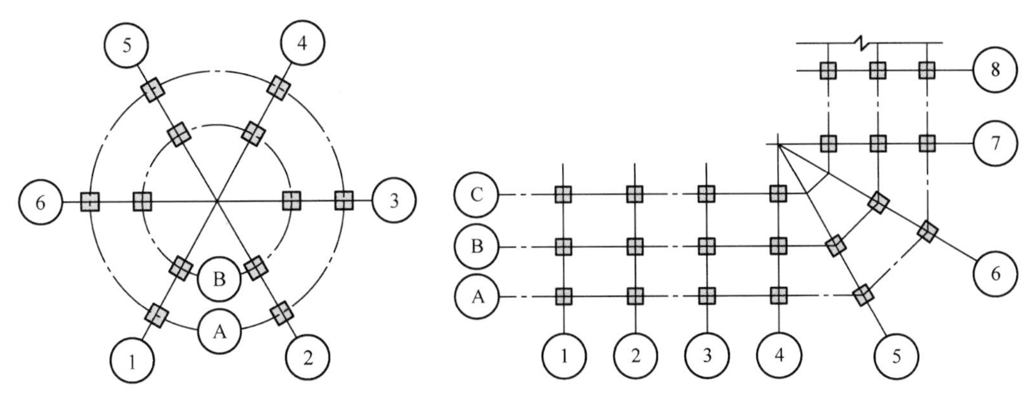

图 1-3-50 圆形平面定位轴线的编号　　**图 1-3-51** 折线形平面定位轴线的编号

知识拓展

《风景园林图例图示标准》景观设施部分

1. 风景名胜区与城市绿地系统规划图例

(1)地界

序　号	名　称	图　例	说　明
1	风景名胜区(国家公园)、自然保护区等界		
2	景区、功能分区界		
3	外围保护地带界		
4	绿地界		用中实线表示

(2)景点、景物

序　号	名　称	图　例	说　明
1	景　点		各级景点依圆的大小相区别； 左图为现状景点，右图为规划景点
2	古建筑		2～29 所列图例宜供宏观规划时用，其不反映实际地形及形态。需区分现状与规划时，可用单线圆表示现状景点、景物，双线表示规划景点、景物
3	塔		
4	宗教建筑(佛教、道教、基督教……)		
5	牌坊、牌楼		
6	桥		

（续）

序 号	名 称	图 例	说 明
7	城 墙		
8	墓、墓园		
9	文化遗址		
10	摩崖石刻		
11	古 井		
12	山 岳		
13	孤 峰		
14	群 峰		
15	岩 洞		也可表示地下人工景点
16	峡 谷		
17	奇石、礁石		
18	陡 崖		
19	瀑 布		
20	泉		
21	温 泉		
22	湖 泊		
23	海 滩		溪滩也可用此图例
24	古树名木		
25	森 林		
26	公 园		
27	动物园		
28	植物园		
29	烈士陵园		

(3)服务设施

序　号	名　称	图　例	说　明
1	综合服务设施点		各级服务设施可依方形大小相区别。左图为现状设施，右图为规划设施
2	公共汽车站		2～23所列图例宜供宏观规划时用，其不反映实际地形及形态。需区分现状与规划时，可用单线方框表示现状设施，双线方框表示规划设施
3	火车站		
4	飞机场		
5	码头、港口		
6	缆车站		
7	停车场	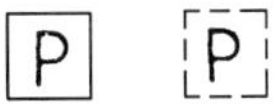 P　P	室内停车场外框用虚线表示
8	加油站		
9	医疗设施点		
10	公共厕所	 W.C.	
11	文化娱乐点		
12	旅游宾馆		
13	度假村、休养所		
14	疗养院		
15	银　行		包括储蓄所、信用社、证券公司等金融机构
16	邮电所(局)		
17	公用电话点		包括公用电话亭、所、局等
18	餐饮点		

（续）

序　号	名　称	图　例	说　明
19	风景区管理站（处、局）		
20	消防站、消防专用房间		
21	公安、保卫站		包括各级派出所、处、局等
22	气象站		
23	野营地		

（4）运动游乐设施

序　号	名　称	图　例	说　明
1	天然游泳场		
2	水上运动场		
3	游乐场		
4	运动场		
5	跑马场		
6	赛车场		
7	高尔夫球场		

（5）工程设施

序　号	名　称	图　例	说　明
1	电视差转台	 TV	
2	发电站		
3	变电所		

（续）

序　号	名　称	图　例	说　明
4	给水厂		
5	污水处理厂		
6	垃圾处理站		
7	公路、汽车游览站		上图以双线表示，用中实线；下图以单线表示，用粗实线
8	小路、步行游览站	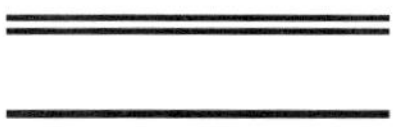	上图以双线表示，用细实线；下图以单线表示，用中实线
9	山地步游小路		上图以双线加台阶表示，用细实线；下图以单线表示，用虚线
10	隧　道	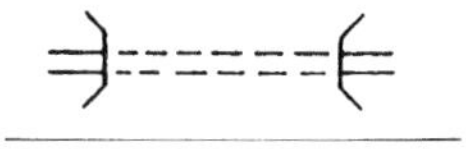	
11	架空索道线		
12	斜坡缆车线		
13	高架轻轨线		
14	水上游览线		细虚线
15	架空电力电讯线	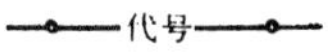 代号	粗实线中插入管线代号，管线代号按现行国家有关标准的规定标注

(6)用地类型

序　号	名　称	图　例	说　明
1	村镇建设地	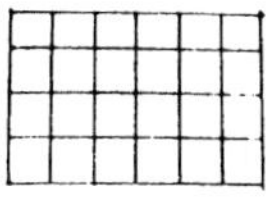	
2	风景游览地	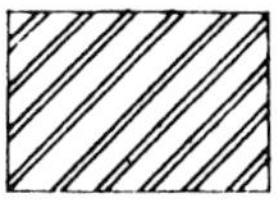	图中斜线与水平线成45°角
3	旅游度假地	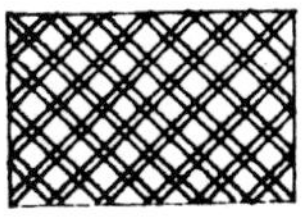	

（续）

序号	名称	图例	说明
4	服务设施地		
5	市政设施地	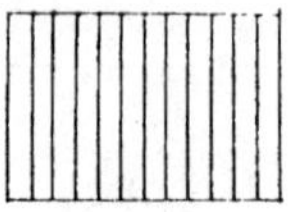	
6	农业用地		
7	游憩、观赏绿地	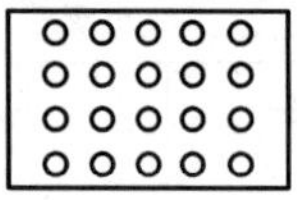	
8	防护绿地	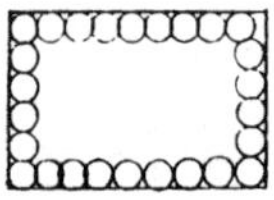	
9	文物保护地	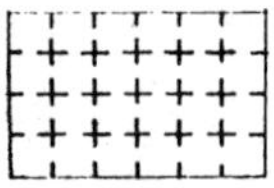	包括地面和地下两大类，地下文物保护地外框用粗虚线表示
10	苗圃花圃地	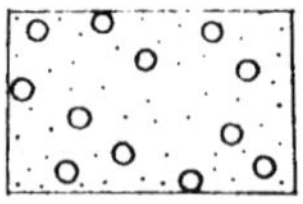	
11	特殊用地		
12	针叶林地		12～17 表示林地的线形图例中也可插入 GB 7929—1987的相应符号。需区分天然林地、人工林地时，可用细线界框表示天然林地，粗线界框表示人工林地
13	阔叶林地		
14	针阔混交林地		

（续）

序号	名称	图例	说明
15	灌木林地	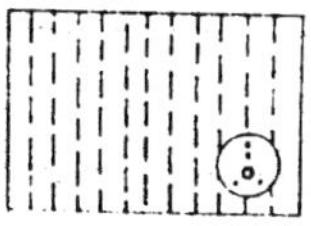	
16	竹林地	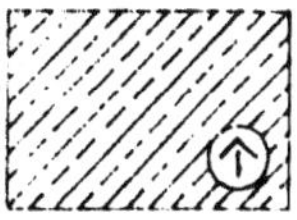	
17	经济林地	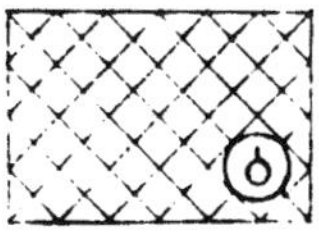	
18	草原、草圃	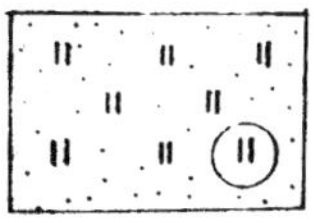	

2. 园林绿地规划设计图例

（1）建筑

序号	名称	图例	说明
1	规划的建筑物		用粗实线表示
2	原有的建筑物		用细实线表示
3	规划扩建的预留或建筑物		用中虚线表示
4	拆除的建筑物	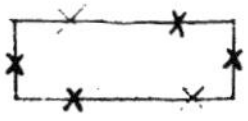	用细实线表示
5	地下建筑物		用粗虚线表示
6	坡屋顶建筑		包括瓦顶、石片顶、饰面砖顶
7	草顶建筑或简易建筑		
8	温室建筑		

(2)山石

序 号	名 称	图 例	说 明
1	自然山石假山		
2	人工塑石假山		
3	土石假山		包括“土包石”、“石包土”及土假山
4	独立景石		

(3)水体

序 号	名 称	图 例	说 明
1	自然形水体		
2	规划形水体		
3	跌水、瀑布	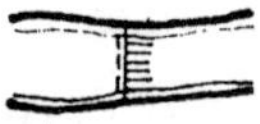	
4	旱 涧		
5	溪 涧	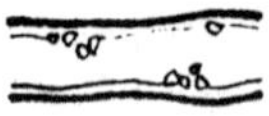	

(4)小品设施

序 号	名 称	图 例	说 明
1	喷 泉		仅表示位置，不表示具体形态，以下也可依据设计形态表示
2	雕 塑		
3	花 台	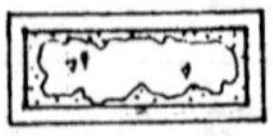	
4	座 凳	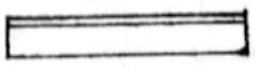	
5	花 架	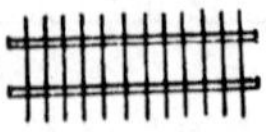	

（续）

序　号	名　称	图　例	说　明
6	围　墙	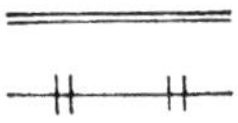	上图为实砌或漏空围墙； 下图为栅栏或篱笆围墙
7	栏　杆		上图为非金属栏杆； 下图为金属栏杆
8	园　灯		
9	饮水台		
10	指示牌		

（5）工程设施

序　号	名　称	图　例	说　明
1	护　坡	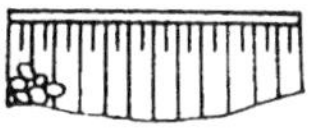	
2	挡土墙	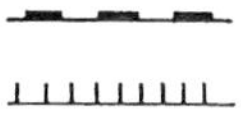	突出的一侧表示被挡土的一方
3	排水明沟	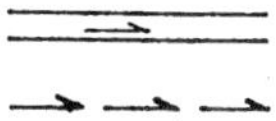	上图用于比例较大的图面； 下图用于比例较小的图面
4	有盖的排水沟	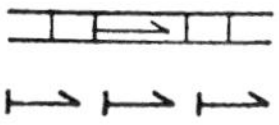	上图用于比例较大的图面； 下图用于比例较小的图面
5	雨水井		
6	消火栓井		
7	喷灌点		
8	道　路	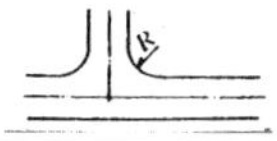	
9	铺装路面		
10	台　阶		箭头指向表示向下
11	铺砌场地	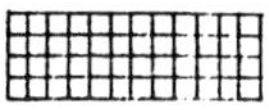	也可依据设计形态表示

（续）

序 号	名 称	图 例	说 明
12	车行桥		也可依据设计形态表示
13	人行桥		
14	亭 桥		
15	铁索桥		
16	汀 步		
17	涵 洞		
18	水 闸		
19	码 头		上图为固定码头； 下图为浮动码头
20	驳 岸		上图为假山石自然式驳岸； 下图为整形砌筑规划式驳岸

巩固训练

学生在课堂上以自己的名字初步练习工程字和绘制图框等，并抽出部分学生在黑板上表演练习。课外进行线条等级抄绘和尺寸标注练习；注意尺寸标注是难点，要细心、要经常训练。

自测题

1. 不同类型的线条及其粗细等级的一般用途分别是什么？
2. 仿宋字、黑体字以及字母与数字的书写要领有什么区别？
3. 建筑平面的轴线编号是如何编写的？

模块2 园林工程制图实务

学习目标

熟悉各类园林设计图的绘制原理；初步掌握各类园林设计图的绘制方法；熟练掌握各类园林设计图的识读技巧。能准确而美观地抄绘各类园林设计图；能较准确地实测园林景观图；能绘制和求做园林效果图。

学习任务

(1)能够绘制与识读园林总平面图。

(2)能够绘制与识读山水地形设计图。

(3)能够绘制与识读园路与广场设计图、园桥设计图。

(4)能够绘制与识读园林建筑设计图。

(5)能够绘制与识读植物景观设计图。

(6)能够绘制与识读园林效果图。

项目 1 园林总平面图的绘制与识读

了解园林总平面图的内容；了解总平面图识读与绘制的要求与方法；了解总平面图识读与绘制步骤；能够正确绘制与识读园林总平面图。

任务 1.1 绘制与识读园林工程设计总平面图

学习目标

【知识目标】

(1)熟悉园林设计总平面图的基本知识。

(2)掌握园林设计总平面图中各造景要素的平面表示方法。

(3)掌握园林设计总平面图识读与绘制的方法及步骤。

【技能目标】

能熟练绘制与识读园林设计总平面图。

知识准备

1.1.1 园林设计总平面图基本知识

总平面图是水平投影图，主要表现规划用地范围内的总体规划设计，反映园林各组成部分的尺寸和平面关系以及各种造园要素的布局，是反映园林工程总体设计意图的主要图样(图 2-1-1、图 2-1-2)。

1.1.1.1 园林设计总平面图的内容

总平面图是表现整个规划区域范围内各造园要素及周围环境的水平正投影图。总平面图图纸上应反映出地形现状、山石水体、道路系统、植物的种植位置、建筑物位置、风景透视线、定点放线的依据等。

项　目	平方米	比　率
规划用地	12298.2	100.00
建筑用地	4467	36.32
水泥压花面积	1963	
花岗岩面积	607	
水泥砖园路面积	841	
卵石面积	65	
青石板面积	41	
汀步面积	10	
植草砖面积	149	
硬化面积	3676	29.9
绿化面积	4155.2	33.78

图 2-1-1　园林设计总平面图示意(1)

图 2-1-2　园林设计总平面图示意(2)

其主要包括以下内容：

(1) 图名、图例

在园林设计图中通常在图纸的显要位置列出图样的名称，除了起到标示、说明作用外，图名还应该具有一定的装饰效果，应该注意与图纸总体风格相协调。图例是图中一些自定义的元素对应的含义，也包括植物的平面表示图例。

(2)规划用地区域现状及规划的范围

①规划用地区域现状　表现设计地段的位置，所处的环境，周边的用地情况、道路交通情况等。有时会和现状分析图结合，在总平面图中可以省略。

②规划设计范围　给出设计用地的范围，即规划红线范围。

(3)以详细尺寸或坐标网格标明各园林组成要素

①山石　在总平面图中应该标出山石的位置及其水平正投影的轮廓线，以粗实线绘出边缘轮廓，以细实线绘出皴纹。

②建筑物　在总平面图中应该标出建筑物、构筑物及其出入口、围墙的位置，并标注建筑物的编号。园林建筑在平面图中通常用建筑屋顶平面来表示。根据图纸比例及绘图要求不同，建筑物屋顶的平面画法也不同。对于大尺度的或建筑处于次要地位的园林规划，建筑通常以简单的轮廓表示；以建筑设计为主的园林规划，为强调建筑在整体园林环境中的控制地位，常采用涂实建筑屋顶的方法；大比例的图纸中，可采用窗台以上部位的水平剖面来表示，能表现出建筑外墙轮廓及内部空间。对于一些园林小品可以利用图例标出位置。

③道路、广场　在平面图中应标出道路中心线位置、主要的出入口位置及其附属设施停车场的车位位置；标示出广场的位置、范围、名称等。

④地形、水体　绘制出地形等高线、水体的驳岸线，并填充图案以与其他部分区分。水体一般用两条线表示，外面的一条表示水体边界线(即驳岸线)，用特粗线绘制；里面的一条线表示水面，用细实线绘制。

⑤植物　用植物平面图例表示植物种植点的位置，由于园林植物种类繁多，姿态各异，平面图无法详尽表达，一般采用图例概括表示，所绘图例应区分针叶树、阔叶树、常绿树、落叶树、乔木、灌木、绿篱、花卉、草坪、水生植物等，对常绿植物在图例中应以间距相等的细实线表示。如果是大片的树丛可以仅标示出林缘线。

(4)比例尺、指北针或风向频率玫瑰图

①比例尺　为了便于阅读，园林设计总平面图宜采用线段比例尺，如图2-1-3所示。

②指北针或风向频率玫瑰图　总平面图中的指北针可参照国标中图例符号(图2-1-3)，

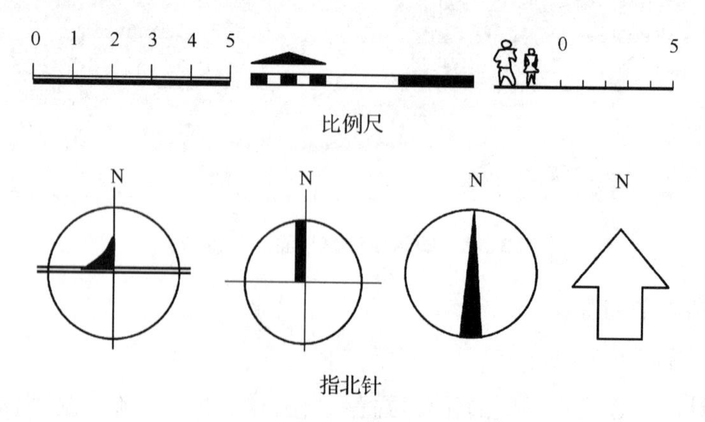

图2-1-3　比例尺和指北针示意

即画一个直径为24mm的圆，在圆中画一指针，指针的尾部宽度为3mm，尖端所指的方向为北向，线型为细实线。指北向符号也可自行设计。

风向频率玫瑰图是总平面图上用来表示该地区每年风向频率的标志。它是以十字坐标定出东、南、西、北、东南、东北、西南、西北等16个方向后，根据该地区多年平均统计的各个方向吹风次数的百分数值而绘成的折线图形。

(5)标题栏、会签栏和设计说明

详见模块1中3.1.2节内容。

1.1.1.2　园林设计总平面图的类型

(1)方案设计阶段

方案设计阶段的总平面图直接反映设计者的设计意图，是分析后产生的初步设计方案。此时的平面图线条粗犷、醒目，平面表现力强，设计内容概括，不够精准。

(2)施工阶段

施工图是将园林设计方案与现场施工联系起来的图纸，此时的平面图要求规范，线条表现细致，能准确表示出各项设计内容的尺寸、位置、形状、材料、数量、色彩等，能够依据图纸指导现场施工。

1.1.2　园林设计总平面图绘制原理

1.1.2.1　设计总平面图投影概述

总平面图是表现整个规划区域范围内各造园要素及周围环境的水平正投影图。在进行投影时，景物之间的相对位置关系、景物的周边轮廓特征以及景物的内部主要构造都可以表现出来。

由于总平面图中涉及的要素有山水地形、道路广场、建筑与小品和植物景观等；每种要素的投影原理和特点都有一定的共性和差异性，这些将在后面的项目中进行的阐述和分析。

无论是简单的形体还是复杂的形体，无论是单个物体还是多个物体的组合，都不外乎由点、线、面组成。如果精通了点、线、面的正投影规律，那么就能基本把握园林景物单体乃至组合的投影。点、线、面在水平、正立、侧立3个投影面上投影规律和方法一样，唯一不同的是位置。在园林景物(或者物体)水平投影面上的正投影形成了平面图；在正立投影面上的正投影就形成了正立面图；在侧立投影面上的正投影就形成了侧立面图。

1.1.2.2　基本形体的投影

任何工程形体都可以看作是由简单基本形体组合而成的组合体。基本形体的形状和大小取决于构成它的表面，因此，它们的投影由其表面的投影表示。

(1)基本形体的分类

常见的基本形体根据形体表面的性质分为平面体和曲面体。

由若干平面所围成的立体称为平面体。常见的平面体有棱柱、棱锥、棱台等。它们都由封闭的平面图形围成。

由曲面或由曲面与平面围成的立体称为曲面体。常见的曲面体有圆柱、圆锥、球等。由于这些曲面是由直线或曲面作为母线绕定轴回转而成，所以又称回转体。

绘制它们的投影可归结为绘制其各表面投影，或是绘制组成各棱线及各顶点的投影。

绘制投影图，首先，应分析形体特征；其次，选择安放位置，尽可能使其底面平行于某一投影面，使底面在该投影面上的投影反映实形；再次，选择合适比例，布置图样；最后，绘制投影图底稿线，检查无误后加粗、加深线型。

(2)平面体的投影

[例2－1－1] 将三棱柱置于三面投影体系中，看它的投影形成，并作投影分析。

作图：如图2-1-4A所示，把三棱柱平放，左右两端面平行于*W*面，前后两棱面垂直于*W*面，下边的棱面平行于*H*面。其投影如图B所示。

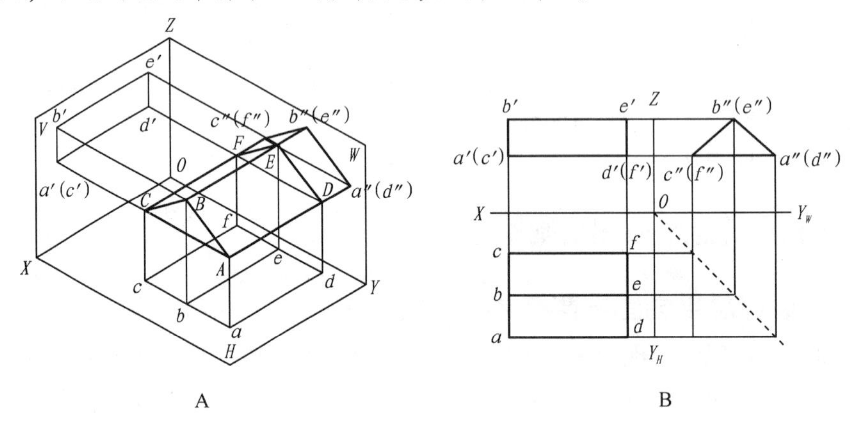

图2-1-4　三棱柱的投影

分析：水平投影是两个矩形线框，它是前棱面和后棱面的投影。两个矩形的外围线框是下边棱面的投影(反映实形)，但它被前后两个棱面所遮盖。左右两条竖直线是左右两个端面的积聚投影。

正面投影是一个矩形线框，它是前后两个棱面投影的重合。两条水平线的上一条是棱线的投影(反映实长)，下一条是下边棱面的积聚投影。左右两条竖直线是左右两个端面的积聚投影。

侧面投影是一个三角形线框，它是左右两个端面投影的重合(反映实形)。三角形的3条边是垂直于*W*面的3个棱面的积聚投影。

[例2－1－2] 曲面体的投影，以圆柱为例。圆柱体由圆柱面和上下两底面所围成。将圆柱置于三面投影体系中，看它的投影图形成并作投影分析。

作图：如图2-1-5A所示，把圆柱的轴垂直于*H*面。投影如图2-1-5B所示。

水平投影是一个圆，它是上下底面投影的重合(反映实形)。圆周就是圆柱面的投影。圆心是轴的积聚投影。

正面投影是一个矩形线框，它是圆柱看得见的前半个柱面和看不见的后半个柱面投影的重合。矩形线框的上下两边，是上下两底面的积聚投影。左右两边分别为圆柱上最

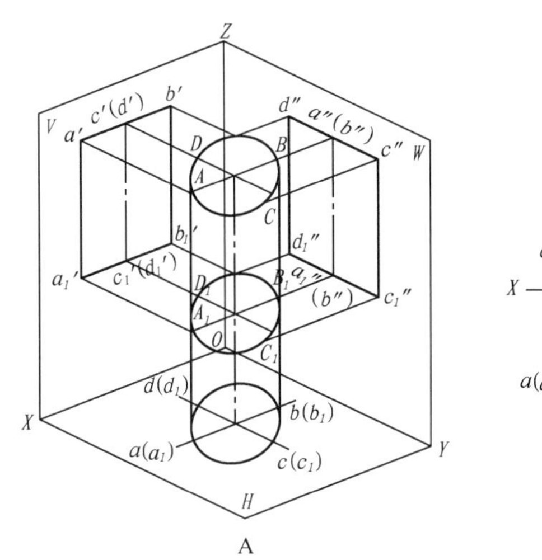

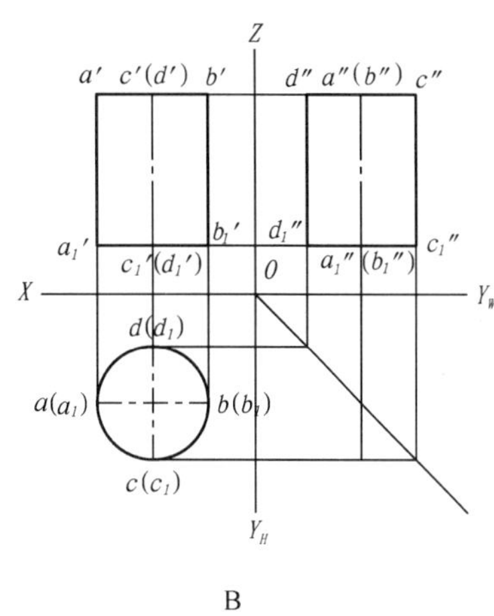

图 2-1-5　曲面体的投影

左最右两条素线的投影，该素线称为正面投影的转向轮廓线。

侧面投影是一个矩形线框，它是圆柱看得见的左半个柱面和看不见的右半个柱面投影的重合。矩形线框的上下两边，是上下底面的积聚投影。前后两边分别为圆柱上最前和最后两条素线的投影，称为侧面投影的转向轮廓线。

1.1.2.3　基本形体表面上点和线的投影

1）平面体表面上点和直线的投影

平面体表面上点和直线的投影具有平面上点和直线投影的所有特点，只是由于立体的遮挡，一些点和直线不可见。

（1）棱柱表面上点和直线的投影

［**例 2－1－3**］如图 2-1-6 所示，已知四棱柱表面上点 K 的 V 面投影 k'，求点 K 的其余两个投影。

分析：由 V 面投影可知点 K 位于四棱柱侧表面矩形 $ABCD$ 上，所以我们只看点 K 和矩形 $ABCD$。而矩形 $ABCD$ 为一铅垂面，其 H 面投影积聚为直线 ad。至此，我们将平面体表面求点的问题转换为已学过的铅垂面上求点的问题。

作图（图 2-1-6）：

①由 k' 向下作垂线与四棱柱侧表面的积聚性投影 $a(b)d(c)$ 交于点 k，此点即为 K 点的 H 面投影。

②由点 K 的两个投影 k 和 k'，利用正投影规律可求出点 K 的 W 面投影 k''。

③分析点 K 的 H 面投影可知，k'' 因

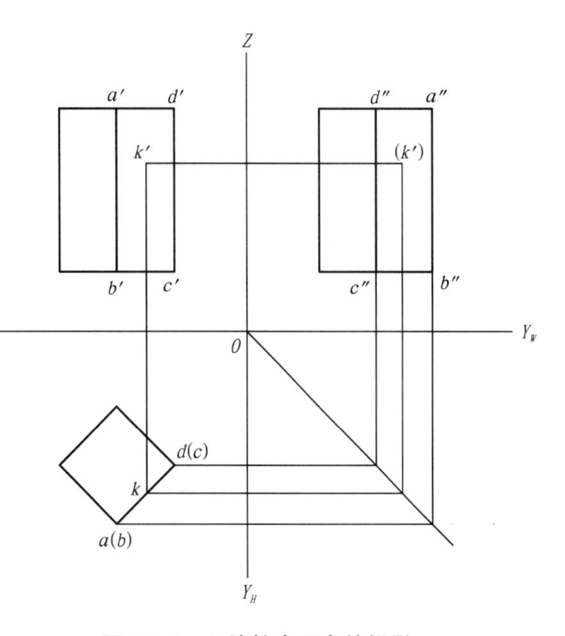

图 2-1-6　四棱柱表面点的投影

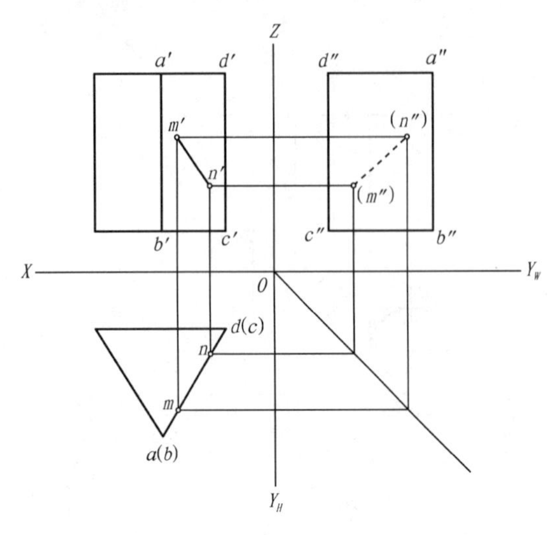

图2-1-7 三棱柱表面直线的投影

四棱柱的遮挡而不可见，应加上括号为(k'')。

[例2－1－4] 如图2-1-7所示，已知三棱柱侧表面上直线 MN 的 V 面投影 $m'n'$，求作另外两个投影。

分析：与上例类似，重点关注直线 MN 所在的侧表面矩形 $ABCD$，将其转化为求作铅垂面 $ABCD$ 内直线的正投影。求直线投影的方法是：将直线两端点 M 和 N 的 V 面和 H 面投影分别求出，连接同面投影即可。其中，MN 的 H 面投影 mn 重合于侧表面 $ABCD$ 的 H 面投影 $a(b)d(c)$。

作图(图2-1-7)：

①参照[例2－1－3]中求点的方法，利用铅垂面的积聚性，求得直线的两端点 M 和 N 的 H 面投影 m 和 n，以及 W 面投影 m'' 和 n''，即把求线变为求点。

②直线 MN 的 H 面 mn 投影重合于 ad，其 W 面投影 $m''n''$ 不可见，故 $m''n''$ 为虚线。

(2)棱锥表面上点和直线的投影

[例2－1－5] 如图2-1-8所示，已知三棱锥表面点 K 的 V 面投影 k'，求作其余投影。

分析：因点 K 所在的棱面三角形 SAB 为一般位置平面，没有积聚性可利用，故可以在三角形 SAB 中过点 K 以最简捷的方式(所作辅助线的其他投影最易求出)作一辅助直线，使点 K 与三角形的各边发生联系，故点 K 就成为位于辅助线上的一个点了。如此，就可将求面上点的问题转化为求线上点的问题。

作图(图2-1-8)：

①V 面投影中，在三角形 $s'a'b'$ 内过 k' 作辅助线 $s'c'$，求得此辅助线的 H 面投影 sc 和 W 面投影 $s''c''$。

②由 k' 向下连线交 sc 于 k，向右连线交 $s''c''$ 于 k''，k 和 k'' 即为所求。

[例2－1－6] 如图2-1-9所示，已知正四棱锥表面直线 MN 的 H 面投影 mn，求作其余投影。

分析：依照上例棱锥表面求点的方法，分别求出直线两端点 M 和 N 的 V 面投影和 W 面投影，然后将同面投影相连即可。

作图(图2-1-9)：

①H 面投影中，通过电 m 和 n 分别作辅助线 sc 和 sd，c 和 d 为辅助线与 ab 的交点。

②由点 c 和 d 求得 c' 和 d'，连 $s'c'$ 和 $s'd'$，即为辅助线的 V 面投影。

③由 m 和 n 向上作直线分别交 $s'c'$ 和 $s'd'$ 于 m' 和 n' 两点，连 $m'n'$ 即为直线 MN 的 V 面投影。

④利用正投影规律就可求得 MN 的 W 面投影 $m''n''$。

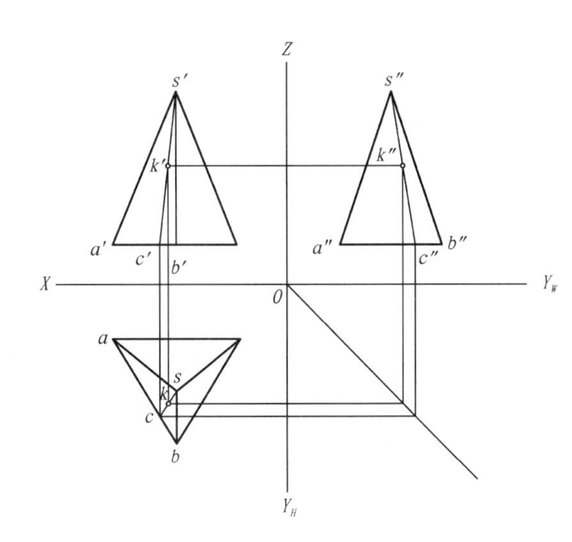

图 2-1-8　三棱锥表面点的投影

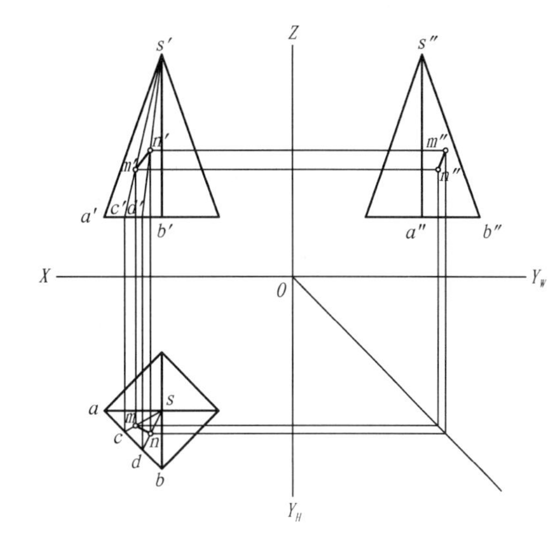

图 2-1-9　四棱锥表面直线的投影

2) 曲面体表面点和直线的投影

如果曲面体有积聚性，可利用积聚性法求作。如果曲面体没有积聚性，仍遵循求点先求线的原则利用辅助线法求作。辅助线可为直线，也可为圆。

(1) 圆柱表面点和直线的投影

[**例 2－1－7**] 如图 2-1-10 所示，已知圆柱表面上一点 K 的 V 面投影 k'，求其余投影。

分析：此圆柱 H 面投影有积聚性，故可用积聚性法求作。还要根据此点在圆柱面上的位置判断其可见性。

作图(图 2-1-10)：

①由 k' 判断其 H 面投影在前右四分之一圆柱面上，故由 k' 向下作直线，交 H 面的积聚性圆于 k，k 即为点 K 的 H 面投影。

②根据点 K 在圆柱上的空间位置可知，其 W 面投影不可见，求得(k'')。

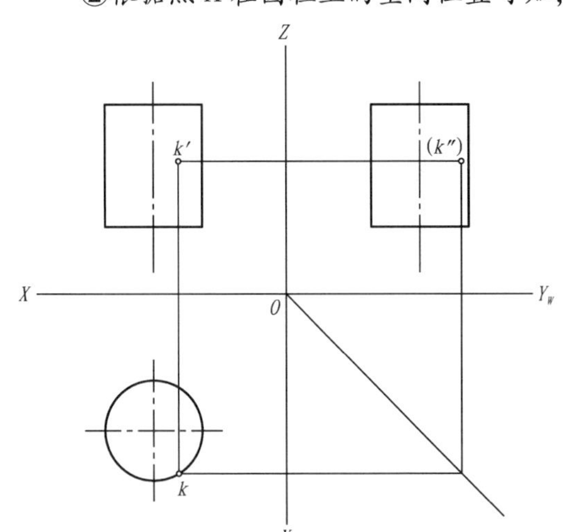

图 2-1-10　圆柱表面上点的投影

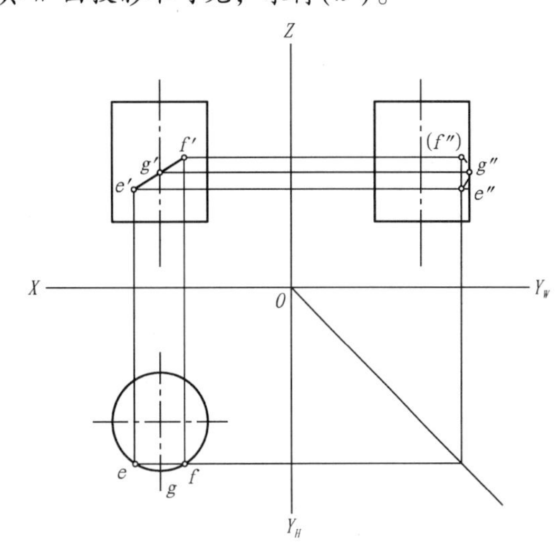

图 2-1-11　圆柱表面上线段的投影

［**例2－1－8**］如图2-1-11所示，已知圆柱表面上曲线段EGF的V面投影$e'g'f'$，求作其余投影。

分析：因$e'g'f'$倾斜于圆柱的轴线，故EGF为一段曲线（部分椭圆）。只要将此曲线上3个关键点E、G、F的其余投影求出，再将同面投影连为相应曲线即可。也就是将求线转化为求点。曲线EGF的H面投影应重合于圆柱面的积聚性投影中，W面投影有一部分不可见，画为虚线。

作图（图2-1-11）：

①利用积聚性求出曲线段EGF的H面投影圆弧egf，此圆弧重合于H面积聚性投影圆的前部。

②由e'、g'、f'和e、g、f求出W面投影e''、g''、f''。

③将e''、g''、f''这3点连为弧线，其中弧线$g''f''$不可见，画为虚线。

（2）圆锥表面点和直线的投影

［**例2－1－9**］如图2-1-12所示，已知圆锥表面上点A的V面投影a'，求其余投影。

分析：因圆锥没有积聚性，故可过A点连一条素线，从而将圆锥面上的点转化为直线上的点。

作图（图2-1-12）：

①过a'连素线$s'1'$，并向下求得此素线的H面投影$s1$。

②由a'向下连线与$s1$相交于a，a即为点A的H面投影。

③利用正投影规律由a'和a求得a''。

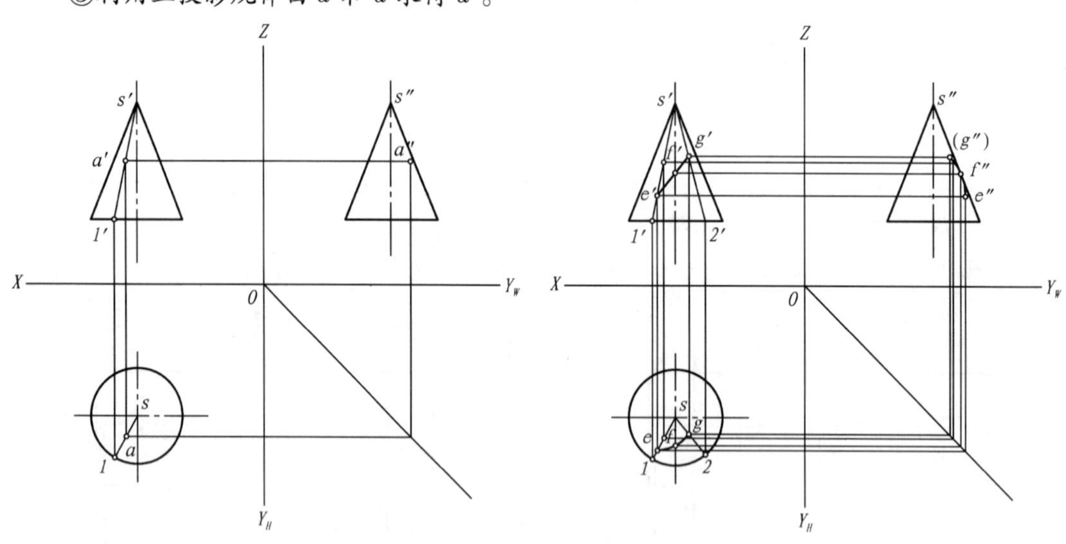

图2-1-12　圆锥表面点的投影　　**图2-1-13　圆锥表面线的投影**

［**例2－1－10**］如图2-1-13所示，已知圆锥表面曲线段EFG的V面投影$e'f'g'$，求作其余两名投影。

分析：因此线的V面投影$e'f'g'$倾斜于圆锥轴线，故曲线段EFG为圆锥表面的一段曲线（部分椭圆）。先求出点E、F、G的其余投影，再将同面投影连接成曲线即可。

作图（图2-1-13）：

①V面投影中，由f'向右作水平线与W面投影右轮廓素线相交，求得W面投影f''。由f'和f''求得f。

②过e'作辅助素线$s'1'$，并求出其H面投影$s1$，由e'向下作直线与$s1$交于e，即E点的H面投影e。同理再求出g。

③由e'、e求得e''，由g'、g求得g''。

④连e、f、g点成一曲线段efg，即为线段EFG的H面投影。连e''、f''、g''成一曲线$e''f''g''$，其中$f''g''$不可见，画为虚线，即得曲线段EFG的W面投影。

(3)球体表面点和线的投影

[例2-1-11] 如图2-1-14所示，已知球体表面点K的H面投影k，求出其余投影。

分析：在球表面过点K作一投影面的平行纬圆，将点K转换到此纬圆上，再利用线上求点的方法求其余投影。

作图(图2-1-14)：

①H面投影中，过点k作一水平纬圆。因K点处于上半球表面，故由点1、2向上作直线交球的V面投影圆上半部于$1'$、$2'$两点，连$1'2'$，即为水平纬圆的V面投影。

②由k向上作直线与$1'2'$相交，得点K的V面投影k'。由k、k'求出k''。

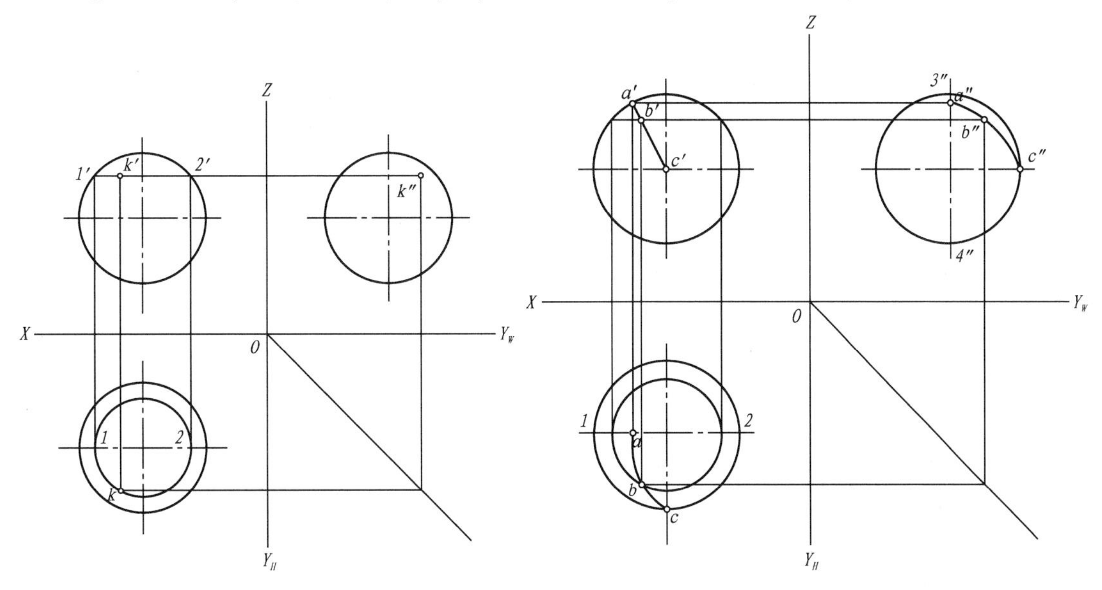

图2-1-14 球体表面点的投影　　**图2-1-15 球体表面线段的投影**

[例2-1-12] 如图2-1-15所示，已知球体表面曲线段ABC的V面投影$a'b'c'$，求其余投影。

分析：把球体各向投影的最外纬圆称为轮廓纬圆，它是球体中的最大纬圆，是球体可见部分与不可见部分的分界线。此处曲线段ABC上的点A和点C分别位于球体V面和H面投影的轮廓纬圆上，可用线上求点的方法求出。再过点B作一辅助水平纬圆，按照上例求点的方法求出点B的投影。作图时应先弄清辅助纬圆在各个投影图中的位置。

作图(图2-1-15)：

①因点A在V面投影的轮廓纬圆上，此轮廓纬圆平行于V面，其H面和W面投影分

别积聚为球体投影的直径12和3″4″，由a'分别向下和向右作直线与12和3″4″相交，求得a和a''。

②因为点C在球体H面投影的轮廓纬圆上，参照上述方法求得c和c''。

③过b'作一辅助水平纬圆，求得此纬圆的H面投影，然后利用线上求点的方法求得b，再由b'和b求出b''。

④分别连abc和$a''b''c''$成曲线，即为所求。

任务实施

1. 绘制工具

图板、丁字尺、三角板、比例尺、绘图仪、绘图笔、绘图纸、描图纸及墨水等。

2. 绘制方法

(1)根据用地范围大小与总体布局的内容，选定适宜的绘图比例。若用地面积大，总体布置内容较多，可考虑选用较小的绘图比例；反之，则考虑选用较大的绘图比例。比例选用的原则，可参照制图标准及基本规格。如小游园、庭院、屋顶花园等，由于面积较小，可选用1∶200或更大的比例绘图。

(2)确定图幅，布置图面。绘图比例确定后，就可根据图形的大小确定图纸幅面，并进行图面布置。在进行图面布置时，应考虑图形、尺寸、图例、符号、文字说明等内容所占用的图纸空间，使图面布局合理，保持图面均衡。

(3)确定定位轴线，或绘制直角坐标网。对整形式平面(如园林建筑设计图)要注明轴线与现状的关系。对自然式园路、园林植物种植应以直角坐标网格作为控制依据。坐标网格以(2m×2m)~(10m×10m)为宜，其方向尽量与测量坐标网格一致，并采用细实线绘制。

采用直角坐标网格标定各造园要素的位置时，可将坐标网格线延长作定位轴线，并在其一端绘制直径为8mm的细实线圆进行编号。定位轴线的编号一般标注于图样的下方与左侧，横向用阿拉伯数字自左而右按顺序编号，纵向用大写英文字母(除I、O、Z外，以免与1、0、2混淆)自下而上按顺序编号，并注明基准轴线的位置。

(4)绘制现状地形与将保留的地物。

(5)绘制设计地形与新设计的各造园要素。

(6)检查底稿，加深图线。

(7)标注尺寸和标高。平面图上的坐标、标高均以米(m)为单位，小数点后保留3位有效数字，不足的以“0”补齐。

(8)注写图例说明与设计说明。如果图纸上有相应的空间，可注写图例说明与设计说明。为使图面清晰，便于阅读，对图中的建筑物及设施应予以编号，然后注明其相应的名称，否则可将其注写于设计说明书中。

(9)绘制指北针或风向频率玫瑰图等符号，注写比例尺，填写标题栏、会签栏。

(10)检查并完成全图。

为了更形象的表达设计意图，往往在设计平面图的基础上，根据设计者的构思再绘制出立面图、剖面图和鸟瞰图。

3. 识读步骤

(1)看图名、比例、设计说明

了解工程名称、性质、设计范围、设计意图等。

(2)看指北针或风玫瑰图等符号，熟悉图例

了解新建景区的平面位置和朝向，明确总体布局情况。

(3)看等高线和水位线

了解景区的地形和水体布置情况，根据图中各处位置的标高及绿地四周的标高、规划设计内容和景观要求，检查竖向设计、地面坡度和排水方向。

(4)看坐标和尺寸

根据坐标和尺寸，明确施工放线的依据。

知识拓展

现状分析图、功能分区图及规划分析图

一、现状分析图

现状分析是园林设计首先需要做的工作，是设计工作的切入点，也是设计意向产生的基础，现状分析是否到位直接关系到设计方案的可行性、科学性和合理性。

1. 现状分析图主要内容

(1)自然因素

自然因素包括地形、气候、土壤、水文、主导风向、噪声等。除此之外还要对基地的植被情况进行调查和记录，尤其是一些需要保留的大树一定要作好标记，以便在设计过程中加以考虑。

(2)人工因素

人工因素包括人工设施、人文条件、服务对象、甲方要求、用地情况、基地内外视觉因素等。

(3)其他

指北针、图例表、比例尺等。

2. 现状分析图绘制的要求

(1)自然因素

①地形　可以利用地形图进行分析，具体方法参见项目2中地形的绘制方法。

②植被　如果基地的植被较为复杂，需要保留的树木较多，可以单独绘制一张种植现状图；如果较为简单则可以与其他现状因子的分析相结合。

③气候、水文、风向等　可以根据调查到的资料用专用的图例标示。

(2)人工因素

①人工设施　基地中的建筑物、构筑物等，保留的用实线绘制，需要拆除的用虚线绘制，具体内容参见模块1中3.2.1节内容。

②视觉要素　通常利用圆点表示驻足点或者观赏点，用箭头表现观赏方向，并结合文字说明分析景观观赏效果。

③其他人工因素　如人文景观、服务对象等都可以采用不同的填充图案或者图线表现。

一张现状分析图往往是多个内容的综合分析，在图中一定要对符号进行说明，并在适当位置进行文字注释，还可以结合现场加以说明。

分析图可以是综合性的，将各项主要影响因素都在同一张图中标出并分析说明；也可以分成几个专项分析，但以综合分析为主。图2-1-16、图2-1-17是不同公园绿地的现状综合分析图，图中对绿地所处的环境以及基地内部情况进行了分析。每项分析都应该得出分析结果，并用不同字体或颜色与现状表述加以区分。

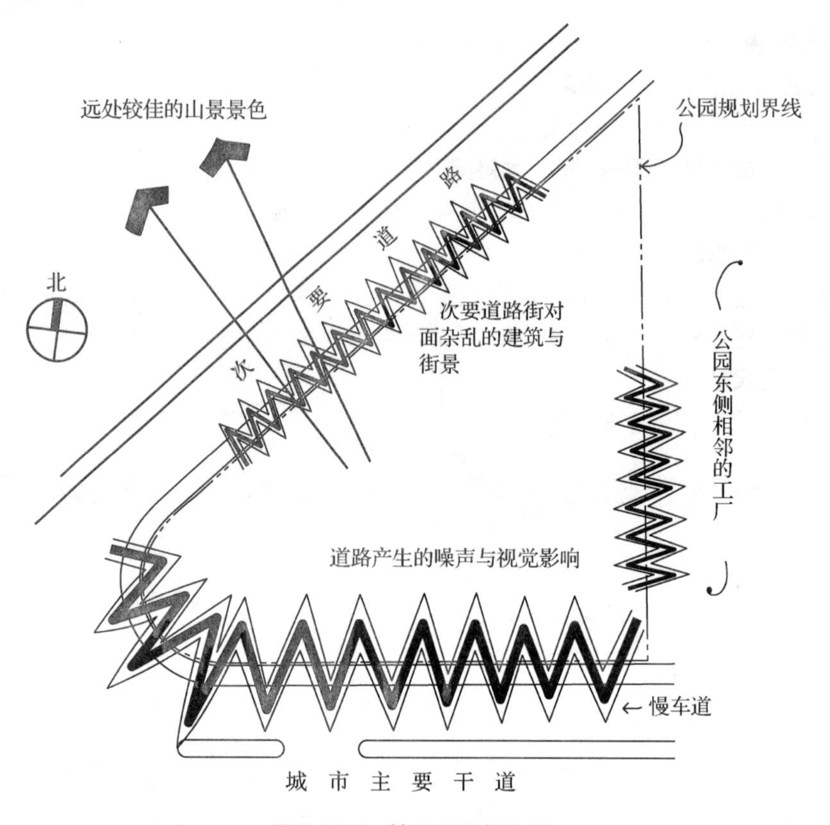

图 2-1-16　某公园现状分析

图 2-1-17　现状分析图示例

二、分区平面图

对于复杂的园林工程，应采用分区将整个工程分成若干个区，分区名称宜采用大写英文字母或罗马字母表示。在园林设计中分区的形式多种多样，通常按照使用功能进行分区，称为功能分区，功能分区是规划设计的开始，一般在基地现状条件和分析的基础上进行初步构思(图2-1-18)；也可以按照主要使用人群进行分区，如公园中的分区可以有老年活动区、儿童活动区等。

分区范围的表示有多种方法，在园林设计中常用的是“泡泡图”法，也就是每一分区的范围都用一个粗实线绘制的圆圈表示，这些圆圈代表分区的位置，并不反映这一分区的真实大小。在圆环内可以填充图案或者颜色，并标注分区的名称。另外，也可以用粗实线或者粗单点长画线绘制分区的边界，同样也需要注明分区的名称。有时也可以直接用设计景物的形状和范围来标注功能分区(图2-1-19)。

三、景观(规划)分析图

1. 景观分析图包含的内容

①园林设计意向、设计理念的分析。

②景区的划分。

③景观序列的组织，主要景观以及主要景观的局部效果图、立面图等。

④图名、指北针、比例尺、图例表和必要的文字说明。

2. 景观意向分析图绘制的要求

①通过文字或者图例符号说明景观设计理念以及设计理念产生的源泉。

②利用文字标示各个景点的名称，并结合局部效果图构筑这一景观的立体效果，可以利用引线标示局部效果在平面图中的位置(图2-1-20)。

3. 规划分析图示例

功能或景观分区图是指在做好现状分析后进行规划构思之处的宏观的布局设想，应该满足哪些功能，或者设计哪些景区和什么类型、内容的景点等；规划分析图可在功能分区图的基础上或者结合功能分区作出更进一步的规划谋划，包括文字分析，建议性、意向性图片和有关标注等；规划分析图也可以是综合性分析或者分成若干单项分析等。

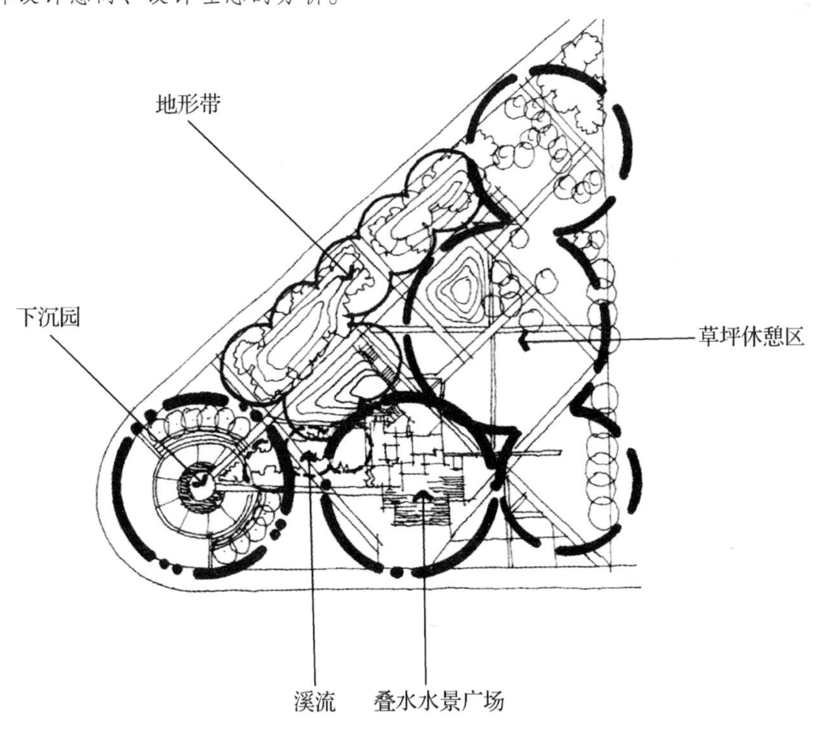

图2-1-18　某公园功能分区图

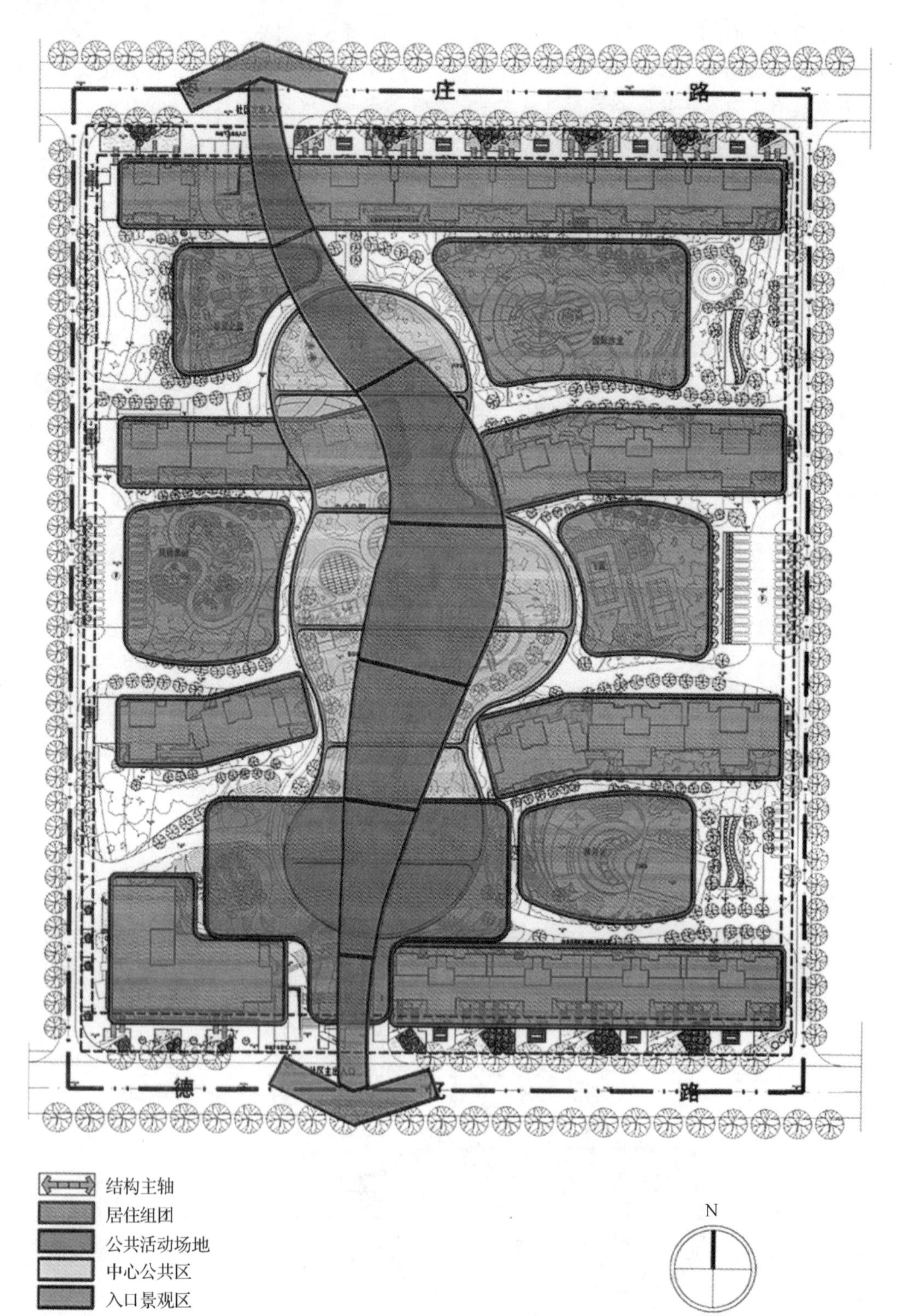

图 2-1-19　某公园功能分区图(2)

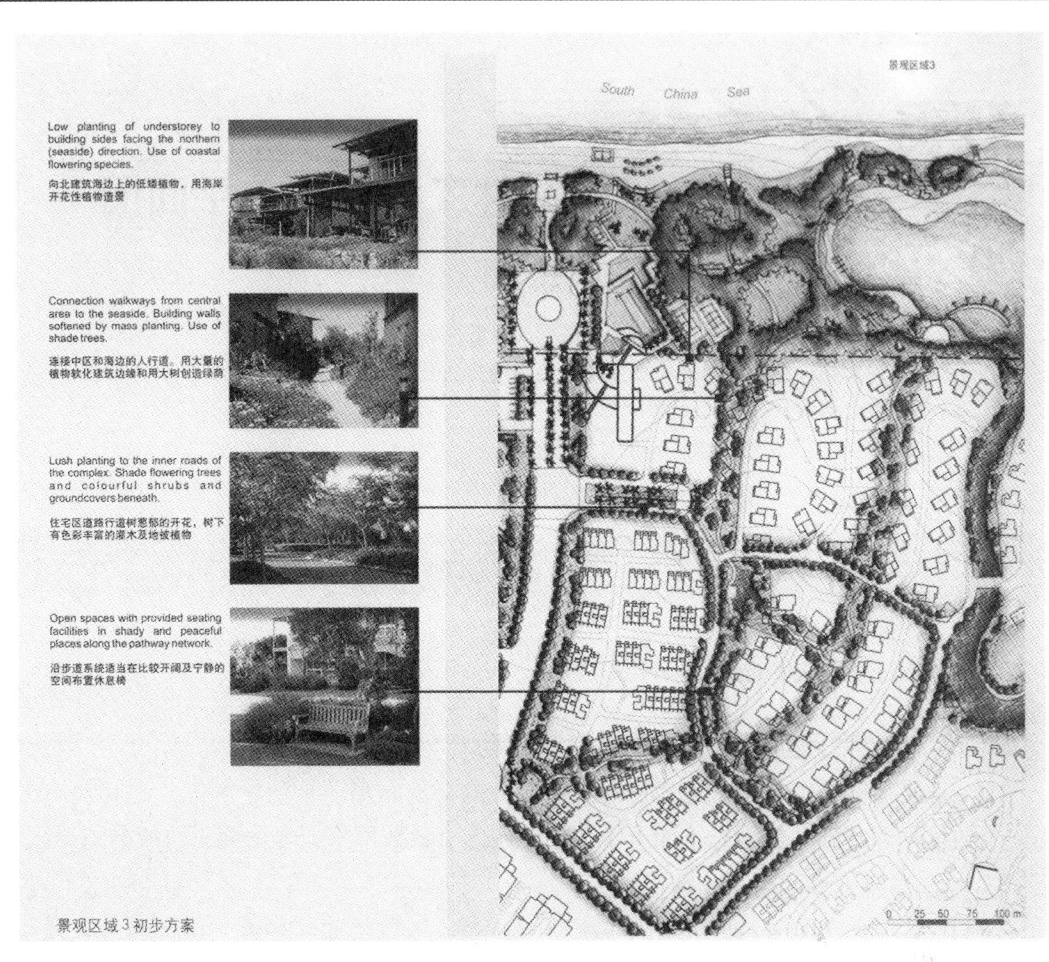

图 2-1-20　景观规划分析图(概念性设计)

巩固训练

用绘图铅笔抄绘某园林设计总平面图，幅面大小为A3，上墨线。

自测题

1. 设计平面图中的比例尺应如何识读？
2. 设计平面图中的指北针画法有何要求？

任务1.2 绘制与识读园林工程施工总平面图

学习目标

【知识目标】

(1)熟悉园林施工总平面图的基本知识。

(2)掌握园林施工总平面图中各造景要素的平面表示方法。

(3)掌握园林施工总平面图识读与绘制的方法及步骤。

【技能目标】

能熟练识读与绘制园林施工总平面图。

知识准备

1.2.1 园林施工总平面图基本知识

1.2.1.1 园林工程施工总平面图主要内容

施工总平面图表现整个基地内所有组成成分的平面布局、平面轮廓等，是其他施工图绘制的依据和基础。通常总平面图中还要绘制施工放线网格，作为施工放线的依据。

1）施工总平面图的主要内容

(1)指北针(或风玫瑰图)，绘图比例(比例尺)，文字说明，景点、建筑物或者构筑物的名称标注，图例表。

(2)道路、铺装的位置、尺度、主要点的坐标、标高以及定位尺寸。

(3)小品主要控制点坐标及小品的定位、定形尺寸。

(4)地形、水体的主要控制点坐标、标高及控制尺寸。

(5)植物种植区域轮廓。

(6)对无法用标注尺寸准确定位的自由曲线园路、广场、水体等，应给出该部分局部放线详图，用放线网表示，并标注控制点坐标。

2）园林工程施工图的要求

(1)总要求

①施工图的设计文件要完整，内容、深度要符合要求，文字、图纸要准确清晰，整个文件要经过严格校审。

②施工图设计应根据已通过的初步设计文件及设计合同书中的有关内容进行编制，内容以图纸为主，应包括：封面、图纸目录、设计说明、图纸、材料表及材料附图以及预算等。

③施工图设计文件一般以专业为编排单位，各专业的设计文件应经严格校审、签字后，方可出图及整理归档。

(2)设计深度要求

施工图的设计深度应满足以下要求：

①能够根据施工图编制施工图预算。

②能够根据施工图安排材料、设备订货及非标准材料的加工。

③能够根据施工图进行施工和安装。

④能够根据施工图进行工程验收。

在编制中应因地制宜地积极推广和正确选用国家和地方的行业规范标准，并在设计文件的设计说明中注明引用的图集名称和页次。

对于每一项园林工程施工设计，应根据设计合同书，参照相应内容的深度要求编制设计文件。

(3)图纸封面、目录的编排及总说明的编制要求

①封面　施工图集封面应该注明：项目名称，编制单位名称，项目的设计编号，设计阶段，编制单位法定代表人、技术总负责人和项目总负责人的姓名及其签字或授权盖章，编制年月(出图年、月)等。

②目录编排　图纸目录中应包含：项目名称、设计时间、图纸序号、图纸名称、图号、图幅及备注等。图纸编号以专业为单位，各专业各自编排各专业的图号；对于大、中型项目，应按照以下专业进行图纸编号：园林、建筑、结构、给排水、电气、材料附图等。对于小型项目，可以按照以下专业进行图纸编号：园林、建筑及结构、给排水、电气等。每一专业图纸应该对图号加以统一标示，以方便查找，如建筑结构施工可以缩写为“建施(JS)”，给排水施工可以缩写为“水施(SS)”，种植施工图可以缩写为“绿施(LS)”。总之，图号的编排要利于记忆，便于识别，方便查找(表2-1-1)。

表2-1-1　图纸目录示例

序号	分　类	图　名	图　号	图　幅	比　例
1	施工说明及材料表(SM)	总说明	SM－01	A4	
		植物材料明细表	SM－02	A4	
		铺装材料明细表	SM－03	A4	
2	施工放线图(YS)	施工总平面图	YS－01	A1	1:500
		道路铺装施工放线图	YS－02	A1	1:200
		中心广场施工放线图	YS－03	A1	1:200
3	竖向施工图(SX)	竖向施工图	SX－01	A1	1:500
4	建筑结构施工图(JS)	弧形廊架施工详图	JS－01	A1	
		方亭施工详图	JS－02	A1	
		水体施工详图	JS－03	A1	
		拱桥施工详图	JS－04	A1	
		木质平台施工详图	JS－05	A1	
		中央花坛、人口景墙施工详图	JS－06	A1	
		铺装节点施工详图	JS－07	A1	
5	电气施工图(DS)	照明系统施工设计说明	DS－01	A4	1:500
		照明系统施工平面图	DS－02	A1	
		照明系统配电图	DS－03	A1	
		灯具设计与安装详图	DS－04	A1	

（续）

序号	分　类	图　名	图　号	图　幅	比　例
6	给排水施工图(SS)	给排水施工说明	SS－01	A4	
		给排水管线布局图	SS－02	A1	1∶500
		给排水施工详图	SS－03	A1	1∶200
		水体管线施工详图	SS－04	A1	1∶1500
		喷灌施工图	SS－05	A1	
7	种植施工图(LS)	种植施工总平面图	LS－01	A1	1∶500
		种植施工放线图(一)	LS－02	A1	1∶200
		种植施工放线图(一)	LS－03	A1	1∶200

以上是某园林工程施工图集的目录，应按照图纸内容进行编排，如果规划区域较大，在施工总平面图之后要给出索引图(施工分区图)，然后按照索引图中的分区进行图纸编排。

此外，在实际工作中，图纸的数量和内容可以根据需要进行增减，例如，当工程较为简单时，竖向设计图可与总平面图合并；当路网复杂时，可增绘道路平面图；土方调配图也可根据施工需要确定是否出图。

③总说明的编制　在每一套施工图集的前面都应针对这一工程以及施工过程给出总体说明，具体内容包括以下几个方面：

· 设计依据及设计要求：应注明采用的标准图集及依据的法律规范。

· 设计范围。

· 标高及标注单位：应说明图纸文件中采用的标注单位，采用的是相对坐标还是绝对坐标，如为相对坐标，须说明采用的依据及其与绝对坐标的关系。

· 材料选择及要求：对各部分材料的材质要求及建议，一般应说明的材料包括饰面材料、木材、钢材、防水疏水材料、种植土及铺装材料等。

· 施工要求：强调需注意工种配合及对气候有要求的施工部分。

· 经济技术指标：施工区域总的占地面积，绿地、水体、道路、铺地等的面积及占地百分比、绿化率及工程总造价等。

3）园林工程施工总平面图示例

示例如图2-1-21、图2-1-22所示。

表明各种设计因素的平面关系和它们的准确位置；放线坐标网、基点、基线的位置。其作用一是作为施工的依据，二是作为绘制平面施工图的依据。

施工总平面图图纸内容包括：保留的现有地下管线(红色线表示)、建筑物、构筑物、主要现场树木等(用细线表示)。设计的地形等高线(细墨虚线表示)、高程数字、山石和水体(用粗墨线外加细线表示)、园林建筑和构筑物的位置(用黑线表示)、道路广场、园灯、园椅、果皮箱等(中粗黑线表示)；并绘制放线坐标网，或定位放线尺寸等。

1.2.1.2　施工总平面图尺寸定位类型

(1)利用方格坐标定位的施工总平面图(图2-1-23)。

(2)利用尺寸数据定位的施工总平面图(图2-1-24)。

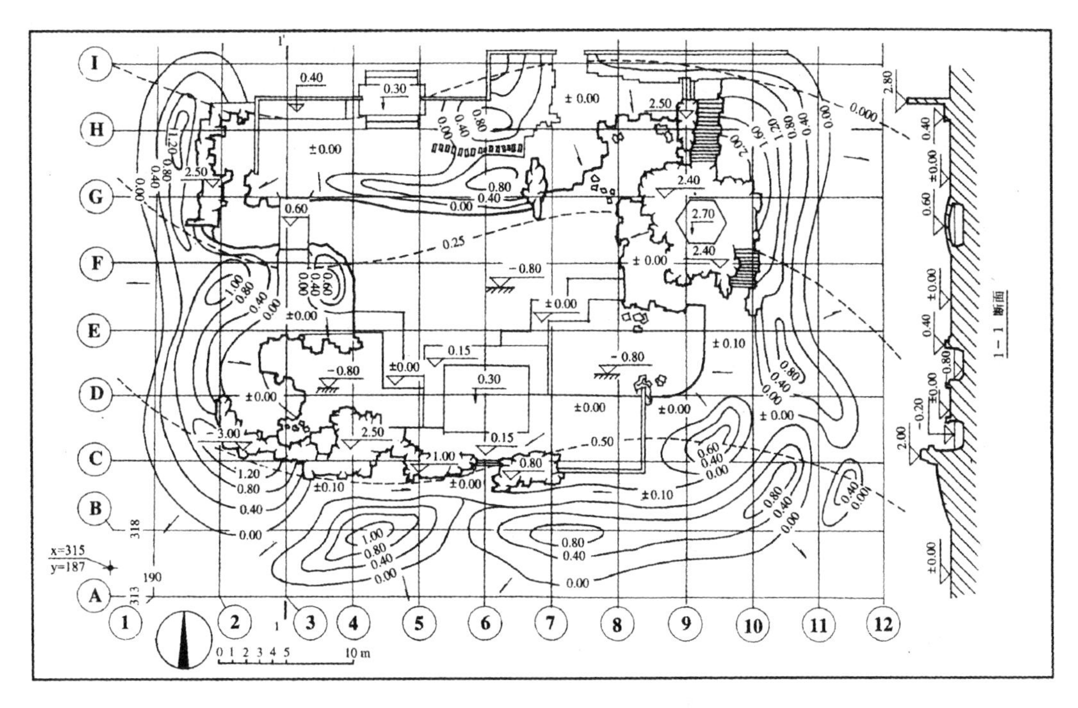

图 2-1-21　施工总平面图示例——地形复杂，采用方格坐标定位

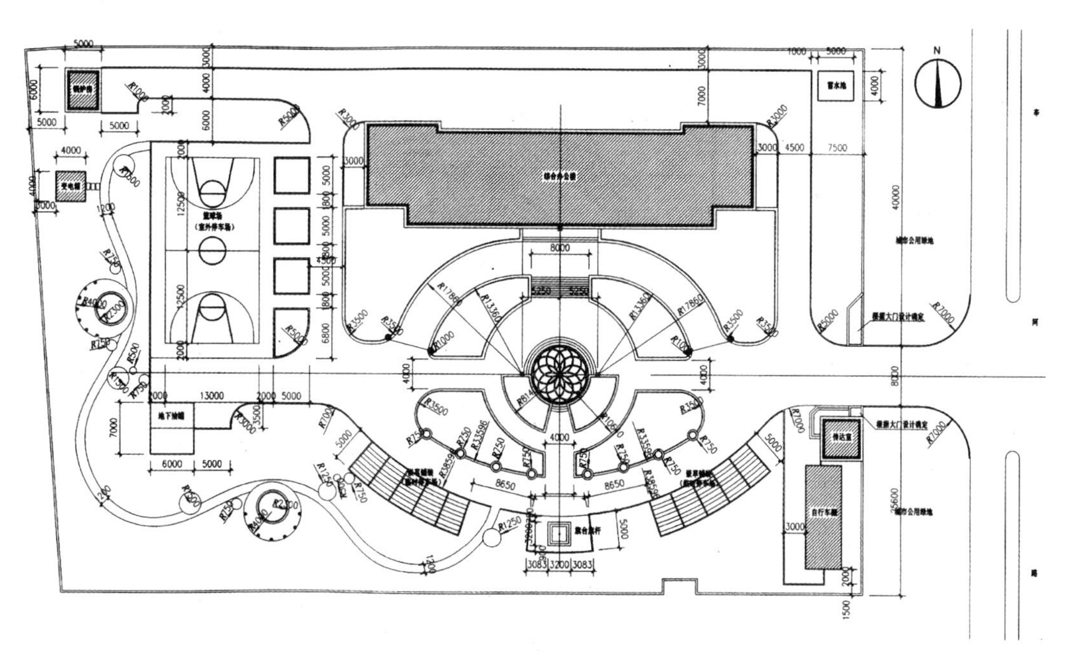

图 2-1-22　施工总平面图示例——几何形的构图，采用尺寸标注定位

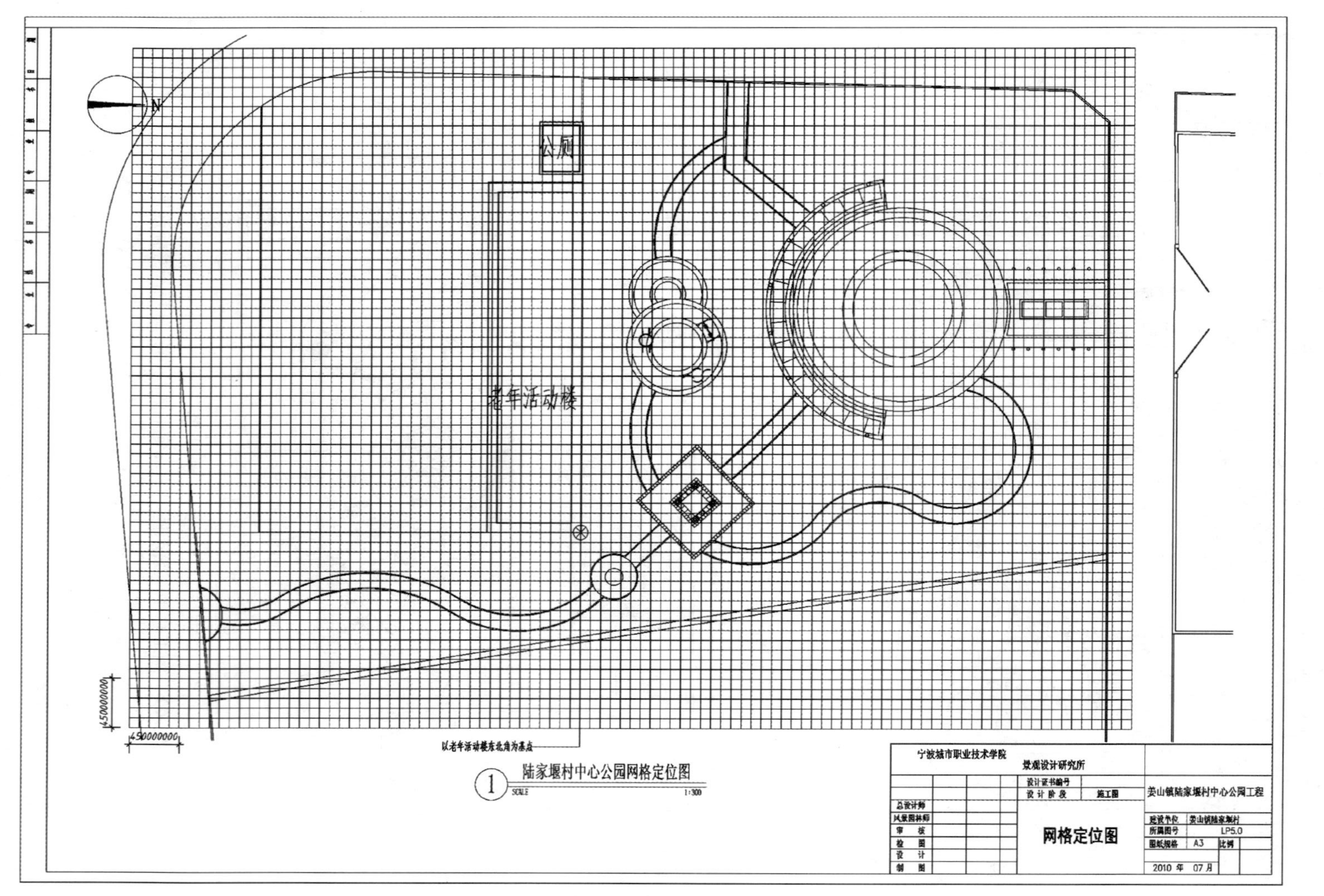

图 2-1-23　方格坐标定位图

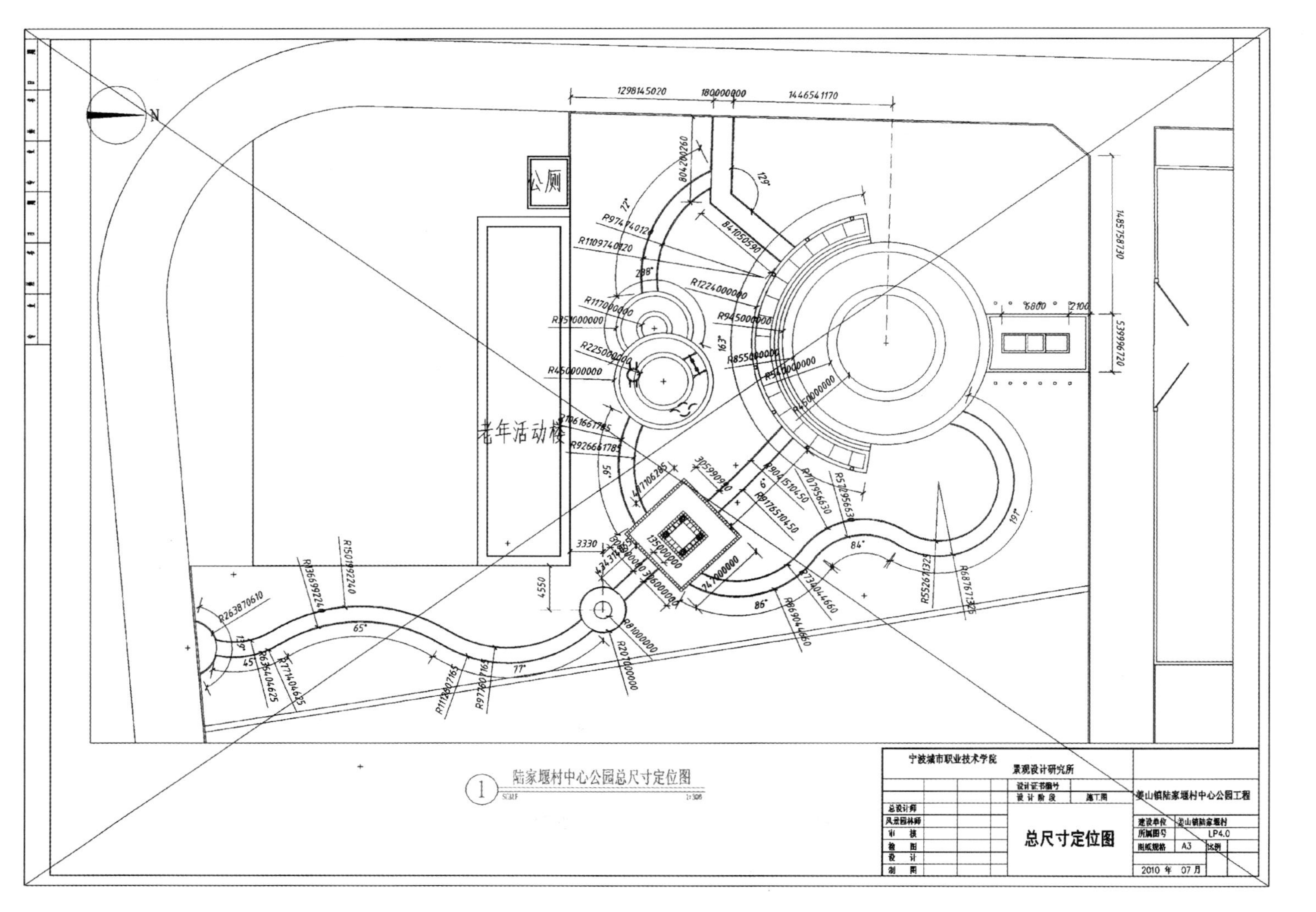

图 2-1-24　尺寸数据定位图

1.2.2 园林施工总平面图绘制原理

1.2.2.1 施工总平面图投影概述

施工总平面图是表现整个规划区域范围内各造园要素及周围环境的水平正投影图，其中标明各造园要素的位置、地形、标高等。

园林施工总平面图绘制(投影)原理与设计总平面图相同；但投影绘制更加细致和深入；坐标和尺寸定位更加准确。园林施工总平面图是园林工程施工定位的主要依据。定位坐标与尺寸标注数据是景物实际的尺寸大小，但图纸的大小是按实际景物的比例绘制的，如1:500、1:1000等。

1.2.2.2 组合体的投影

工程形体种类繁多，形态各异，但通过分析可以看到，它们都是由一些基本形体按一定形式组合起来的，称为组合体。

根据组合方式不同，组合体可分为以下3种类型：

叠加体——由若干基本形体叠加、堆砌构成，即几何体相加。

切割体——由一个基本形体切掉若干基本形体构成，即几何体相减。

混合体——同时包含叠加和切割的组合体，即几何体既相加又相减。

作组合体投影图，首先应判断组合体的类型，然后将其分解为若干几何体，再考虑这些几何体的相对位置，最后将这些几何体按顺序逐一画出。

[**例2－1－13**] 如图2-1-25A所示为一踏步的立体图，按图中所示放置在三面投影体系中，求其三面投影图。投影图中的尺寸由立体图中按1:1量取。

分析：此叠加体由3个大小不同的四棱柱叠加而成，应利用作几何体投影的方法，从下至上依次作出3个四棱柱的投影。

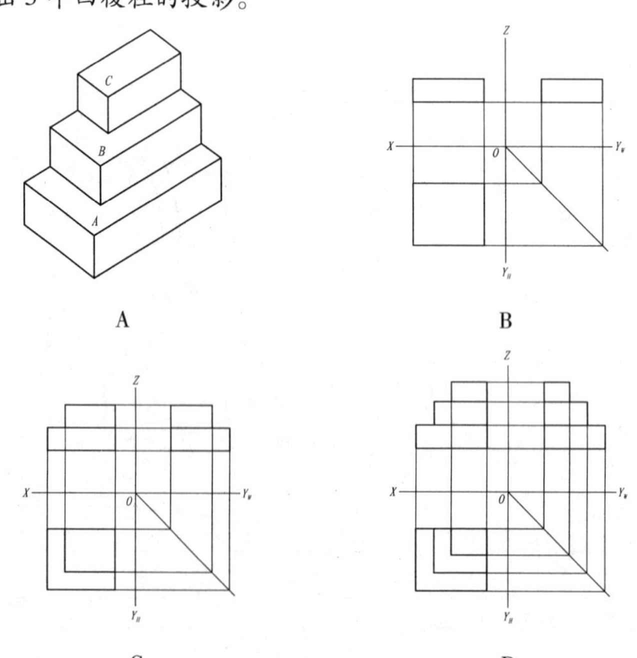

图2-1-25 叠加体三面投影的作图过程

作图：

①作四棱柱 A 的三面投影(图 2-1-25B)。

②按相对位置作出四棱柱 B 的三面投影(图 2-1-25C)。

③最后作出四棱柱 C 的三面投影(图 2-1-25D)

[例 2-1-14] 图 2-1-26A 所示为一园林门洞的立体图，求作其三面投影。

分析：这个组合体是一个切割体，可看作从一个四棱柱中切去一个八棱柱所得。可先作出四棱柱的三面投影，再根据相对位置在四棱柱中作出八棱柱的三面投影，再将八棱柱从四棱柱中去掉，剩余立体即为所求。

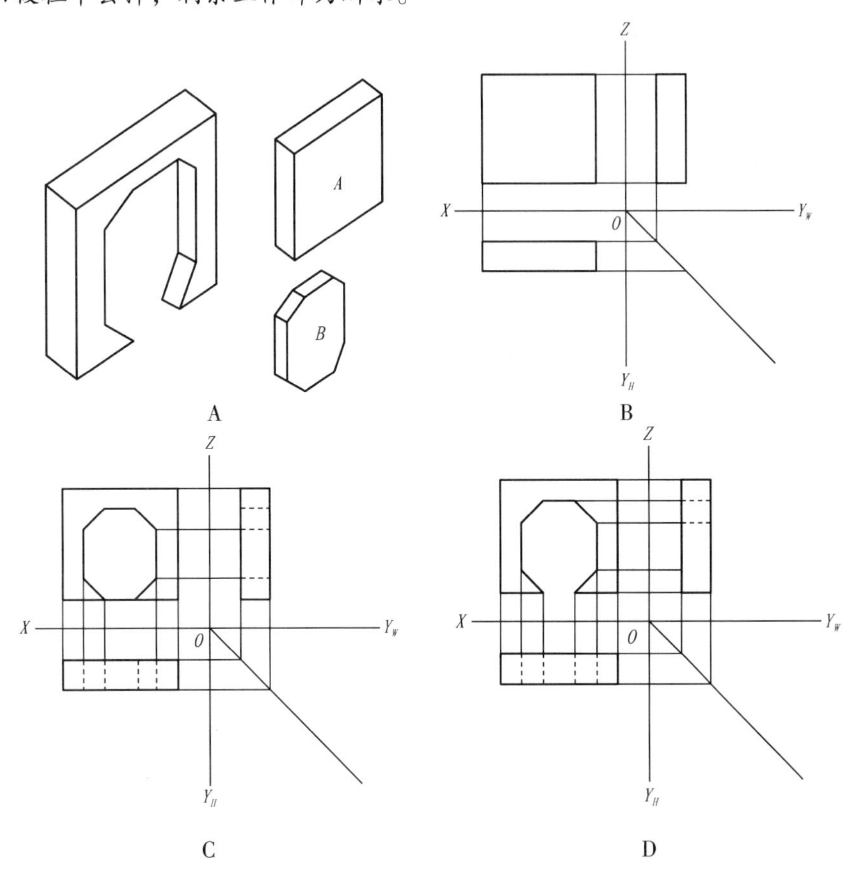

图 2-1-26　切割体三面投影的作图过程

作图：

①作出四棱柱 A 的三面投影(图 2-1-26B)

②在四棱柱 A 中作出八棱柱 B 的三面投影，并把八棱柱不可见的棱线画为虚线(图 2-1-26C)。

③将八棱柱从四棱柱中去掉，擦去多余的线条，完成全图(图 2-1-26D)。

[例 2-1-15] 如图 2-1-27 所示为四坡建筑物的立体图，求作其三面投影。

分析：此建筑物可看作是一个混合体，它是由一个横放的五棱柱 *A* 两端各切掉一个三棱锥 *B*(切割体)，前面再叠加一个四棱柱 *C* 构成(叠加体)。可先做五棱柱的三面投影，再将其切掉两个三棱锥，最后叠加一个四棱柱。

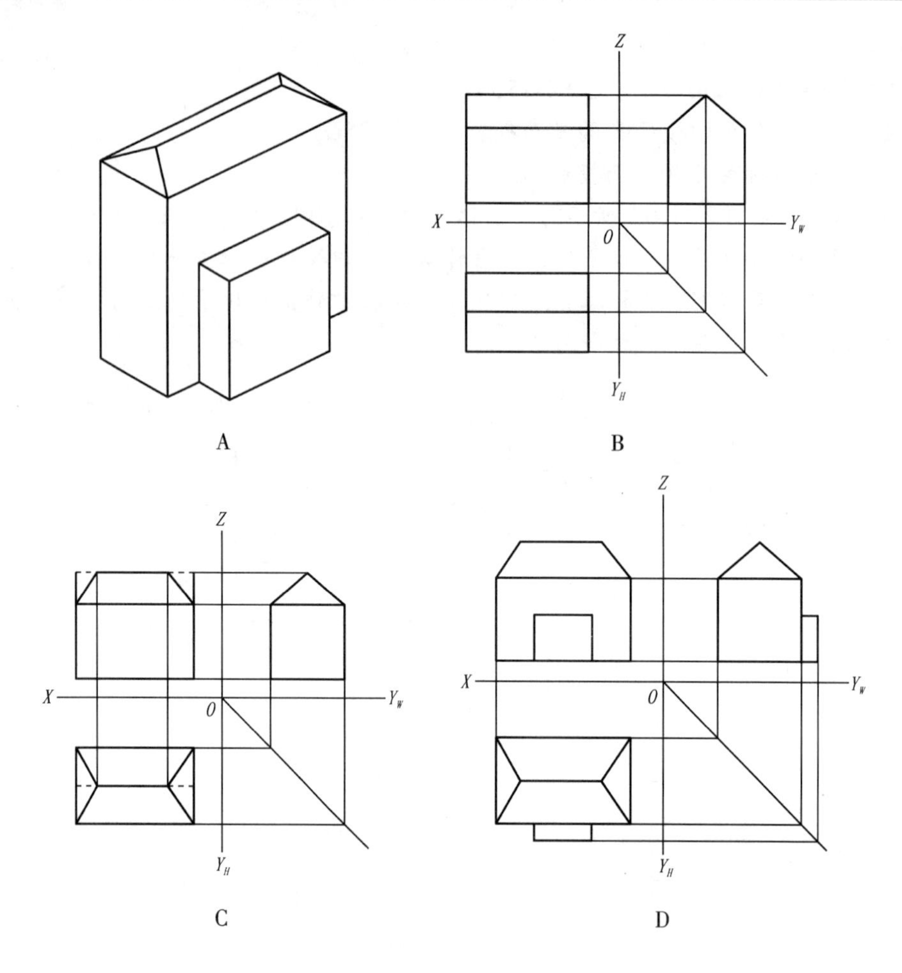

图 2-1-27　混合体三面投影的作图过程

作图：

①作出切割前的横放五棱柱 A 的三面投影，其尺寸由立体图中量取(图 2-1-27B)。

②在五棱柱中作出要切割的左、右两个三棱锥 B 的投影，将其切掉(图 2-1-27C)。

③用叠加法作出四棱柱 C 的三面投影(图 2-1-27D)。

任务实施

1. 绘制工具

图板、丁字尺、三角板、比例尺、绘图仪、绘图笔、绘图纸、描图纸及墨水等。

2. 绘制方法

(1)绘制设计平面图。

(2)根据需要确定坐标原点及坐标网格的精度，绘制测量和施工坐标网。

(3)标注尺寸、标高。

(4)绘制图框、比例尺、指北针，填写标题、标题栏、会签栏，编写说明及图例表。

3. 绘制技巧

（1）布局与比例

图纸应按上北下南方向绘制，根据场地形状或布局，可向左或右偏转，但不宜超过45°。施工总平面图一般采用1∶500、1∶1000、1∶2000的比例绘制。

（2）图例

建筑物、构筑物、道路、铁路以及植物等的图例应该参照相应的制图标准。如果由于某些原因必须另行设定图例，应该在总图上绘制专门的图例表进行说明。

（3）图线

在绘制总图时应该根据具体内容采用不同的图线，具体内容参照图线的使用。

（4）单位

施工总平面图中的坐标、标高、距离宜以米为单位，并应至少取至小数点后两位，不足时以0补齐。详图宜以毫米为单位，如不以毫米为单位，应另加说明。

建筑物、构筑物、铁路、道路方位角（或方向角）和铁路、道路转向角的度数，宜注写到秒，特殊情况，应另加说明。

道路纵坡度、场地平整坡度、排水沟沟底纵坡度宜以百分计，并应取至小数点后一位，不足时以0补齐。

（5）坐标网格

坐标分为测量坐标和施工坐标。

测量坐标为绝对坐标，测量坐标网应画成交叉十字线，坐标代号宜用“*X*、*Y*”表示。施工坐标为相对坐标，相对零点通常选用已有建筑物的交叉点或道路的交叉点，为区别于绝对坐标，施工坐标用大写英文字母*A*、*B*表示。

施工坐标网格应以细实线绘制，一般画成100m×100m或者50m×50m的方格网，也可以根据需要调整，对于面积较小的场地可以采用5m×5m或者10m×10m的施工坐标网。

（6）坐标标注

坐标宜直接标注在图上，如图面无足够位置，也可列表标注，如坐标数字的位数太多，可将前面相同的位数省略，其省略位数应在附注中加以说明。

建筑物、构筑物、铁路、道路等应标注下列部位的坐标：建筑物、构筑物的定位轴线（或外墙线）或其交点；圆形建筑物、构筑物的中心；挡土墙墙顶外边缘线或转折点。

表示建筑物、构筑物位置的坐标，宜注其3个角的坐标，如果建筑物、构筑物与坐标轴线平行，可注对角坐标。

平面图上有测量和施工两种坐标系统时，应在附注中说明两种坐标系统的换算公式。

（7）标高标注

施工图中标注的标高应为绝对标高，如标注相对标高，则应注明相对标高与绝对标高的关系。

建筑物、构筑物、铁路、道路等应按以下规定标注标高：建筑物室内地坪，标注图中±0.00处的标高，对不同高度的地坪，分别标注其标高；建筑物室外散水，标注建筑物四周转角或两对角的散水坡脚处的标高；构筑物标注其有代表性的标高，并用文字注明标高所指的位置；道路标注路面中心交点及边坡点的标高；挡土墙标注墙顶和墙角标高，路堤、边坡标注坡顶和坡脚标高，排水沟标注沟顶和沟底标高；场地平整标注其控制位置标高；铺砌场地标注其铺砌面标高。

知识拓展

施工总说明示例及其他施工平面图

一、施工总说明示例

1. 一般说明

(1)本工程以建设单位提供的现有用地主干道标高为本工程设计±0.000。

(2)本工程图纸所有标注尺寸除总平面及标高以米(m)为单位外，其余均以毫米(mm)为单位。

(3)本工程给排水、电气、动力等设备管道穿过钢筋混凝土或砌体，均需预埋或预留孔，不得临时开凿，并密切配合各工种施工。

(4)本工程施工图纸所示尺寸与实际不符时，以实际尺寸为准或者与设计人员现场核实。

(5)图中未详尽之处，须严格按照国家现行的《工程施工及验收规范》及工程所在地方法规执行。

(6)本套施工图分类编号如下：总平面图为“ZG”，绿化图为“LS”，给排水施工图为“SS”，配电图为“DS”，建筑结构施工图为“JS”。

2. 基础部分

(1)本工程现浇混凝土基础没有特别说明的均用C20钢筋混凝土。

(2)垫层为100厚C10素混凝土垫层。基层密实度不应小于93%(重击实标准)，回弹模量不应小于80MPa。

(3)土基密实度不应小于90%(重击实标准)，回弹模量不应小于20MPa。

3. 普通砌体

M7.5水泥砂浆，MU7.5砖砌筑，如砖砌体标高在±0.00以下或作为水体驳岸，水泥砂浆应用M10。

4. 混凝土

本工程图示构筑物，如无特别注明全部采用C20混凝土。

5. 钢筋

本工程全部采用(Φ)Ⅰ级钢筋、(Φ)Ⅱ级钢筋。

6. 面层

(1)垂直挂贴

①普通挂贴　1∶2.5水泥砂浆打底20厚原浆找平，纯水泥砂浆贴面材。

②石材挂贴　1∶2.5水泥砂浆30厚分层灌浆，石材背面用双股16号铜丝和石材绑扎后与膨胀螺栓固定。

(2)水平铺贴

①干铺　1∶3干性水泥砂浆20厚，原浆找平，2厚纯水泥粉(洒适量清水)干铺面材。

②湿铺　1∶2.5水泥砂浆20厚，原浆找平，适量纯水泥浆贴面材。

以上内容完成后，除特别注明外，均以1∶2水泥砂浆填缝，纯水泥砂浆刮平。

7. 防水

图中没有特别说明，统一采用1∶2防水砂浆。

8. 木构件

本工程户外木构件全部采用经防腐、脱脂、防蛀处理后的平顺板、枋材。上人木制平台选用硬制木。原色木构件须涂渗透性透明保护漆二道，凡属上人平台的户外木结构面涂耐磨性透明保护漆二道。

9. 铁件

所有铁件预埋、焊接及安装时须除锈，清除焊渣毛刺，磨平焊口，刷防锈漆(红

丹）打底，露明部分一道，不露明部分二道。除特别注明外，铁件面喷涂黑色油漆一道。

10. 变形缝

建筑面层材料按每6.0m设变形缝一道，混凝土结构沿长度每30m设变形缝一道。

11. 其他做法说明

（1）按各分项图纸的要求做好场地及道路系统的排水坡度，绿地与道路交接处均比道路低3cm，其他按等高线与标高设计进行施工。

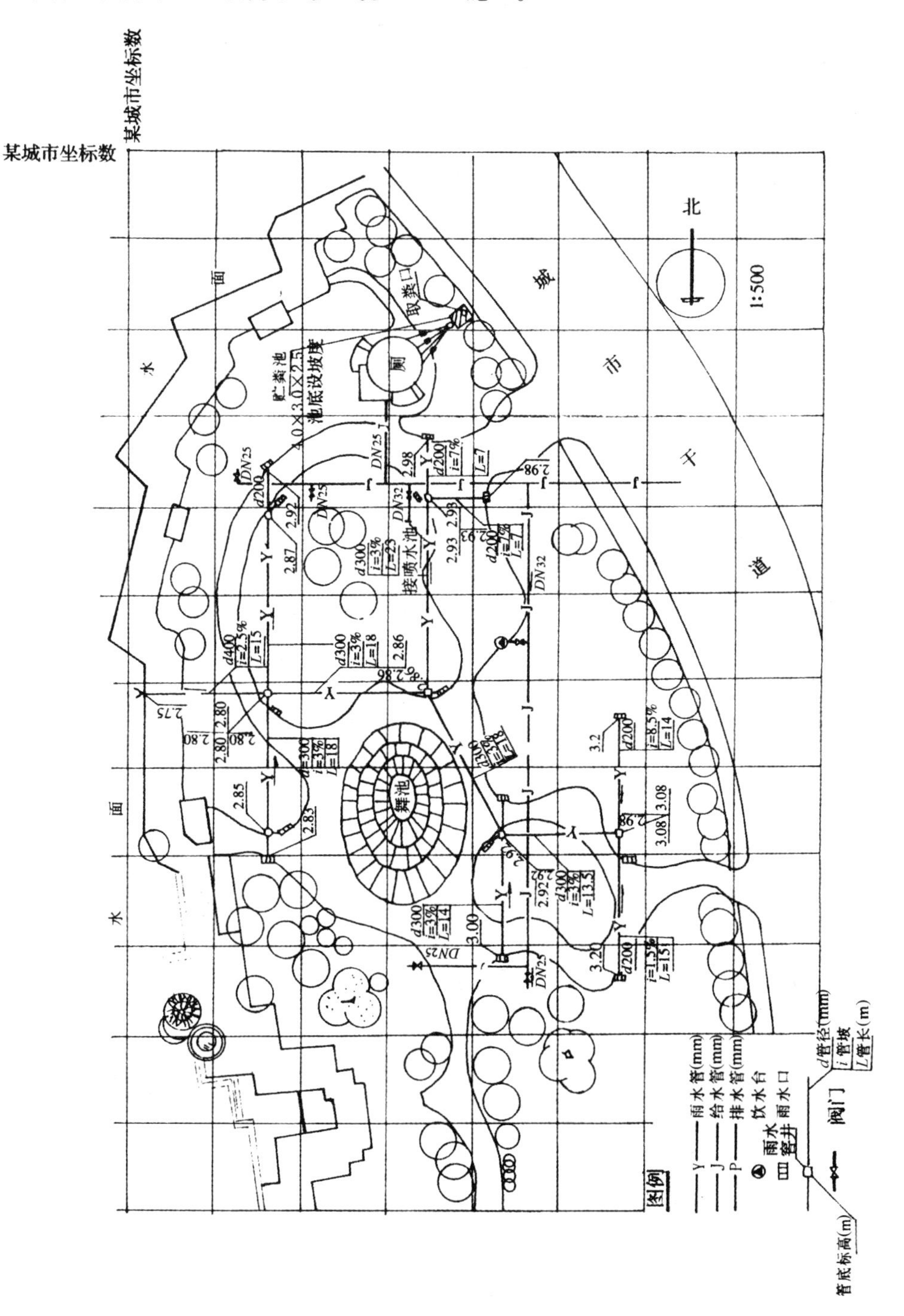

图 2-1-28 给排水管线总平面图示例

(2)块面料的贴缝处理除图纸有特别注明外，石板材均用原色水泥勾缝处理。

二、给排水施工图

给排水工程包括给水工程和排水工程两个方面，给水工程指取水、净水、输水和配水等工程；排水工程主要是指污水处理。给排水工程是由各种管线及其配件和水处理、存储设备组成的，给排水施工图就是表现整个给排水管线、设备、设施的组合安装形式，作为给排水工程施工的依据。

给排水施工图组成内容较多，尤其是对于一些大型的园林绿化项目，一般包括：管线总平面图(图 2-1-28)、管线系统图(图 2-1-29)、管线剖断面图(图 2-1-30)以及给排水配件安装详图。

三、结构施工图

1. 基础

基础位于底层地面以下，是建筑物或者构筑物的重要组成部分，它主要由基础墙(埋入下的墙)和下部做成阶梯形的砌体(称为大放脚)组成。基础图是表示基础平面布置和详细构造的图样，一般包括基础平面图(图 2-1-31)和基础详图(图 2-1-32)，它是施工放线、开挖基坑和砌筑基础的依据。

2. 钢筋混凝土梁

钢筋混凝土梁的结构详图一般用立面图和断面图表示。如图 2-1-33 所示，上图是梁的立面图，标注出钢筋的编号、形式、直径、长度以及钢筋的搭接方式等。从图中可以看出：梁的两端搁置在钢筋混凝土柱上，下部是两根直径为 20mm 的受力筋(编号为 1)，上部是两根直径为 22mm 的受力筋(编号为 2)，并且在梁的两端作出直角弯钩，插入两端的柱体中，如图中钢筋 2 的引出线旁的钢筋简图，4 条受力筋应该贯穿整个混凝土梁。

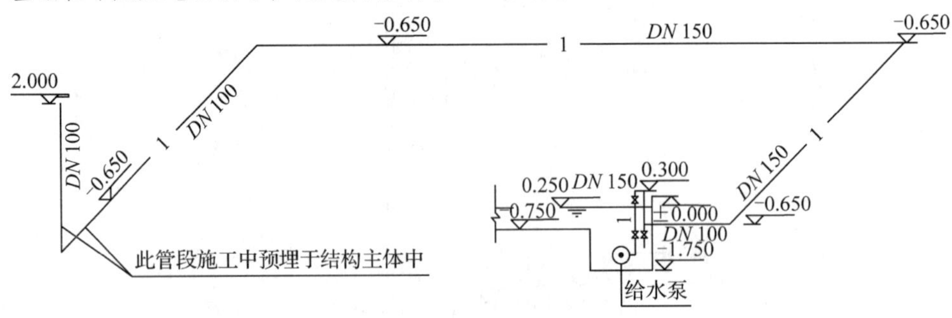

图 2-1-29　管线系统图

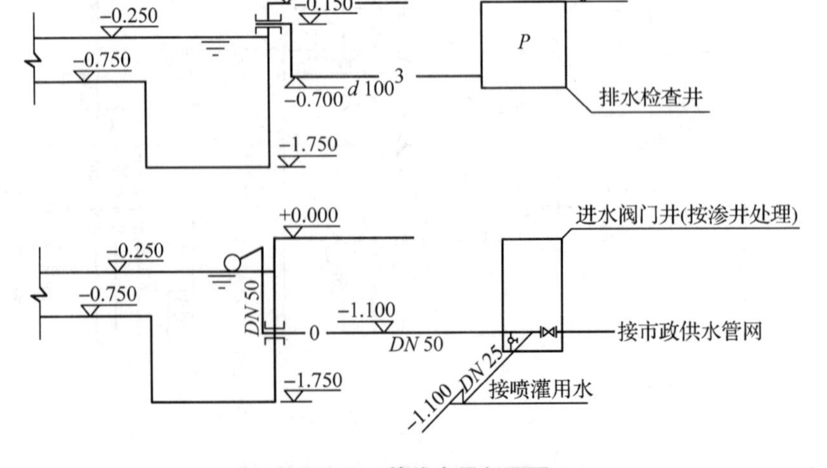

图 2-1-30　管线布局剖面图

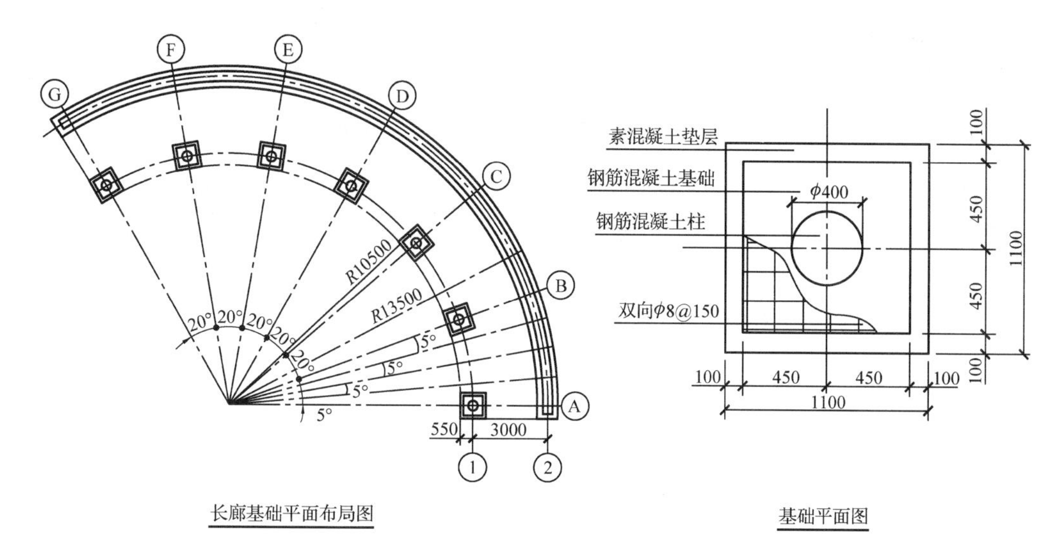

图 2-1-31　基础平面图

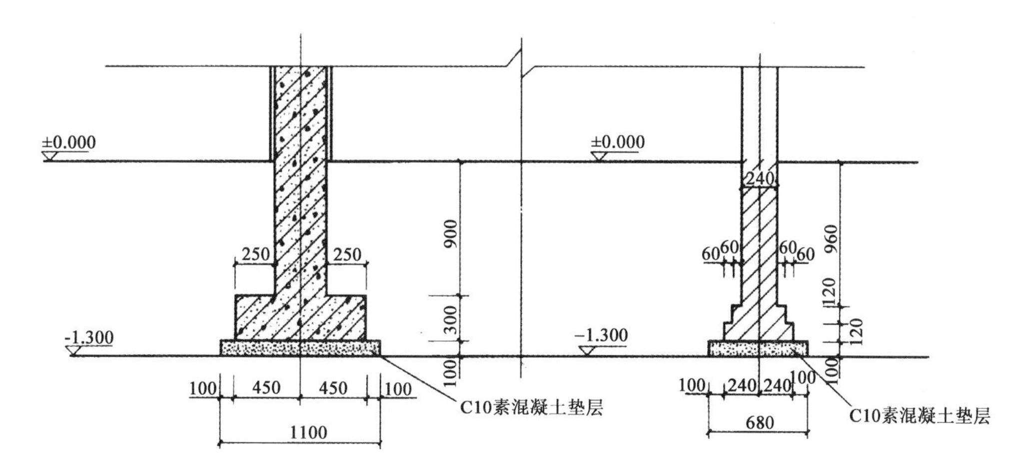

图 2-1-32　基础详图

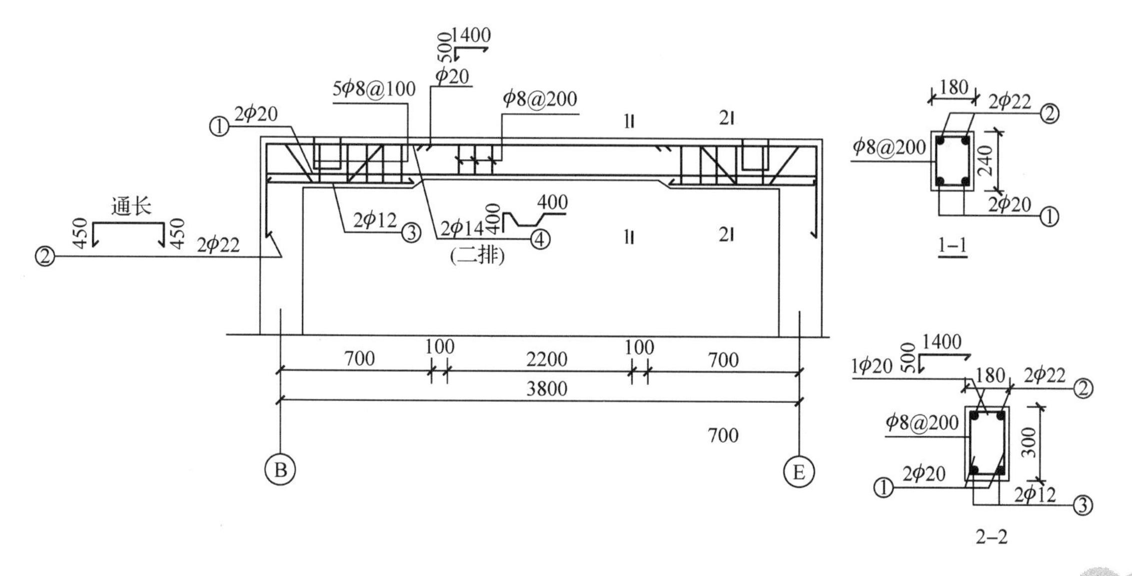

图 2-1-33　钢筋混凝土梁

巩固训练

用绘图铅笔抄绘园林施工总平面图，幅面大小为A2，并上墨线。

自测题

1. 坐标网格中施工坐标和测量坐标有什么区别？
2. 施工图中标高有哪些要求？

项目 2
山水地形设计图的绘制与识读

熟悉地形设计图和假山水景设计图的基本知识和形成原理；掌握地形设计图、假山水景设计图及施工图的绘制方法与识读技巧；能熟练绘制、准确识读地形设计图、假山水景设计图及施工图。

任务 2.1 绘制地形设计图

学习目标

【知识目标】

(1)熟悉地形设计图的基本知识及形成原理。

(2)掌握地形设计图的绘制方法与识读技巧。

【技能目标】

(1)能准确识读地形设计图。

(2)能熟练绘制地形设计图。

知识准备

2.1.1 地形图基本知识

地形是地物形状和地貌的总称，具体指地表以上分布的固定性物体共同呈现出的高低起伏的各种状态。其中地物指自然形成或人工建成的具有明显轮廓的物体，自然地物如河流、森林，人工地物如房屋、道路、桥梁等。地貌指地面的高低变化和起伏形状，如山地、丘陵、平原。

地形图指的是地表起伏形态和地物位置、形状在水平面上的投影图。具体来讲，将地面上的地物和地貌按水平投影的方法(沿铅垂线方向投影到水平面上)，并按一定的比

例尺缩绘到图纸上，这种图称为地形图。

地形的平面表示主要采用图示和标注的方法。等高线法是最基本的图示方法，在此基础上可获得地形的其他直观表示法；标注法则主要用来标注地形上某些特殊点的高程。

2.1.1.1　等高线法

等高线法是以某个参照平面为依据，用一系列等距离假想的水平面切割地形后所获得的交线的水平正投影图表示地形的方法，如图 2-2-1 所示。等高线法是科学性最强、实用价值最高的一种地形表示方法，主要缺陷是不够直观。

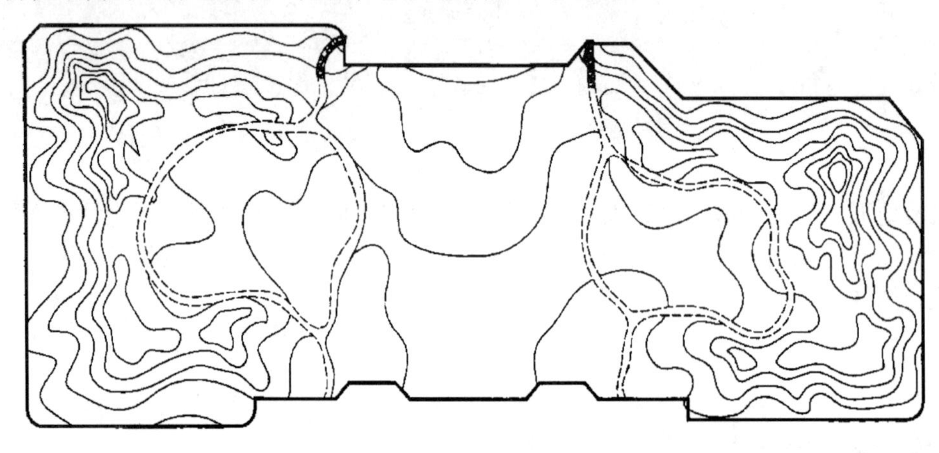

图 2-2-1　等高线法

2.1.1.2　分层设色法

分层设色法是地形的另一种直观表示法，即根据等高线划分出地形的高程带，逐层设置不同的颜色，以色调和色度的逐渐变化，直观地反映高程带数量及地势起伏变化的方法。该方法能醒目地显示地势各高程带的范围、不同高程带地貌单元的面积对比，具有立体感，但却不能用来测量，地貌表示也欠精细。

分层设色法中，设置颜色的基本要求为：

①各层的颜色既要有区别又要渐变过渡，以保证地势起伏的连续性。

②各层色彩的对比应尽量表示地形的立体感。

③色彩的选择应适当考虑地理景观及人们的习惯，如用蓝色表示海洋，绿色表示低平原，用黄、棕、橘红、褐等色表示山地和高原，白色表示雪山冰川等。

2.1.1.3　高程标注法

当需表示地形图中某些特殊的地形点时，可用十字或圆点标记这些点，并在标记旁注上该点到参照面的高程，高程常注写到小数点后第二位，这些点常处于等高线之间，这种地形表示方法称为高程标注法，如图 2-2-2、图 2-2-3 所示。高程标注法适用于标注建筑物的转角、墙体和坡面等顶面和底面的高程，以及地形图中最高和最低等特殊点的高程。因此，场地平整、场地规划等施工图中常用高程标注法。

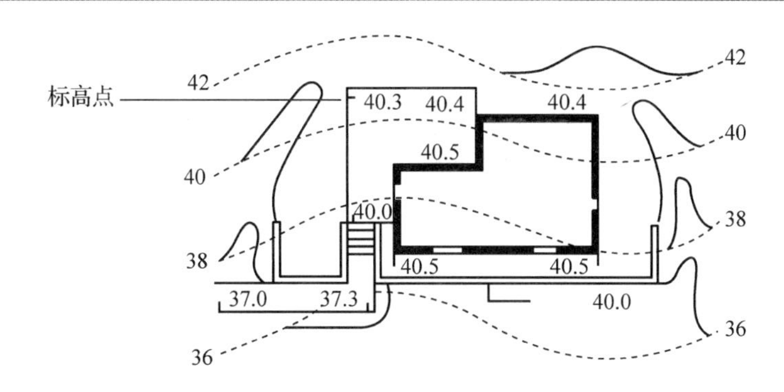

图 2-2-2　用标高点表示地形上某一特定点的高程

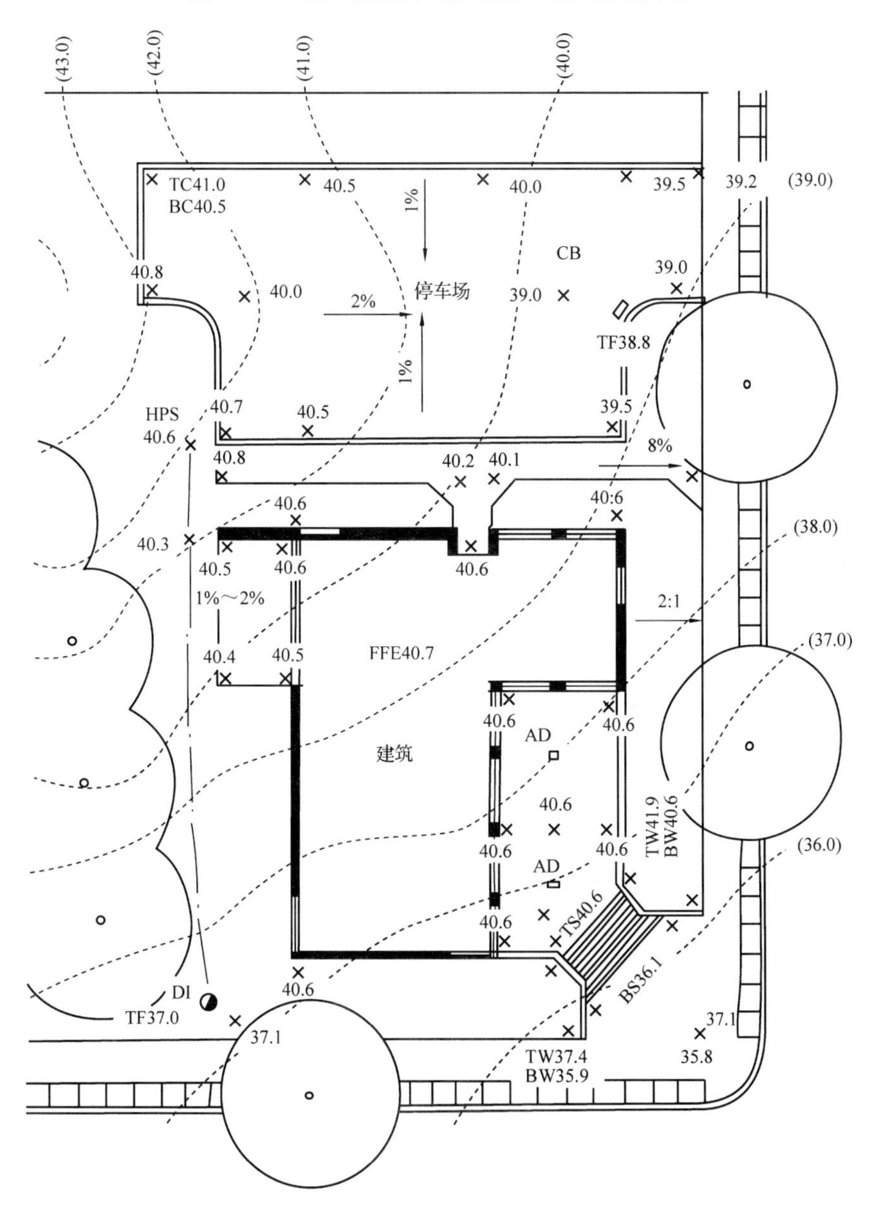

图 2-2-3　地形的高程标注法

2.1.1.4 地形剖、断面图表示法

等高线法、分层设色法、高程标注法只是运用不同的方式表示了地形的平面，而在地面设计中，为了更直观地表示某一方向处地形的起伏状况，还需作出地形剖面图、地形断面图。

(1)地形剖面图表示法

剖面图主要用来直观表示某条剖面线上地形的高低起伏状态和坡度的陡缓情况，广泛运用于地面工程设计和区域自然地理研究中。地形剖面图通常借助地形剖面线、地形轮廓线及植物的投影来表示。

①地形剖面线 首先在描图纸上按比例画出间距等于地形等高距的平行线组，并将其覆盖到地形平面图上，使平行线组与剖切位置线相吻合，然后借助丁字尺和三角板作出等高线与剖切位置线的交点(图2-2-4A)，用光滑的曲线连接这些点并加深加粗，即可得到地形剖面线(图2-2-4B)。

②垂直比例 地形剖面图的水平比例与原地形平面图的比例一致，而垂直比例则可根据地形情况适当调整。当原地形平面图的比例过小、地形起伏不明显时，可将垂直比

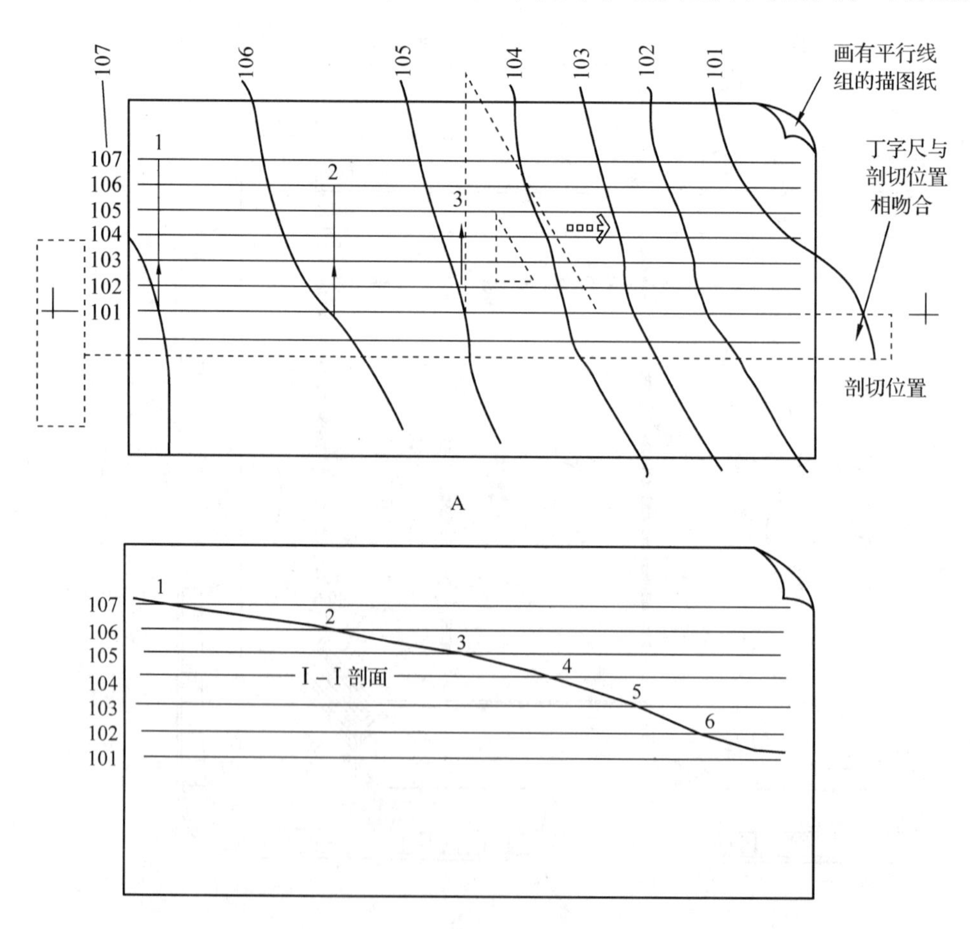

图2-2-4 地形剖面线的做法

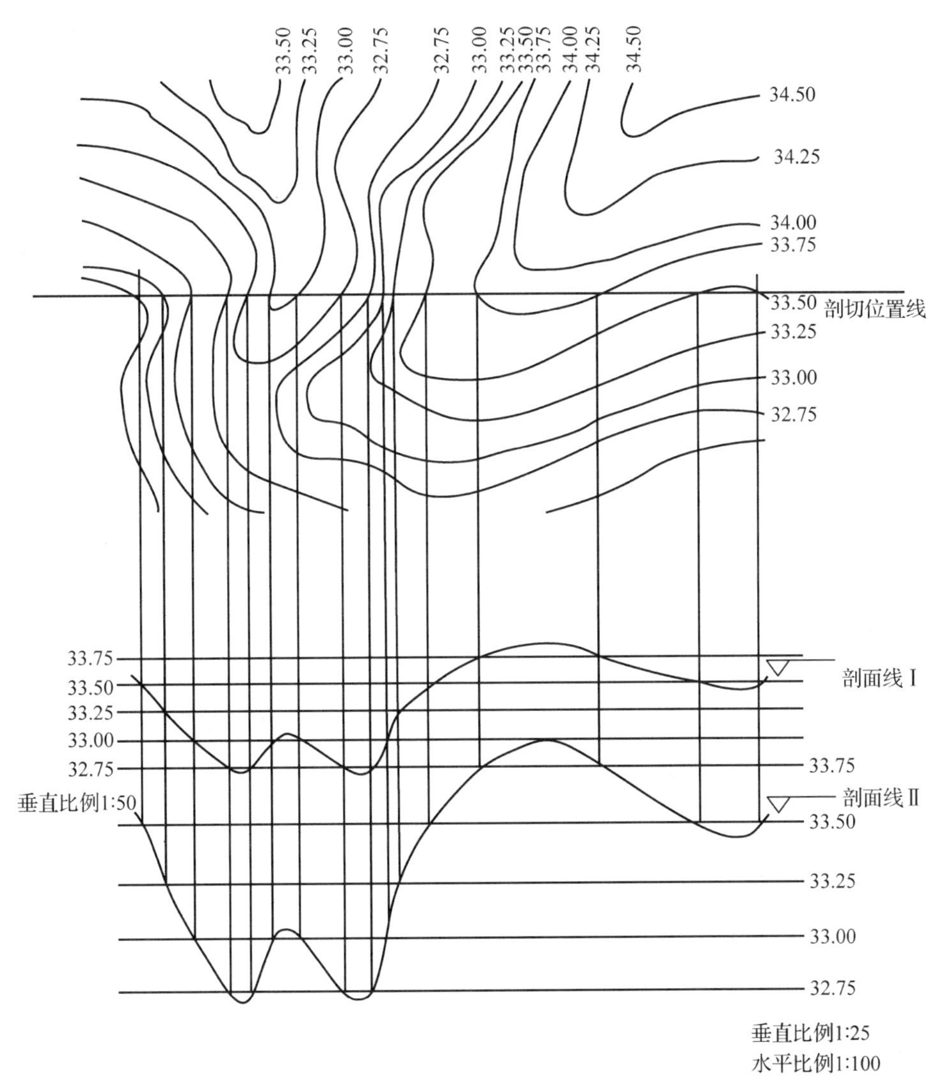

图 2-2-5 地形剖面图的垂直比例

例扩大5～20倍。采用不同的垂直比例所作的地形剖面图的起伏不同，倍数越大，起伏越明显。当水平比例与垂直比例不一致时，应在地形剖面图上同时标出这两种比例。当地形剖面图需要缩放时，最好分别加上图示比例尺（图2-2-5）。

垂直比例尺的确定有三看：看等高距；看相对高度（剖面线上相对高度的极大值或最大值）；看倍数关系（相对高度是等高距的倍数）。

③地形轮廓线　在地形剖面图中除需要表示地形剖面线外，还需要表示地形剖断、面后没有剖切到但又可见的内容，这就需要用地形轮廓线来表示。

地形剖断后的可见景物称为地形轮廓线，求作地形轮廓线实质上就是求作该地形的外轮廓线和地形线的正投影。轮廓线法强调的是地物和地貌在空间立面构成的轮廓线，是设计构思反映在立面构图中的重要方法，能整体体现景物空间各部分的高低错落、景物深远和气氛意境，也是近实远虚透视法的处理手法。

如图2-2-6A所示，图中虚线表示垂直于剖切位置线的地形等高线的切线，将其向下

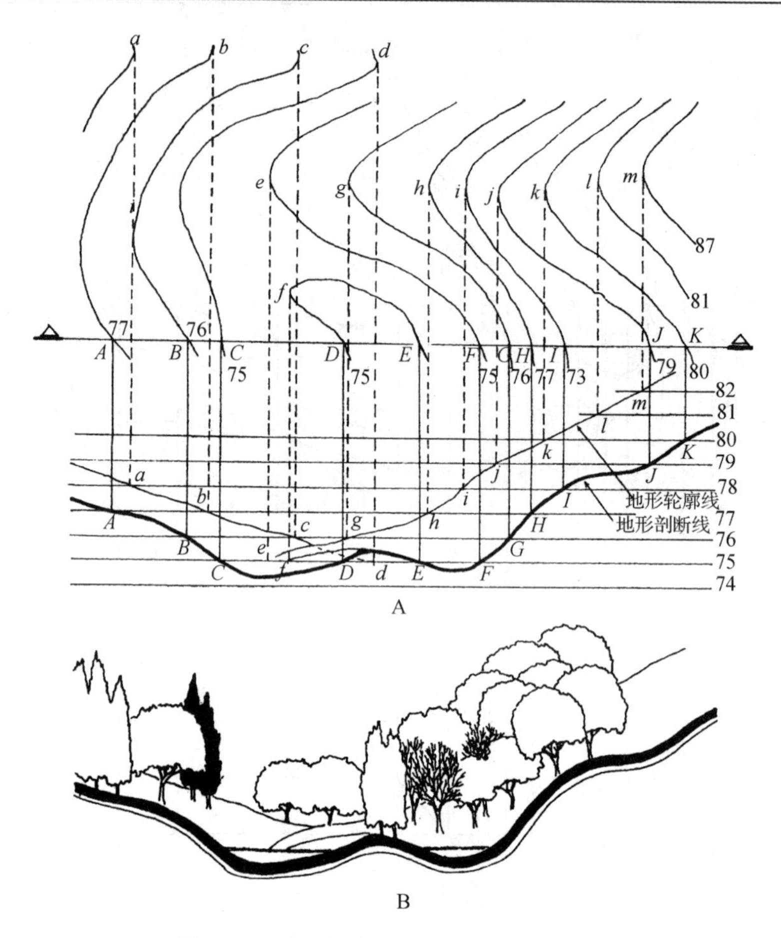

图 2-2-6　地形轮廓线、地形剖面图的做法

延长与等距平行线组中相应的平行线相交，所有交点的连线即为地形轮廓线。图 2-2-6B 中，树木投影的做法为：将所有树木按其所在的平面位置和所处的高度(高程)定到地面上，然后作这些树木的立面，并根据前显后藏、近实远虚的原则，擦除被挡住的图线，描绘出留下的图线，即得树木的投影。

图 2-2-7　不作地形轮廓线的剖面图

因有地形轮廓线的剖面图绘制较复杂，所以在平地或地形较平缓的情况下一般不作地形轮廓线(图 2-2-7)，只有地形变化较复杂的地形才作地形轮廓线，以便加以辅助分析。

图 2-2-8 中的园景剖面图，是公园内某园景被一假想的铅垂面剖切后，沿某一剖切方向投影所得到的全剖面图，实际上就是由地貌剖面及地表上造园要素的剖面构成的。

图 2-2-8　园景剖面图

(2)地形断面图表示法

用铅垂面剖切地形面，切平面与地形面的截交线即为地形断面，画上相应的材料图例，称为地形断面图。如图 2-2-9 所示，以 $A-A$ 剖切线的水平距离为横坐标，以高程为纵坐标，按等高距及地形图的比例尺画一组水平线，如 15、20、25、…、55，然后将剖切线 $A-A$ 与地面等高线的交点 a、b、c、…、p 之间的距离量取到横坐标轴上，得 a_1、b_1、c_1、…、p_1。自点 a_1、b_1、c_1、…、p_1 引铅垂直线，在相应的水平线上定出各点。光滑连接各点，并根据地质情况画上相应的材料图例，即得 $A-A$ 处的地形断面图。断面处地势的起伏情况可以从断面图上形象地反映出来。

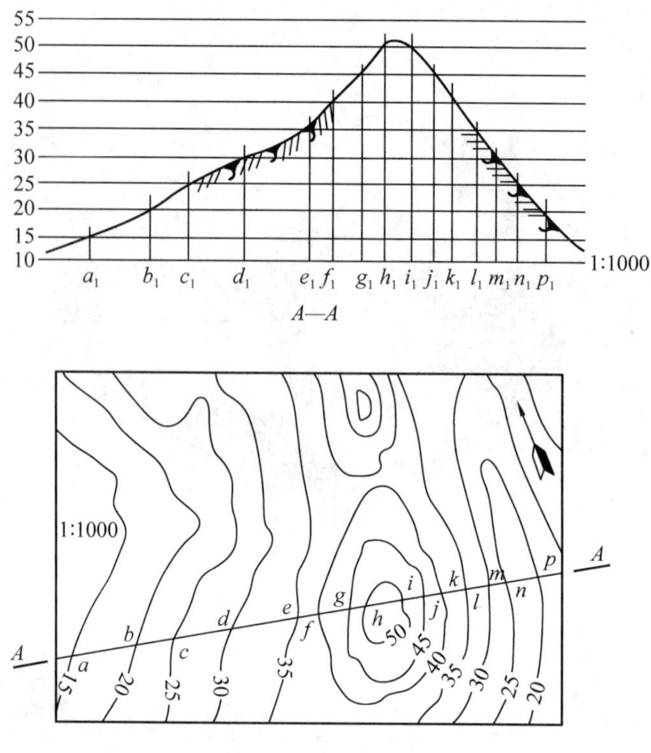

图 2-2-9　地形断面图

2. 1. 2　地形设计图绘制原理

2. 1. 2. 1　地形平面中等高线的形成

(1)等高线的形成原理

图 2-2-10A 中，有一地表面被高程不同而间隔相等的一组水平面 P_1、P_2和 P_3所截，在各平面上得到相应的截交线，将这些截交线沿垂直方向向下投影到一个水平面 P 上，并按一定的比例尺缩绘在图纸上，便得到了表示该地表面的一圈套一圈的闭合曲线，即等高线。所以等高线就是地面上高程相等的相邻各点连成的闭合曲线，也就是水平面与地表面相交的曲线。

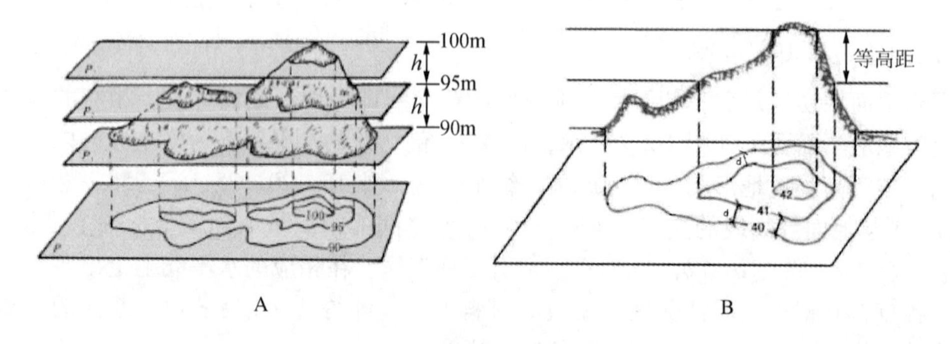

图 2-2-10　等高线的形成

①高程　地面上某点到海平面的垂直距离称为绝对高程，即海拔。目前我国采用的“1985年国家高程基准”，是以1950—1979年青岛验潮站观测资料确定的黄海平均海水面，作为绝对高程基准面。

在局部地区可以附近任意一个具有一定特征的水平面作为基准面，以此得出所设计场地各点相对于基准面的垂直距离，称为相对高程。相对高程常用于局部地区的场地规划中。

②等高距(等高线间隔)　指两相邻等高线截面 P 之间的垂直距离 h。同一幅地形图中的等高距是相同的。

③等高线平距　相邻两等高线之间的水平距离 d。由图2-2-10B可知，d 越大，表示地面坡度越缓，反之越陡。等高线平距与地面坡度成反比。

用等高线表示地貌，等高距选择过大，就不能精确显示地貌；等高距选择过小，等高线密集，图面就不清晰。

(2)等高线的分类(图2-2-11)

①首曲线　又称基本等高线，指按一倍等高距绘制的等高线，用细实线表示。首曲线主要用来表示地貌的基本形态。

②计曲线　又称加粗等高线，指从规定的高程起算面起，每隔4个等高距将首曲线加粗为一条粗实线，以便在地图上判读和计算高程。

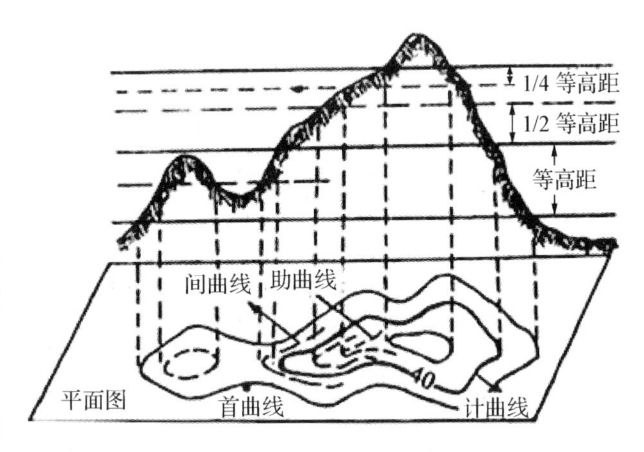

图2-2-11　等高线的分类

③间曲线　又称半距等高线，是用细长虚线按1/2等高距绘制的等高线，主要用于高差不大，坡度较缓，单纯以首曲线不能反映局部地貌形态的地段。

④助曲线　又称辅助等高线，是用细短虚线按1/4等高距绘制的等高线，用来表示间曲线仍不能显示的某段个别地貌。

间曲线和助曲线只用于局部地段，除显示山顶、凹地时各自闭合外，一般只画一段；表示鞍部时，一般对称绘制，终止于鞍部两侧；表示斜面时，终止于山脊两侧。

(3)等高线的特点

①同一条等高线上各点的高程相等，相邻两等高线相差一个等高距。高程相等的点不一定在同一条等高线上。

②等高线为闭合曲线，无论怎样迂回曲折，终必环绕成圈，但在一幅图上不一定全部闭合。

③等高线一般不相交或重叠，只有在悬崖处等高线才可能出现相交情况；在某些垂直于地平面的峭壁、挡土墙或驳岸处等高线才会重合。

④等高线的水平间距的大小，表示地形的缓或陡。如疏则缓，密则陡。

等高线的间距相等，表示该坡面的坡度相同；如果等高线从山顶向四周先密后疏，则为凹形坡(高密低疏)；如果等高线从山顶向四周先疏后密，则为凸形坡(高疏低密)；如果该组等高线平直，则表示该地形是一处平整过的同一坡度的斜坡。

⑤等高线一般不能在图内中断，但遇道路、河流、房屋等地物符号和注记处可以局部中断。

⑥等高线与“示坡线”“分水线”“汇水线”垂直相交。

在等高线的数值不用数字标出的等高线图上，一般加一条垂直于等高线指向下坡方向的短线，表示坡度降低的方向，这种指示坡向的短线称为示坡线或降坡线。

⑦同一等高线两侧数值变化趋势相反。

(4)典型地貌中等高线的形状特征

如图2-2-12所示，园林中的典型地貌包括山顶、凹地、山谷、山脊、鞍部、陡崖等。

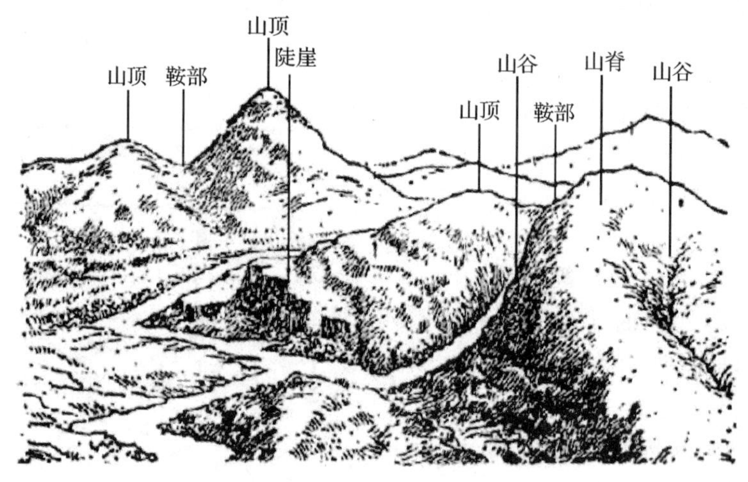

图2-2-12 园林中的典型地貌

①山顶 凡是凸出且高于四周的单独高地称为山，山的最高部位称为山顶。图2-2-13A为山顶，其等高线闭合，且数值从中心向四周逐渐降低。

②凹地 比周围地面低，且经常无水的地势较低的地方称为凹地，大范围低地称为盆地，小范围低地称为洼地。(图2-2-13B)，其等高线闭合，且数值从中心向四周逐渐升高。利用等高线区分山顶与凹地时，如果没有数值注记，可根据示坡线来判断。

③山脊 山顶向一个方向延伸的凸棱部分(图2-2-13C)，其等高线凸出部分指向海拔较低处，即等高线从高往低突，就表示山脊。山脊线指等高线向低处凸出的点的连线，又称分水线。

④山谷 相邻山脊之间的低凹部分(图2-2-13D)，其等高线凸出部分指向海拔较高处，即等高线从低往高突，就表示山谷。山谷线指等高线向高处凸出的点的连线，又称汇水线。

⑤鞍部 相邻两山头之间呈马鞍形的凹地(图2-2-13E)，两山顶之间等高线不相连的地方即为鞍部。

⑥陡崖与悬崖 如图2-2-13F所示，多条等高线相互重叠在一起。

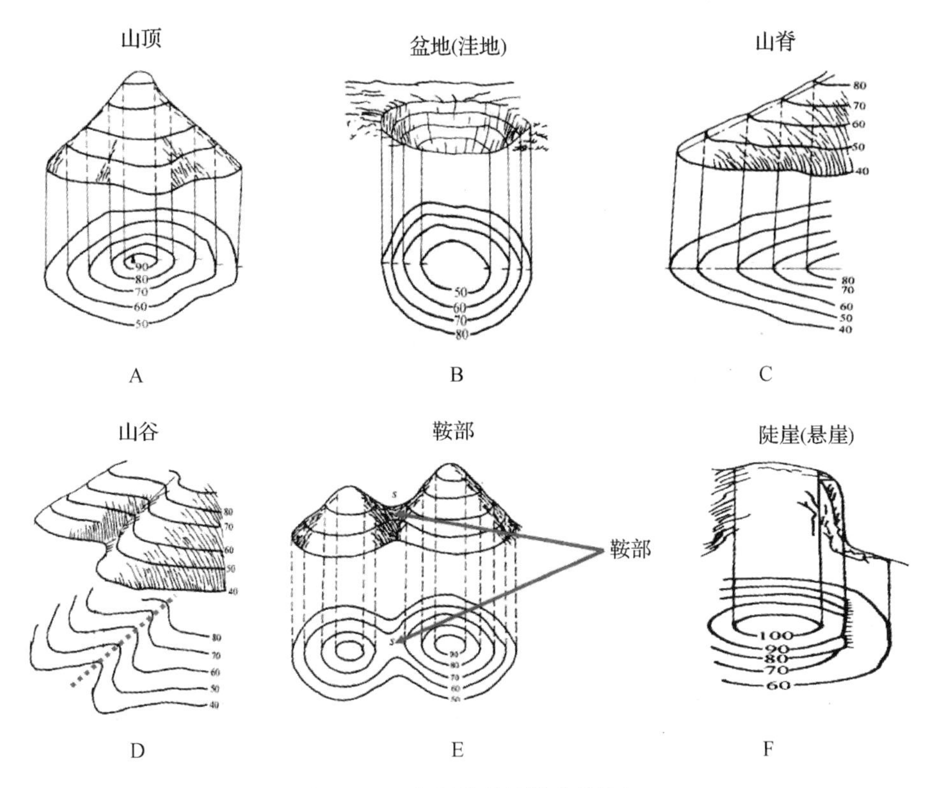

图 2-2-13 典型地貌的等高线特征

A. 等高线数值内大外小 B. 等高线数值内小外大 C. 等高线数值凸向低值
D. 等高线数值凸向高值 E. 两山顶之间等高线不相连的地方 F. 等高线相互重叠的地方

2.1.2.2 地形剖(断)面图的形成

地形剖(断)面图是在等高线地形图的基础上绘制而成的，它表示沿地表某一方向垂直切开的剖(断)面图形，用以表示该方向地形的起伏状况。

(1)地形剖(断)面图的绘制步骤

①确定地形剖面线。在等高线地形图上，根据要求，在作剖面线的两点之间作一条直线，作为等高线地形图的剖面线。

②确定比例尺。一般来说，剖面线的水平比例尺多采用原图的比例尺；垂直比例尺应视图中地形的起伏状况而定，大多要适当放大，以使剖面图所表达的地形起伏更加明显。

③建立剖面图坐标体系：

确定剖面图的水平基线：因为剖面图的水平比例尺一般与原图一致，所以剖面图的水平基线与剖面图长度相等。

确定纵坐标轴的高程：纵轴的高程应根据垂直比例尺确定，但图上的高程间距要与等高线地形图的等高距相等，标出各高程的数值，并通过各高程点作平行于剖面图基线的高程线。

④找出等高线地形图中剖面线与等高线的交点，量出各点之间的距离，并将其转绘到剖面图基线的相应位置上。另外，等高线之间的地势最高点或最低点(如山顶、山谷)

也要标出。

⑤过转绘到剖面图基线上的各点作基线的垂线，标出各垂线与相应高程线的交点。

⑥把各交点用一条平滑的曲线连接起来，在剖面图的下方，标出水平比例尺和垂直比例尺。

⑦根据前显后藏、近实远虚的原则，绘制植物的立面投影。

［**例2－2－1**］如图2-2-14A，已知剖面线*AB*，求作地形剖(断)面图。

分析：因剖面线*AB*呈水平方向，故可直接向下作垂直投影。

步骤：

①确定剖面图的水平比例尺与垂直比例尺。通常地形剖面图的水平比例尺与地形图比例尺一致，而垂直比例尺则需要在水平比例尺的基础扩大5～20倍。

根据题意，所作剖面图的水平比例尺可定为1∶50 000。由于原地形图的等高距为50m，剖面线*AB*上的最大海拔接近350m，最小的海拔高度接近50m，高差约300m，因此用图上1cm代表垂直高度50m时，将要绘制的剖面图坐标系的纵坐标高度就成了6cm。在这个高度上绘制的剖面图大小适中，并能很好地反映地面高低起伏的趋势，所以可将垂直比例尺定为1∶5000，相当于水平比例尺的10倍。

②绘制剖面坐标系。在剖面线*AB*正下方的适当位置作水平基线*ab*作为横坐标，比例尺与*AB*相同(1∶50 000)，即*ab*与*AB*等长。

过*a*、*b*两点各作一条长6cm的垂线作为纵坐标。

根据前面分析可知，纵坐标上应以1cm为单位作出1个刻度(包括坐标原点)，每个刻度所对应的海拔如图2-2-14所示。

用线段连接左右纵坐标等高的刻度，它们都是水平基线的平行线。

③向下作*A*、*B*点的垂直投影及剖面线与等高线的交点。用垂直投影的方法从等高线图上*A*、*B*点及剖面线与等高线的交点向下引垂线，引到剖面坐标系中相应高度，并用圆点标注。

④将标出的点连成平滑曲线，形成剖面线。

⑤在剖面图下方标明水平比例尺1∶50 000，垂直比例尺1∶5000。

［**例2－2－2**］在图2-2-14B中，已知剖面线*AB*，求作地形剖(断)面图。

分析：因剖面线*AB*呈倾斜方向，故可通过量取标注向上垂直投影的方法得解。

步骤：

①确定剖面图的水平比例尺与垂直比例尺。根据题意，所作剖面图的水平比例尺可定为1∶10 000。由于原地形图的等高距为20m，剖面线*AB*上的最大海拔接近600m，最小的海拔高度接近480m，高差约120m，因此用图上1cm代表垂直高度20m时，将要绘制的剖面图坐标系的纵坐标高度就成了6cm。在这个高度上绘制的剖面图大小适中，并能很好的反应地面高低起伏的趋势，所以可将垂直比例尺定为1∶2000，相当于水平比例尺的5倍。

②绘制剖面坐标系。在剖面线*AB*正下方的适当位置作水平基线*ab*作为横坐标，比例尺与*AB*相同(1∶10 000)，即*ab*与*AB*等长。

过*a*、*b*两点各作一条长6cm的垂线作为纵坐标。

根据前面分析可知，纵坐标上应以1cm为单位作出1个刻度(包括坐标原点)，每个

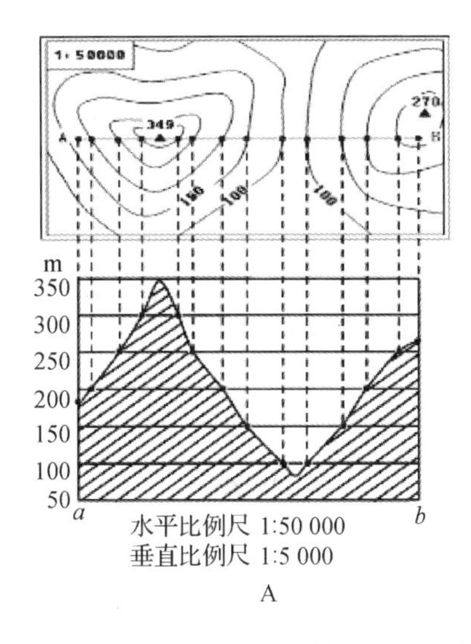

A

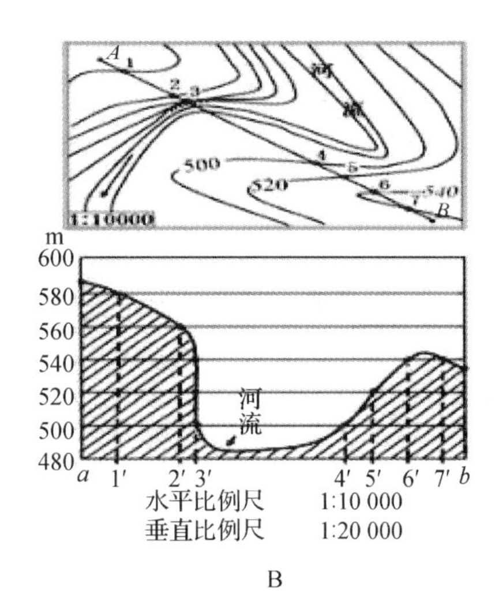

B

图 2-2-14　地形剖(断)面图的做法

刻度所对应的海拔如图 2-2-14B 所示。

用线段连接左右纵坐标等高的刻度，它们都是水平基线的平行线。

③最取标注向上作 *A*、*B* 点的垂直投影及剖面线与等高线的交点。在等高线图中标出剖面线 *AB* 与各等高线的交点，这些交点分别用 1、2、3、4、5、6、7 来表示，然后量出 *A*～1、1～2、2～3、3～4、4～5、5～6、6～7、7～*B* 各段距离，并把它们标注在水平基线 *ab* 上，得到 1′、2′、3′、4′、5′、6′、7′，使 *A*～1 = *a*～1′、1～2 = 1′～2′、2～3 = 2′～3′、3～4 = 3′～4′、4～5 = 4′～5′、5～6 = 5′～6′、6～7 = 6′～7′、7～*B* = 7′～*b*，接着通过水平基线各点向上作基线的垂线，垂线端点的高度按等高线图中对应各点的海拔来确定，并用圆点标注。

④将标出的点连成平滑曲线，形成剖面线。

⑤在剖面图下方标明水平比例尺 1∶50 000，垂直比例尺 1∶5000。

(2)根据剖(断)面图确定剖面线的方法

①观察剖面线所经过的地形部位(如山峰、盆地等)的最高等高线、最低等高线等，看剖面图与等高线图是否一致。

②观察剖面线与等高线交点中的一些关键点，如起点、中点、终点等，看这些点在等高线图上的高度与剖面线的高度是否相同。

③观察剖面线与最高(最低)等高线相交的两点之间的区域高度，在剖面图上是否得到正确的反映。

如图 2-2-15 中的地形剖面图是根据剖面线 *AB* 画出的。从剖面图可看出，一端起点约 100m，其邻近的最高峰逾 600m，鞍部高为 200～300m，第二高峰逾 500m，另一端点逾 300m，符合条件的只有 *AB* 剖面。

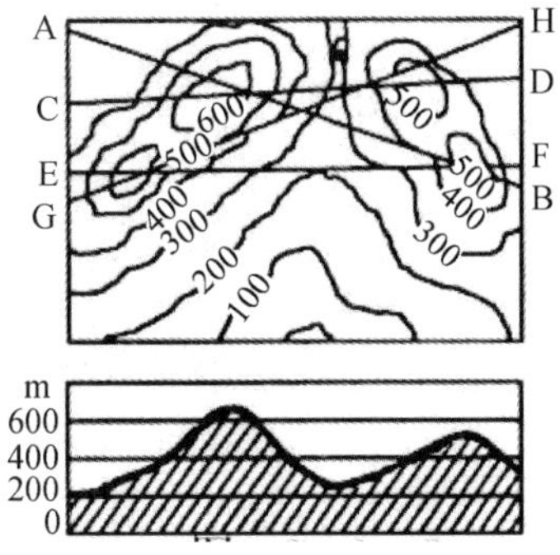

图 2-2-15　根据剖(断)面图判断剖面线

任务实施

地形设计图是根据设计平面图及原地形图绘制的地形详图，它借助标注高程的方法，表示地形在竖直方向上的变化情况，是造园工程土方调配预算和地形改造施工的主要依据。

地形设计图主要表达地形地貌、建筑、园林植物和园路系统等各种造园要素的坡度与高程等内容，包括各景点、景区的主要控制高程，场地高程，建筑物室内、室外地坪高程，园路主要折点、交叉点、变坡点的高程和护坡坡度，绿地、水体、山石、道路、桥涵及各出入口的设计高程，地形现状及设计高程等。

1. 绘制工具

2 号图板及配套的丁字尺、三角板、曲线板；圆规、建筑模板等。打底稿时要求用硬铅笔，加粗可用软铅笔；正图直接在检查无误的底稿上用不同粗细的针管笔绘制即可。课堂训练一般用 A4、A3 幅面的打印纸绘制，课外作业(含考核作业)必须用 A3、A2 幅面的正规图纸绘制。其他辅助工具有刀片、橡皮等。

2. 绘制方法

(1)平面图

①绘图比例及等高距　平面图比例尺选择与总平面图相同。等高距根据地形起伏变化大小及绘图比例选定，绘图比例为 1∶200、1∶500、1∶1000 时，等高距分别为 0.2m、0.5m、1m。

②绘制等高线和水位线　根据地形设计，选定等高距，用细实线绘制设计地形等高线，用细虚线绘制原地形等高线，汇水线和分水线用细单点长画线绘制。等高线上应标注高程，高程数字处等高线应断开，高程数字的字头应朝向山头，数字要排列整齐。周围平整地面高程为 ±0.00，高于地面为正，数字前“+”号省略；低于地面为负，数字前应注写“-”号。高程数字单位为 m，要求保留两位小数。注意：指定高程点可用三角形表示，也可用实心圆点表示。

对于水体，用特粗实线表示水体边界线，即驳岸线。当湖底为缓坡时，用细实线绘制湖底等高线，同时标注高程，并在高程数字处将等高线断开；当湖底为平面时，用标高符号标注湖底高程，标高符号下面应加画短横线和 45°斜线表示湖底，如图 2-2-16 所示。

③标注建筑、山石、道路高程　将设计平面图中的建筑、山石、道路、广场等位置按外形水平投影轮廓绘制到地形设计图中，其中建筑用中粗实线，山石用粗实线，广场、道路用细实线，如图 2-2-17 所示。建筑应标注室内地坪标高，以箭头指向所在位置。山石用标高符号标注最高部位的标高。如图 2-2-18 所示，道路高程一般标注在交汇、转向、变坡处，标注位置以圆点表示，圆点上方标注高程数字。

④标注排水方向　排水方向用单箭头表示，并在箭头上标注排水坡度。雨水的排除一般采取就近排入园中水体，或排出园外的方法(图 2-2-17)。

道路或铺装等区域除了标注排水方向和排水坡度，还要标注坡长，一般排水坡度标注在坡度线的上方，坡长标注在坡度线的下方(图 2-2-18)。

⑤绘制方格网　为了便于施工放线，地形设计图中应设置方格网，用细实线绘制。设

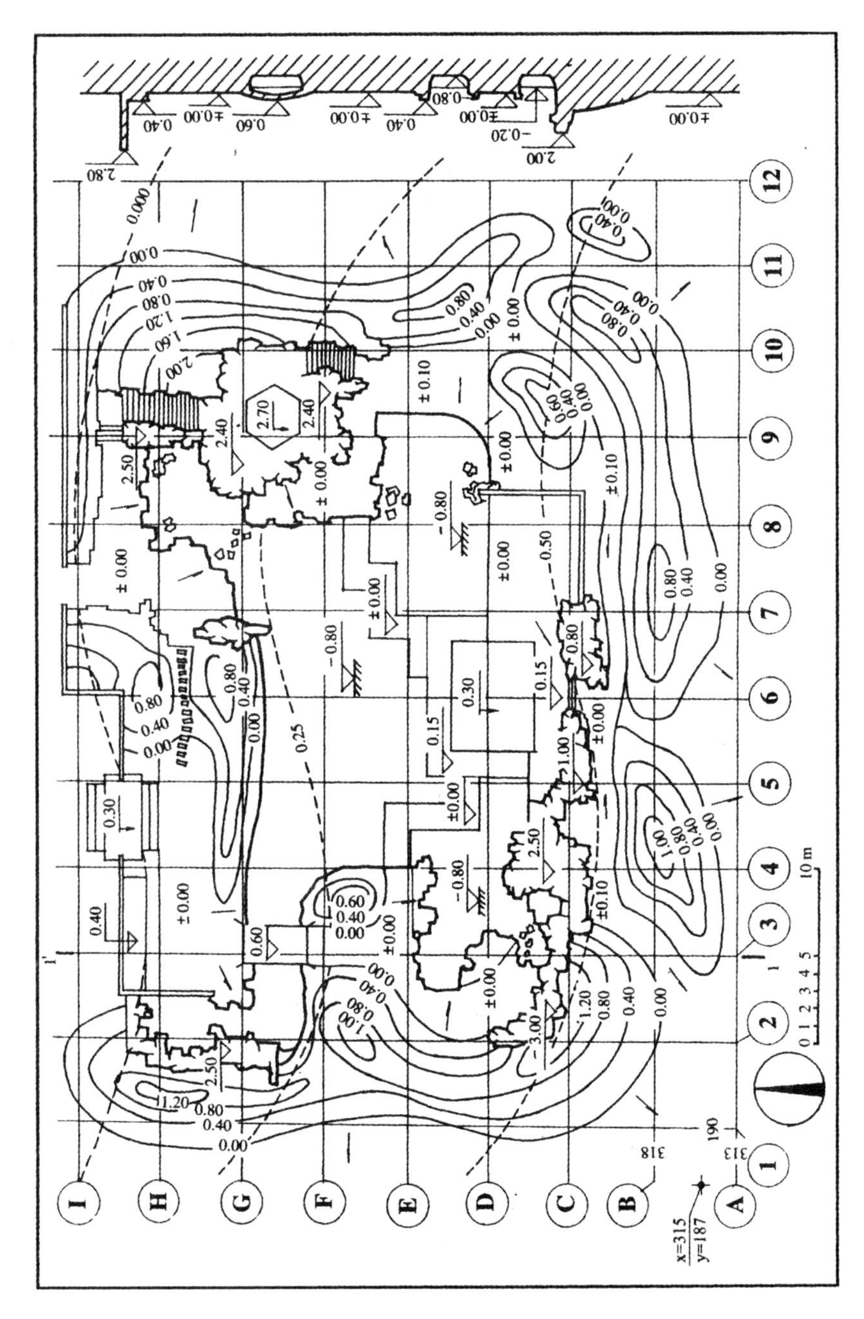

图 2-2-16　某游园地形设计图

置时，尽可能使方格某一边落在某一固定建筑设施边线上(便于将方格网测设到施工现场)。每一网格边长可为 5m、10m、20m 等，按需而定，其比例与图中一致。方格网应按顺序编号，通常横向从左到右，用阿拉伯数字编号，纵向自下而上，用大写字母编号。按测量基准点的坐标，标注出纵横第一网格坐标。如果面积比较小或环境不是很复杂时也可以不作网格。

⑥注写设计说明　用简明扼要的语言，注写设计意图，说明施工的技术要求及做法等，或附设计说明书。

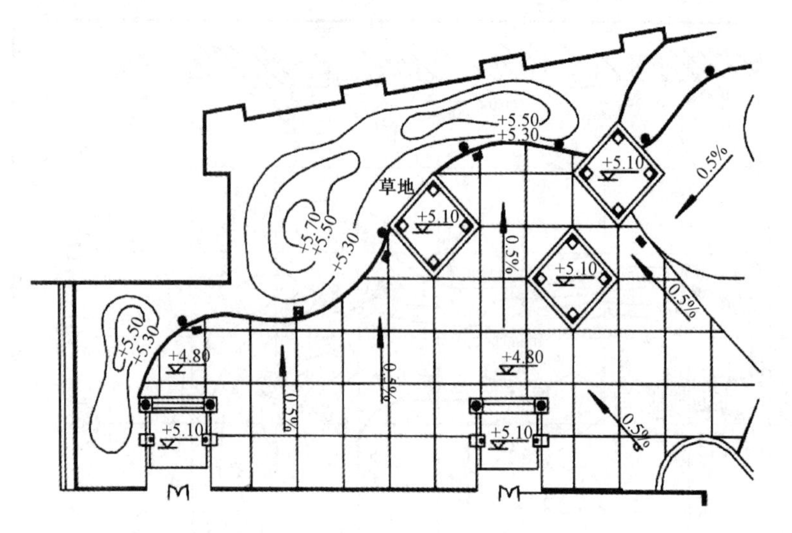

图 2-2-17 绿地、广场、建筑在地形设计图中的表示

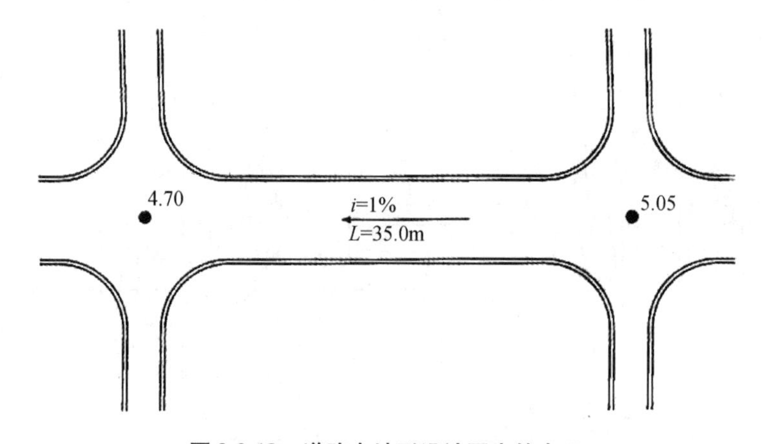

图 2-2-18 道路在地形设计图中的表示

⑦其他 绘制比例、指北针，注写标题栏等。

(2)立面图、断面图与剖面图

在竖向设计图中，为使视觉形象更明了和表达实际形象轮廓，或因设计方案进行推敲的需要，可以绘出立面图，即正面投影图，使视点水平方向所见地形、地貌一目了然。

根据表达需要，在重点区域、坡度变化复杂的地段，还应绘出剖面图或断面图，以便直观地表达该剖面上竖向变化情况。

3. 识读技巧

(1)看图名、比例、指北针、文字说明

了解工程名称、设计内容、所处方位和设计范围。

(2)看等高线的含义

观察等高线的分布及高程标注，了解地形高低变化，观察水体深度及与原地形对比，了解土方工程情况。

从图 2-2-16 可见，该园水池居中，接近方形，池底平整，标高均为 -0.80m。游园

的东、西、南部分布坡地土丘，高度在0.60～2.00m之间，以东北角为最高，结合原地形高程可见中部挖方较大，东北角填方量较大。

从图2-2-17可见，广场北侧的草地地形起伏，相对高差为0.20m，高度在5.30～5.70m之间。

(3)看建筑、山石和道路高程

从图2-2-16可见，六角亭置于标高为2.40m的山石上，亭内地面标高2.70m，成为全园最高景观。水榭地面标高为0.30m，拱桥桥面最高点为0.60m，曲桥标高为±0.00。园内布置假山3处，高度在0.80～3.00m，西南角假山最高。园中道路较平坦，除南部、东部部分路面略高以外，其余均为±0.00。

从图2-2-17可见，广场中几处建筑室内地坪标高为5.10m；该广场有两处标注标高为4.80m，并位于一条直线上；广场坡度为0.5%，南高北低。

从图2-1-18可见，道路两个交叉口中心标高为4.70m和5.05m，坡度为1%，长度为35m，东高西低。

(4)看排水方向

从图2-2-16可见，该园利用自然坡度排出雨水，大部分雨水流入中部水池，四周流出园外；从图2-2-17可见，在广场北边缘处有排水口，排水方向由南向北；从图2-2-18可见，道路排水方向由东向西。

(5)看坐标，确定施工放线依据

一般地形设计图中标有绝对坐标和相对坐标方格网。绝对坐标属于测量坐标系(测绘院提供)，是与国家或地方的测量坐标系相关联的，两轴分别以*X*、*Y*表示；测量坐标系的*X*轴方向是南北向并指向北；*Y*轴是东西向并指向东。即在上北下南的平面图中，水平方向的坐标轴是*Y*轴，垂直方向的坐标轴是*X*轴。相对坐标属于建筑(施工)坐标系，一般是由设计者自行制定的坐标系，它的原点由制定者确定，两轴分别以*A*、*B*表示；其主要作用是标定平面图内各建筑物之间的相对位置及与平面图外其他建筑物或参照物的相对位置关系。如果总平面图中有两种坐标系，一般都要给出两者之间的换算公式。

知识拓展

园林景观地形模型制作

地形实体模型以微缩的方式直观展示出地形的起伏状况及其与周围环境之间的关系，实现了由二维向三维的转化，对于培养学生的动手能力、创造能力和审美情操起到了促进作用。

一、模型工具与材料

工具：选用比例尺、直尺、三角板、丁字尺、圆规、曲线板等工具进行测绘；选用刀片、剪刀、手锯、钢丝锯、电脑雕刻机等进行剪裁或切割；选用细砂纸、木工刨等进行打磨、修整；选用胶水等进行粘合。

材料：选用木板、纤维板、泡沫塑料板、厚纸板(马粪纸)、吹塑纸、层板等材料进行底盘制作及骨架堆制；选用纸浆、木屑或泡沫塑料小碎块、粗锯末等混和适量的胶水或石膏浆进行方格空隙处的填充。

二、园林景观地形模型制作方法与步骤

1. 设计底图

底图设计是制作地形模型的基础，它包括模型的主题、模型的范围、模型实体的大小三部分内容。而模型的范围和模型实体的大小，直接关系到模型的比例尺：水平比例尺和垂直比例尺。

一般说来，水平比例尺的确定比较简单，在底盘材料足够大时，只需设想未来地形模型应有的大小，就可换算得出模型的水平比例尺；在底盘材料有限时，则要根据底盘材料面积可框下的地形图上有关区域的范围，按它们之间的长度比换算得出模型的水平比例尺。

垂直比例尺的确定比较复杂，一般情况下，制作地形模型时常要适当放大垂直比例尺，尤其是小比例尺的模型。垂直比例尺是否需要放大，放大多少，由区域范围内地形起伏的大小、水平比例尺的大小及模型用途三方面决定。如丘陵在小于1∶100 000的“自然比例尺”(当地形模型的垂直比例尺与水平比例尺相等时，称为自然比例尺)模型上，起伏是极小的；而在1∶1000的“自然比例尺”模型上起伏会很大，十分显著。因此前者需要放大垂直比例尺，而后者就不需要放大了。

模型范围和比例尺确定后，将原图缩放到预定的比例尺，清绘成底图。底图的等高线要逐一注明高度，计曲线可以色笔画出。

2. 制作底盘

底盘是用来承受地形模型的。一般要将一张复制的底图裱贴在底盘上，粘贴材料可用稀虫胶溶液(比例为10 g虫胶溶于1 L酒精)或一般胶水。

底盘材料的选择要视堆塑模型材料的轻重而定，可用木板、三夹板、纤维板、塑料板或厚纸板(马粪纸)等，以兼顾坚固和轻便。用一层或数层马粪纸黏合制成的底盘最轻，但承重差，且不能在上面堆塑湿的材料；塑料板也较轻，但若过薄则易变形。

模型的底盘应具有边框。一般边框的高度以略高于地形最大垂直高度即可。但模型四周断面要显示地质构造和地层的，边框就宜矮。大型模型的底盘与边框应用可活动的螺钉来衔接，以便必要时拆卸。

需要显示地形模型某一剖面的地质构造特征时，可将模型制成对接的2~3块，相应的底盘也是2~3块，此时的底盘应做成双层套叠的，分底盘置于一块大的整底盘之中。

3. 堆砌高度

堆砌高度的目的是堆制出地形模型的骨架，完成地形模型高低起伏的总体态势。

(1)剖面法

其操作步骤如下：

①将底图画成若干正方形方格，并对划分方格的纵横线进行编号。方格的密度视模型精度要求而疏密不同，精度要求高的，方格密度要适当加大。

②沿各纵横编号直线切制地形剖面，并将各剖面编号。

③将切制的地形割面直接绘在厚纸板上，也可转绘或贴在层板、塑料板、泡沫塑料板上，然后用工具将地形剖面剪切下来。其中厚纸板用剪刀或切刀即可；层板需用钢丝锯；塑料板与泡沫塑料板除钢丝锯外，用电烙铁或5~8V电源加热的电炉丝进行分割也很方便。

④将各剖面按方格边长切出上下卡口，并依编号将它们卡接起来，用胶水粘在对应的底盘方格上，地形模型的骨架就做成了。对于方格空隙的处理，可用泡沫塑料小碎块、粗锯末等填充。填充材料也可混合适量的胶水或石膏浆以增加牢固程度。

(2)分层叠堆法

常用材料有层板、厚纸板(马粪纸)、塑料板、吹塑纸、薄泡沫塑料板、有机玻璃

等。其操作步骤如下：

①选择厚度均一的板状材料，运用复写纸将底图的各级等高线及其相邻的较高一级等高线分别描在板状材料上，加以编号。

②沿等高线切割成为保留有相邻较高一级等高线的、边沿曲折的一块块模板。

③在底板所贴底图上，按编号由低到高顺序，将模板一层层分别对准下一层上画的等高线叠起来，每叠一层就用小钉固定，或用胶水粘牢。最后就成为等高线鲜明的叠堆地形模型。

(3) 波纹皱纸法

适用于地形变化比较简单，即等高线弯曲变化不复杂的地形模型。其操作步骤如下：

①在厚纸板上以模型垂直比例计算出的底图各等高线的模上高度作为宽度，切成若干纸板带。

②将各不同宽度的纸板带按对应的等高线立起来，沿等高线作相应的波状弯曲，并将它粘牢在底盘上。制作顺序是先由最宽的纸板带即海拔最高的等高线入手，然后是较低的即较窄的纸板带。当纸板弯曲后上部的形态有时与底部会不一致，可以用竹钉钉在紧贴纸板的转折部位加以解决。

③在纸板带间填充拌有胶水的泡沫塑料小碎块或粗锯末等的质轻材料。

(4) 标钉法

标钉法是堆砌模型高度最简便的方法，但不是很准确。其操作步骤如下：

①在底板上沿等高线钻一些浅的小孔，不要钻穿底板。小孔的分布以等高线转折处为主，以便堆砌时更好地体现山脊和山谷。

②制作标钉。标钉用削制竹钉或裁切铁丝来制作，依各等高线在模上高度，分别制作若干。标钉长度大于各等高线模上高度，小于模上高度与底盘厚度之和。同时制作一套长度与等高线在模上高度相等的小竹筒(每个高程1个)。

③将竹钉或铁钉套在小竹筒内，钉入底板小孔中，钉至与竹筒齐高为止。

④从低的山谷处入手，以标钉高度为准，参照底图地形，用纸浆、木屑等混合石膏或胶水制成的堆砌材料进行堆塑，最后完成地形模型的雏形。

纸浆的制作是把废纸在热水中泡2d，然后在锅中煮，边煮边搅拌，至纸浆成为糊状为止，然后滤干，混入少量明矾、石膏粉、水胶，使之均匀，具有塑性即可。

4. 细塑地貌

堆砌高度完成后，有的模型已不必细塑地貌，如用吹塑纸、有机玻璃等进行分层叠堆制作的模型。有的只需用毛笔蘸水将模型刷光，略加修整即可，如黏土雕塑的模型。但其余方法堆砌的模型，大多有一个细塑地貌的过程。

细塑地貌时要注意用石膏浆或石膏纸浆混合物对阶地、海岸沙堤、小山丘等加以表现，对河流、溪沟、峡谷等要用小刀适当刻深，使地形底图上两等高线间不能表现的细节得以体现，这样才能使地形模型制作得惟妙惟肖。在堆塑和修饰山脉和河流的时候，一定要注意过渡自然。在堆塑山脉时，山脉和谷地要自然，避免塑成很多陡坎；堆塑河流时，弯曲要柔和，避免直线性转弯。

5. 着色、注字和整饰

(1) 着色

细塑后的模型有时还比较粗糙，要用细砂纸加以适当打磨，并着色。高差大的地形模型，着色时仿照分层设色地形图进行，从最高的地方开始，逐步往下，这样可防止后着高处的颜色染污低处已着的颜色；高差小的地形模型，着色时以反映大地色彩的绿色最好，不必分层设色。

着色的材料可选用油漆、广告颜料等。用油漆着色时最好选用优质磁漆，它有利于增强模型光亮的程度；并涂上一层立德粉，防止油漆在模型上向下流。用广告颜料着色时不必涂上立德粉，只需每层上两遍颜色以加强覆盖，并待符号、注记填完后，上2～

3遍透明清漆，模型也可以十分光亮美观。

(2)注字

地形模型的注字可仿照一般地图，书写的字迹要工整，最好用植字法，也可用打字经复印放大或缩小来解决。模型上贴的植字，纸要薄而小，贴上后要涂上清漆，既可增加底色的透明度，又可保持牢固。大型的展览模型可用吹塑纸、有机玻璃等制成艺术字，粘在模型上。

(3)整饰

着色后的地形模型，可以进行填绘地物符号的工作。为了使地物填绘准确，可将打了孔的复制底图放在模型上，撒上白粉，然后按模型上的白粉点填绘地物，就会准确定位了。

一般中、小比例尺模型，地物符号采用一般地图的符号。大比例尺的地形模型采用立体符号来表示，即用石膏、吹塑纸、有机玻璃等制成建筑物、车辆等小模型，其比例可比地形模型比例尺大一些，将它们粘着在模型上。大比例尺模型的草地，多用粗锯末染上绿色，然后黏附在模型上。树木则用撕碎的海绵、泡沫塑料染上绿色来制作。

最后，还应对模型边框上漆，在模型一定部位制作图例，写上作者姓名与制作的时间，模型才算完成。为了保护模型，还可用玻璃或有机玻璃粘结成一个透明盖罩在模型上。

巩固训练

某庭院地形模型制作训练，小组协作完成。

自测题

1. 地形平面的表示方法有哪几种？
2. 地形剖面图的绘制方法有哪些步骤？
3. 等高线的特点有哪些？等高线有哪几种不同的类型？
4. 不同地貌下等高线的形状特征有何不同？

任务2.2 绘制与识读假山水景设计图

学习目标

【知识目标】

(1)熟悉假山水景设计图的基本知识。

(2)掌握假山水景设计图的绘制方法和识读技巧。

【技能目标】

(1)能熟练绘制假山水景设计图。

(2)能识读假山水景设计图。

知识准备

2.2.1　假山水景设计图基本知识

假山工程是以土石为材料，以自然山水为蓝本并加以艺术提炼与夸张，人工再造的山水景物。假山是具有中国园林特色的人造景观，它作为中国自然山水园的基本骨架，对园林景观组合，功能空间划分起到十分重要的作用。假山水景工程是园林建设的专业工程，假山水景设计图是指导假山水景施工的技术性文件。

2.2.1.1　常见园林山石的表现技法

我国园林常见的山石有湖石、黄石、英石、青石、石笋石等。不同的山石其质感、色泽、纹理、形态等特性都不一样，画法也不同。而且山石的组成形式与功用也不同，表现的方法也有差异。在绘制时应根据不同的石材的纹理、形状和质感，采用不同的表现方法(图 2-2-19)。

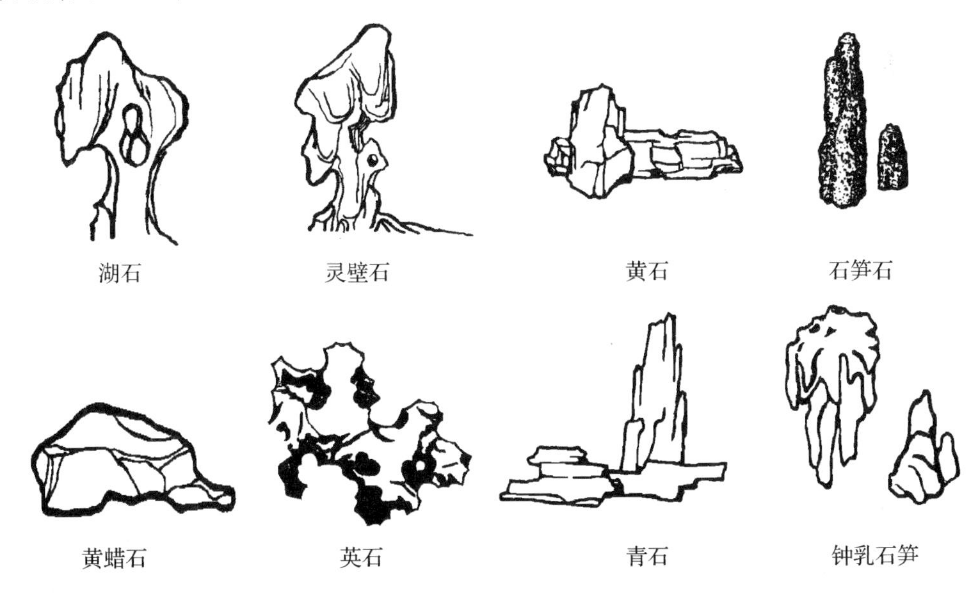

图 2-2-19　假山石种类

(1) *湖石*

湖石是经过熔融的石灰岩。其特点是纹理纵横、脉络显隐，石面上遍多坳坎，很自然地形成沟、缝、穴、洞、窝洞相套，玲珑剔透。在画湖石时，首先用曲线勾勒出湖石轮廓线；再以随形线条表现纹理的自然起伏，最后利用深淡线点组合，着重刻画出大小不同的洞穴。为了画出洞穴的深度常常用笔加深其背光处。

(2) *灵璧石*

产于安徽省灵璧县。石产土中，多被赤泥渍满，须刮洗方显本色。其石中灰色而甚为清润，质地亦脆，用手弹亦有共鸣声。石面有坳坎的变化，石形多变，石眼少，须藉人工修饰以全其美。这种山石可掇山石小品。

(3)黄石

黄石是一种带橙黄色的细砂岩。山石形体顽劣，见棱见角，石纹古拙，轮廓分明，节理面近乎垂直，雄浑沉实、平整大方，块钝而棱锐，具有强烈的光彩效果。画黄石多用平直转折线，表现块钝而棱锐的特点。为加强石头的质感和立体感，在背光面常加重线条或用斜线加深。

(4)石笋石

石笋石为外形修长如竹笋的一类山石的总称。其形状修长，为竹叶状石灰岩，呈淡灰绿、土红色，带有眼窝状凹陷，表面有些纹眼嵌卵石，有些纹眼嵌空。产于浙、赣常山、玉山一带。石皆卧于山土中，采出后直立地上。园林中常作独立小景布置，多与竹类配置，绘制时首先要掌握好比例，以表现修长之势。而表现的细部纹理则根据其个性特点刻画。如纹眼嵌卵石，则着重刻画石笋石中的卵石，表现出卵石嵌在石中；若纹眼嵌空，则利用深浅线点，着重刻画出窝点；对鸟炭笋石，以斧劈线条表示。

钟乳石笋即将石灰岩经熔融形成的钟乳石倒置，或用石笋石正放用以点缀景色。如北京故宫御花园就是用这种石笋石做特置小品。绘图时，利用长短不同随形线条表示。

山石具体表现方法与步骤如下：

①根据山石特点，将它们概括为简单的几何形状，用粗实线画出山石主体几何基本轮廓(图2-2-20)。

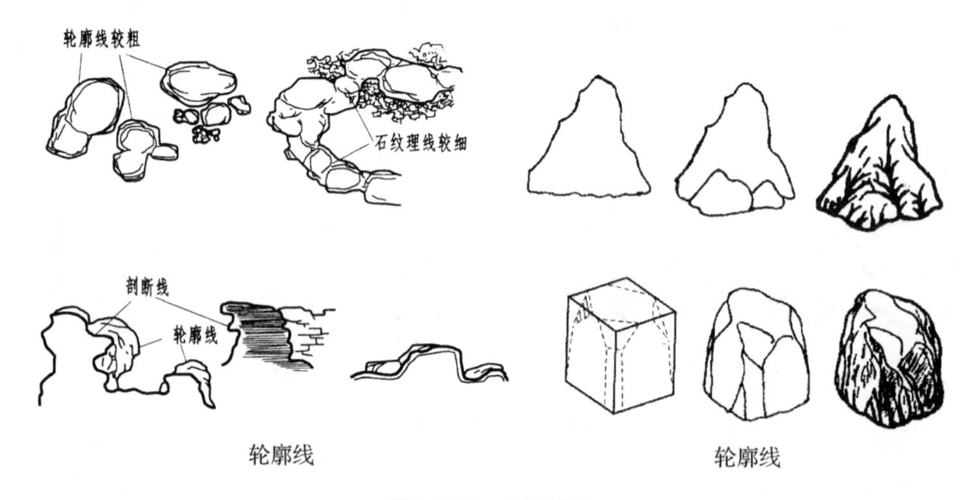

图2-2-20 山石画法

②用细实线画出山石纹理、脉络，立面图或切割，或垒叠出山石的基本轮廓。

③依据山石的形状特征及阴阳背面，“依廓加皱”描深线条，反映出明暗光影，体现出质感和立体感。

④检查并完成全图。

(5)黄蜡石

黄蜡石色黄，表面油润如蜡，有的浑圆如卵石，有的石纹古拙、形态奇异，多块料而少有长条形。由于其色优美明亮，常以此石作孤景，或散置于草坪、池边和树荫之下。在广东、广西等地广泛运用，与此石相近的还有墨石，多产于华南地区，色泽褐黑，丰润光洁，极具观赏性，多用于卵石小溪边，并配以棕榈科植物。

(6)英石

英石为石灰岩，色呈青灰、黑灰等，常夹有白色方解石条纹。产于广东英德一带。英石节理天然，褶皱繁密，绘图时用平直转折线条表现棱角特点，用深浅线条表现涡洞，粗细线条表示褶皱繁密，表现出明暗对比。

(7)青石

青石为细砂岩，色青灰，具有交叉互织的斜纹，无规整解理面，形体多呈片状，故有“青云片”之称。绘图时注意该石多层片状的特点，水平线条要有力，侧面要用折线，石片层次分明，搭配要错落有致。

2.2.1.2　常见园林水体的表现技法

水体的表现主要是指水面的表现。水有静水和动水之分。动水又有水平动水(波纹)和垂直动水(瀑布、跌水、喷水等)之分。

(1)静水

静水是相对静止不动的水面。它常以湖、溏、池、泉成片状汇集的水面出现。表现静水宜用平行直线或小波纹线，线条要有疏密的虚实变化，以表现水面的空间感和光影效果。

(2)动水

动水是静止的水面由于风等外力的作用而形成的微波起伏。表现动水水面多用波形或锯齿形线。水体的水面表示也可利用装饰性线条或图案(图2-2-21)。

在平面图中，水体还可用等深线法和添景物法等间接表现法。等深线法常用于中国古典园林中的水体平面表现，水体驳岸配于置石，模仿自然江湖水岸之意。用粗实线画水面轮廓，池内画2～3条随水池轮廓的细线，细线间距不等，线条自然流畅(图2-2-22A)。添景物法是利用与水面有关的一些内容(如荷花、睡莲、船只、码头、驳岸等)及周围的水纹线表示水面(图2-2-22B)。瀑布和跌水等要表现的是垂直动水，宜用垂直直线或弧线表现。

图2-2-21　水面线型表现

A. 静水　B. 动水

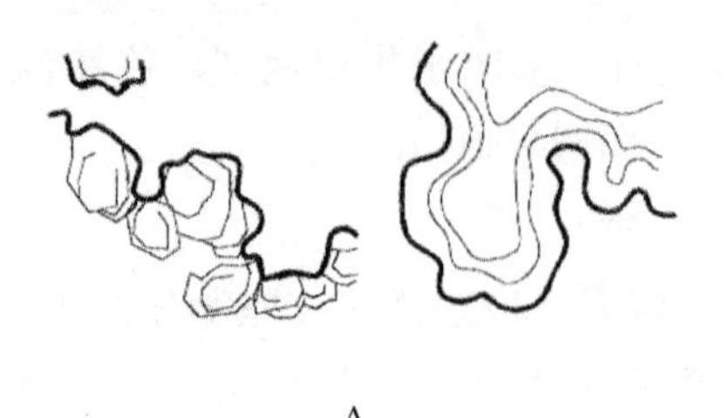
A

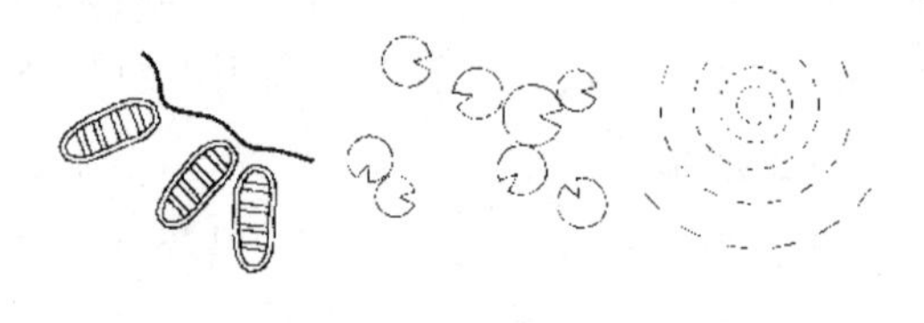
B

图 2-2-22　水面间接表现

2.2.1.3　假山设计图类型与特点

假山是以土、石为料的人工山水景物。包括假山和置石两部分。

假山根据使用材料不同，分为土山和石山两种类型。零星点缀的山石称为置石。

(1)假山设计图类型

假山施工图主要包括平面图、立体图、剖(断)面图、基础平面图，对于要求较高的细部，还应绘制详图说明。

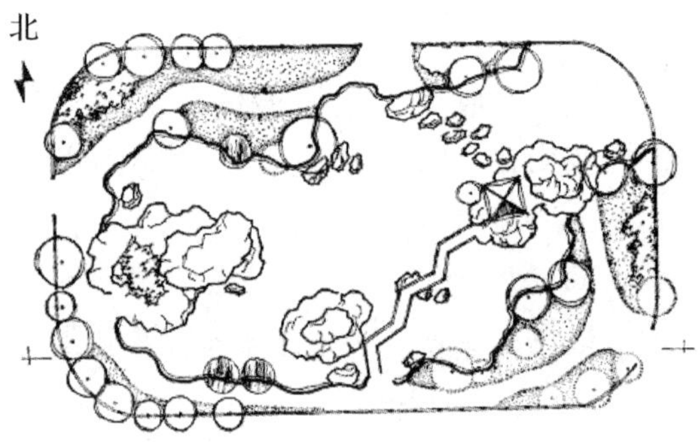

图 2-2-23　假山平面图

①平面图　表示假山的平面布置、各部的平面形状、周围地形和假山所在总平面图中的位置，如图 2-2-23 所示。

②立面图　表现山体的立面造型及主要部位高度。与平面图配合，可反映出峰、峦、洞、壑的相互位置，如图 2-2-24 所示。

③剖(断)面图　表示假山某处内部构造及结构形式，断面形状，材料、做法和施工要求，如图 2-2-25 所示。

④基础平面图　表示基础的平面位置及形状、基础的构造和做法，当基础结构简单时，可同假山剖面图绘在一起或用文字说明。

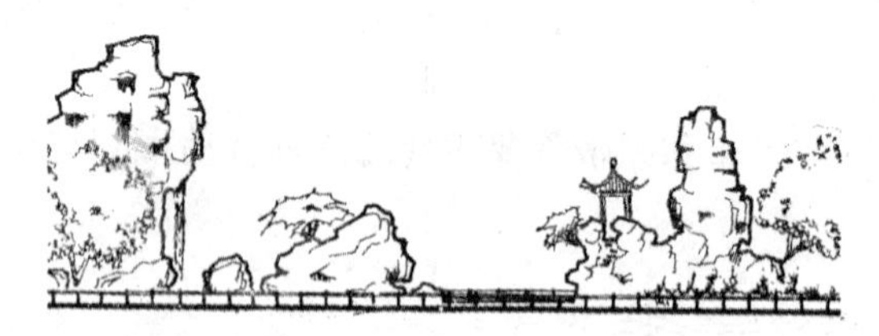
图 2-2-24　假山南立面图

(2)假山设计图的特点

假山施工图中，由于山石素材形态奇特，因此，不可能也没有必要将各部尺寸一一标注，一般采用坐标方格网法控制。为了完整地表现山体各面形态，便于施工，一般应绘出前、后、左、右 4 个方向立面图。

图 2-2-25　假山剖面图

2.2.1.4　水景设计图类型与特点

开池理水是园林设计的重要内容，水景工程是与水体造园相关的所有工程

的总称。

园林中的水无定形，它的形态是由山石、驳岸等来限制的，掇山与理水不可分。理水也是排泄雨水，防止土壤冲刷，稳固山体和驳岸的重要手段。

(1)水景工程图的类型

水景形式和种类众多，根据水体的动静关系，可将园林中水景划分为静态水景与动态水景两大类。静态水景又可分为规则式和自然式、混合式等类型。规则式水景多为规则式的水池，有方形和长形；自然式水景则多为自然式湖泊；混合式水景则既包括规则式又包括自然式。动态水景包括溪流、瀑布、溪涧、跌水、喷泉等。

水景工程设计一般也要经过规划、初步设计、技术设计和施工设计几个阶段。每个阶段都要绘制相应的图样。主要表达水景工程构筑物(如驳岸、码头、喷水池等)的图样称为水景工程图，图2-2-26为某水景工程的平面布置图、结构图及效果图。

常见的水景工程，一类是利用天然水源(河流、湖泊)和现状地形修建的景观，如驳岸、码头、溪流瀑布、引水渠道和水闸等；另一类是完全依靠喷泉设备造景。如音乐喷泉、程序控制喷泉、旱地喷泉、雾化喷泉等，几何型水池、叠落的跌水槽等，多配合雕塑、花池运用，如雕塑喷泉等。

水景工程图主要有总体布局图、构筑物结构图和水池工程施工图。

①总体布局图　总体布局图主要表示整个水景工程各构筑物在平面和立面的布置情况。总体布局图是以平面布置图为主，必要时配置立面图。平面图一般画在地形图上。一般在图纸上用图例的方法表示该水景工程的位置，特别是外形轮廓，同时还需要在图中注写构筑物的外形轮廓尺寸和主要定位尺寸，主要部位的高程和填挖方坡度。

总体布局图的内容包括：工程设施所在地区的地形现状、河流及流向、水面、地理方位(指北针)等；各工程构筑物的相互位置、主要外形尺寸、主要高程；工程构筑物与地面的交线、填挖方的边坡线。

②构筑物结构图　是以水景工程中某一构筑物为对象的工程图。包括结构布置图、分部和细部构造图以及钢筋混凝土结构图。构筑物结构图必须把构筑物的结构形状、尺寸大小、材料、内部配筋及相邻结构的连接方式等都清楚表达。

构筑物结构图的内容包括：工程构筑物的结构布置、形状、尺寸和材料；构筑物分部和细部构造图；钢筋混凝土结构图；工程构筑物与地基的连接方式；相邻构筑物的连接方式；构筑物的工作条件，如常水位和最高水位等。

③水池工程施工图　人工水池与天然湖池的区别，一是采用各种材料修建池壁和池底，并有较高的防水要求；二是采用管道给排水，修建闸门井、检查井、排放口和地下泵站等附属设备。

喷水池土建部分用喷水池结构图表达，常见的水池结构有两种：一种是砖石壁水池，池壁用砖墙砌筑，池底采用素混凝土或钢筋混凝土(图2-2-26C)；另一类是钢筋混凝土水池，池壁和池底都可用钢筋混凝土结构(图2-2-27)。

喷水池的防水做法多是在池底表面和池壁内外墙面抹20mm厚防水砂浆。北方水池

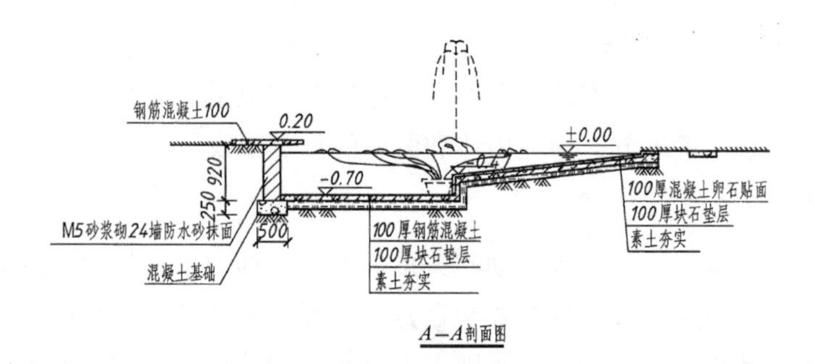

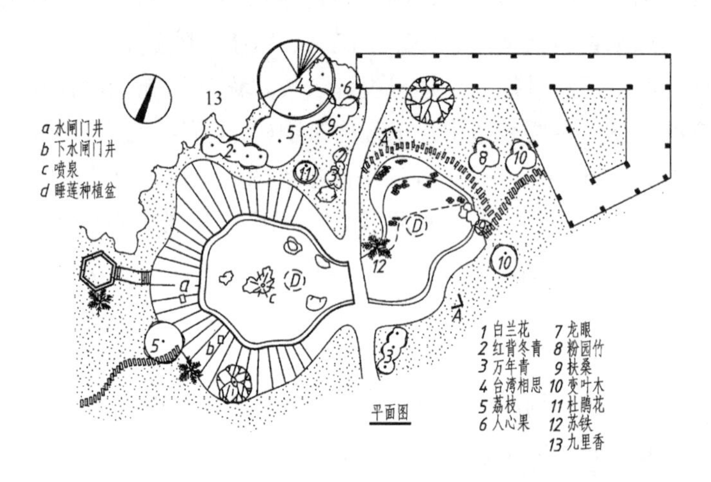

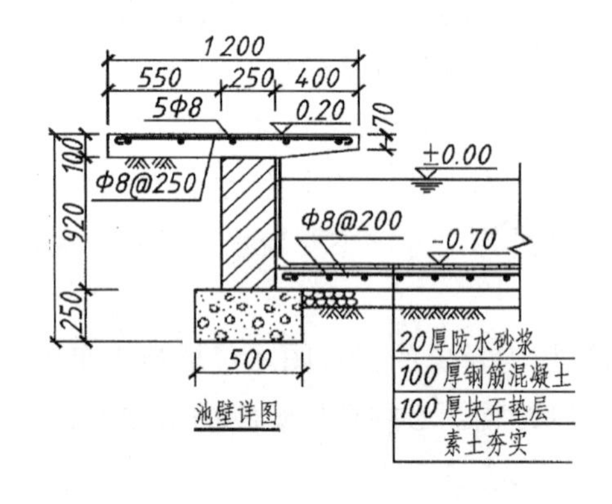

图 2-2-26　水景设计图

A—A

A　A

图 2-2-27　钢筋混凝土喷水池

还有防冻要求，可以在池壁外侧回填时采用排水性能较好的轻骨料如矿渣、焦渣或级配砂石等。可根据需要建成地面上、地面下或者半地上半地下的形式。

水池结构图的内容包括：水池各组成部分的位置、形状和周围环境的平面布置图，结构布置的剖面图和池壁、池底结构详图和配筋图。

(2) 水景设计图的特点

水景是园林中最活跃的景观。中国古典园林和现代

园林中的理水艺术的不同，使得园林水景生机盎然，景象万千，创造出了生动逼真、惬意舒适、多姿多彩的园林水景观。水已经成为现代园林水景观中一个不可缺少的园林要素。公园、游园、广场，都因有了水而形成动静结合、层次分明、更富有艺术性的景点和景区。

水体的运用在园林中起着重要的作用，水景观不同，水景设计图的表现就不同，并具有不同的特点。

①水景总平面图一般画在地形图上，用方格网表现各水景工程的具体位置。

②水景工程构筑物，如基础、驳岸、水闸、水池等许多部分被土层覆盖，可以假想将其拆掉或掀掉(图2-2-28)，所以剖面图和断面图应用较多。

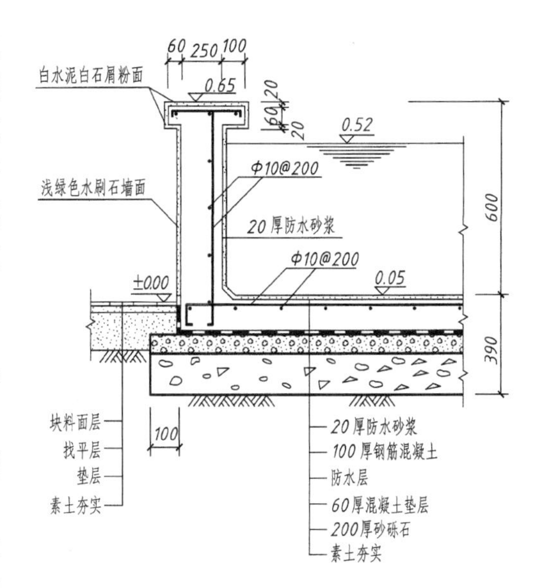

图2-2-28　墩台掀土平面图

③在水景设计图上，应标注常水位、最高水位和最低水位。

水景工程近年来在建筑领域广泛应用，其发展速度很快。

2.2.2　假山水景设计图绘制原理

2.2.2.1　假山设计图形成原理

假山工程施工图包括平面图、立面图(或者透视示意图)、剖面图和详图(图2-2-29)。

(1)平面图

假山平面图是在水平投影面上表示假山根据俯视方向所得假山的形状结构的图样。内容包括：假山山石的平面位置和尺寸；山峰制高点，山谷、山洞的平面位置、尺寸及各处的高程；假山周围的地形、地貌，如构筑物、地下管道、植物和其他造园设施的位置、大小及山石的距离。

(2)立面图

假山立面图是在与假山立面平行的投影面上所作的假山投影图。内容包括：表示假山的峰、峦、洞等各种组合单元的变化及相互位置关系、高程。具体为山石的层次、配置的形式；用石的形状和大小；与植物及其他设施、设备的关系。一般也可用绘制类似造型效果的示意图或效果图来代替。

(3)剖面图

假山剖面图是用假想的剖切平面将假山剖开后所得到的投影图。内容包括：表示假山、山石的断面外形轮廓及大小；假山内部及基础的结构和构造形式、位置关系及造型尺度；有关管线的位置及管径的大小；植物种植地的尺寸、位置和做法；假山、山石各山峰的控制高程；假山材料、做法和施工要求。假山剖面图的数量及剖切平面位置的选

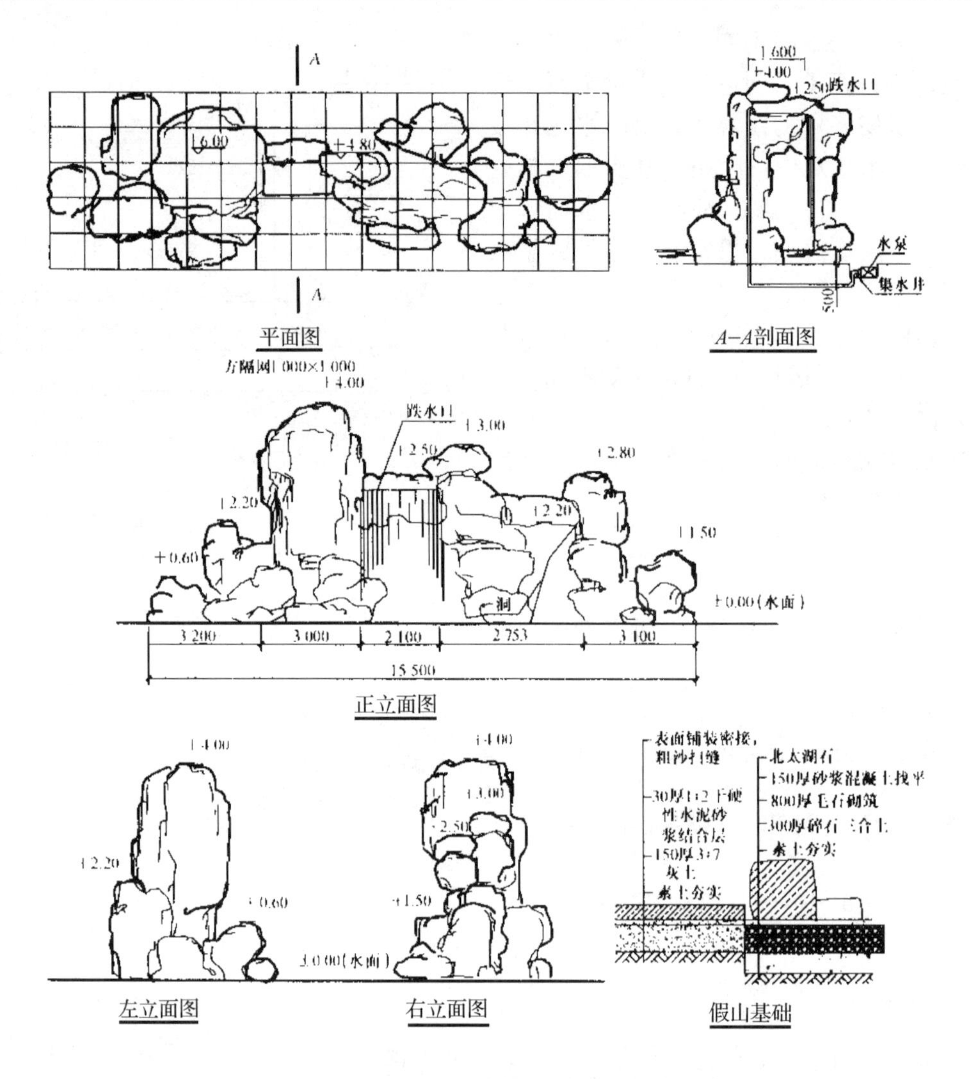

图 2-2-29　假山设计图

择，应根据假山形状结构和造型复杂程度的具体情况及表达内容的需要而定。

(4)详图

一般有内部结构需要表达的部位，如山石洞结构的表示，瀑布成形地势造型及跌水成型地势造型等；山石造型形状较复杂，对断面造型尺寸有特殊要求或需要表示内部分层材料做法的部位，如堆石手法、接缝处理、基础做法等，应当绘制剖面图，必要时对上述内容还可用详图表示。

2.2.2.2　水景设计图形成原理

水景施工图包括平面图、立面图、剖面图、管线布置平面图、详图等。

常见的水景工程包括湖池工程、溪涧工程、瀑布工程、喷泉工程。在工程中除表达工程设施的土建部分外，还有机电、管道、水文地质等专业知识。本节以喷泉设计为例，主要介绍水景设计图形成原理。

(1)平面图

平面图主要表示水景在水平投影面上俯视所得的平面图样。以喷泉设计为例，喷泉设计图包括平面设计图、立面设计图和剖面设计图、管道布置平面图、轴测图、节点大样图、喷泉主要材料表、设计说明等(图2-2-30)，它反映水体的平面形状、布局及周围环境，构筑物及地下、地上管线中心的位置；表示进水口、泄水口、溢水口的位置和管道走向(水池的水面位置通常用常水位线表示)。

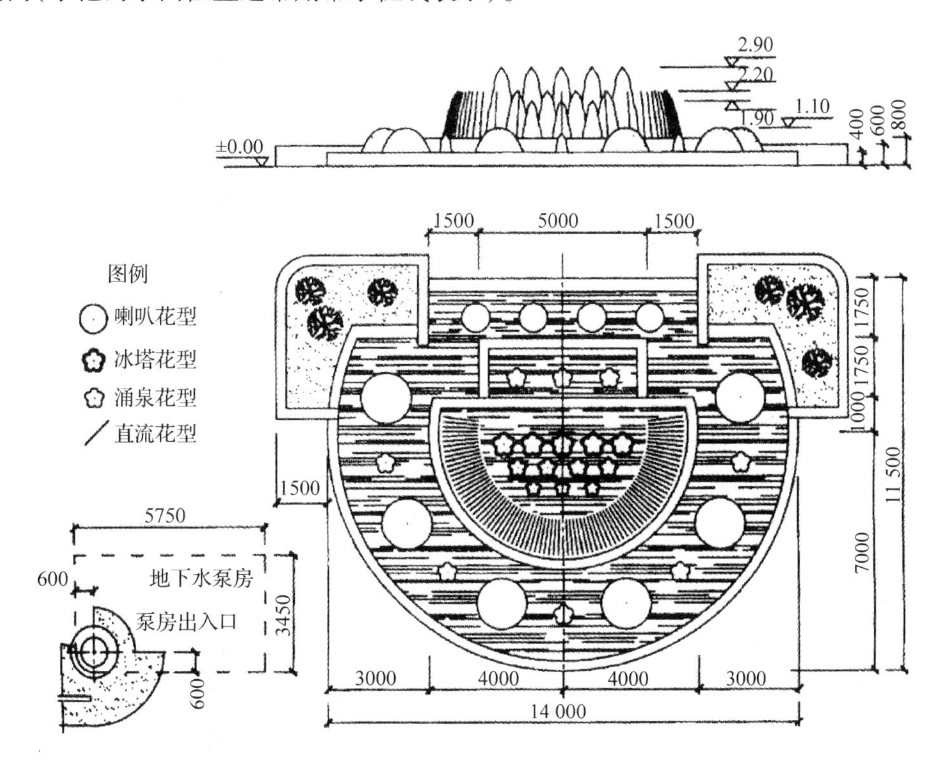

图2-2-30　喷水池平、立面图

(2)立面图

立面图表示水景在与水景立面平行的投影面上所作的立面投影图。它表示水体立面高度的变化，水体池壁顶与附近地面高差变化，池壁顶形状及喷水池的喷泉水景立面造型。立面设计反映主要朝向各立面处理的高度变化和立面景观。水池池壁顶与周围地面要有适宜的高度关系，既可高于路面，也可以持平或低于路面做成深床水池。池壁顶可做成平顶、拱顶和挑伸、倾斜等多种形式。水池与地面相接部分做成凹入的变化。

(3)剖面图

剖面图主要表示用假想的剖切平面将水景剖开后所得到的投影图。图2-2-31是某水钵剖面图，它表示水钵剖断面的分层结构、材料等，要求标注池岸、池底、进水口、泄水口、溢水口的标高，还应标注常水位、最高水位和最低水位的标高。剖面应有足够的代表性，要反映从地基到壁顶各层材料的厚度及标高情况。

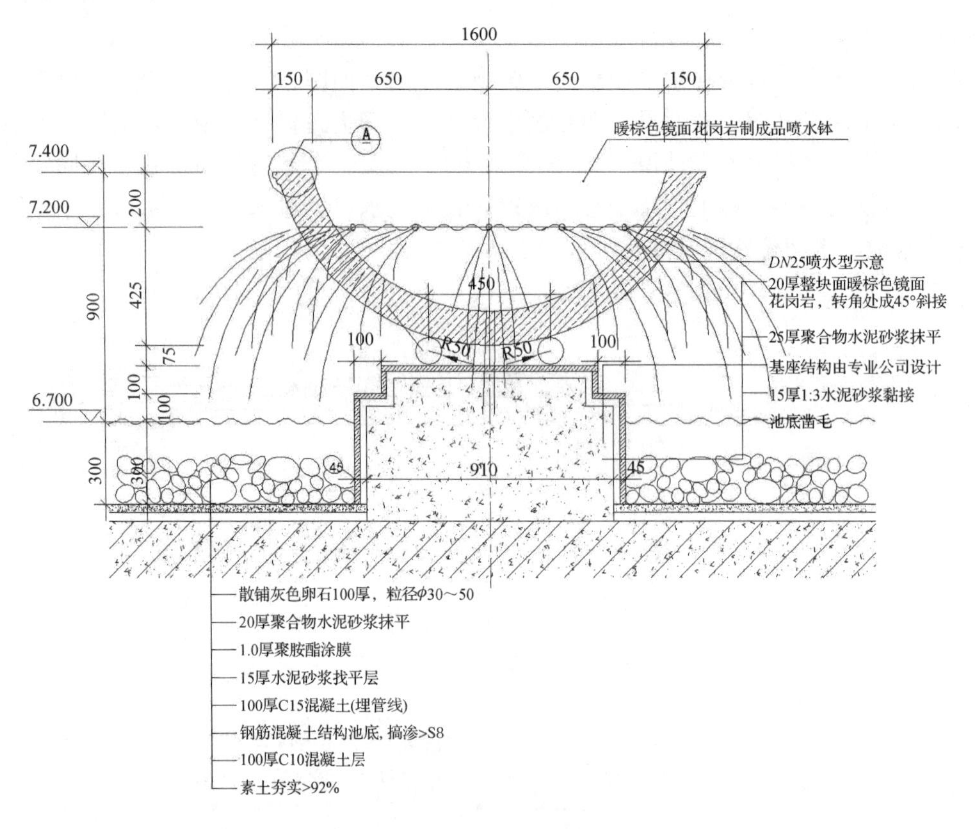

图 2-2-31　水钵剖面图

(4)管道布置平面图

管道布置平面图反映管道、水泵、喷嘴的布置情况，标注相关位置尺寸和规格型号。通常用轴测图表现，轴测图主要反映喷泉管道系统各组成部分的相互关系，提供直观感和立体感。

水景工程构筑物，如基础、驳岸、水闸、水池等许多部分被土层覆盖，可以假想将其拆掉或揿开。剖面图和断面图应用较多。当构筑物有几层结构时，在同一视图内可按其结构层次分层绘制。相邻层次用波浪线分界，并用文字在图形下方标注各层名称。如图 2-2-32 所示，码头的平面图采用分层剖面表示。

(5)详图

详图主要表示物体的局部结构。用较大比例画出的图样，称为局部放大图或详图。详图主要表现节点细部的结构及说明，同时在原图上用细实线圈表示需要放大的部位，标注索引标志和详图标志。节点大样图反映喷水池中局部节点的详细做法。图 2-2-31 中节点 *A* 的局部放大图或详图如图 2-2-33 所示。

喷泉主要材料表反映喷泉的主要设备材料的规格、型号、数量和相关的技术参数。设计说明反映设计意图、材料要求和施工中应注意问题。可选择 1∶200 的常用比例作为平面图绘图比例，选择 1∶20 常用比例作为剖面图绘图比例。

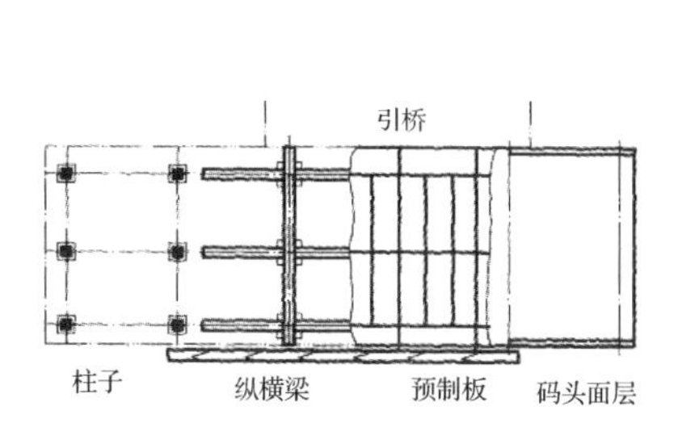

图 2-2-32 码头平面图

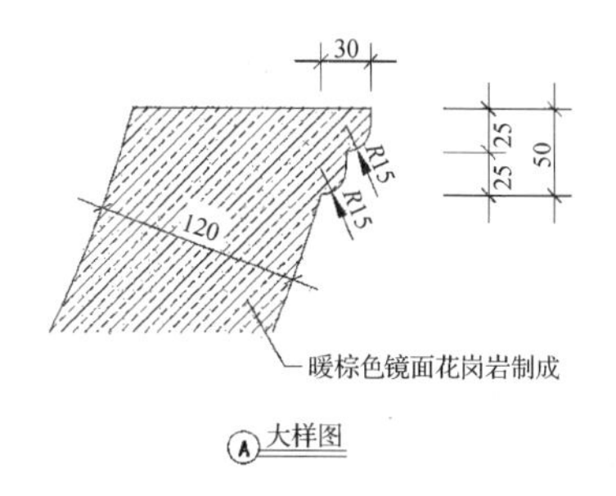

图 2-2-33 节点详图

任务实施

1. 绘制工具

图板、丁字尺、三角板、比例尺、曲线板、绘图仪、绘图笔及其他辅助工具仪器等；绘图纸、描图纸、墨水等。

2. 绘制方法

（1）假山设计图绘制方法

①绘制平面图　假山平面设计图的绘制是在水平投影面上表示俯视所得的假山形状、结构图样，具体可按标高投影作图法绘制，如图 2-2-34 所示。假山平面图作图比例可取 1∶100～1∶20，计量单位为 mm。

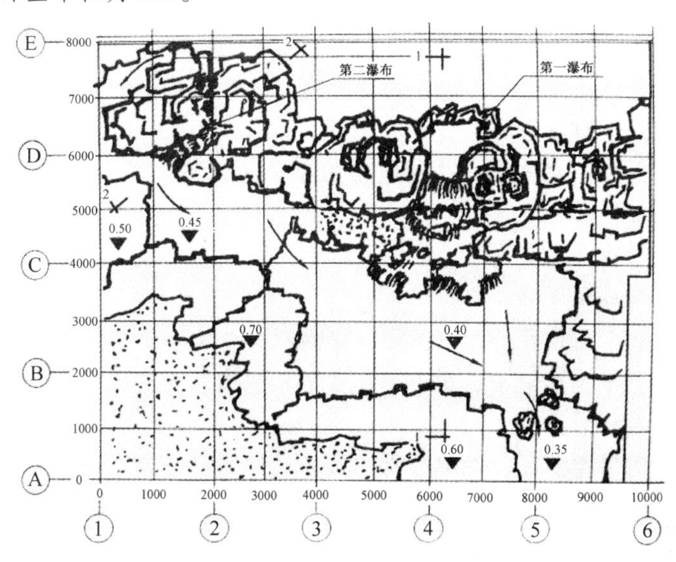

图 2-2-34 假山平面图

第一步，绘制定位轴线和直角坐标网格，间距单位是 m 或 mm。为绘制各高程位置的水平形状及大小提供绘制控制基准。平面图以长度为横坐标，宽度为纵坐标，网格的大小根据所需精度而定。对于要求精细的局部，可以用细小的网络示出，坐标网络的比例应与总平面图中比例一致。

第二步，画出平面形状轮廓线。绘出底面、顶面及其间各高程位置的平面轮廓，采

用不同线形区分层次，根据标高投影法绘制，但不注写高程。

第三步，检查底图，并描深图形。对山石的轮廓线应根据前面讲述的山石表现方法加深，其他图线用细实线表示。

第四步，注写尺寸数字和文字说明。注明直角坐标网格的尺寸数字和有关高程，注写轴线编号、剖切位置线、图名、比例及其他有关文字说明。

第五步，绘出指北针或风玫瑰图，填写标题栏等。

②绘制立面图　是最适宜表示假山造型和气势的施工图。主要表示假山的整体形状、特征、气势和质感(图2-2-35)。

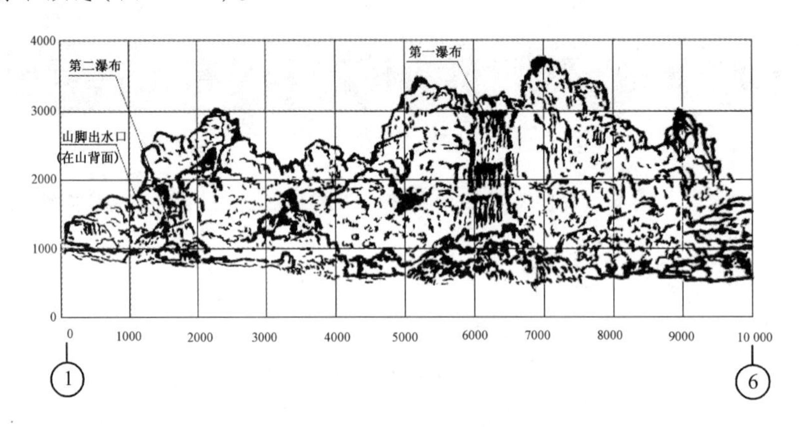

图2-2-35　假山立面图

绘图方法与步骤：

第一步，画出定位轴线，并画出以长度方向尺寸为横坐标、高度方向尺寸为纵坐标的直角坐标方格网，作为绘图的控制基准。

第二步，画假山的基本轮廓，绘制假山的整体轮廓线，并利用切割或叠加的方法，逐步画出各部分基本轮廓。

第三步，依廓加皴，描深线条，根据假山的形状特征、前后层次、阴阳背面，依廓加深，体现假山的气势和质感。

第四步，注写数字、轴线编号、图名、比例及有关文字，完成作图。

③绘制剖面图　主要表示假山、山石的断面外形轮廓及大小(图2-2-36)。

绘图方法与步骤如下：

第一步，画出图形控制线。图中如有定位轴线则先画出定位轴线，再以宽度为横坐标、高度为纵坐标画出直角坐标网。

第二步，画出截面轮廓线。在加深图线时，剖切轮廓线用粗实线表示，纹理线用细实线表示。

第三步，画出其他细部结构。

第四步，检查底图并加深图线。

第五步，标出尺寸、标高及文字说明，注写直角坐标值及必要的尺寸和主要标高，注写轴线编号、图名、比例及有关文字说明。

假山基础的设计要根据假山类型和假山工程规模而定。人造土山和低矮的石山一般

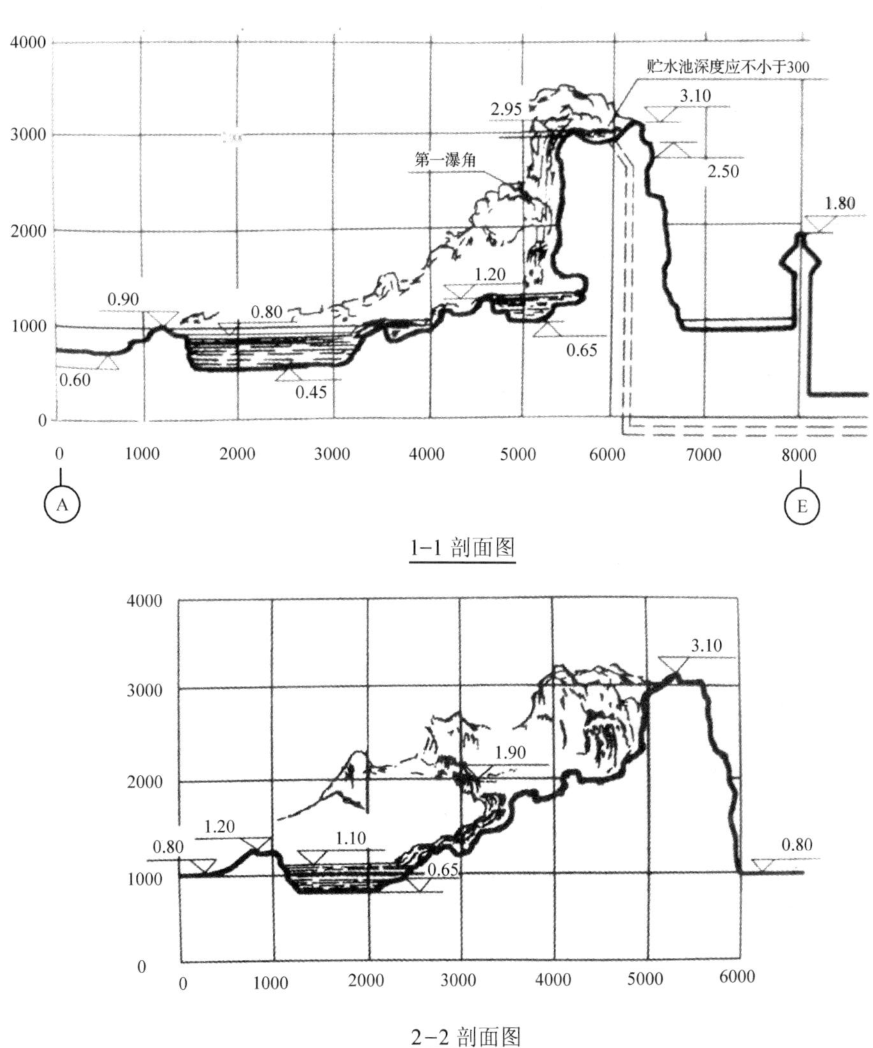

图 2-2-36　假山剖面图

不需要基础，山体直接在地面上堆砌。高度在3m以上的石山，就要考虑设置适宜的基础了。一般来说，高大、沉重的大型石山，需选用混凝土基础或块石浆砌基础；高度和重量适中的石山，可用灰土基础或桩基础。

(2)水景设计图绘制方法

①**绘制水景总体布局图**　一般画在地形图上。为了使图形主次分明，结构图的次要轮廓线和细部构造均省略不画。总体布局图的绘图比例一般为1∶500～1∶200。

总体布局图的绘制步骤如下：

第一步，用细实线画出坐标网。根据工程设施所在地区的地形现状，画出河、湖、溪、泉等水体及其附属物的平面位置。按水体形状画出各种水景的驳岸线、水池、山石、汀步、水桥平面位置。

第二步，注写各工程构筑物主要外形尺寸，并分段注明岸边及池底的设计标高，用粗线将岸边曲线画出，用粗实线加深山石等。

第三步，画出工程构筑物与地面的交线，填挖方的边坡线。

②绘制构筑物结构图　必须把构筑物的结构形状、尺寸、材料、内部配筋及相邻结构的连接方式等都表达清楚。绘图比例一般为1∶100～1∶5。

构筑物结构图的绘制步骤如下：

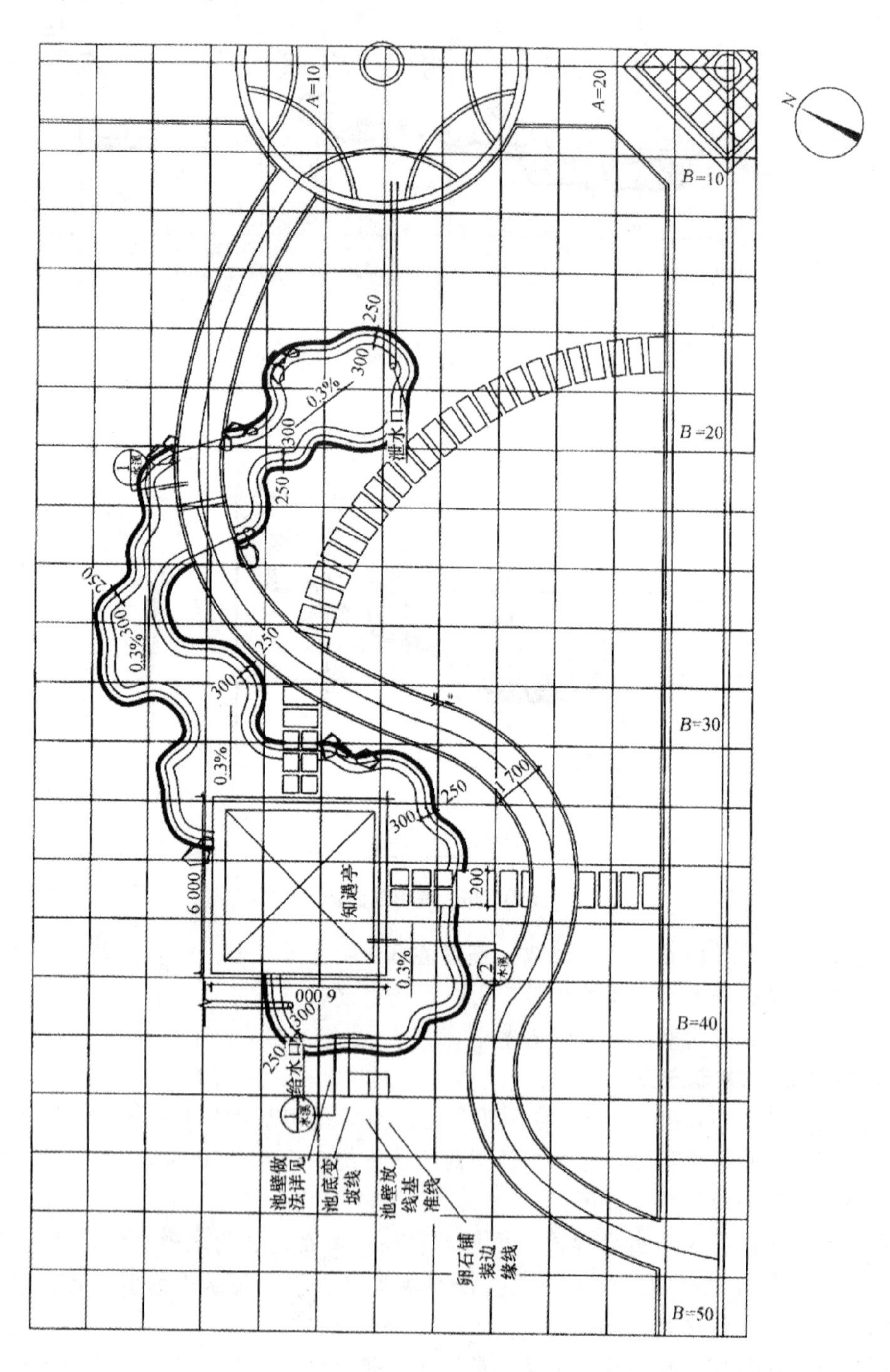

图 2-2-37　喷水池平面图

第一步，画出构筑物的结构形状及周围细部结构图。

第二步，画出水体平面及高程有变化的地方，包括水体的驳岸、池底、山石、汀步及岸边的处理关系。

第三步，绘制各部分内部配筋及材料做法，标注最高水位、常水位、最低水位的标高。

第四步，加深钢筋线型，注写分层材料结构，标注尺寸。

第五步，检查图形，完成作图。

③绘制喷水池工程图　喷水池的面积和深度较小，一般仅几十厘米至1m左右。常见的喷水池结构有两种：一种是水池；一种是砖石壁水池，池底是钢筋混凝土。完整的喷水池还必须设有供水管、补给水管、泄水管和溢水管及沉沙池(图2-2-37)。一般游园中管道综合平面图常用比例为1∶2000～1∶300。喷水池管道平面图能显示该小区范围内管道即可。常用比例为1∶200～1∶50。

喷水池管道的绘制步骤如下：

第一步，绘制水池管道周围各组成部分的大小、形状(图2-2-38)。

第二步，绘制喷水池管道的布置图，平面图主要表示区域内管道水平布置，剖面图主要表示各种管道的立面位置，池壁、池底结构详图或配筋图。

第三步，标注尺寸，注写图例表。注意管道直径均为公称直径*DN*，阀门画法应符合国标。

第四步，绘制指北针，注写图名、比例。

第五步，认真填写标题栏，检查图形，完成作图。

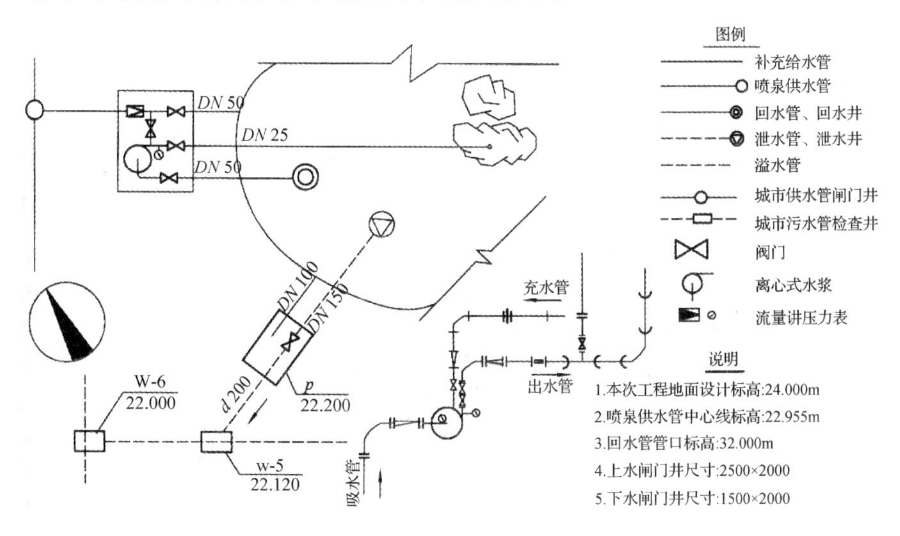

图2-2-38　喷水池管道布置图

3. 识读技巧

(1)识读假山设计图

①看标题栏及说明　如图2-2-39所示，从标题栏及说明中了解工程名称、材料和技术要求。本例为驳岸式假山工程。

②看平面图　从平面图中了解比例、方位、轴线编号，明确假山、平面形状和大小及

其周围地形等，了解假山、山石的平面位置，周围地形，地貌及占地面积和尺寸；如图2-2-39所示，该山体位于横向轴线12、13与纵向轴线G的相交处，长约16m，宽约6m，呈狭长形，中部设有瀑布和洞穴，前后散置山石，倚山面水，曲折多变，形成自然式山水景观。

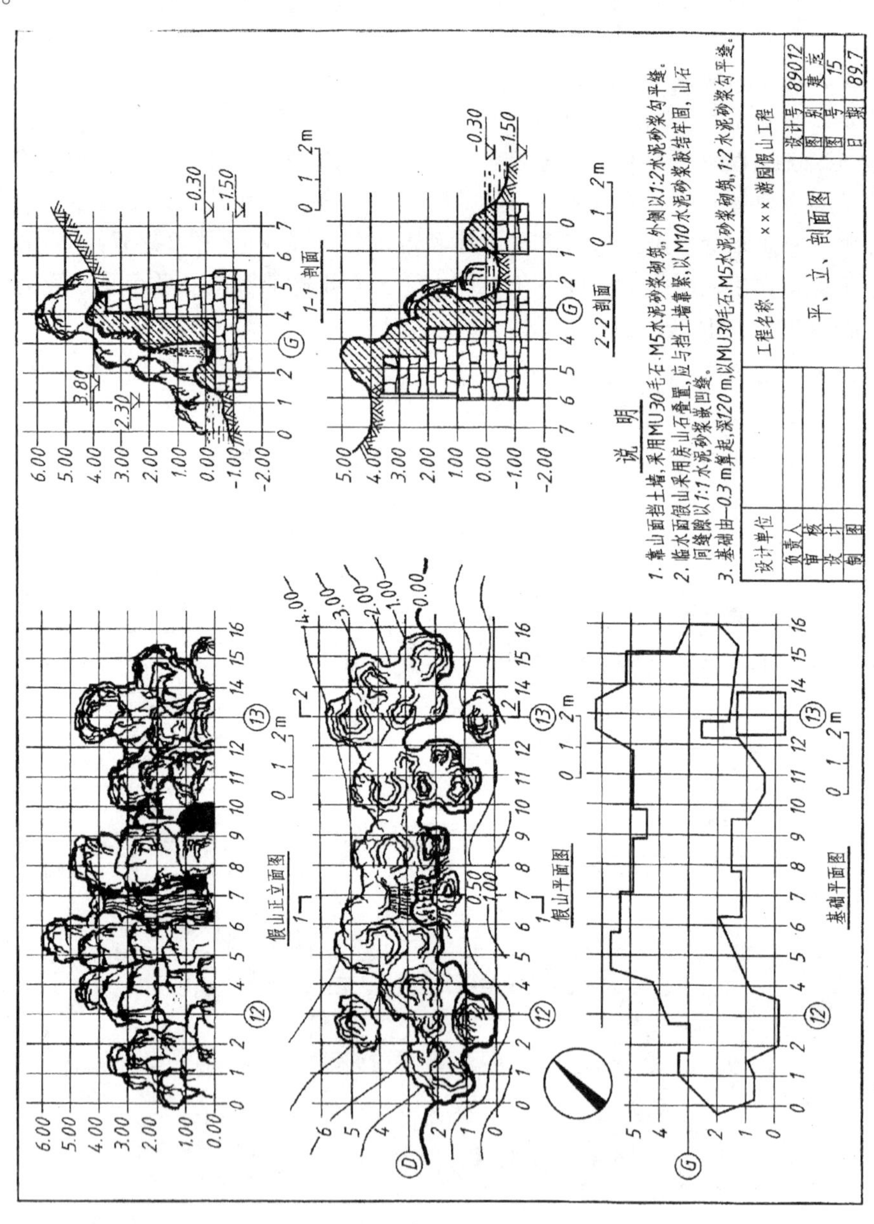

图 2-2-39 假山设计图

③看立面图 从立面图中了解山体各部的立面形状及其高度，结合平面图辨析其前后层次及布局特点、领会造型特征。了解假山的造型、气势及层次，山峰制高点，山谷、山洞的平面位置、尺寸和控制高程。从图中可见，假山主峰位于中部，高为6m，位于主峰右侧4m高处设有两跌瀑布，瀑布右侧有洞穴及谷壑，形成动、奇、幽的景观效果。

④看剖面图　对照平面图的剖切位置、轴线编号，了解断面形状、结构式、材料、做法及各部高度。了解山石的配置形式，假山的基础结构及做法，从图中可见，1－1剖面是过瀑布剖切的，假山山体由毛石挡土墙和房山石叠置而成，挡土墙背靠土山，山石假山面临水体，两级瀑布跌水标高分别为3.80m和2.30m。2－2剖面取自较宽的轴线13附近，谷壑前散置山石，增加了前后层次，使其更加幽深。

⑤看基础平面图及基础剖面图　了解基础平面形状、大小、结构、材料、做法等。由于本例基础结构简单，基础剖面图绘在假山剖面图中，毛石基础底部标高为－1.50m，顶部标高为－0.30m。具体做法详见说明。

（2）常见水景工程图的识读

水景设计图标明水体的平面位置、形状、深浅及工程做法。平面图反映出园林水体的形状和大小面积等，详图反映出园林水体各部分材料构造及做法。它是园林理水施工的重要依据。只有读懂园林理水施工图，才能正确地指导施工。

下面以图2-2-37为例具体说明园林理水工程图的识读方法。

①看平面图　从平面图中了解图名、比例、方位和轴线编号，明确水体平面位置、形状和大小等。由于水体平面是自然曲线，无法标注各部分的尺寸，为了便于施工，一般采用方格网控制，方格网的轴线编号应与总平面图相符。如图2-2-37所示，该平面图采用2m×2m的方格网坐标，水体约处于B16～B40的位置，长约25m，宽约13m，形成自然式水景。知遇亭临水而建，平面图中还应标出进水口、泄水口、喷泉的位置以及所有剖面的位置。

②对照平面图看池壁施工详图　池壁由基础、墙体、盖顶等组成，剖面图表现池底、池壁的结构布置、各层材料、各部分尺寸和施工要求，池壁详图主要表现池底和压顶石的情况和细部尺寸。如图2-2-40所示，自然式水池用100厚C10混凝土做顶，下部为机砖砌筑，池底铺装卵石，池边有置石，常水位为±0.00。

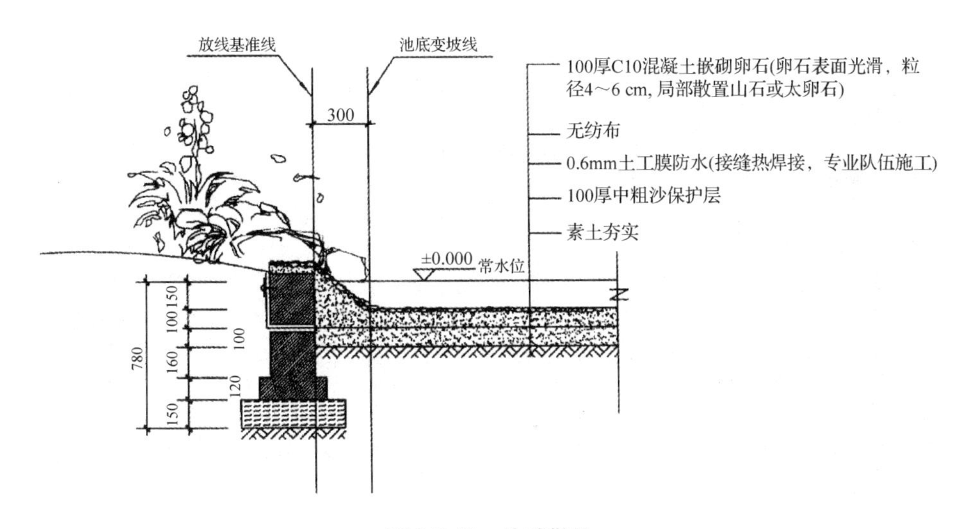

图2-2-40　池壁做法

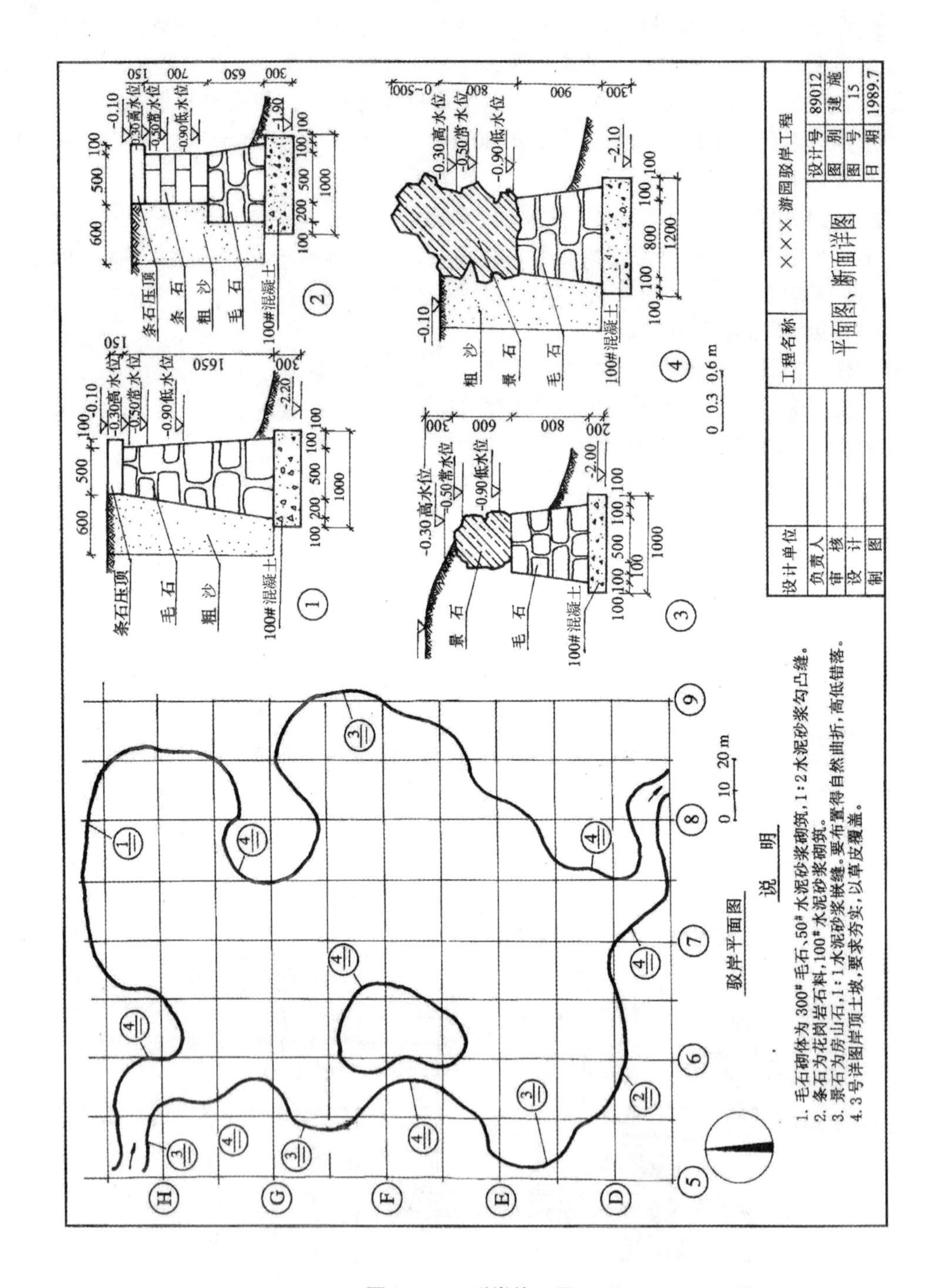
条石压顶
毛石
粗沙
100#混凝土
条石
景石
-0.30高水位
-0.50常水位
-0.90低水位
驳岸平面图
说　明
1. 毛石砌体为300#毛石、50#水泥砂浆砌筑，1:2水泥砂浆勾凸缝。
2. 条石为花岗岩石料，100#水泥砂浆砌筑。
3. 景石为房山石，1:1水泥砂浆嵌缝。要布置得自然曲折，高低错落。
4. 3号详图岸顶土坡，要求夯实，以草皮覆盖。
设计单位
负责人
审　核
设　计
制　图
工程名称
××× 游园驳岸工程
平面图、断面详图
设计号 89012
图　别 建　施
图　号 15
日　期 1989.7

图 2-2-41　驳岸施工图

知识拓展

水体驳岸设计图绘制

园林理水种类繁多，构造复杂，作为园林制图的初学者，应以掌握园林理水的驳岸详图的绘制为重点。下面以自然水体为例(图2-2-41)，具体说明园林理水工程施工的绘制步骤。

第一步，准备工作。准备好绘图工具，如图板、三角板、丁字尺、铅笔、橡皮、透明胶带纸和绘图纸等。

第二步，整体安排。根据园林理水的设计尺寸，确定图纸的绘图内容和比例，并合理安排水池平面、剖面图在图纸中的位置。本例绘制在A2幅面的图纸，选择1∶200的常用比例作为平面图绘图比例，选择1∶20常用比例作为剖面图绘图比例。同时考虑后续尺寸标注和文字标注的空间，以免出现局部绘制拥挤的情况。同时将平面图排在图纸左上部分，文字说明排在图纸左下部分，剖面图布置在图纸的右半部分。

第三步，绘制网格。确定网格间距(如间距为10m即每隔10m画横线、竖线，成10m×10m的方格网)。绘制网格线⑤~⑨，网格线D~H，并按照序号编号，通常水平方向的轴线编号自左向右用阿拉伯数字标注，垂直方向轴线编号习惯上用大写字母标注，但同时应注意，I、O、Z一般不做轴线编号，以免和数字1、0、2混淆，最后标注图名和比例。

第四步，绘制主体轮廓。根据所设计的水池形状，按照确定好的比例绘制水体平面外形轮廓，标注图名和比例，同时确定剖切位置，为下一阶段断面图绘制打好基础。

第五步，绘制驳岸详图。根据水体的具体设计，开始绘制驳岸详图，确定主要部分标高(岸顶、水位、基础底面标高等)。驳岸由基础、墙体、盖顶等组成，确定各部分的材料等。应先绘制驳岸基础部分，确定驳岸各部分的高度和宽度，再绘制护坡，确定护坡的材料和高度，最后绘制基础底面，确定基础底面标高等。

第六步，标注。在完成图样的绘制之后，对水体细节进行标注，如果水体外形是自然式，那么主要是剖面图的标注，剖面图中除了标注尺寸之外，应以文字注写标注局部构造材料。

第七步，注写文字说明，填写图名、比例，绘制指北针。

第八步，检查图形。按照国标加深线型，填写标题栏完成作图。如剖面图中，驳岸各部分材料外轮廓用粗实线表示，内部表示材料的图案用细实线表示等。

巩固训练

临摹太湖石、石笋石及黄石等，并简要说明画法。

自测题

1. 山石有几种不同形式？施工图中怎样表现？
2. 水景有几种不同形式？水景不同形式的表现技巧有哪些？
3. 水景投影图有什么特点？
4. 假山施工设计图与水景施工设计图有何异同？
5. 驳岸工程施工图中水位怎样表现？

项目 3 园路与广场、园桥设计图的绘制与识读

了解绘制园路与广场、园桥的平面图、剖(断)面图的基本知识；熟悉园路与广场、园桥的平面图、剖(断)面图绘制的规范和要求；掌握园路与广场、园桥的平面和剖(断)面图的绘制方法和技巧，会识读园路与广场、园桥的平面和剖(断)面图。

任务 3.1 绘制与识读园路与广场设计图

学习目标

【知识目标】

(1)了解绘制园路与广场平面图、剖(断)面图的基本原理和知识。

(2)熟悉园路与广场平面图、剖(断)面图绘制的规范和要求。

(3)掌握园路与广场平面图、剖(断)面图的绘制方法和技巧。

【技能目标】

(1)能识别常见园路与广场的平面图、剖(断)面图。

(2)能绘制园路与广场的平面、剖(断)面图。

知识准备

3.1.1 园路与广场设计图基本知识

园路，指园林中的道路，它起着组织空间、引导游览、交通联系并提供散步休息场所的作用。它像脉络一样，把园林的各个景区连成整体。同时，园路本身又是园林风景的组成部分，蜿蜒起伏的曲线，精美的图案，丰富的寓意，都给人以美的享受。

广场，是为满足多种城市社会生活需要而建设的，以建筑、道路、山水、地形等围合，由多种软、硬质景观构成的，采用步行交通手段，具有一定的主题思想和规模的结点型城市户外公共活动空间。园路与广场、建筑的有机组织，对于城市园林绿地的景观

效果起着决定性的作用，尤其在现代园林中更是如此。园路与广场的形式可以灵活多样，可以是规则式的，也可以是自然式的。园路与广场形成的系统将构成园林绿地脉络，并起到交通组织、联系分割以及满足游憩活动的作用。

3.1.1.1　园路类型

(1)按性质和功能划分

①主要园路　是景园中的主要道路，从园林入口通向全园各景区中心、各主要建筑、主要景点、主要广场的道路，是全园道路系统的骨架，多呈环形布置。主路宽一般3～5m，最大路宽可达6～7m。

②次要园路　为主干道的分支，是贯穿各功能分区、联系重要景点和活动场所的道路。它分散在各景区，连接着景区内的景点，一般宽为2.0～3.5m。

③游步道　是园路系统的末梢，引导游人深入到达园林各景区的各个角落的道路，多曲折、分布自由。一般宽为1.2～2m，有时为0.6～1.0m。

(2)按路面铺装材料划分

①整体路面　是指用水泥混凝土或沥青混凝土铺筑而成的路面，包括现浇混凝土路面、沥青路面和三合土路面。它是在园林建设中应用最多的一类。它具有强度高、耐压、耐磨、平整度好的特点，但不便维修，且一般观赏性较差。由于养护简单，因此多为景区的主干道所采用。由于它色彩多为灰色和黑色，在园林中使用不够理想，但近年来出现了彩色沥青和彩色混凝土路面(图2-3-1)。

②块料路面　是用大方砖、石板等各种天然块石或各种预制块料铺装而成的路面。包括预制混凝土块、块石、片石及卵石镶嵌等路面(图2-3-2)。这种路面简朴大方，特别是各种拉条路面，利用条纹方向变化产生的光影效果，加强了花纹的效果，不但有很好的装饰性，而且可以防滑和减少反光强度，并能铺装成形态各异的图案花纹，美观、舒适，同时也便于地下施工时拆补，因此在现代绿地中被广泛应用。

③碎料路面　用各种碎石、瓦片、卵石及其他碎状材料等组成的路面，这种路面更易修复，装饰性强，造价低廉，但易受污染、不易清扫，一般多用于游步道中(图2-3-3)。

④简易路面　是用煤屑、三合土等构成的路面，包括煤渣路面、沙石路面和夯土路面等(图2-3-4)，只适用于游人较少的游憩小路或临时性道路。造价较以上各种道路低廉，但质量、耐压性、稳定性较差，不易多用。

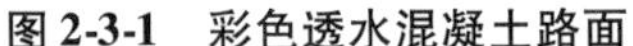
图2-3-1　彩色透水混凝土路面

图2-3-2　片石路面

图2-3-3　卵石路面

图2-3-4　沙石路面

图2-3-5　汀　步

(3)按结构类型划分

①路堑型　园路的路面低于周围绿地，道牙高于路面，起到阻挡绿地水土流失的作用，采用道路排水。

②路堤型　路面高于两侧地面，平道牙靠近边缘处，常利用明沟排水，路肩外有明沟和绿地加以过渡。

③特殊型　如步石、汀步、蹬道、攀梯等类型的园路。步石是置于陆地上的天然或人工整形块石，多用于草坪、林间、岸边或庭院等处；汀步是设在水中的步石，可自由地布置在溪涧、滩地和浅池中(图2-3-5)。块石间距离按游人步距放置(一般净距为200～300mm)。步石、汀步块料可大可小，形状不同，高低不等，间距也可灵活变化，路线可曲可直，最宜自然弯曲，轻松、活泼、自然，极富野趣。

(4)按路面的排水性划分

①透水性路面　指下雨时，雨水能及时通过路面结构渗入地下，或者储存在路面材料的空隙中，减少地面积水的路面。这种路面可减轻排水系统负担，保护地下水资源，有利于生态平衡，但平整度、耐压性往往不足，养护量较大，因此主要用于游步道、停车场、广场等处。

②非透水性路面　指吸水率低，主要靠地表排水的路面。这种路面平整度、耐压性较好，整体铺装的可用作机动交通、人流量大的主要园路，块材铺装的则多用作次要园路、游步道、广场等。

3.1.1.2　广场类型

(1)依园林广场的性质和使用功能划分

①交通集散广场　此处人流量较大，主要功能是组织和分散人流，如公园的出入口广场等(图2-3-6)。

②游憩活动广场　这类广场在园林中经常运用，它可以是草坪、疏林及各式铺装地，外形轮廓为几何形或塑性曲线，也可以与花坛、水池、喷泉、雕塑、亭廊等园林小品组合而成，主要供游人游览、休息、游戏、集体活动等使用(图2-3-7)。应根据不同的活动内容和要求，使游憩活动广场美观适用、各具特色。

③生产管理广场　主要供园务管理、生产的需要之用，如堆场、晒场、停车场等，它的布局应与园务管理专用出入口、苗圃等有较方便的联系。

图 2-3-6　某公园出入口广场

图 2-3-7　游憩活动广场

(2)按园林广场的主要功能划分

园林广场应具备的主要功能是汇集园景、休闲娱乐、人流集散、车辆停放等。广场可分为以下几类：

①园景广场　是将园林立面景观集中汇聚、展示在一处，并突出表现宽广的园林地面景观(如装饰地面、水景池、花坛群等)的一类园林广场。园林中常见的门景广场、纪念广场、音乐广场、中心花园广场等都属于此类。一方面，园景广场在园林内部留出一片开敞空间，增强了空间的艺术表现力；另一方面，它还可以作为季节性的大型园艺展览或盆景艺术展览等的展出场地，也可以作为节假日大规模人群集会活动的场所，而发挥更大的社会效益和环境效益。

②休闲娱乐广场　这类场地具有明确的休闲娱乐性质，在现代公共园林中是很常见的一类场地。如设在园林中的旱冰场、滑雪场、射击场、跑马场、高尔夫球场、游憩草坪、露天舞场、垂钓区以及游泳池边的休闲铺装场地等。

③集散广场　是设在主体性建筑前后、主路路口、园林出入口等人流频繁的重要地点，以人流集散为主要功能。除园林主要出入口场地外，这类场地一般面积都不太大。

④停车场和回车场　主要指设在园林内外的机动车、自行车等车辆停放场和扩宽一些路口形成的回车场地。停车场多布置在园林出入口内外，回车场则一般在园林内部适当地点灵活布置。

⑤其他场地　附属在公共园林内外的场地，还有如旅游小商品市场、花木盆栽场、园林机具设备停放场、餐厅杂物院等，其功能不一，形式也各异。

公共园林中的道路广场与一般城市道路广场最明显的不同之处是前者以游览性和观赏性为主，而后者以交通性为主。

3.1.1.3　园路与广场铺装示例

在园林环境中运用自然或人工的面层材料，采用不同的铺砌形式，形成了不同类型的铺装地面(铺地)。不同类型的铺装地面因其色彩、质感、纹样、光影的不同，具不同的装饰性及观赏效果，以适应不同的环境和场合，使其与环境相协调。园林中铺装作为景观的一个有机组成部分，不仅对园路、广场等进行不同形式的组合，使游人在游览过程中易于区别，印象深刻；其美丽的铺装图案更是起着画龙点睛的作用，加深意境的悠远，增强游览的趣味。园路与广场铺装地面纹样如图 2-3-8 所示。

一般来说，园路是带状狭长形的铺装地面，而广场则是相对较为宽阔的铺装地面。

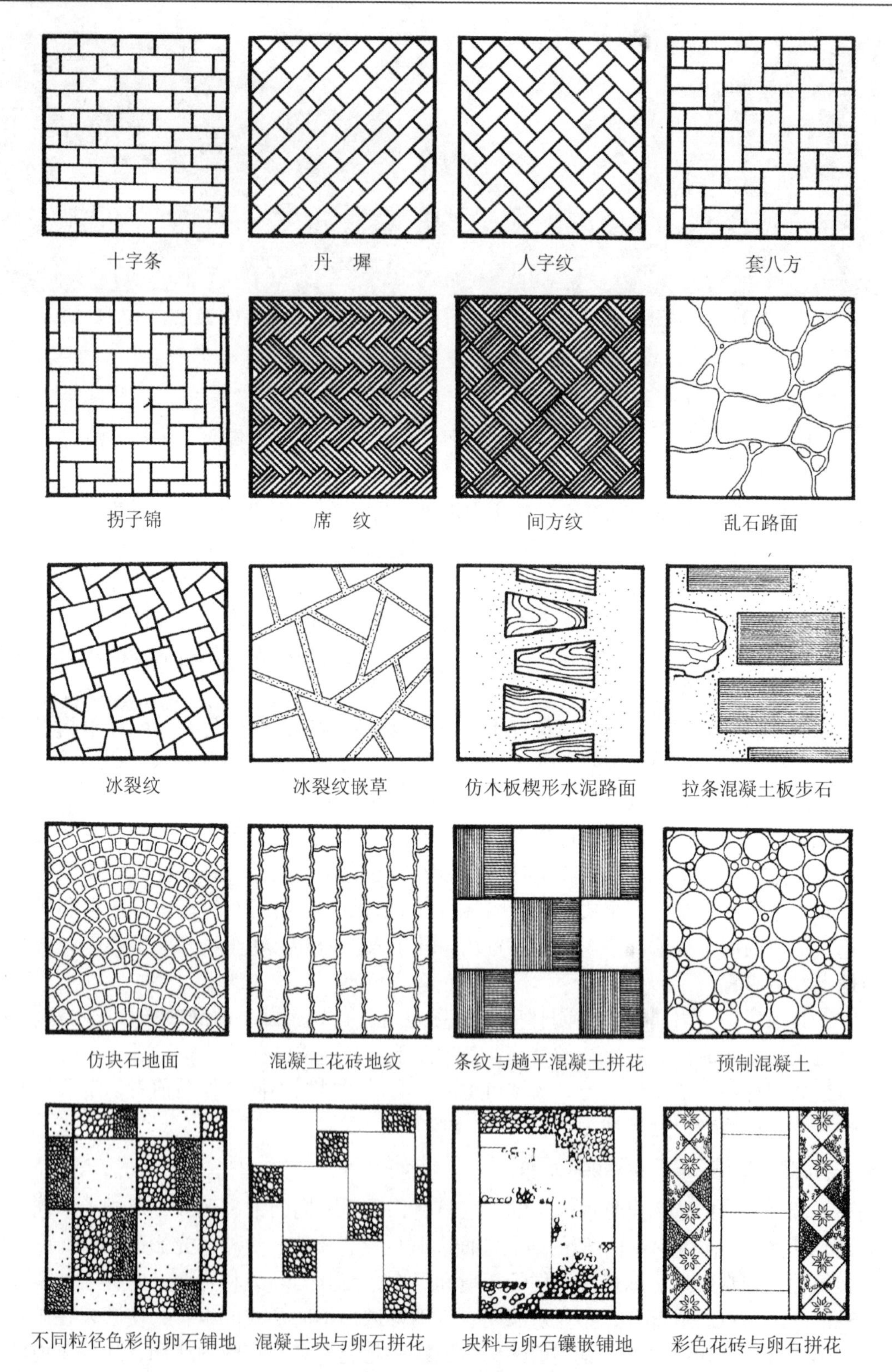
十字条
丹　墀
人字纹
套八方
拐子锦
席　纹
间方纹
乱石路面
冰裂纹
冰裂纹嵌草
仿木板楔形水泥路面
拉条混凝土板步石
仿块石地面
混凝土花砖地纹
条纹与礓平混凝土拼花
预制混凝土
不同粒径色彩的卵石铺地
混凝土块与卵石拼花
块料与卵石镶嵌铺地
彩色花砖与卵石拼花

图 2-3-8　铺装地面纹样

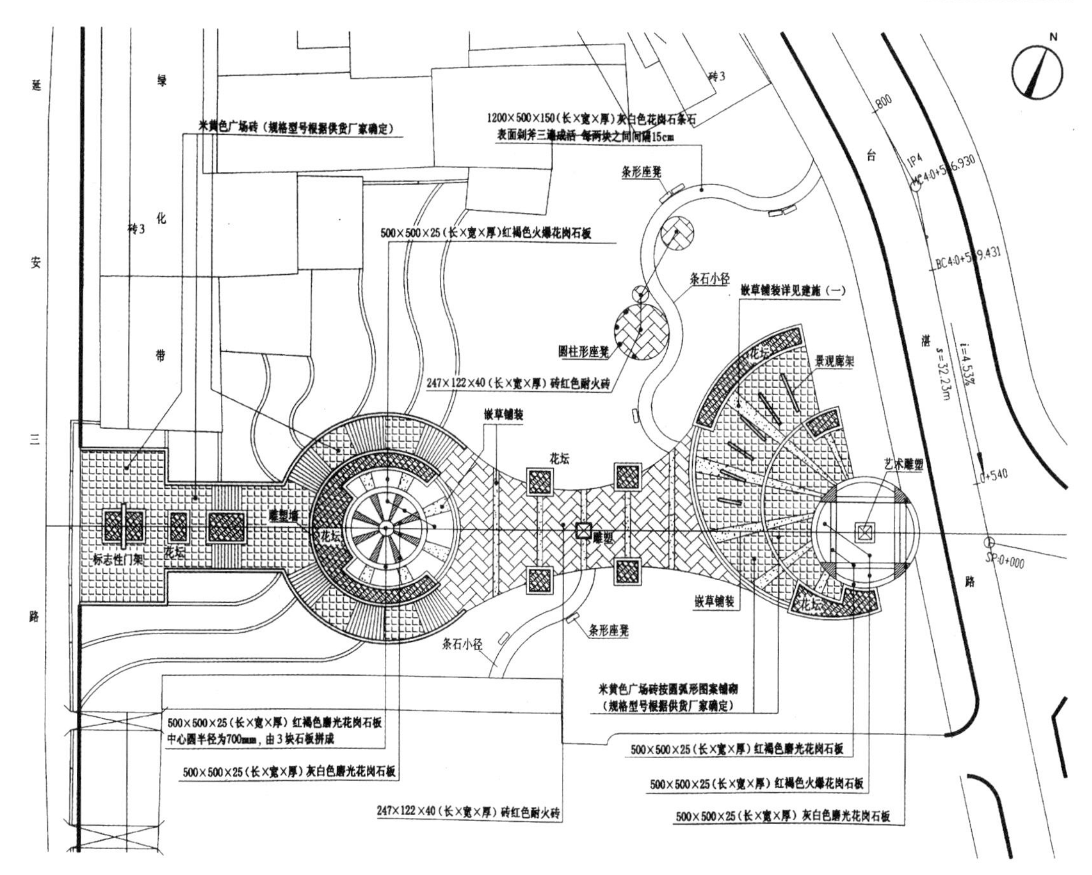

图 2-3-9　园路与广场铺装示例

如果把园路看成是线，那么广场就是面。园路与广场作为构成园林平面地形的一种硬质要素，在现代园林工程建设中占有越来越重要的地位。园路与广场铺装示例如图 2-3-9 所示。

园路与广场的竖向设计等高线一般用直线或折线来表示，如图 2-3-10 所示。同时，园路与广场面层和剖(断)面构造做法接近。由此可见，园路与广场设计图在绘制时有许多相似之处。

3.1.1.4　园路设计图的组成类型

园路工程图主要包括园路路线平面图(园路设计平面图)、纵断面图、路基横断面图、铺装详图和效果图等(图 2-3-11 至图 2-3-15)，用来说明园路的游览方向和平面位置、线形状况、沿线的地形和地物、纵断面标高和坡度、路基的宽度和边坡、路面结构、铺装图案、路线上的附属构筑物(如桥梁、涵洞、挡土墙)的位置、设计艺术效果等。

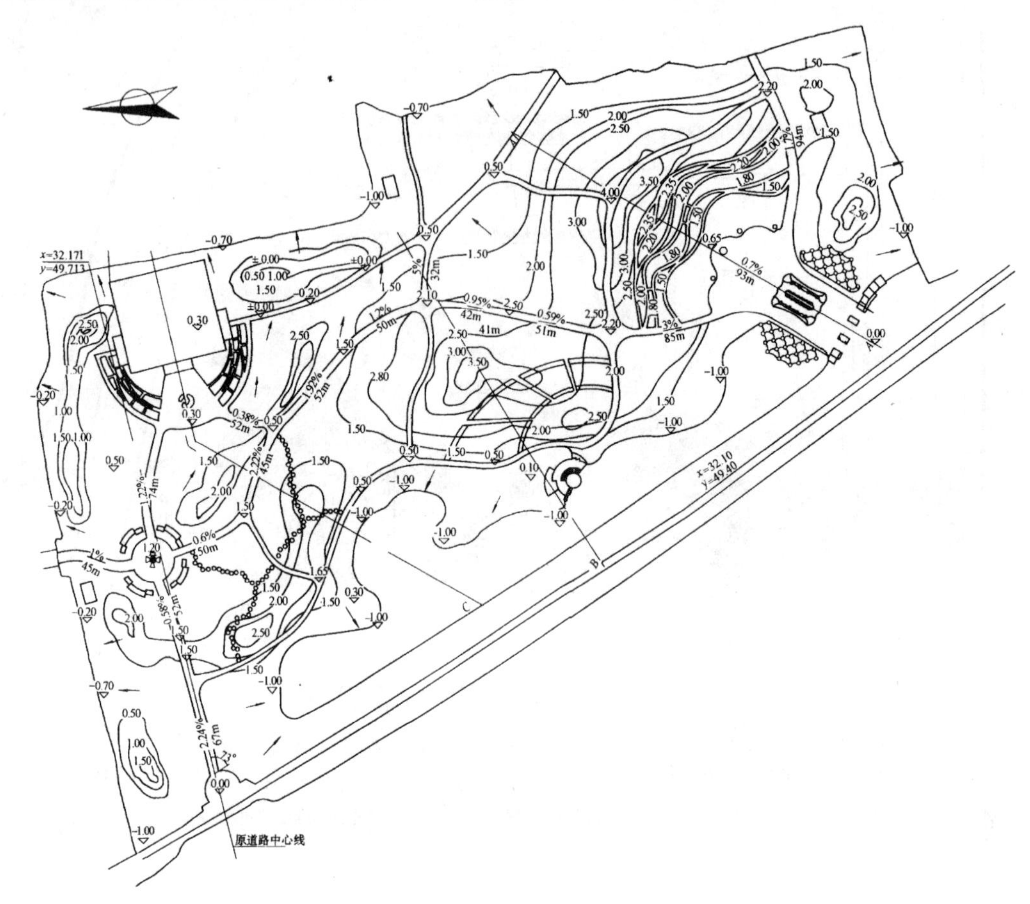

图 2-3-10　某公园园路和广场竖向设计图

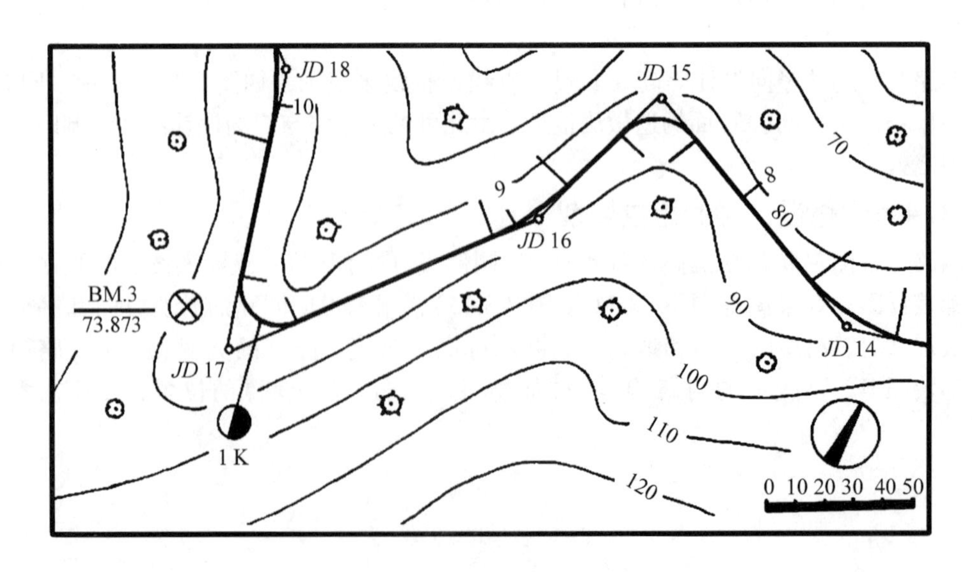

图 2-3-11　园路路线平面图

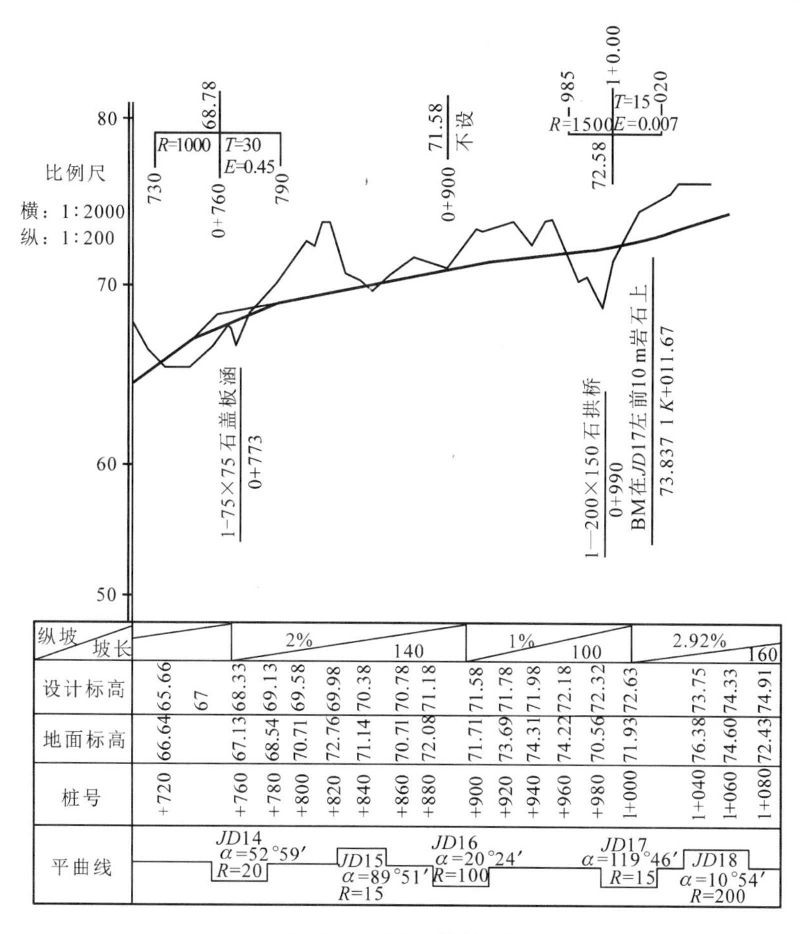

纵坡/坡长		2%　140							1%　100					2.92%　160			
设计标高	65.66	67	68.33	69.13	69.58	69.98	70.38	70.78	71.18	71.58	71.78	71.98	72.18	72.32	72.63	73.75	74.33	74.91
地面标高	66.64		67.13	68.54	70.71	72.76	71.14	70.71	72.08	71.71	73.69	74.31	74.22	70.56	71.93	76.38	74.60	72.43
桩号	+720		+760	+780	+800	+820	+840	+860	+880	+900	+920	+940	+960	+980	1+000	1+040	1+060	1+080
平曲线	JD14 α=52°59′ R=20			JD15 α=89°51′ R=15			JD16 α=20°24′ R=100				JD17 α=119°46′ R=15			JD18 α=10°54′ R=200				

图 2-3-12 园路纵断面图

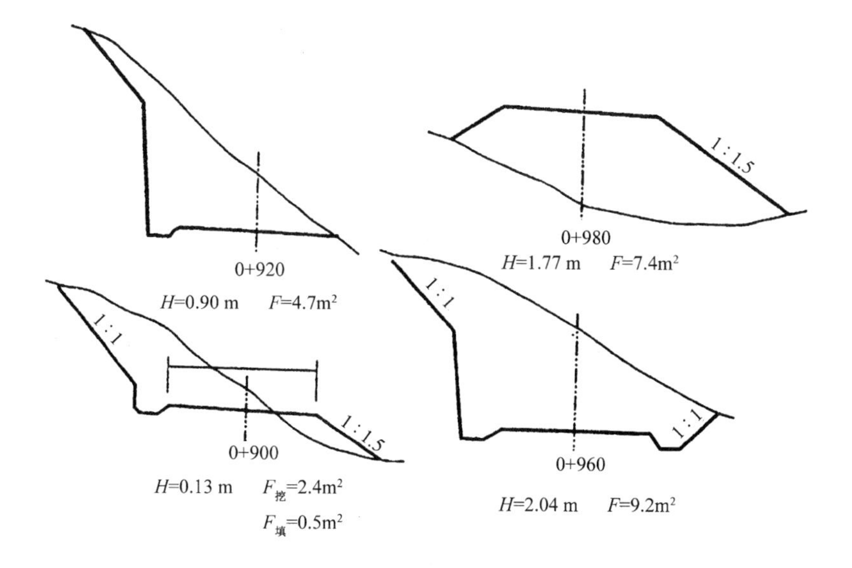

图 2-3-13 路基横断面图

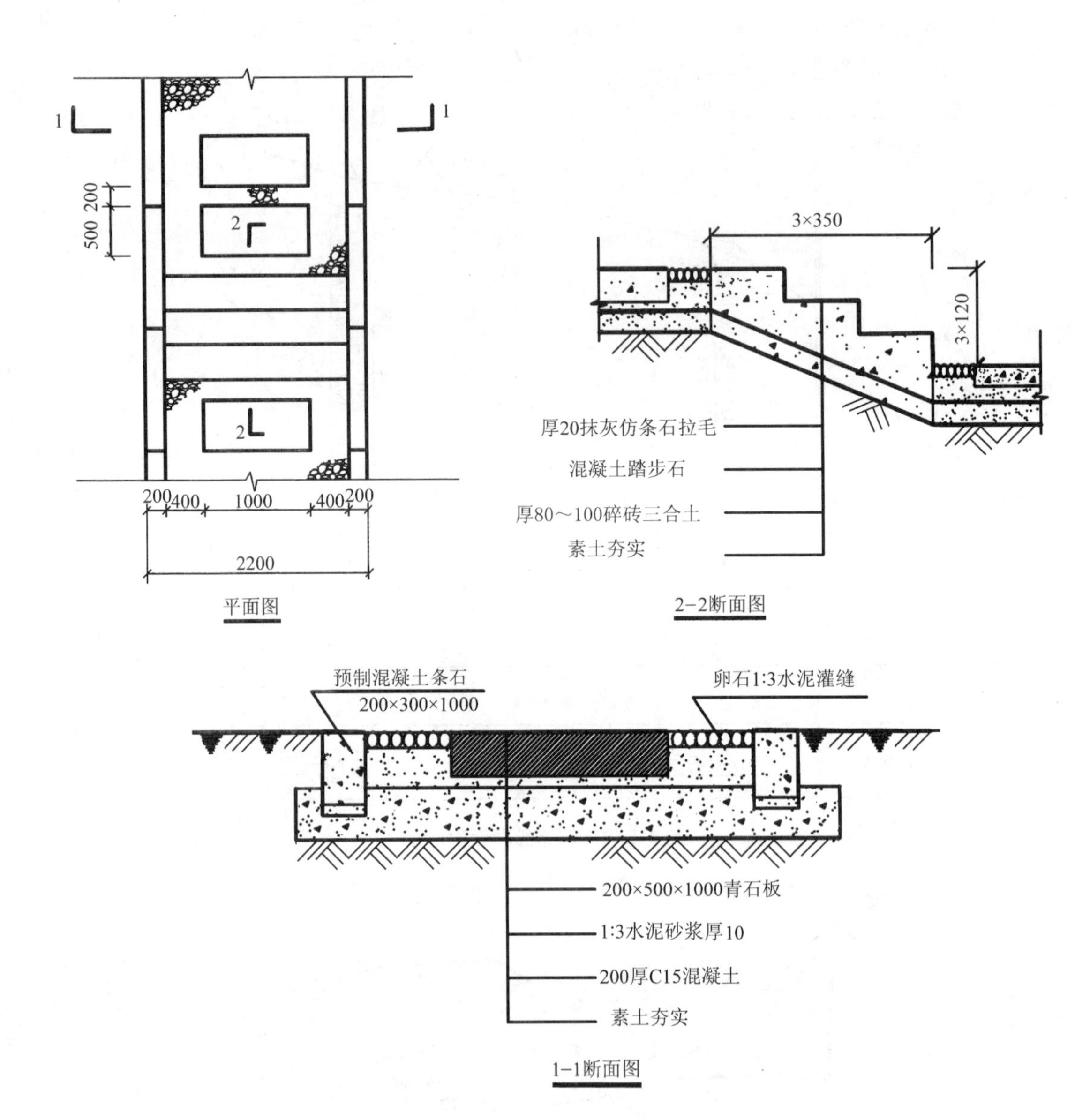
1
1
200
500
2
2
200
400
1000
400
200
2200
平面图
3×350
3×120
厚20抹灰仿条石拉毛
混凝土踏步石
厚80～100碎砖三合土
素土夯实
2−2断面图
预制混凝土条石
200×300×1000
卵石1:3水泥灌缝
200×500×1000青石板
1:3水泥砂浆厚10
200厚C15混凝土
素土夯实
1−1断面图

图 2-3-14　铺装详图

园路设计效果图

某公园入口广场效果图

图 2-3-15　园路及广场设计效果图

3.1.2　园路与广场设计图绘制原理

由于园路的竖向高差和路线的弯曲变化都与地面起伏密切相关，因此园路工程图的图示方法与一般工程图样不完全相同。但园路与广场设计图绘制的基本原理仍是正投影法(效果图的绘制在项目6介绍，这里不再赘述)。下面以园路为例，介绍园路与广场设计图的绘制原理。

3.1.2.1　平面图绘制原理

园路与广场平面图主要用规划场地的水平正投影来表示，表达园路与广场的平面布置情况，包括园路与广场的平面形状、园路线的线形(直线或曲线)状况和方向，以及园路与广场两侧一定范围内的地形和地物等。图2-3-16是某公园园路系统设计平面图。

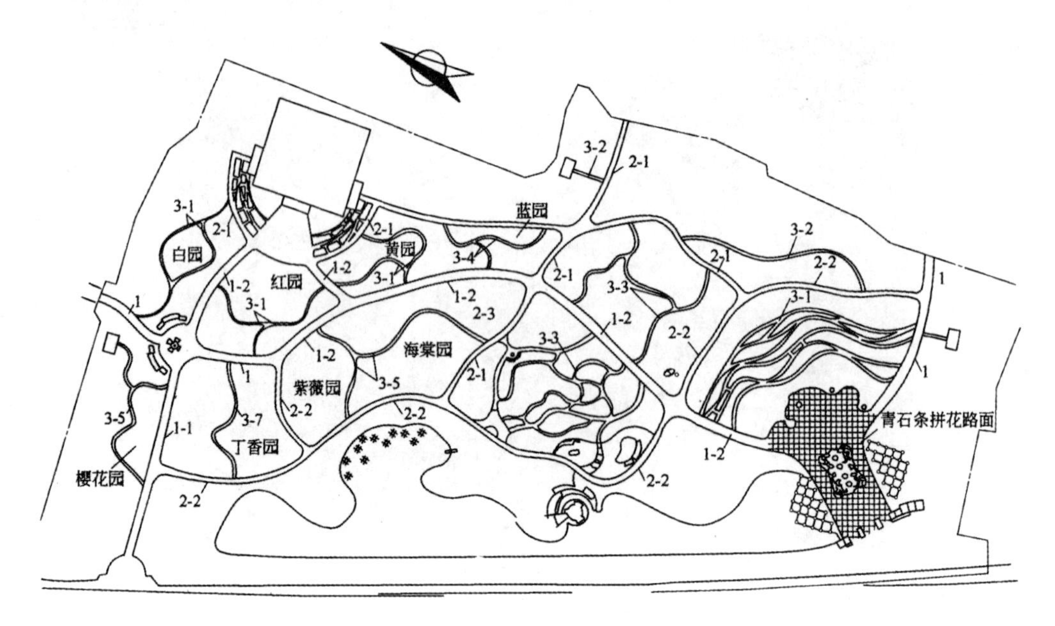

图 2-3-16　某公园园路及广场设计平面图

3. 1. 2. 2　园路断面图绘制原理

园路与广场断面图的绘制主要用于施工设计阶段，而园路断面图又可分为纵断面图和横断面图。

(1)纵断面图

纵断面图是假设用铅垂剖切平面沿着道路的中心线进行剖切后，将所得的断面图展开而形成的立面图，园路纵断面图用于表示路线中心的地面起伏状况。路线纵断面图的横向长度就是路线的长度。园路立面图由直线和竖曲线(凹形竖曲线和凸形竖曲线)组成，如图 2-3-17 所示。

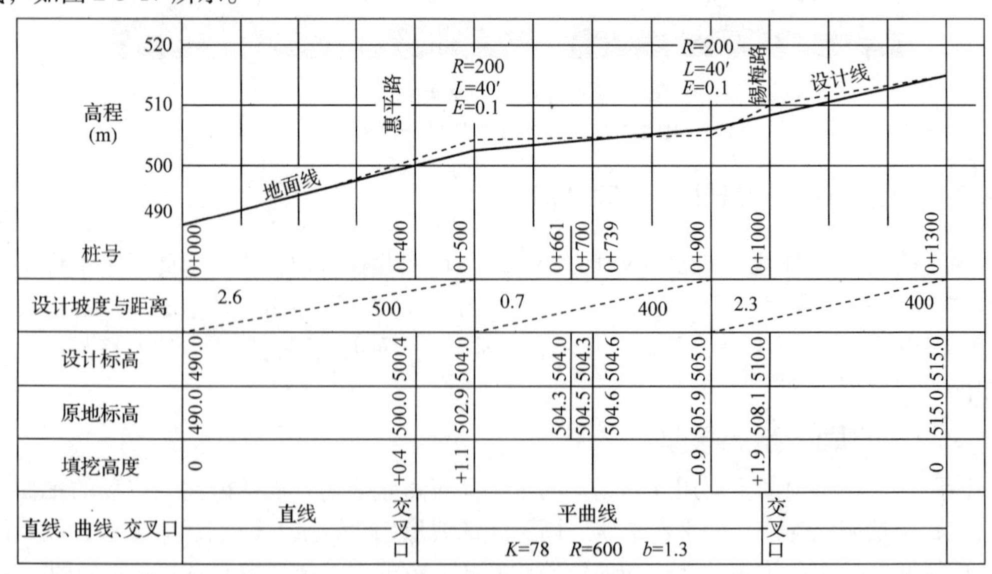

图 2-3-17　纵断面设计全图

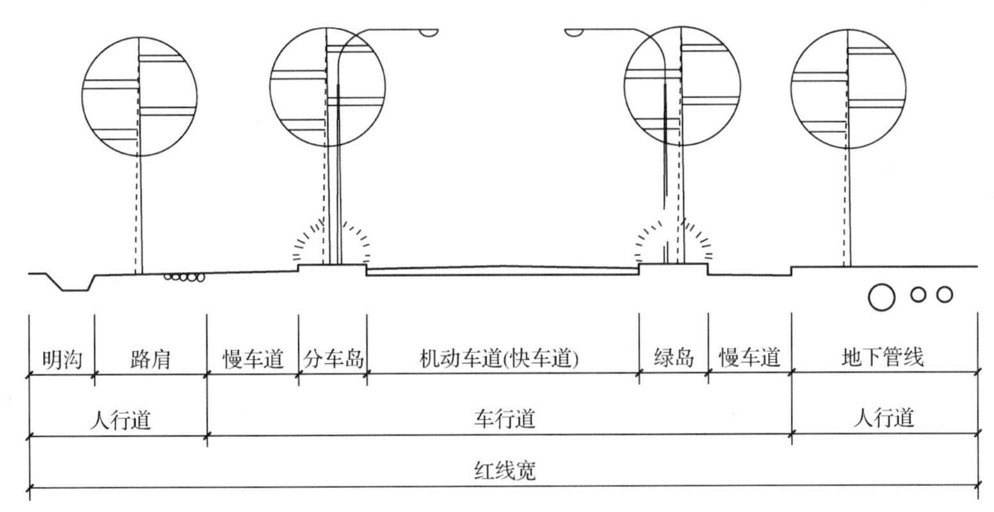

图 2-3-18　道路横断面图

(2)横断面图

道路的设计横断面就是垂直于道路中心线方向的断面。道路横断面设计，应在风景园林总体规划中所确定的园路路幅或在道路红线范围内进行。它由下列各部分组成：车行道、人行道或路肩、绿带、地上和地下管线(给水、电力、电讯等)共同敷设带(简称共同沟)、排水(雨水、中水、污水)沟道、电力电讯照明电杆、分车导向岛、交通组织标志、信号和人行横道等，如图 2-3-18 所示。

路基横断面图是用垂直于设计路线的剖切面进行剖切所得到的图形，作为计算土石方和路基施工依据，如图 2-3-13 所示。沿道路路线一般每隔 20m 画一路基横断面图，沿着桩号从下到上，从左到右布置图形。园路的横断面图主要表现园路的横断面形式及横坡。

3. 1. 2. 3　园路与广场铺装详图

园路与广场铺装详图的绘制原理与平面图、剖(断)面图的绘制一样，但铺装详图主要用于表达园路与广场面层的结构和铺装图案。图 2-3-14 中 1 - 1 的断面图、2 - 2 断面图，是一段园路的铺装详图。

任务实施

1. 绘制工具

A2 幅面的图板、丁字尺、三角板、建筑模板、曲线板和多用圆规等，A2 或 A3 幅面的绘图纸或打印纸。

2. 绘制方法

(1)绘制路线平面图

在规划阶段，绘制路线平面图一般所用比例较小，通常采用 1∶2000 ~ 1∶500 的比例，因此可在道路中心画一条粗实线来表示路线。如果比例较大，也可按路面宽度画成双线表示路线。新建道路用中粗实线，原有道路用细实线。路线平面图由直线段和曲线段

(平曲线)组成，如图2-3-11所示。图2-3-19是道路平面图图例画法，A图中α为转折角(按前进方向右转或左转)、R为曲线半径、T为切线长、L为曲线长、E为外距(交角点到曲线中心距离)；B图中$R9$表示转弯半径为9m，150.00为路面中心标高，6%为道路纵向坡度，101.00为变坡点间距；C图中$JD2$是交角点编号。

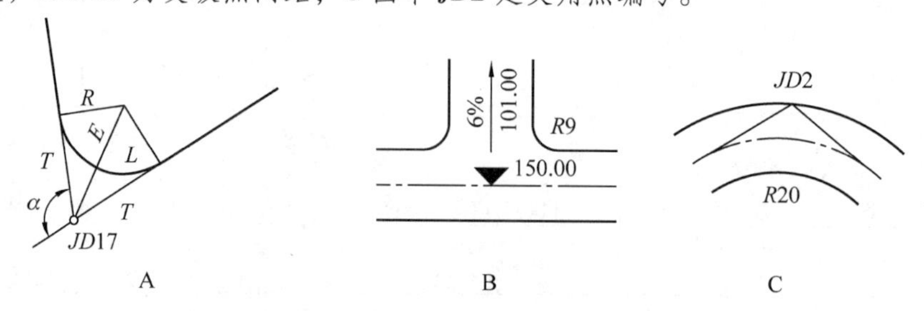

图2-3-19　道路平面图图例画法

图2-3-11是用单线画出的路线平面图。为清楚地看出路线总长和各段长，一般由起点到终点沿前进方向左注写里程桩，沿前进方向右注写百米桩。路线转弯处要注写转折符号，即交角点编号，如JD 17表示第17号交角点。沿线每隔一定距离设水准点，BM.3表示3号水准点，73.837是3号水准点高程。

此外，在图纸的适当位置应绘制路线平曲线表，按交角点编号列出平曲线要素，包括交角点里程桩、转折角α、曲线半径R、切线长T、曲线长L、外距E等，如表2-3-1所示。

在平面图中地形一般用等高线来表示，地物用图例来表示，图例画法应符合总图制图标准的规定。

在施工阶段，平面图的比例尺一般为1∶50～1∶20。应准确标注广场的轮廓、路面宽

表2-3-1　平曲线表

交角点	交角点里程桩	偏角α		R	T	L	E
		左	右				
JD10	610.74	38°18′		50	17.36	33.42	2.93
JD11	653.04	23°43′		50	10.50	20.69	1.09
JD12	689.55		18°26′	70	11.36	22.52	0.92
JD13	737.15		15°05′	50	6.62	13.17	0.44
JD14	769.80		52°59′	20	9.96	18.49	2.35
JD15	847.56	89°51′		15	14.96	23.52	6.19
JD16	899.38		20°24′	100	17.99	35.61	1.61
JD17	1+011.69		119°46′	15	25.86	31.35	14.89
JD18	052.21	10°54′		200	19.08	38.05	0.91
JD19	128.35	16°51′		80	11.85	23.53	0.87
JD20	165.84		3°10′				

度与细部尺寸，以及广场与园路和周围设施的相对位置，曲线园路应标出转弯半径或以 2m×2m～10m×10m 的网格定位。同时还应标注路面及广场高程，路面纵向坡度、路面中心标高、各转折点标高及路面横向坡度，广场中心、四周标高及排水方向等。并在图中注明道路及广场的表面铺装材料及其形状、大小、图案、花纹、色彩、铺排方式和相互位置关系等。图 2-3-20 为某公园内一景点园路与广场施工平面图。

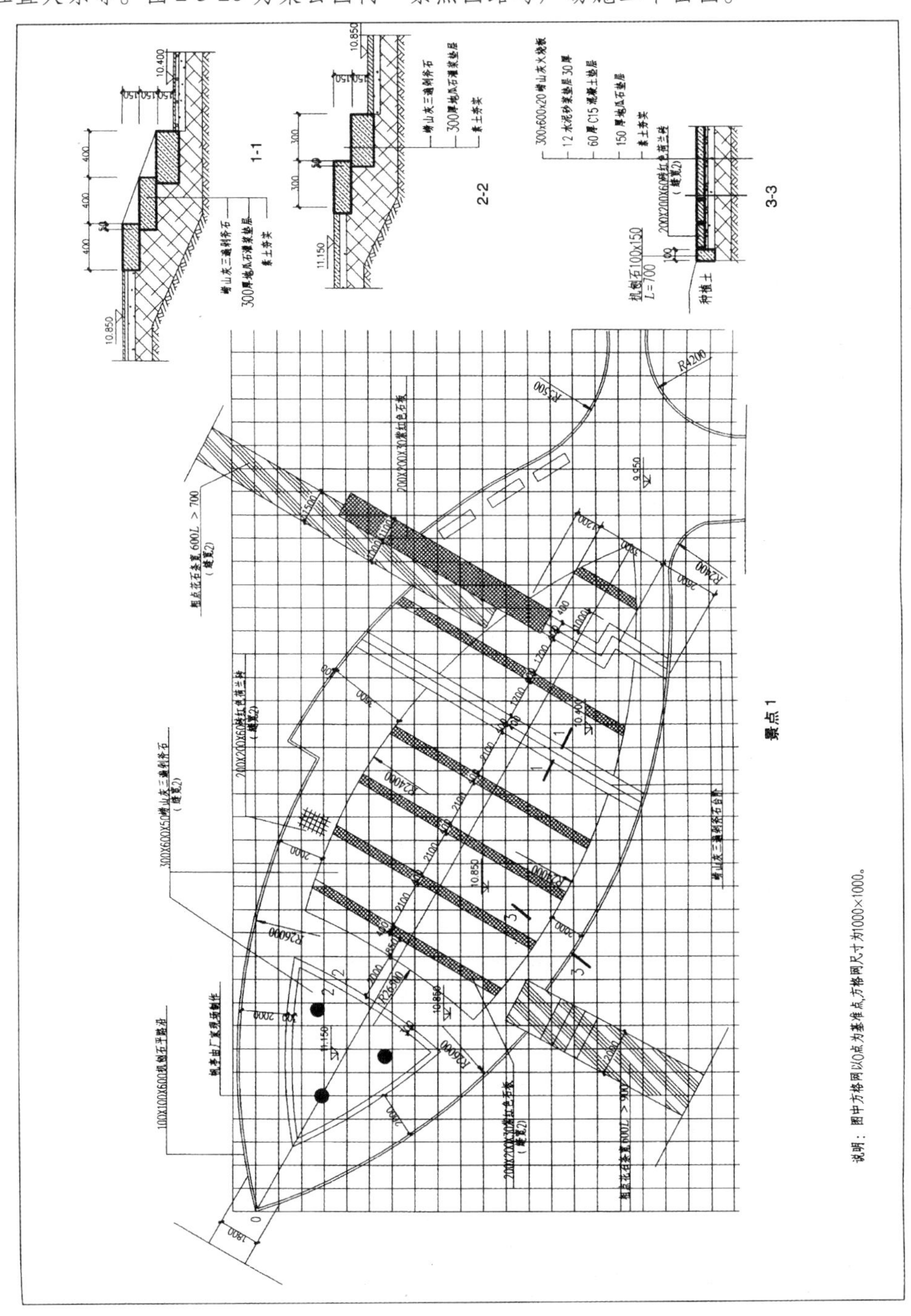

图 2-3-20　某公园景点园路与广场施工平面图

（2）绘制园路纵断面图

为了满足游览和园务工作的需要，对有特殊要求或路面起伏较大的园路，应绘制纵断面图。园路的纵断面图主要表现道路的竖曲线、设计纵坡以及设计标高与原标高的关系等。由于路线的横向长度和纵向高度之比相差很大，故路线纵断面图通常采用两种比例，如长度采用1∶2000，高度采用1∶200，相差10倍。

纵断面图绘制的包括以下内容：

①**地面线** 是道路中心线所在处，是原地面高程的连接线，用细实线绘制。具体画法是将水准测量测得的各桩高程，按图样比例点绘在相应的里程桩上，然后用细实线按顺序把各点连接起来，故纵断面图上的地面线为不规则曲折线（见图2-3-17）。

②**设计线** 是道路的路基纵向设计高程的连接线，即顺路线方向的设计坡度线，用粗实线表示（见图2-3-17）。

绘制设计线的具体步骤如下：

第一步，确定高程控制点（路线起讫点地面标高，相交道路中心标高，相交铁路轨顶标高，桥梁桥面标高，特殊路段的路基标高，填挖合理标高点等）。

第二步，拟定设计线。

第三步，确定设计线。

第四步，标出桥、涵、驳岸、闸门、挡上墙等具体位置与标高，以示桥顶标高和桥下净空及等级。

第五步，绘制纵断面设计全图。

③**竖曲线** 当设计线纵坡变更处的两相邻坡度之差的绝对值超过一定数值时，在变坡处应设置一段竖向圆弧，来连接两相邻纵坡，该圆弧称为竖曲线。竖曲线分为凸形竖曲线和凹形竖曲线。

绘制时应在设计线上方表示凸形竖曲线和凹形竖曲线，标出相邻纵坡交点的里程桩和标高，竖曲线半径、切线长、外距、竖曲线的始点和终点。如变坡点不设置竖曲线，则应在变坡点注明“不设”。路线上的桥涵、构筑物和水准点都应按所在里程注在设计线上，标出名称、种类、大小、桩号等（见图2-3-12）。

④**资料表** 在图样的正下方还应绘制资料表，主要内容包括：每段设计线的坡度和坡长，用对角线表示坡度方向，对角线上方标坡度、下方标坡长，水平段用水平线表示。每个桩号的设计标高和地面标高。平曲线（平面示意图）的直线段用水平线表示，曲线段用上凸或下凹图线表示，标注交角点编号、转折角和曲线半径。资料表应与路线纵、断面图的各段一一对应（见图2-3-12）。

对于自然式园路，平面曲线复杂，交点和曲线半径都难于确定，不便单独绘制平曲线，其平面形状可由平面图中方格网控制。

（3）绘制园路横断面图

园路横断面图一般与局部平面图配合，表示园路的断面形状、尺寸、各层材料、做法、施工要求、路面布置形式及艺术效果。

横断面的地面线一律画细实线，设计线一律画粗实线。每一图形下标注桩号、断面面积F、地面中心到路基中心的高差H，如图2-3-13所示。断面一般有3种形式：填方段称路堤，挖方段称路堑和半填半挖路基。

路基横断面图一般用1∶50、1∶100、1∶200的比例。应画在透明方格纸上，便于计算土方量。

（4）绘制铺装详图及大样

为了便于施工，对具有艺术性的铺装图案，以及路面的重点结合部可用详图进行表达，并标注尺寸（见图2-3-14）或绘制方格网（图2-3-20）。

用平面图表示路面装饰性图案，常见的园路路面有：花街路面（用砖、石板、卵石组成各种图案）、卵石路面、混凝土板路面、嵌草路面、雕刻路面等。雕刻和花街路面应画平面大样图。

路面结构用断面图表达。园路的结构断面图主要表现园路各构造层的厚度与材料，通过图例和文字标注两部分将园路及广场的施工做法表示清楚。路面结构一般包括：面层、结合层、基层、路基等，如图2-3-14中1－1断面图。当路面纵坡坡度超过12°时，在不通车的游步道上应设台阶，台阶高度一般为120～170mm，踏步宽300～380mm，每8～10级设一个平台段。图2-3-14中2－2断面图为台阶的结构。

（5）写做法说明

做法说明主要是对施工方法和要求的说明，如路牙与路面结合部及路牙与绿地结合部的做法，对路面强度、表面粗糙度的要求及铺装缝线允许尺寸（以mm为单位）的要求等。

3. 识读技巧

图2-3-14是某园路工程施工图，一般按以下步骤进行识读：

（1）看标题栏及说明

从标题栏及说明中了解工程名称、材料和技术要求，本例为某公园局部园路的工程施工图。

（2）看平面图

从平面图中了解比例、方位，明确园路和广场在总平面图中的位置、平面形状和大小及其周围地形等。如图2-3-21所示，该部分园路处于横向轴线7～12与纵向轴线F～I之间，地形北高南低呈缓坡，园路平面布置形式为自然式，外围园路较宽，环路以内自然布置游步道，随形就势，步移景异。

（3）看纵断面图（立面图）

从纵断面图中了解某一区段园路的起伏变化情况。图中2－10道路纵断面图表示了该段园路的起伏变化，2－10号点是下坡，10－3号点是上坡。7号点和越过12号点10m处，分别设置了凹形竖曲线。

（4）看详图

对照平面图的索引符号，了解园路断面结构形式、材料、做法。从图中可见，详图1为外围园路的平面布置及结构做法，详图2为游步道的平面布置及结构做法，外围园路宽2.5m，混凝土路面。环路以内自然布置游步道，宽1.5m，乱石路面，具体材料和做法如断面图所示。

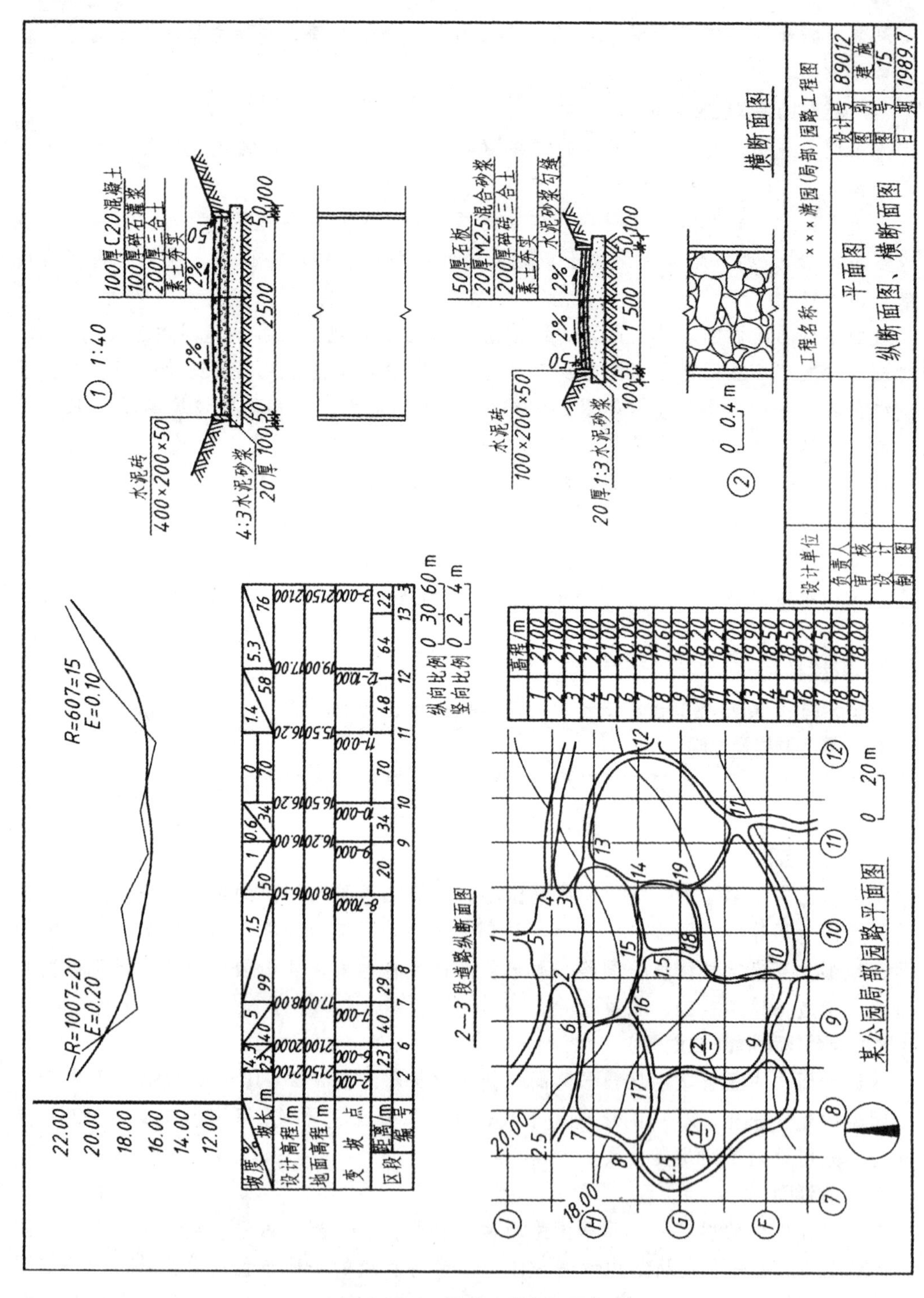

图 2-3-21　园路工程施工图

知识拓展

常用园路和广场结构图举例(表2-3-2)

表2-3-2　常用园路和广场结构

编号	类型	结构图式(mm)
1	石板嵌草路	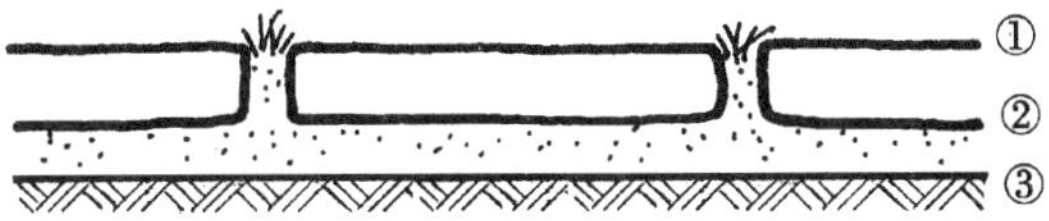 ①100厚石板；②50厚黄沙；③素土夯实 注：石缝宽30~50嵌草
2	卵石嵌花路	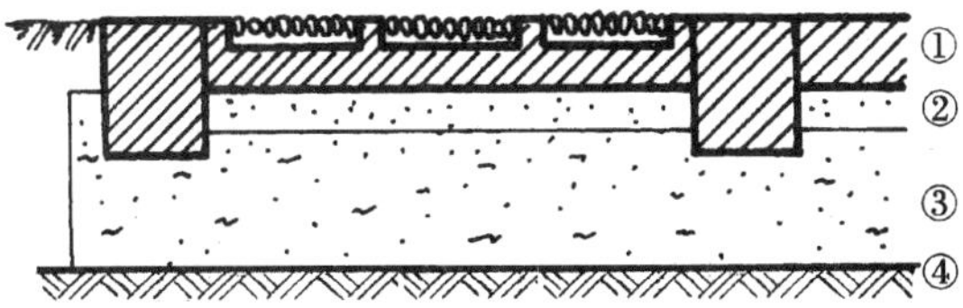 ①70厚预制混凝土嵌卵石；②50厚25#混合砂浆；③一步灰土；④素土夯实
3	方砖路	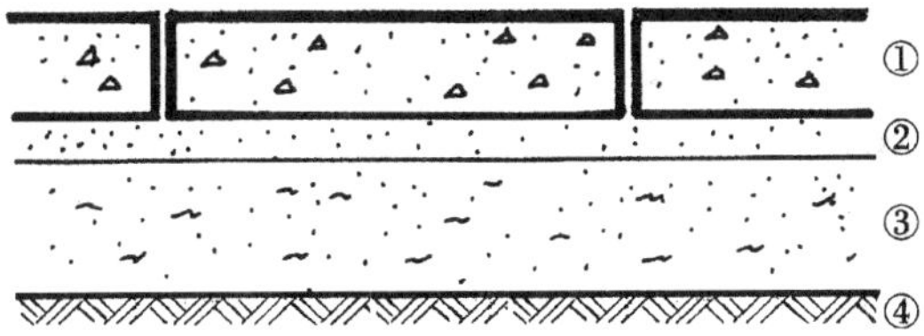 ①500×500×100(150#)混凝土方砖；②50厚粗沙；③150~250厚灰土；④素土夯实 注：胀缝加10×9.5橡皮条
4	水泥混凝土路	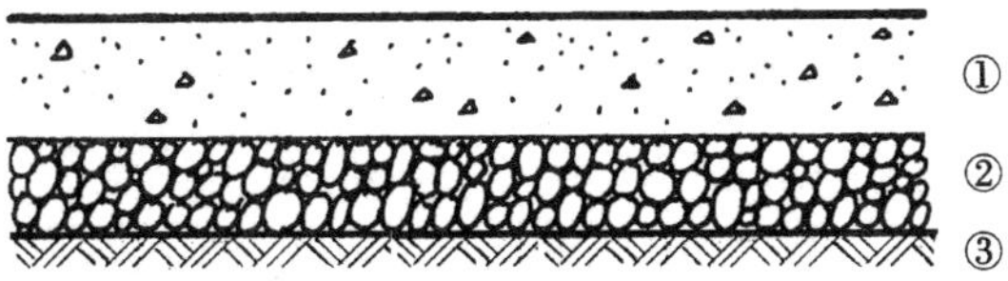 ①80~150厚200#混凝土；②80~120厚碎石；③素土夯实 注：基层可用二渣(水碎渣、散石灰)、三渣(水碎渣、散石灰、道渣)
5	卵石路	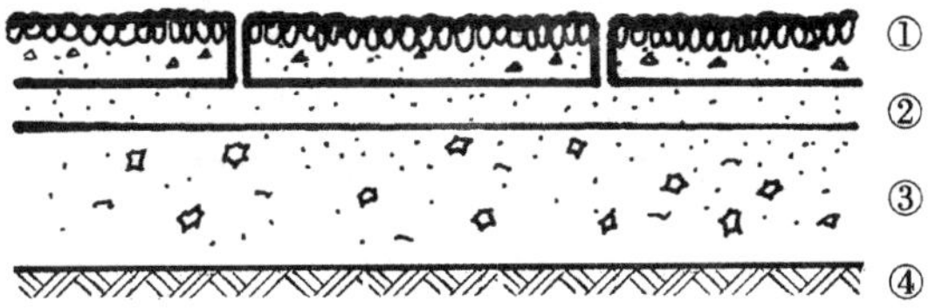 ①70厚混凝土栽小卵石；②30~50厚25#混合砂浆；③150~250厚200#碎砖三合土；④素土夯实

（续）

编号	类型	结构图式(mm)
6	沥青碎石路	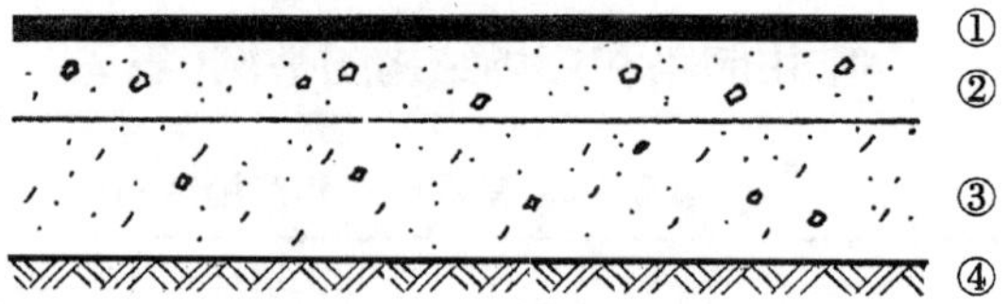 ① ② ③ ④ ①10 厚 2 层柏油表面处理；②50 厚泥结碎石；③150 厚碎砖或白灰、煤渣；④素土夯实
7	青（红）砖铺路	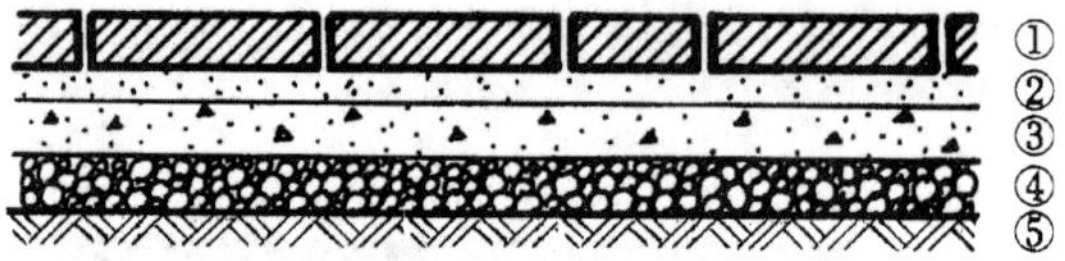 ① ② ③ ④ ⑤ ①50 厚青砖；②30 厚灰泥；③50 厚混凝土；④50 厚碎石；⑤素土夯实
8	钢筋混凝土砖路	 ① ② ③ ④ ①25 厚钢筋混凝土预制块；②20 厚 1∶3 石灰砂浆；③150 厚灰土；④素土夯实
9	红石板弹石路	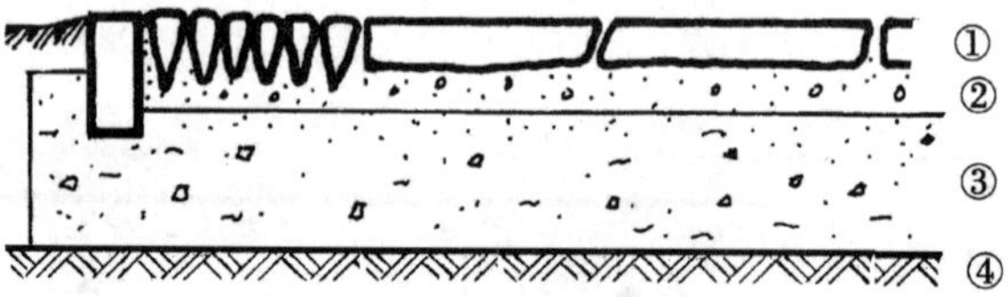 ① ② ③ ④ ①50 厚红石板(或 100 厚方头弹石)；②50 厚煤屑；③150 厚碎砖三合土；④素土夯实
10	彩色混凝土砖路	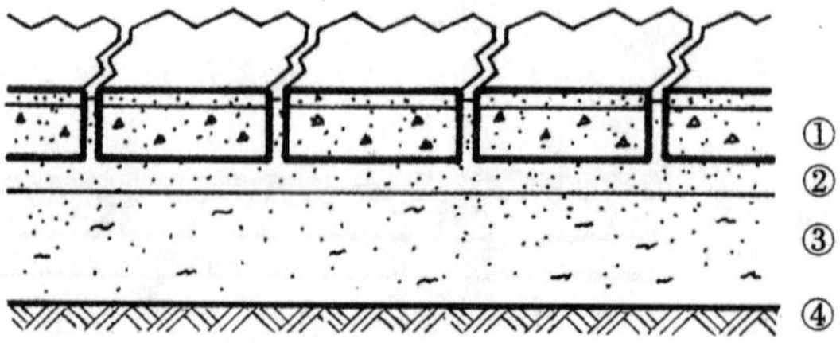 ① ② ③ ④ ①100 厚彩色混凝土花砖(彩色表面层 20 厚)；②30 厚粗沙；③150 厚灰土；④素土夯实

（续）

编号	类型	结构图式(mm)
11	自行车路	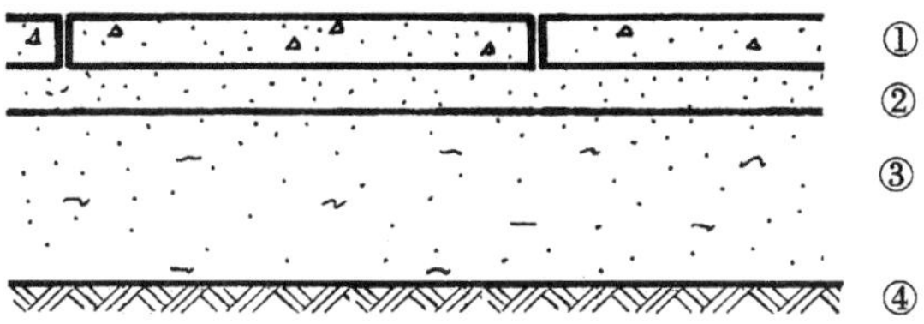 ①50 厚水泥方砖；②50 厚 1∶3 石灰砂浆；③150 厚灰土；④素土夯实
12	羽毛球场铺地	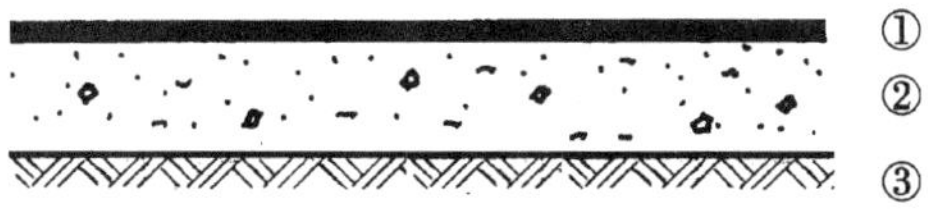 ①20 厚 1∶3 石灰砂浆；②80 厚 1∶3∶6 水泥∶石灰∶碎砖；③素土夯实
13	汽车停车场铺地	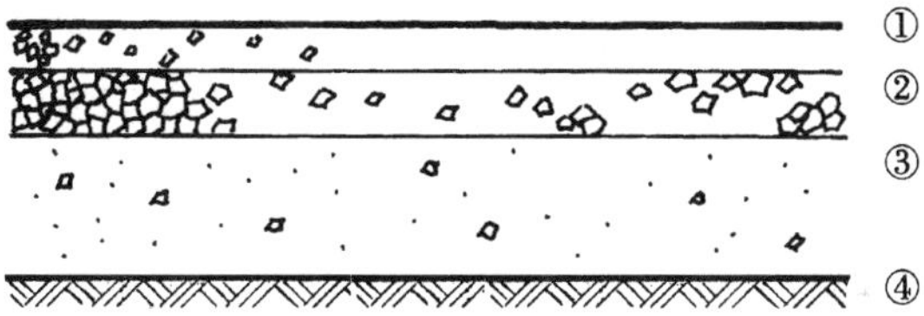 ①黑色碎石；②碎石；③级配碎石；④素土夯实
		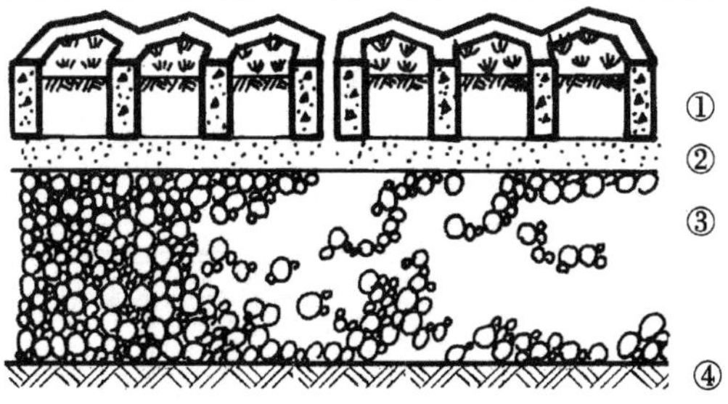 ①100 厚混凝土空心砖(内填土壤种草)；②30 厚粗沙；③250 碎石；④素土夯实
		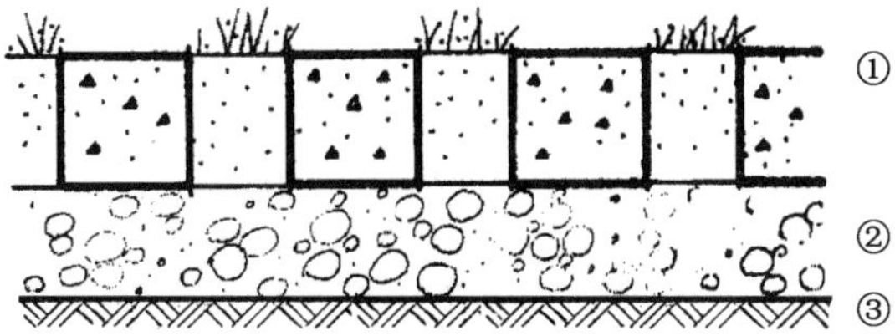 ①200 厚混凝土方砖，200 厚培养土种草；②250 砾石；③素土夯实

（续）

编号	类型	结构图式(mm)
14	旱冰场铺地	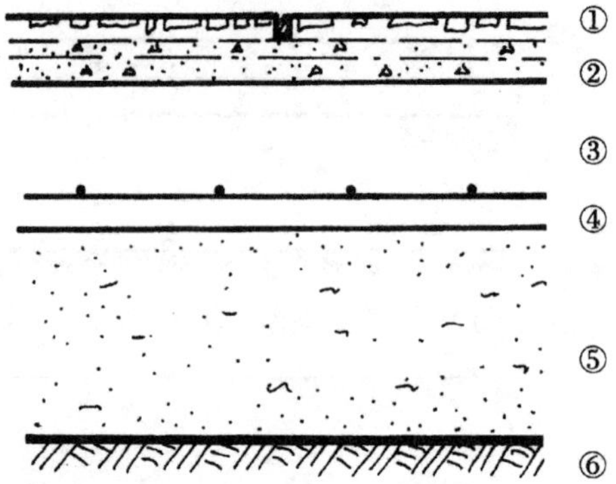 ①20厚水磨石面层，嵌1厚铜皮分隔条；②40厚混凝土，内配18#铝丝菱形网一层；③100厚钢筋混凝土6@200双向；④300厚3∶7灰土；⑤塑料薄膜；⑥素土夯实
15	透水透气性路面	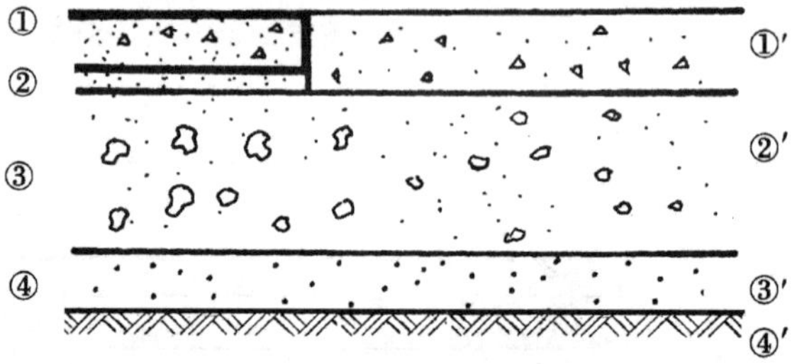 ①60厚彩色水泥混凝土异形砖；②20厚1∶3石灰砂浆；③150厚天然级配砂砾；④50厚粗(中)砂 ①′80厚无(少)砂混凝土(现浇)；②′150厚天然级配砂砾；③′50厚粗(中)沙；④′素土夯实
16	步石	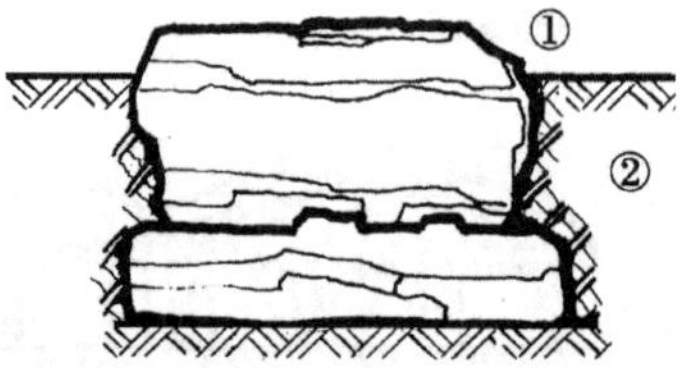 ①大块毛石；②基石毛石或100厚水泥混凝土板
17	荷叶汀步	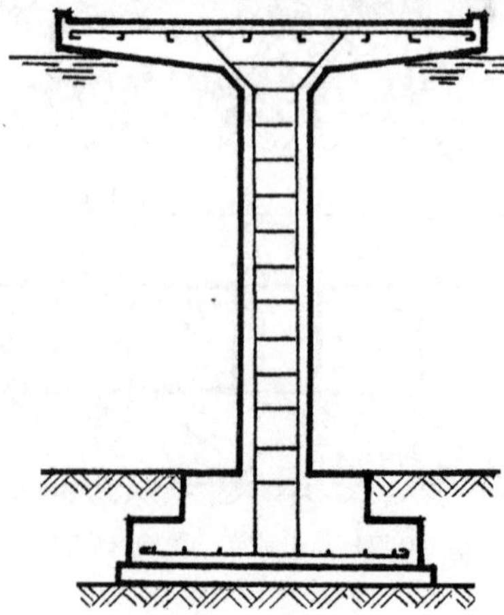 钢筋混凝土现浇

（续）

编号	类型	结构图式（mm）
18	块石汀步	石面略高出水面，基石埋于池底
19	室外木质铺装	①②③④⑤ ①防腐木面层；②30 厚 1∶3 干硬性水泥砂浆粘贴层，纯水泥浆一道；③100 厚 C20 素混凝土；④100厚碎石垫层；⑤素土夯实

巩固训练

对照教师示范讲解和操作的方法和技巧，进行以下内容的绘制操作训练：

(1)对照习题集或老师提供的园路整套设计图进行抄绘练习。尤其要理解道路纵、横断面的不同表现特点，不能机械地抄绘。道路平面线形和线形纵断面要在理解的基础上练习。

(2)对照习题集或者老师提供的园路、广场竖向设计图进行抄绘练习。要注意区分一般地形等高线和园路广场等高线的特征区别，也要理解竖向设计所表现的园路特征。

(3)对照习题集或老师提供的汀步设计的范图进行识读和绘制练习，尤其要注意汀步断面构造的表现方法，同时要注意与设计构思的协调。

自测题

1. 不同类型面层的道路断面图有什么区别?
2. 道路和广场在设计造型、面层处理和断面构造表现上有什么异同?
3. 园路与广场设计等高线与一般绿地地形设计等高线有什么不同?

任务3.2 绘制与识读园桥设计图

学习目标

【知识目标】

(1)了解绘制园桥设计图的基本知识。

(2)熟悉园桥平面图、剖(断)面图绘制的规范和要求。

(3)掌握园桥设计图的绘制的方法和技巧。

【技能目标】

(1)能识别常见园桥设计的平面图和剖(断)面图。

(2)能绘制园桥的平面图和剖(断)面图。

知识准备

3.2.1　园桥设计图基本知识

园林中的桥，可以联系风景点的水陆交通，组织游览线路，变换观赏视线，点缀水景，增加水面层次，兼有组织交通和艺术欣赏的双重作用。园桥在造园艺术上的价值，往往超过其交通功能。

在自然山水园林中，桥的布置同园林的总体布局、道路系统、水体面积占全园面积的比例、水面的分隔或聚合等密切相关。园桥的位置和体型要和景观相协调：大水面架桥，又位于主要建筑附近的，宜宏伟壮丽，重视桥的体型和细部的表现；小水面架桥，则宜轻盈质朴，简化其体型和细部。水面宽广或水势湍急者，桥宜较高并加栏杆；水面狭窄或水流平缓者，桥宜低并可不设栏杆。水陆高差相近处，平桥贴水，过桥有凌波信步亲切之感；沟壑断崖上危桥高架，能显出山势的险峻。水体清澈明净，桥的轮廓需考虑倒影；地形平坦，桥的轮廓宜有起伏，以增加景观的变化。此外，还要考虑人、车和水上交通的要求。

3.2.1.1　园桥的类型

(1)根据园桥的造型形式划分

①平桥　外形简单，有直线形和曲折形，结构有梁式和板式。板式桥适于较小的跨度，如北京颐和园谐趣园瞩新楼前跨小溪的石板桥，简朴雅致。跨度较大的就需设置桥墩或柱，上安木梁或石梁，梁上铺桥面板。曲折形的平桥，是中国园林中所特有，不论三折、五折、七折、九折，通称“九曲桥”。其作用不在于便利交通，而是要延长游览行程和时间，以扩大空间感，在曲折中变换游览者的视线方向，做到“步移景异”；也有的用来陪衬水上亭榭等建筑物，如上海城隍庙九曲桥(图2-3-22)。

②拱桥　造型优美，曲线圆润，富有动态感。单拱的如北京颐和园玉带桥(图2-3-23)，拱券呈抛物线形，桥身用汉白玉，桥形如垂虹卧波。多孔拱桥适于跨度较大的宽广水

面，常见的多为三孔、五孔、七孔，著名的颐和园十七孔桥，长约150m，宽约6.6m，连接南湖岛，丰富了昆明湖的层次，成为万寿山的对景。

③亭桥、廊桥　加建亭、廊的桥，称为亭桥或廊桥，可供游人遮阳避雨，又增加桥的形体变化。亭桥如杭州西湖三潭印月（图2-3-24），在曲桥中段转角处设三角亭，巧妙地利用了转角空间，给游人以小憩之处；扬州瘦西湖的五亭桥（图2-3-25），多孔交错，亭廊结合，形式别致。廊桥有的与两岸建筑或廊相连，如苏州拙政园“小飞虹”（图2-3-26）；有的独立设廊，如桂林七星岩前的花桥（图2-3-27）。苏州留园曲溪楼前的一座曲桥上，覆盖紫藤花架，成为风格别具的“绿廊桥”。

图2-3-22　上海城隍庙九曲桥

图2-3-23　北京颐和园玉带桥

图2-3-24　杭州西湖三潭印月亭桥

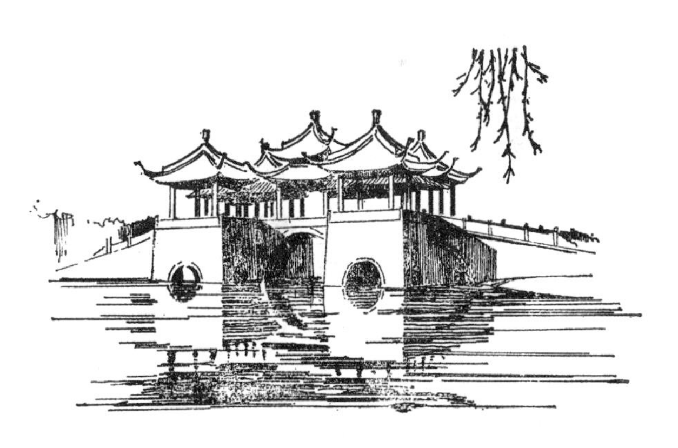

图2-3-25　扬州瘦西湖的五亭桥

图2-3-26　苏州拙政园“小飞虹”

图2-3-27　桂林七星岩前的花桥

④吊桥、浮桥　吊桥是以钢索、铁链为主要结构材料(过去有用竹索或麻绳)，将桥面悬吊在水面上的一种园桥形式(图2-3-28A)。这种吊桥吊起桥面的方式有两种：一种是全用钢索铁链吊起桥面，并作为桥面扶手；二是在其上部用大直径钢管做成拱形支架，从拱形钢管上等距地垂下钢制缆索，吊起桥面。吊桥主要用在风景区的河面上或山沟上。

将桥面架在整齐排列的浮筒(或舟船)上，可构成浮桥(图2-3-28B)。浮桥适用于水位常有涨落而又不便人为控制的水体上。

⑤栈桥与栈道　架长桥为道路，是栈桥与栈道的根本特点。严格地讲，这两种园桥并没有本质上的区别，只不过栈桥更多的是独立设置在水面上或地面上，而栈道则更多是依傍在山壁或崖壁(图2-3-29)。

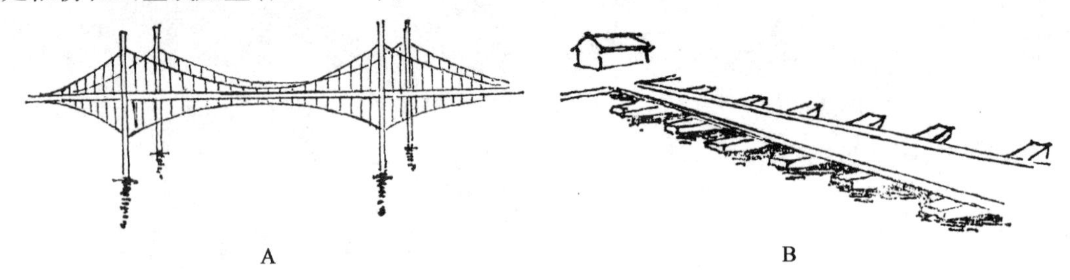
A　　B

图2-3-28　吊桥、浮桥

图2-3-29　栈桥与栈道

⑥其他形式　如天然石梁、石拱构成的天然桥等。

(2)根据桥体的结构形式划分

①板梁柱式　以桥柱或桥墩支撑桥体质(重)量，以直梁按简支梁方式两端搭在桥柱上，梁上铺设桥板作为桥面。在桥孔跨度不太大的情况下，也可不用桥梁，直接将桥板两端搭在桥墩上，铺成桥面，桥梁、桥面板一般用钢筋混凝土预制或现浇；如果跨度较小，也可用石梁和石板。

②悬臂梁式　即桥梁从桥孔两端向中间悬挑伸出，在悬挑的梁头再盖上短梁或桥板，连成完整的桥孔。这种方式可以增大桥孔的跨度，以便桥下行船。石桥和钢筋混凝土桥都可能采用悬臂梁式结构。

③拱券式　桥孔由砖石材料制成拱券，桥体质(重)量通过圆拱传递到桥墩。单孔桥的桥面一般也是拱形，因此它基本上都属于拱桥。三孔以上的拱券式桥，其桥面多数做

成平整的路面形式，但也常把桥顶做成半径很大的微拱形桥面。

④悬索式　即一般索桥的结构形式。以粗长的悬索固定在桥的两头，底面有若干根钢索排成一个平面，其上铺设桥板作为桥面，两侧各有一根至数根钢索从上到下竖向排列，并有许多下垂的钢丝绳相互串联一起，下垂钢丝绳的下端则吊起桥板。

⑤桁架式　用铁制桁架作为桥体。桥体杆件多为受拉或受压的轴力构件，这种杆件使构件的受力特性得以充分发挥。杆件的结点多为铰接。

3.2.1.2　园桥设计图的内容

园桥设计图主要包括园桥设计平面图、立面图、剖(断)面图、局部设计详图、环境图及透视效果图等(图 2-3-30 至图 2-3-36)，用来说明园桥的平面布局、立面造型、结构形式和做法、与周围环境的位置关系等。

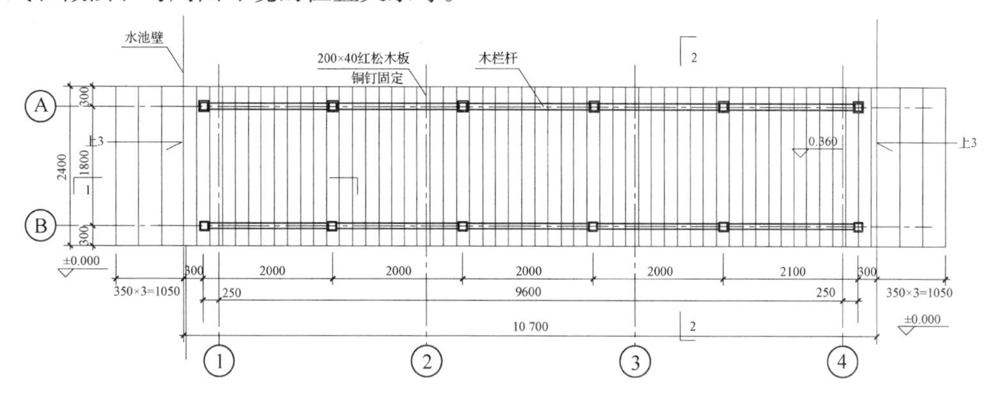

图 2-3-30　园桥平面图

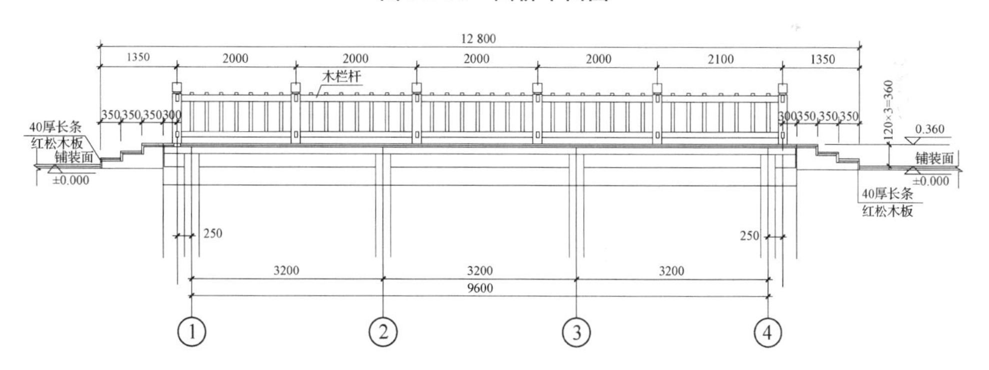

图 2-3-31　园桥立面图

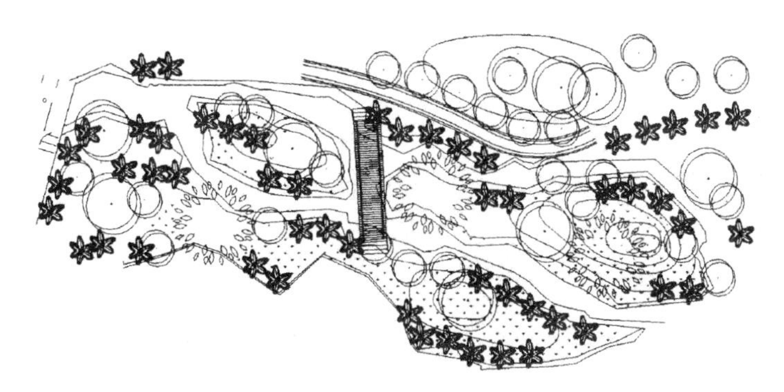

图 2-3-32　园桥环境图

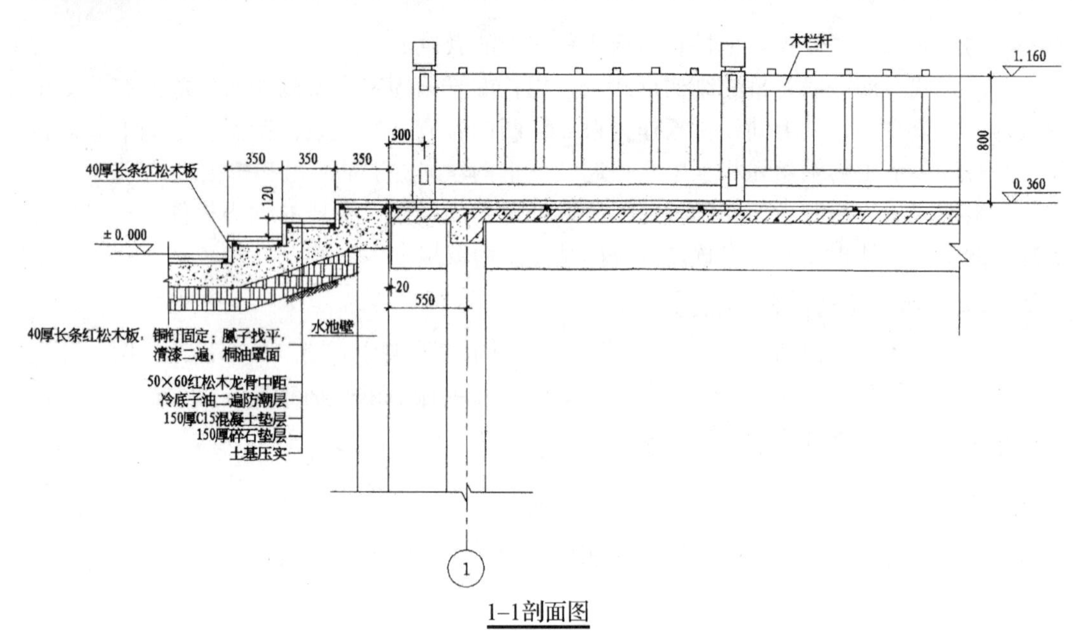

1-1剖面图

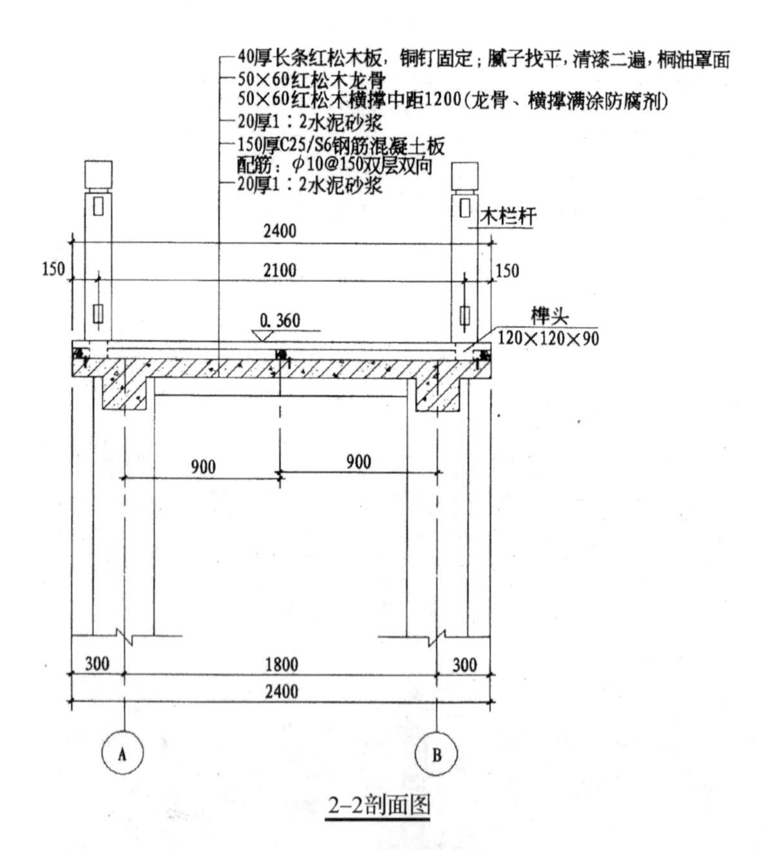

2-2剖面图

图 2-3-33　园桥剖面图

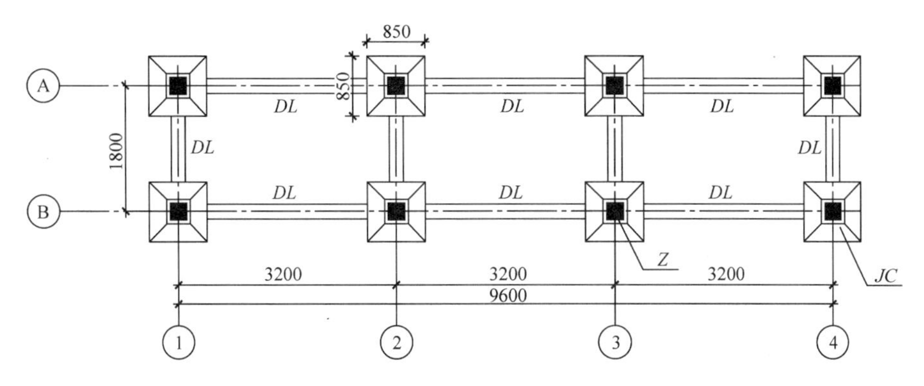

图 2-3-34　园桥基础布置平面图

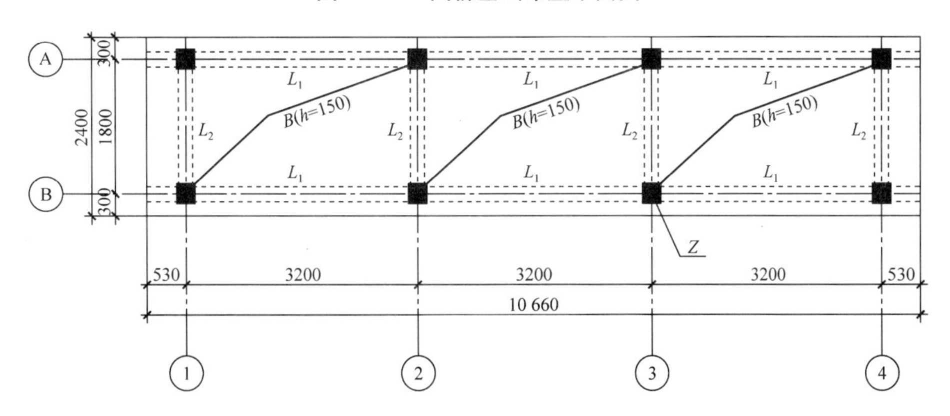

图 2-3-35　园桥梁柱布置平面图

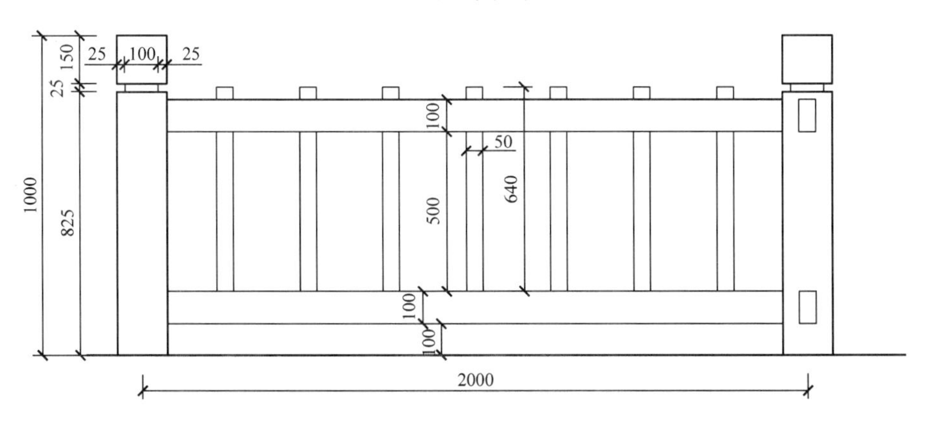

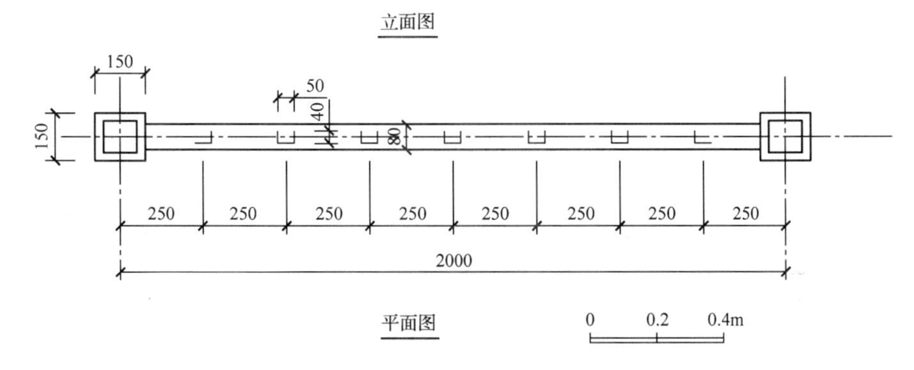

图 2-3-36　园桥栏杆大样图

3.2.2 园桥设计图的绘制原理

园桥平、立面图及环境图主要用正投影的方法进行绘制，用来表示园桥的平面、立面形状及其周围环境(道路、水体、植物等布置)情况。

园桥剖(断)面图是假设用铅垂剖切平面沿着园桥的中心线进行剖切后将所得的剖(断)面图展开而形成的，用来表示园桥的结构形式和施工做法。

局部设计详图是园桥某一节点的大样图，详细表达节点设计尺寸与施工做法。

任务实施

1. 绘制工具

绘制工具包括 A2 幅面的图板、丁字尺、三角板、建筑模板、曲线板和多用圆规等，A2 或 A3 幅面的绘图纸或打印纸。

2. 绘制方法

(1)绘制平、立面图

①绘图选用的比例一般为 1∶200～1∶50。

②绘制园桥平面形状、立面造型。

③标注园桥及各部件的尺寸，注写必要的文字注释，在立面图中应绘制常水位与园桥及园路的高程关系。

④注写必要的文字说明。

(2)绘制剖(断)面图

剖(断)面图标注园桥纵、横断面的尺寸，表达园桥结构及表层、基础的施工做法等。

①绘图选用的比例一般为 1∶50～1∶20。

②绘制园桥剖(断)面形状。

③按剖(断)面图的绘制要求，加深有关轮廓线。

④在图中标注园桥及各部件的尺寸，注写必要的文字注释。

⑤注写必要的文字说明。

(3)绘制详图

利用详图对园桥栏杆、柱、基础等结构部件的详细构造和尺寸进行表达，绘图比例一般为 1∶50～1∶10。

(4)写做法说明

做法说明主要是对施工方法和要求的说明，如园桥与水岸结合部的做法，对建造材质、桥体所在河床的工程地质情况等的说明。

3. 园桥设计图识读技巧

以图 2-3-30 至图 2-3-36 为例，园桥设计图的识读主要包括以下内容：

(1)看标题栏及说明

从标题栏及说明中了解工程名称、材料和技术要求，本例为某公园园桥的工程施工图。

（2）看平（立）面图、环境图

从平（立）面图、环境图中了解比例、方位，明确园桥在平面图中的位置、平面形状和体量及其周围地形等。由图2-3-30～图2-3-32可看出，该桥为一平桥，跨度10 700，宽2400，采用钢筋混凝土板梁柱式，柱间距3200。桥面选用防腐红松木板，桥面距园路铺装地面360。采用木栏杆作为防护设备，栏杆柱高1000，柱间距2000。

（3）看剖（断）面图

根据剖（断）面图了解园桥的结构。图2-3-33是该桥的两个纵向剖面图。1－1剖面图表达了园桥与铺装路面结合部台阶的结构及做法，从图中可知，由园路到桥面设置了3级台阶，台阶宽350，高120。桥立柱到水池壁的间距为550；2－2剖面图表达了园桥桥面的结构，从图中可知，桥立柱间距为1800，横梁采用钢筋混凝土结构，长2400。具体材料和做法也可从剖面图中得到。

（4）看详图（或大样图）

详图（或大样图）详细地表现了园桥的某一部分或节点的尺寸及做法。

图2-3-34为园桥基础布置平面图，从平面图中可知，图中设置了8个基础，基础为850×850，横向间距3200，纵向间距1800，为增强水平面刚度，沿基础轴线设置了地梁。

图2-3-35为园桥梁柱布置平面图，从平面图中可知，梁L_1长10 660，梁L_2长1800；桥立柱横向间距3200，纵向间距1800；梁上置钢筋混凝土板厚150。

图2-3-36为园桥栏杆大样图，图中标出了木栏杆的详细尺寸，具体做法见栏杆平、立面图所示。

知识拓展

小型拱桥设计图绘制

有水有路必有桥，园桥的造型丰富多彩，造型还应充分考虑其功能和环境。大水面可采用多孔长桥，小水面宜用贴近水面的平桥、曲桥，便于游船通行的拱桥，还有用于控制水位高度的闸桥等。以下主要介绍拱桥工程图。

园林中常见的拱桥有：钢筋混凝土拱桥、石拱桥、双曲拱桥等，其中石拱桥是一种非常坚固而耐久的桥梁结构，具有刚性好、造型美观的优点。同时石拱桥可节省大量的水泥、钢筋，又便于就地取材，而且建筑工艺比较简单，养护费用低，经常成为园林景观中优先考虑的桥型结构。

1. 石拱桥的一般构造

石拱桥可以修筑成单孔或多孔。图2-3-37为单孔石拱桥的一般构造图。

单孔拱桥主要由拱圈、拱上构造和两个桥台组成。拱圈是拱桥主要的承重结构。拱圈的跨中截面称为拱顶，拱圈与桥台（墩）连接处称为拱脚或起拱面。拱圈各幅向截面的形心连线称为拱轴线。当跨径小于20m时，常采用圆弧线。当跨径大于或等于20m时，则采用悬链线形。拱圈的上曲面称为拱背，下曲面称为拱腹。起拱面与拱腹的交线称为起拱线。在同一拱圈中，两起拱线间的水平距离称为拱圈的净跨径（L_0），拱顶下缘至两起拱线连线的垂直距离称为拱圈的净矢高（f_0），净矢高与净跨径之比（f_0/L_0）称为矢

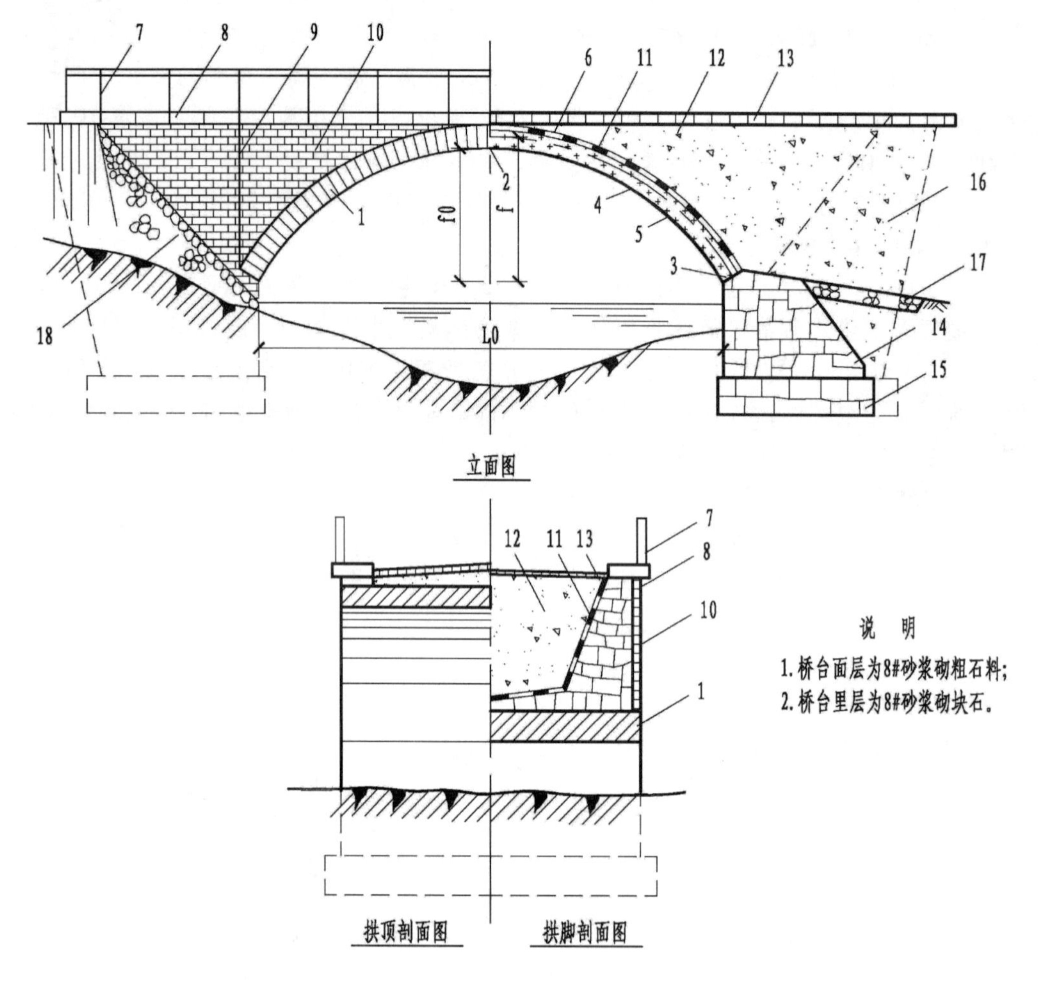

图 2-3-37　石拱桥一般构造

1. 拱圈　2. 拱顶　3. 拱脚　4. 拱轴线　5. 拱腹　6. 拱背　7. 栏杆　8. 檐石　9. 伸缩缝　10. 具有镶面的侧墙　11. 防水层　12. 拱腹填料　13. 桥面铺装　14. 桥台台身　15. 桥台基础　16. 桥台翼墙　17. 盲沟　18. 护坡

跨比（又称拱矢度），是影响拱圈形状的重要参数。

拱圈以上的构造称为拱上构造，由侧墙、护拱、拱腔填料、排水设施、桥面、檐石、人行道、栏杆、伸缩缝等结构组成。当跨径较大（一般在20m以上）时可做成空心腹式的拱上构造。这种拱上构造的主要特点是设有横向或纵向小拱。横向小拱不但施工方便，而且还增添了桥形的美观。

在桥梁上设置排水系统的目的是迅速地将落在桥面上的雨水排走，排水系统包括桥面纵横坡、排水边沟、防水层及泄水管、盲沟等。防水层铺设在侧墙内侧和拱圈及护拱的背面，目的是防止桥面渗水侵蚀拱圈，影响拱桥寿命。防水层的材料，可用2～3层油毛毡及沥青交替铺设，要求不高时可用15cm厚的石灰三合土或胶泥黏土代替。泄水管包括桥面泄水管和拱腔泄水管。在桥长大于40m时，必须在檐石下设桥面泄水管。对于两孔以上或单孔跨径大于20m的拱桥，其拱腔内应埋置泄水管，使渗水沿防水层汇流而排出桥外。至于桥头的渗水，则沿纵横两向盲沟排出路堤之外。

在动载作用及温度变化时，拱圈将发生挠度，拱上构造也随之变形，侧墙或拱腹与墩台连接处将产生裂缝。为了防止这种不利

的开裂，一般在跨径大于15m或桥长大于40m时，应设置2～3cm的伸缩缝。实腹式拱桥通常设在两拱脚上方，空腹式拱桥设在第一小拱的拱脚及拱顶处。在设置伸缩缝的地方，檐石、人行道、栏杆及刚性路面等都要相应地断开，否则就失去了伸缩缝的作用。

桥台和桥墩同是拱桥的下部结构，其中，桥台一方面支承拱圈和拱上构造，将上部结构的荷重传至地基，另一方面还承受桥头路堤填土的水平推力。拱桥的桥台以U形为多见，如图2-3-38所示。为保护桥台和桥头路基免受水流冲刷，在桥台两侧还设置锥形护坡。桥墩是修筑于河道中间支承拱圈和上部建筑的结构。常见重力式桥墩由基础、墩身和墩帽组成。

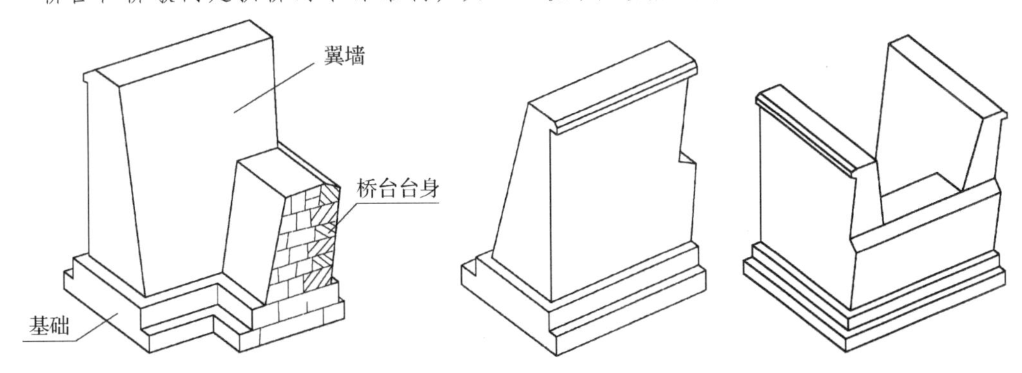

图2-3-38　U形桥立体图

2. 拱桥工程图的表示方法

(1)总体布置图

图2-3-39为一座单孔实腹式钢筋混凝土和块石结构的拱桥总体布置图(平、立面图)。立面图采用半剖，表达拱桥的外形、内部构造、材料要求和主要尺寸。立面图的主要尺寸有：净跨径5000、净矢高1700、拱圈半径*R* 2700、桥顶标高、地面标高和基底标高、设计水位等。平面图一半表达外形，一半采用分层局部剖面图表达桥面各层构造。平面图还表达了栏杆的布置和檐石的表面装修要求。平面图的主要尺寸有：桥面宽3300、桥身宽4000、基底宽4500、侧墙基和栏板的宽相等。

(2)构件详图

如图2-3-40所示，拱桥构件详图表达桥台各部分的详细构造和尺寸、台帽配筋情况。横断面图表达拱圈、拱上结构的详细构造和尺寸，拱圈和檐石望柱的配筋情况。在拱桥工程图中，栏杆望柱、抱鼓石、桥心石等都应画大样图表达它们的样式。

(3)工程说明

用文字注写桥位所在河床的工程地质情况，也可绘制地质断面图。还应注写设计标高、矢跨比、限载吨位以及各部分的用料要求和施工要求等。

巩固训练

对照教师示范讲解和操作方法与技巧，按照习题集或老师提供的园桥整套设计图，用A2幅面的图纸抄绘某绿地园桥设计图。

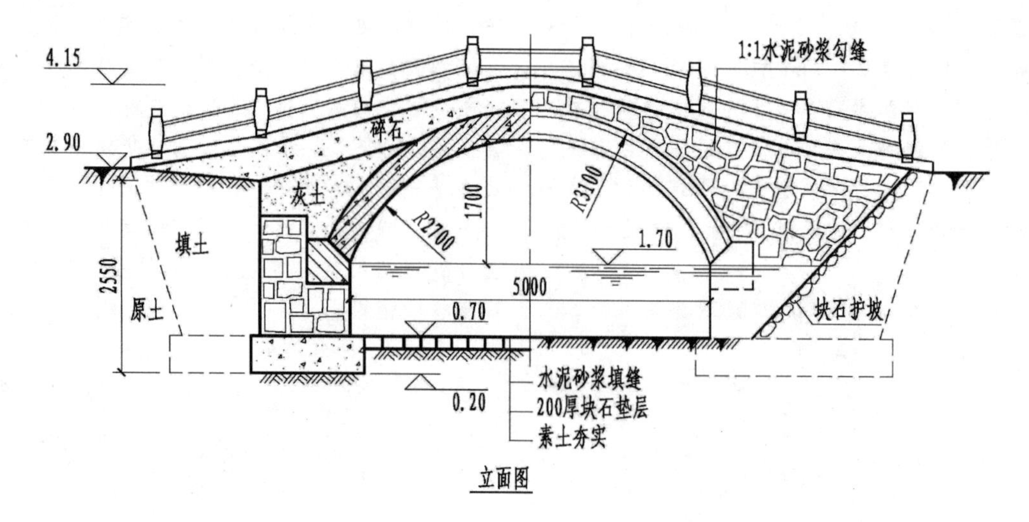

立面图

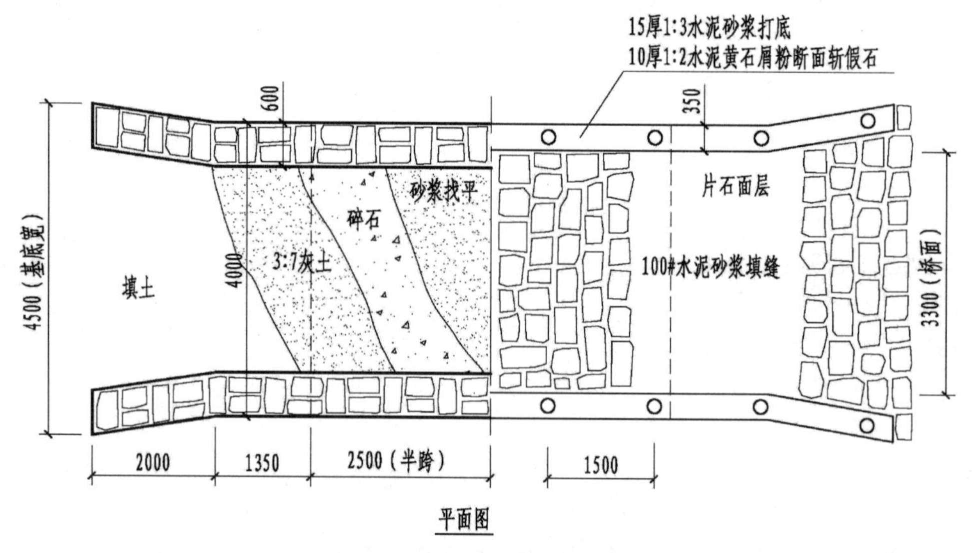

平面图

说　明

1. 桥座：100#水泥砂浆砌石，150#混凝土找平100厚，贴石片。
2. 桥拱：300#钢筋混凝土台帽与拱圈同时浇制。
3. 侧墙：100#水泥砂浆砌块石墙，外贴片石勾缝。
4. 桥面：碎石上用50#水泥砂浆找平厚100，贴片石。
5. 栏杆：用φ6作主筋与下面钢筋扎牢，用模板浇制。
6. 其他：桥身黄色基调，栏杆白色，限载5t 。

图 2-3-39　拱桥平、立面图

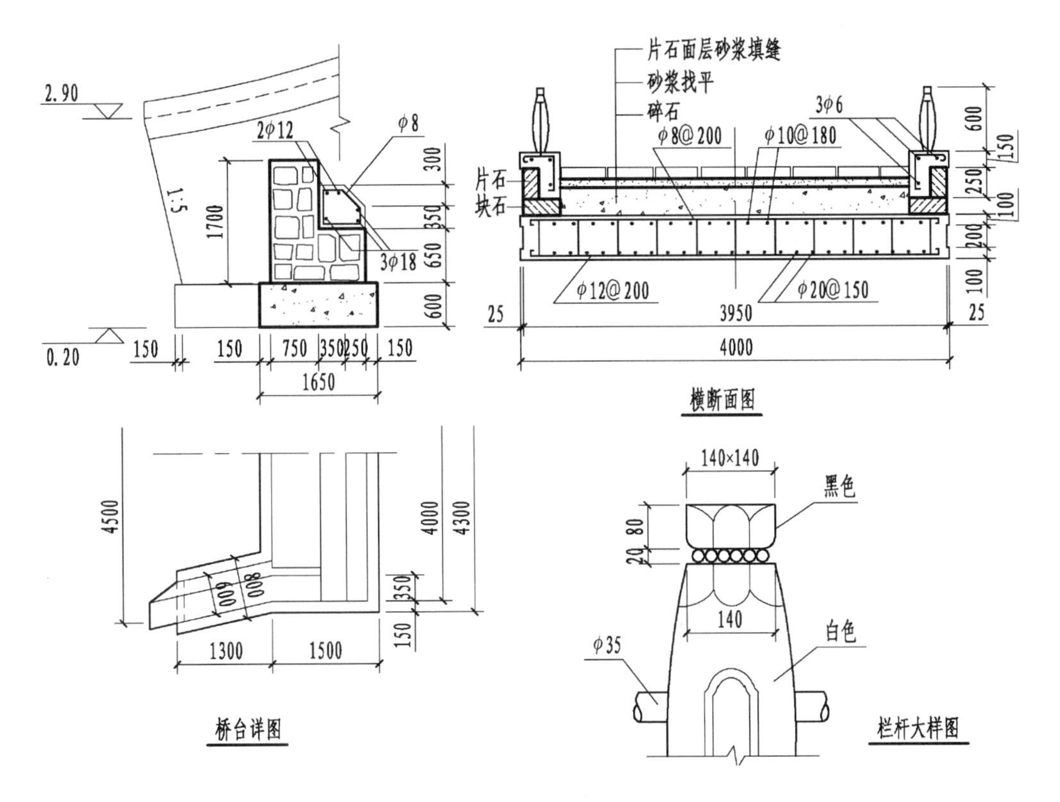

图 2-3-40　拱桥构件详图

自测题

1. 不同造型形式的园桥，其桥体的结构形式有什么区别?
2. 如何运用所学知识，采用不同的表现技法绘制园桥的设计图?

项目 4
园林建筑设计图的绘制与识读

了解景观建筑的主要类型；理解景观建筑平、立面图和剖(断)图的形成原理；掌握景观建筑平、立面图和剖(断)面图的绘制方法；会识读景观建筑和建筑小品施工图。

任务 4.1 绘制与识读园林建筑平、立面图

学习目标

【知识目标】

(1)了解景观建筑的基本类型。

(2)理解景观建筑平、立面图的制图原理。

(3)掌握景观建筑平、立面图的图示方法和绘制步骤。

【技能目标】

(1)能识读景观建筑平面图和立面图。

(2)能绘制景观建筑平面图和立面图。

(3)能绘制和识读景观建筑小品平、立面图。

知识准备

4.1.1 景观建筑平、立面设计图基本知识

4.1.1.1 景观建筑主要类型

景观是人类在长期的生存过程中，围绕人的工作、学习、生活，对空间景象的艺术化创造。它是人类在漫长的历史中将物质实体与精神内涵完美结合的产物。

景观建筑是指在空间环境中具有造景功能，同时又能供人浏览、观赏、休息的各类建筑物。一般指亭、榭、廊、花架、园林大门、桥、平台、假山、水景等。在景观设计中还会涉及景观建筑小品，如园灯、园椅、展牌、景墙、导游牌、标志物及果皮箱、路

标、栏杆等。

(1)亭

亭，特指一种有顶无墙的小型建筑物，是游人停留休息的场所。《园冶》中记载：“亭者，停也。所以停憩游行也。”因此，亭有停止的意思，应满足游人休息、游览、观景、纳凉、避雨、极目远眺之需(图 2-4-1、图 2-4-2)。

图 2-4-1　拙政园荷风四面亭

图 2-4-2　欧式亭

在现代园林中，亭一般是指供游人避风雨、遮阳光、休憩、游览、赏景的小而集中的建筑形式。无论是在传统的古典园林，还是新建的公园、风景游览区，人们都可以看到千姿百态、绚丽多彩的亭，它与园中的其他建筑、山水、植物相结合，装点着园景。亭的形象已成为我国园林的象征。

亭从平面形式来看，可分为独立式亭(正多边形亭、长方形和近长方形亭、圆亭和近圆亭)和组合式亭等；从立体构形来说，又可分为单檐、重檐和三重檐等类型(图 2-4-3、图 2-4-4)。

(2)榭

榭多借周围景色构成，一般都是在水边筑平台，平台周围有矮栏杆，屋顶通常用卷棚歇山式，檐角低平，显得十分简洁大方。榭的功用以观赏为主，又可作休息的场所。

(3)廊

廊在园林中的应用也很广泛，它是建筑与建筑之间的连接通道，以“间”为单元组合而成，又能结合环境布置平面。

廊在园林中的主要功能包括联系建筑、组织空间、组廊成景、展览作用。

廊可分为以下几类：

①根据廊的剖面形式分为空廊、暖廊、复廊、柱廊、双层廊等。

②根据廊的立面造型分为平地廊、爬山廊、叠落廊等(图 2-4-5)。

③根据廊的位置分为桥廊、水走廊等(图 2-4-6)。

④根据廊的平面形式分为直廊、曲廊、回廊等。

(4)花架

花架是指用各种材料构成一定形状的格架，供攀缘植物攀附的园林设施，又称棚架、绿廊。

花架可应用于各种类型的园林绿地中，常设置在风景优美的地方供休息和点景，也可以和亭、廊、水榭等结合，组成外形美观的园林建筑群；在居住区绿地、儿童游戏场中花架可供休息、遮阴、纳凉；用花架代替廊子，可以联系空间；用格子垣攀缘藤本植物，可分隔景物；园林中的茶室、冷饮部、餐厅等，也可以用花架做凉棚，设置坐席；还可用花架做园林的大门。

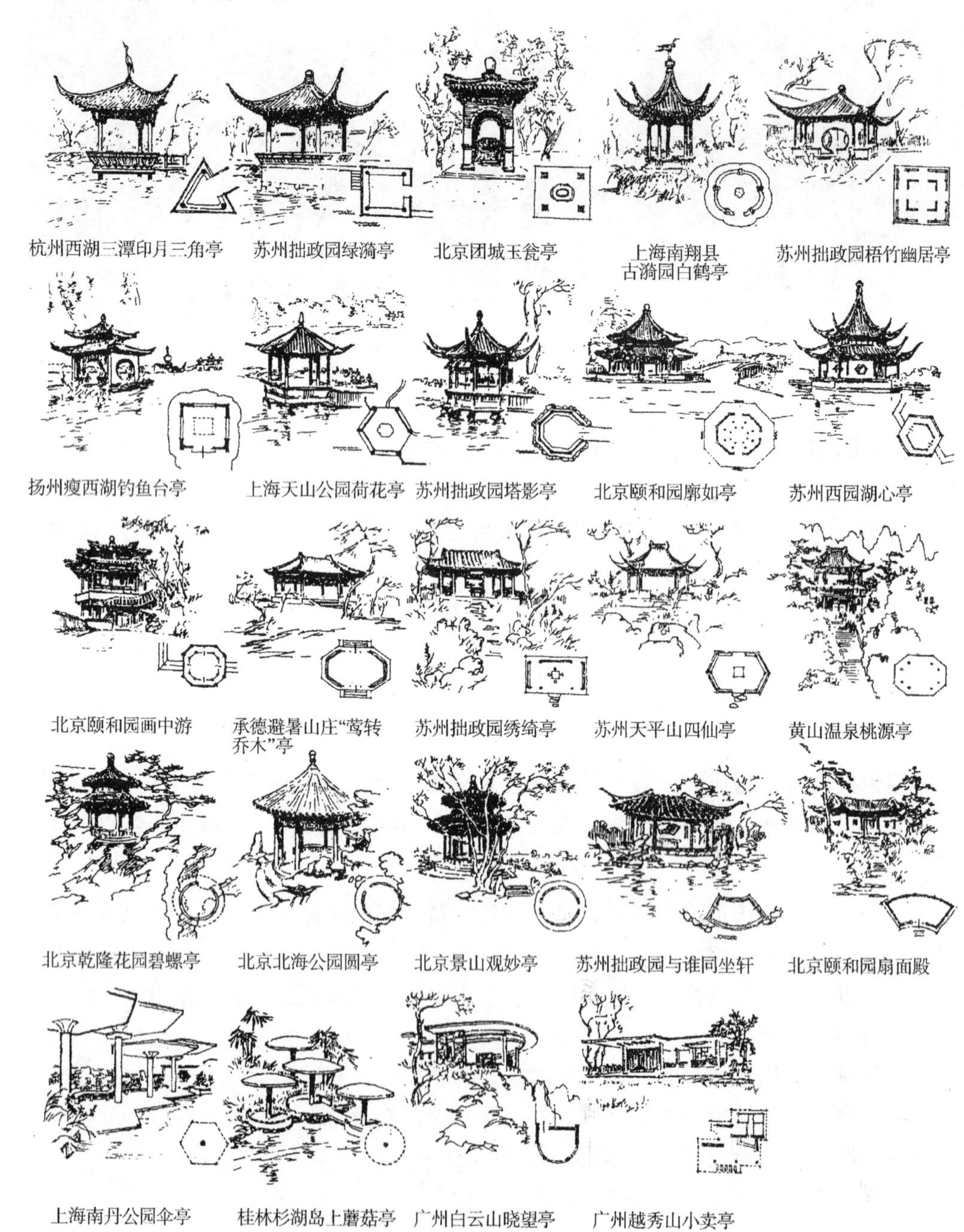

图2-4-3 以平面形式划分的独立式亭

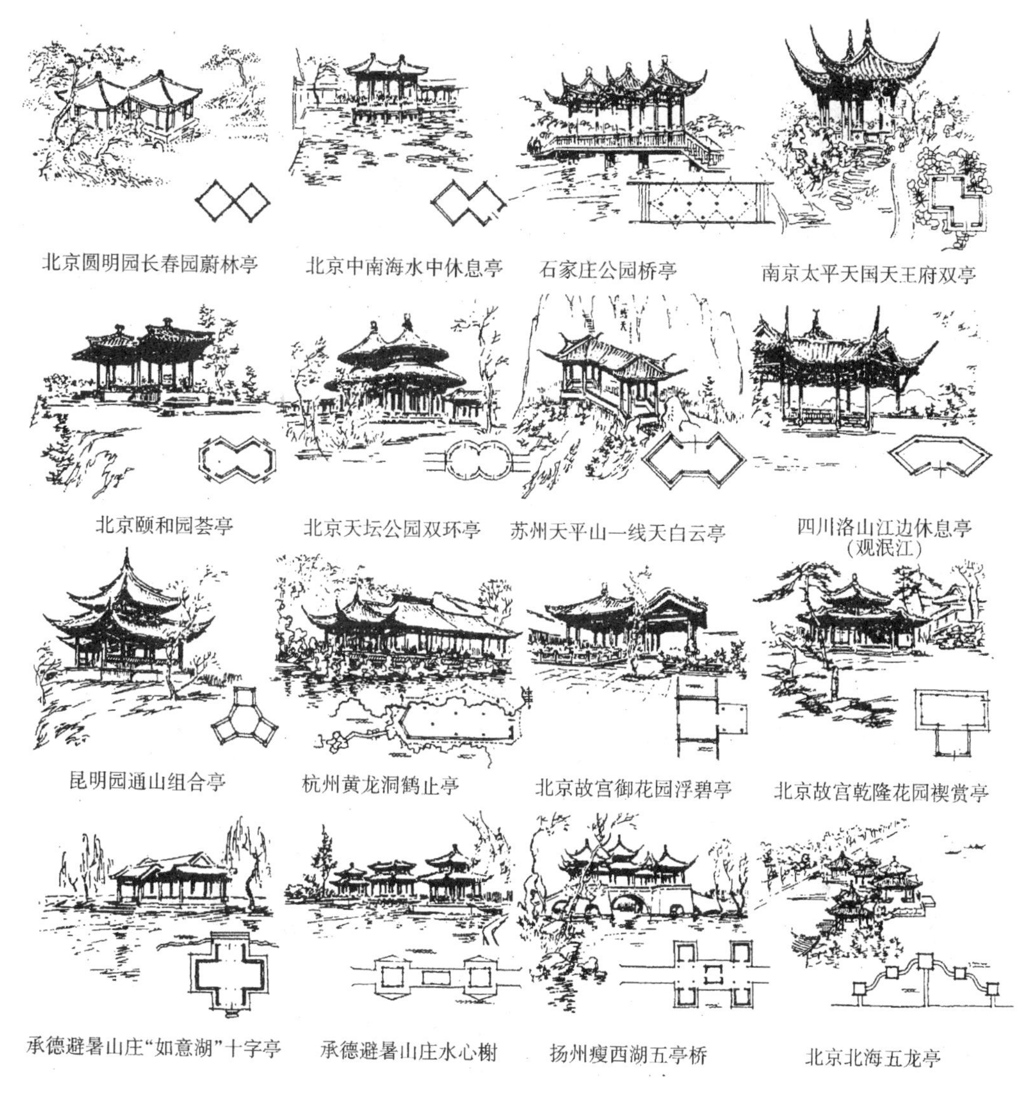

图 2-4-4　以平面形式划分的组合式亭

图 2-4-5　爬山廊

图 2-4-6　水走廊

图 2-4-7　廊式花架

图 2-4-8　单片式花架

图 2-4-9　独立式花架

图 2-4-10　黄花岗烈士陵园大门

花架根据形式可分为以下几种：

①廊式花架　最常见的形式，片版支承于左右梁柱上，游人可入内休息(图 2-4-7)。

②单片式花架　片版嵌固于单向梁柱上，两边或一面悬挑，形体轻盈活泼(图 2-4-8)。

③独立式花架　以各种材料作空格，构成墙垣、花瓶、伞亭等形状，用藤本植物缠绕成型，供观赏用(图 2-4-9)。

(5)园林大门

园林大门是一个新天地的入口，是空间转换的过渡地带，是联系园内外的枢纽，是园内景观和空间序列的起始，能够反映公园的特色。

园林大门按照公园的性质可分纪念性园林大门(图 2-4-10)、游览性园林大门(图 2-4-11)、专业性园林大门 3 类；按照使用功能可分为主要大门、次要大门和专用大门 3 种；按照园林风格可分为规则式园林大门、自然式园林大门、混合式园林大门 3 种。

(6)桥

桥是指架在水上或空中便于通行的建筑物。

园林中的桥，可以联系水陆交通，组织游览线路，变换观赏视线，点缀水景，增加水面层次，兼有交通和艺术欣赏的双重作用。园桥在造园艺术上的价值，往往超过交通功能。

园桥有平桥、拱桥、亭桥、廊桥和汀步等(图 2-4-12 至图 2-4-14)形式，它既是建筑，也是一种特殊的路，这部分内容在项目 3 中已详细介绍。

图 2-4-11 花港观鱼公园大门

图 2-4-12 廊 桥

图 2-4-13 汀 步

图 2-4-14 拱 桥

图 2-4-15 观景平台

图 2-4-16 公园湖心大型景观平台

图 2-4-17 木质亲水平台

图 2-4-18 滨水平台

(7)景观平台

在园林景区规划中景观平台的主要功能是观赏。景观平台又分天然景观平台和人造景观平台(图 2-4-15 至图 2-4-18)。

不过现在都是人造居多，一般出现在一些高档小区或者是风景名胜区。

(8)建筑小品

建筑小品是围绕主体性建筑而修建的、供人们休息和观赏的小型艺术或附属建筑物。

建筑小品是既有功能要求，又具有点缀、装饰和美化作用，从属于某一建筑空间环境的小体量建筑、游憩观赏设施和指示性标志物等的统称。如景墙(图 2-4-19)、栏杆(图 2-4-20)、园灯(图 2-4-21)、园凳(图 2-4-22)、展牌、导游牌、标志物及果皮箱、路标等。

图 2-4-19　景　墙

图 2-4-20　汉白玉栏杆

图 2-4-21　园　灯

图 2-4-22　园　凳

4.1.1.2　景观建筑平、立面图示例(图2-4-23至图2-4-30)

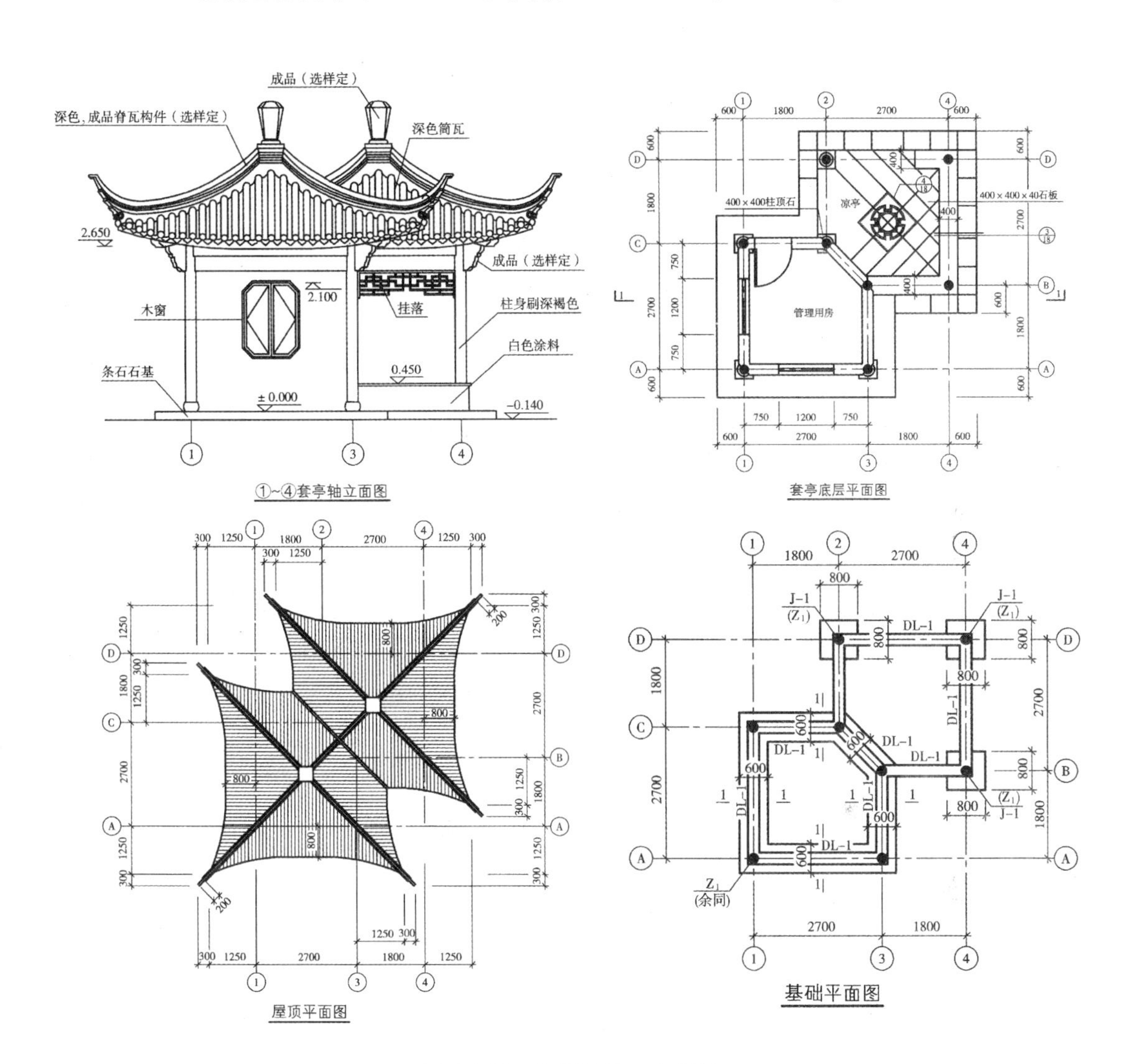

图2-4-23　套亭的平、立面图

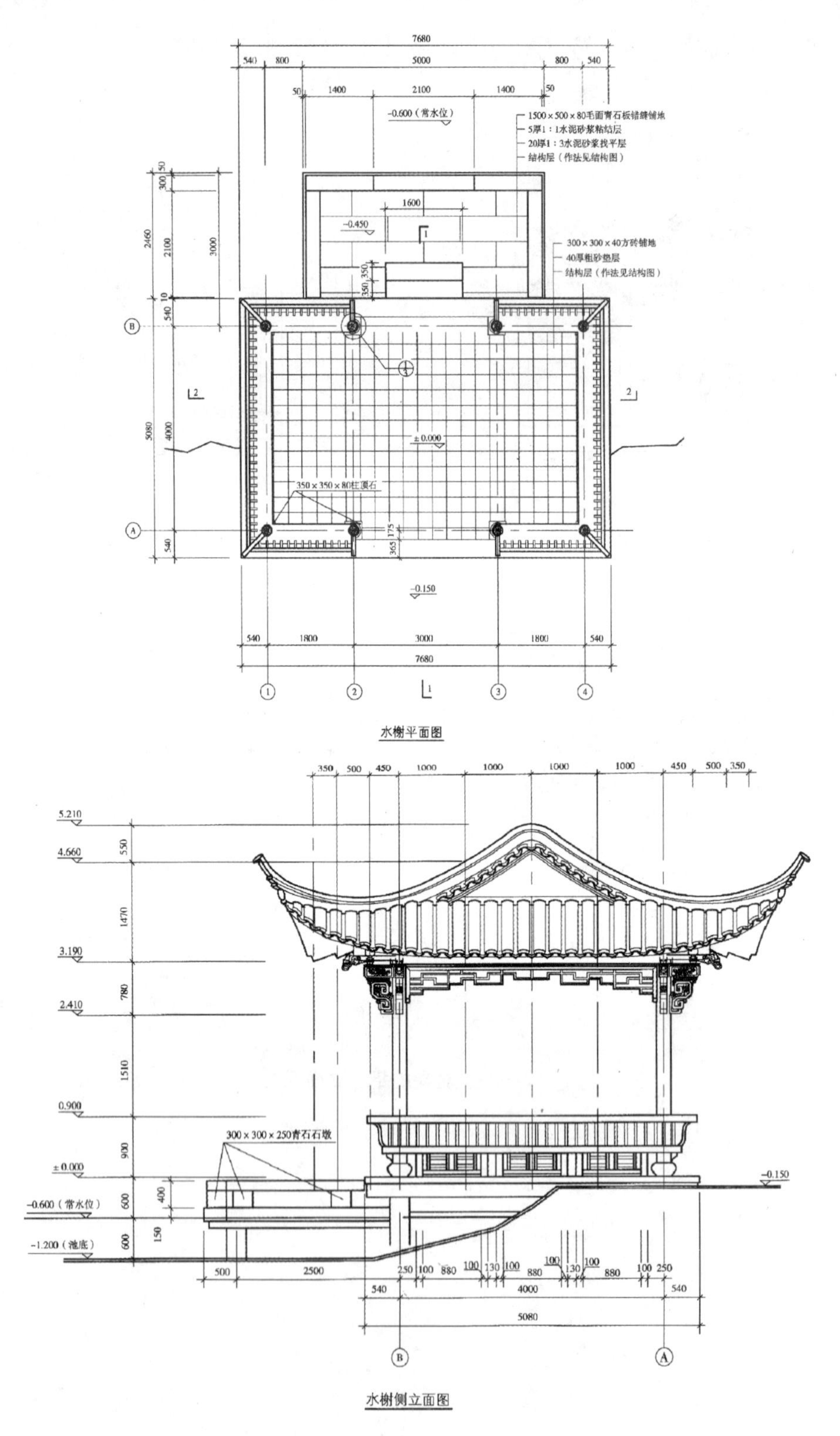

图 2-4-24 水榭的平、立面图

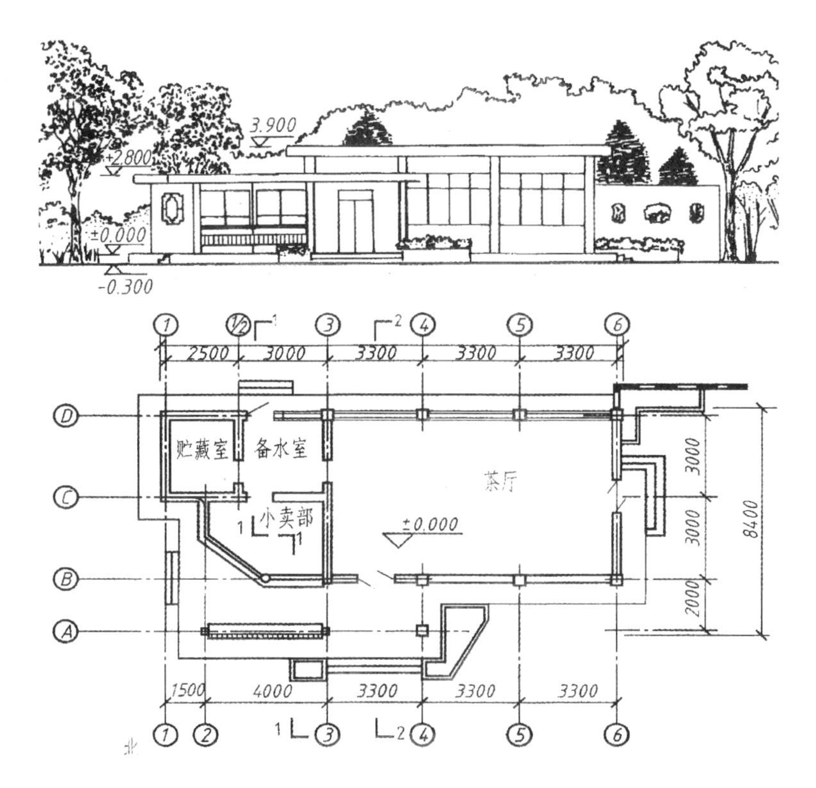

图 2-4-25　茶室的平、立面图

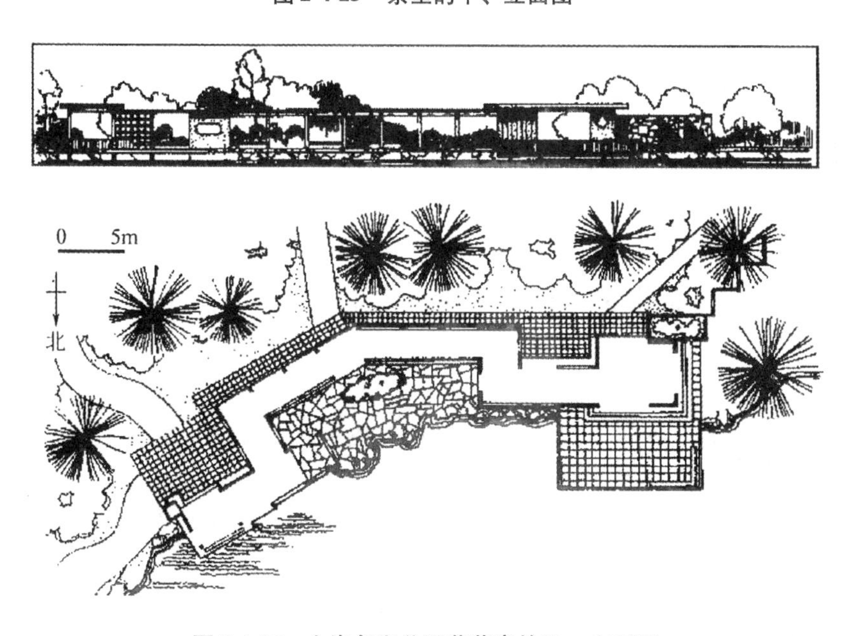

图 2-4-26　上海复兴公园荷花廊的平、立面图

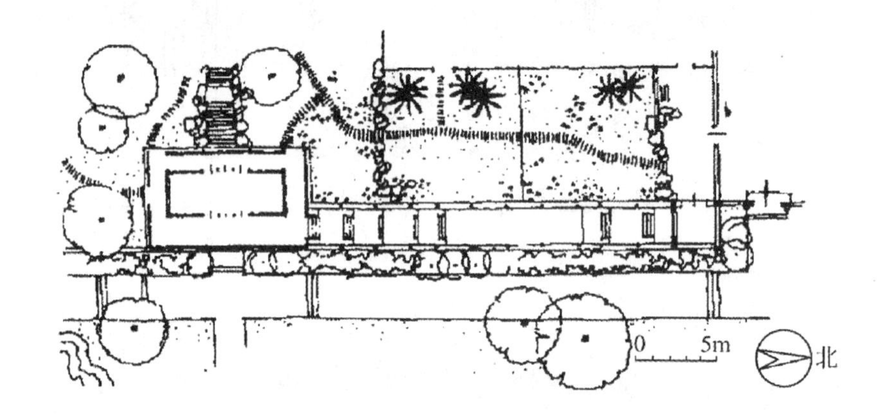

图 2-4-27　某爬山游廊的平、立面图

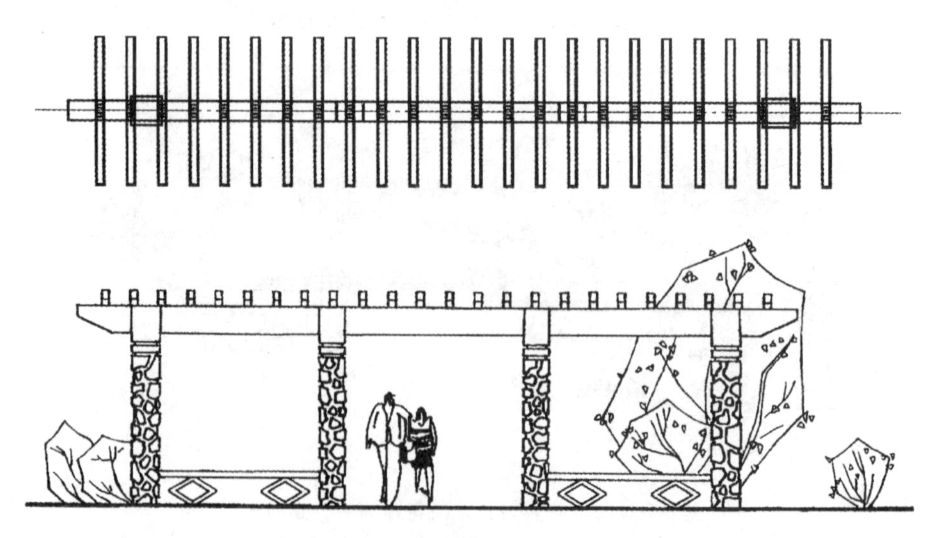

图 2-4-28　花架的平、立面图

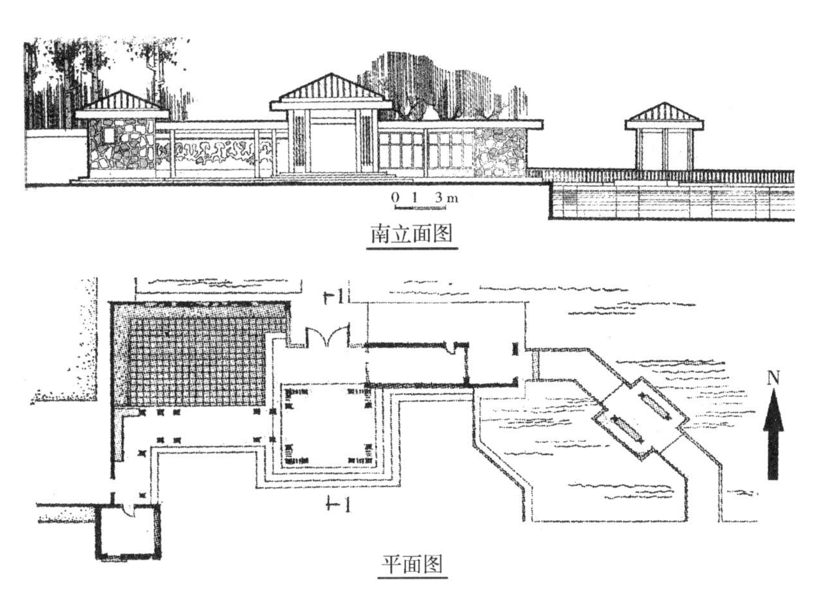

图 2-4-29　北京雕塑公园大门平、立面图

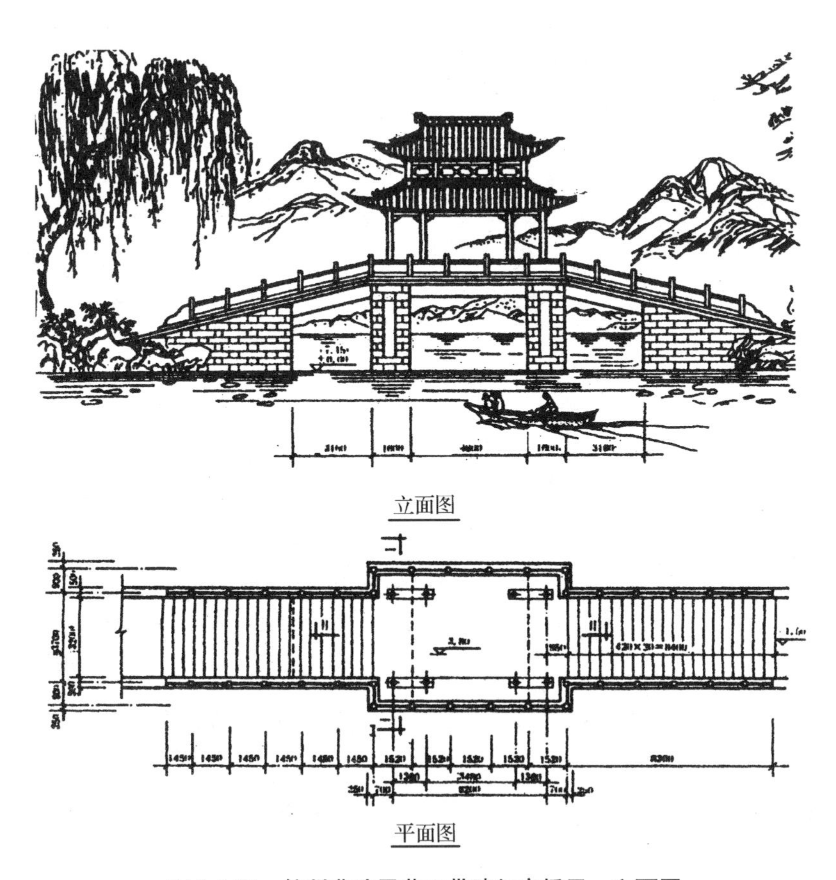

图 2-4-30　杭州曲院风荷玉带晴虹亭桥平、立面图

4.1.2 景观建筑平、立面图绘制原理

4.1.2.1 景观建筑平、立面设计图形成原理

1）建筑平面图

(1)平面图(水平剖面图)

将建筑物向3个投影面作正投影，水平投影产生的视图为屋顶平面图，正面和侧面投影所得的视图为立面图。一般情况下，除坡屋顶和亭榭等建筑物以外，其他建筑物屋顶都非常简单，屋顶平面图不能充分表达建筑物水平方向的特征。在实际工作中，建筑平面图采用房屋的水平剖视图，也就是用一个假想的水平剖面在窗台上方把整个建筑剖开，移去剖切平面上方的部分，将剩余部分向水平投影面作投影，水平投影就是所求建筑物的水平剖面图，简称平面图(图2-4-31)。

建筑平面图主要表示建筑物的平面形状、水平方向各部分布置情况和组合关系。也就是在平面图中可看到各房间的大小和水平方向各部分的分隔及联系(如出入口、房间、走廊、楼梯等的布置关系)，以及各类构配件的尺寸等(图2-4-32)。

建筑平面图是建筑设计中最基本的图样之一，是进行后续设计和施工放线、砌墙、门窗安装、室内装修以及编制预算等的重要依据。

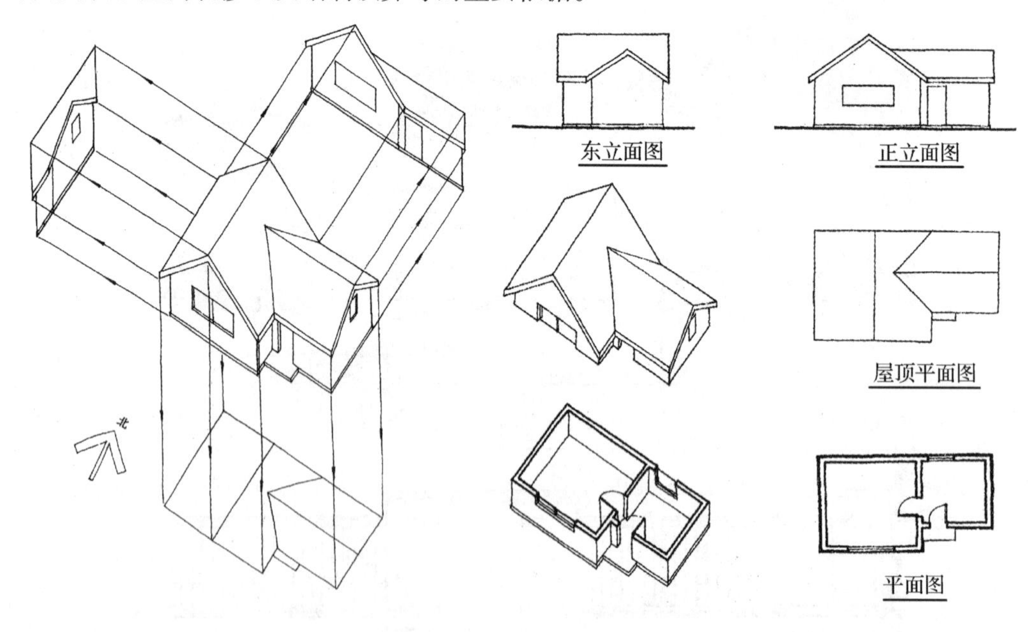

图2-4-31 建筑物三面投影示意图　　图2-4-32 建筑物平、立面图

(2)其他平面图

一般来说，多层房屋应该画出各层平面图。但当有些楼层的平面布置相同，或仅有局部不同时，则只需画一个共同的平面图，至于局部不同之处，可另绘局部平面图。

①楼层平面图　若有些建筑的各层平面布置变化较大，则应分别画出各层的平面图；若其中有些层次的平面布置基本相同，则可把基本相同的层次合画为一个平面图(常称为标准层平面图，图2-4-33)。

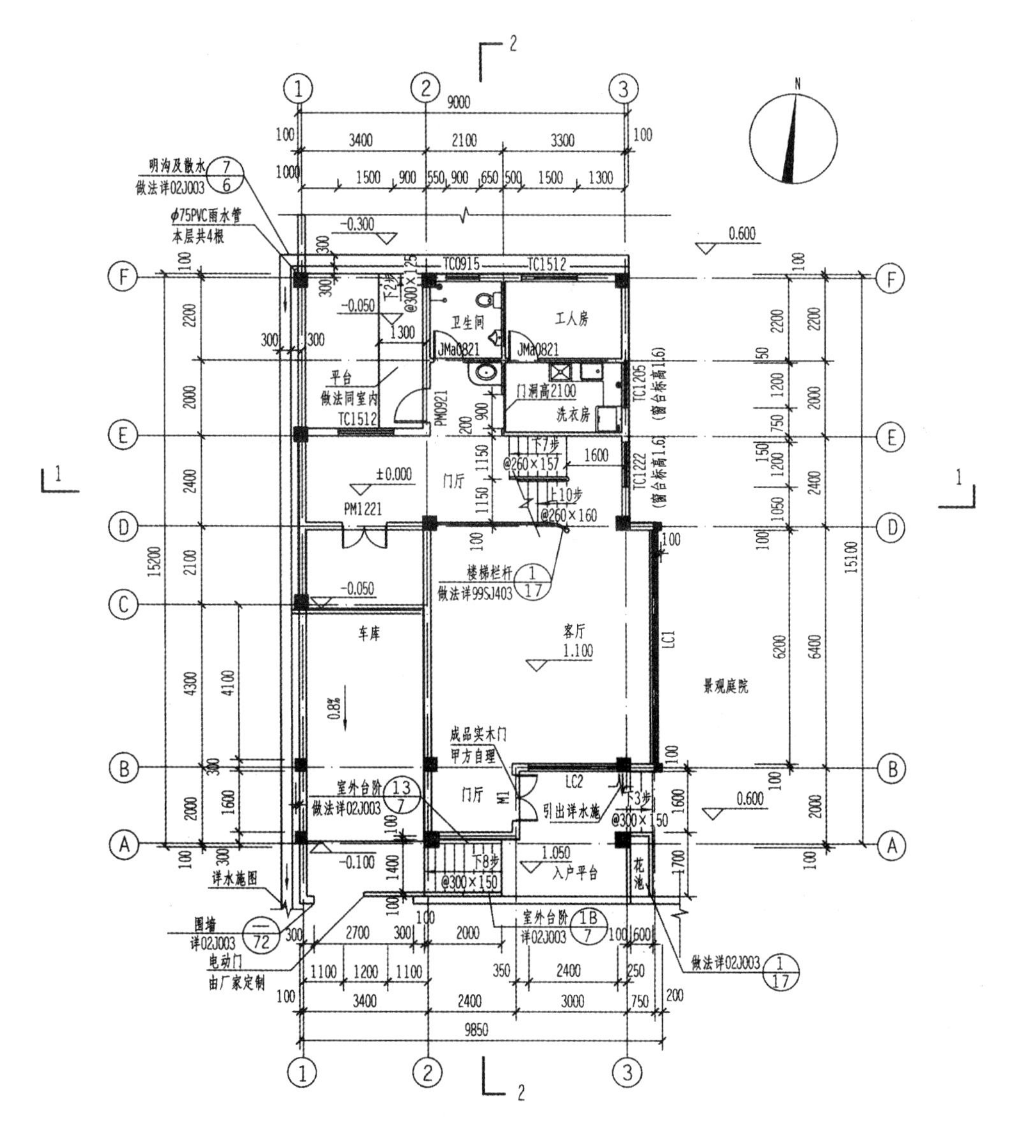

图 2-4-33　某别墅底层平面图(楼层平面图)

②局部平面图　当某些楼层平面的布置基本相同，仅有局部不同时(包括楼梯间及其他房间等的分隔以及某些结构构件的尺寸有变化时)，则某些不同部分就用局部平面图来表示；或者当某些局部位置由于比例较小而固定设施较多，或者内部组合比较复杂时，可以另画较大比例的局部平面图(图 2-4-34)。

③屋顶平面图　除了画出各层平面图和所需的局部平面图外，一般还画出屋顶平面图。由于屋顶平面图比较简单，可以用较小的比例(如 1∶200、1∶400)来绘制。在屋顶平面图中，一般标明屋顶形状、屋面排水方向(用半边箭头表明)、坡度或泛水、天沟或檐沟的位置、女儿墙和屋脊线、雨水管的位置、房屋的避雷带或避雷针的位置等。对于坡屋顶或亭、榭等园林建筑物，可绘制顶部形状，并详细画出瓦纹等特征(图 2-4-35 所示)。

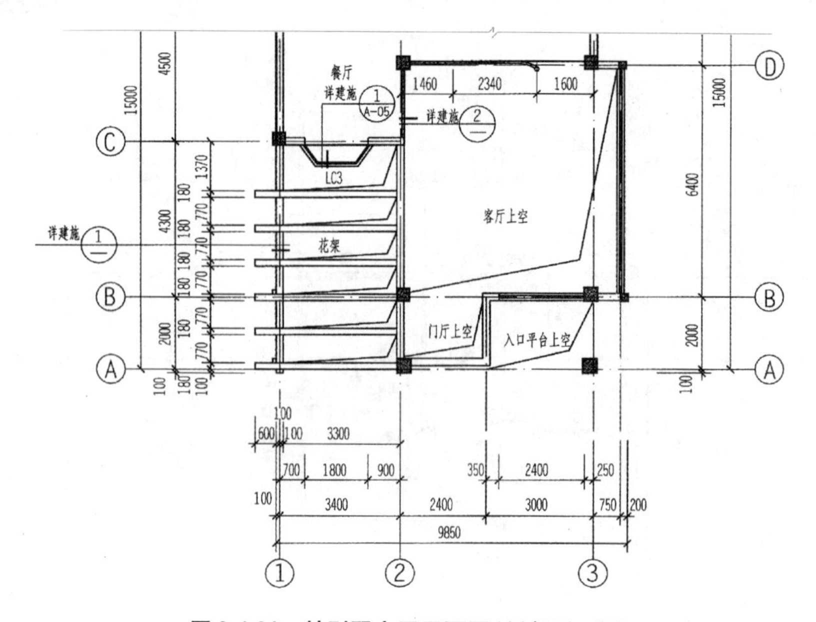

图 2-4-34　某别墅底层平面图(局部平面图)

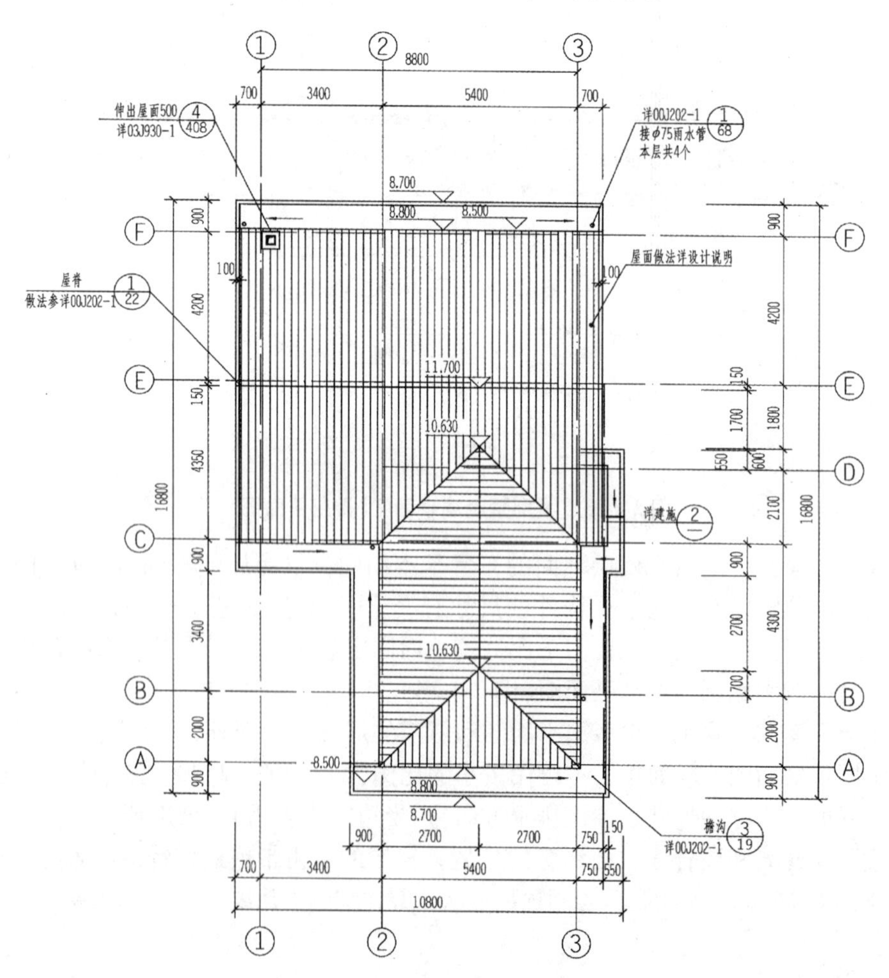

图 2-4-35　某别墅屋顶平面图

2）建筑立面图

建筑立面图是平行于建筑物各方向外墙面的正投影图，简称(某向)立面图。建筑立面图用来表示建筑物的体型和外貌，并表明外墙面装饰要求等。

立面图可按方位区分，称为南立面图(图 2-4-36)、北立面图(图 2-4-37)、东立面图和西立面图(图 2-4-38)。

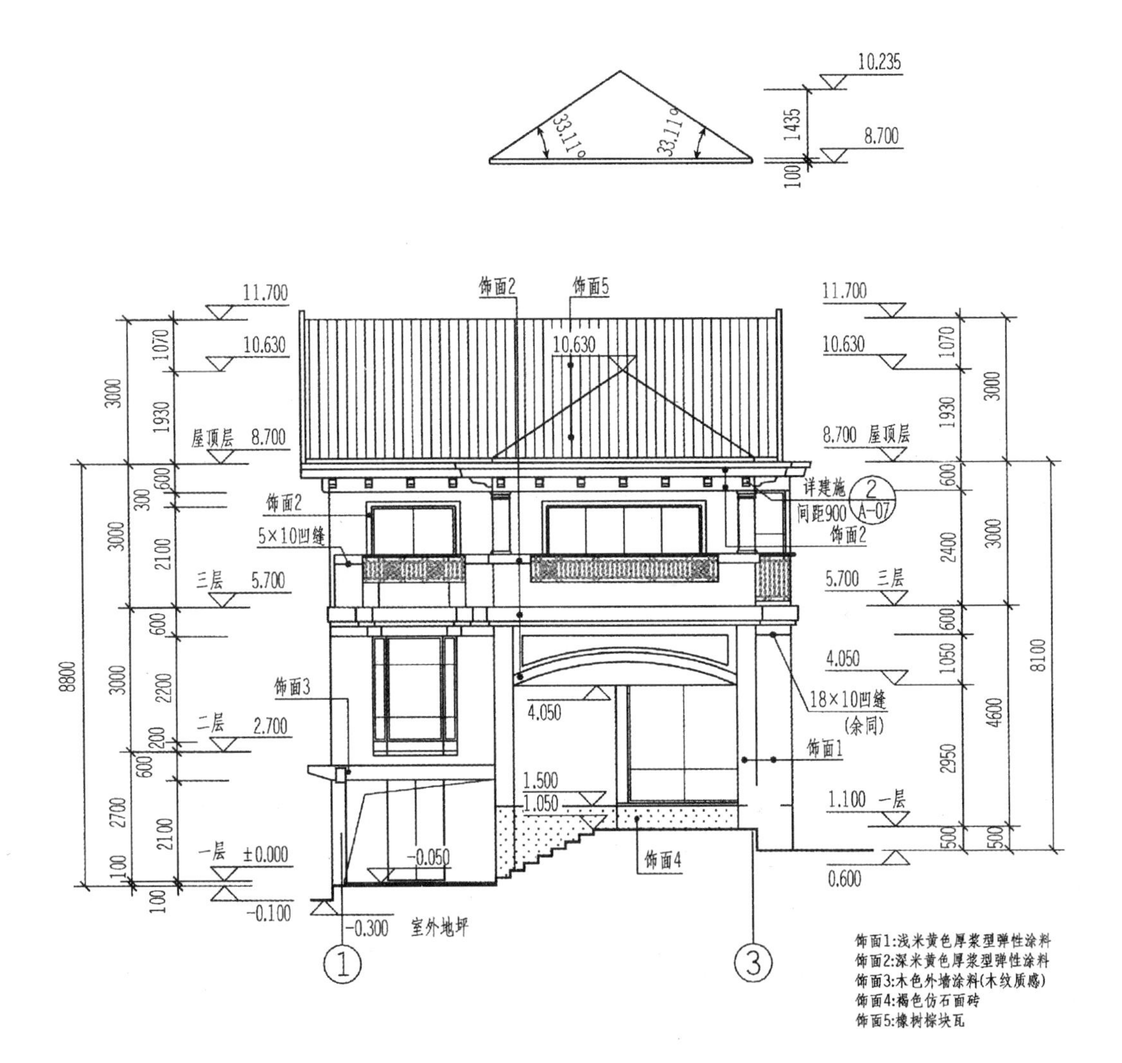

图 2-4-36　某别墅南立面图

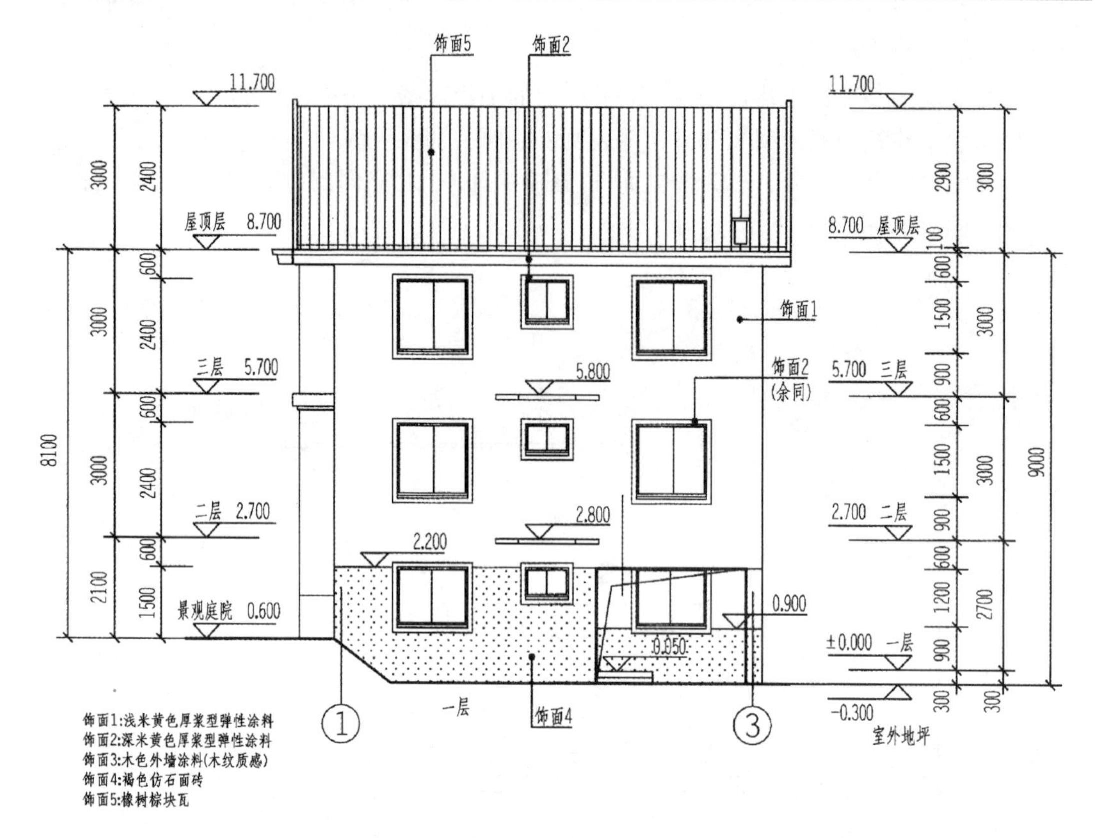

图 2-4-37　某别墅北立面图

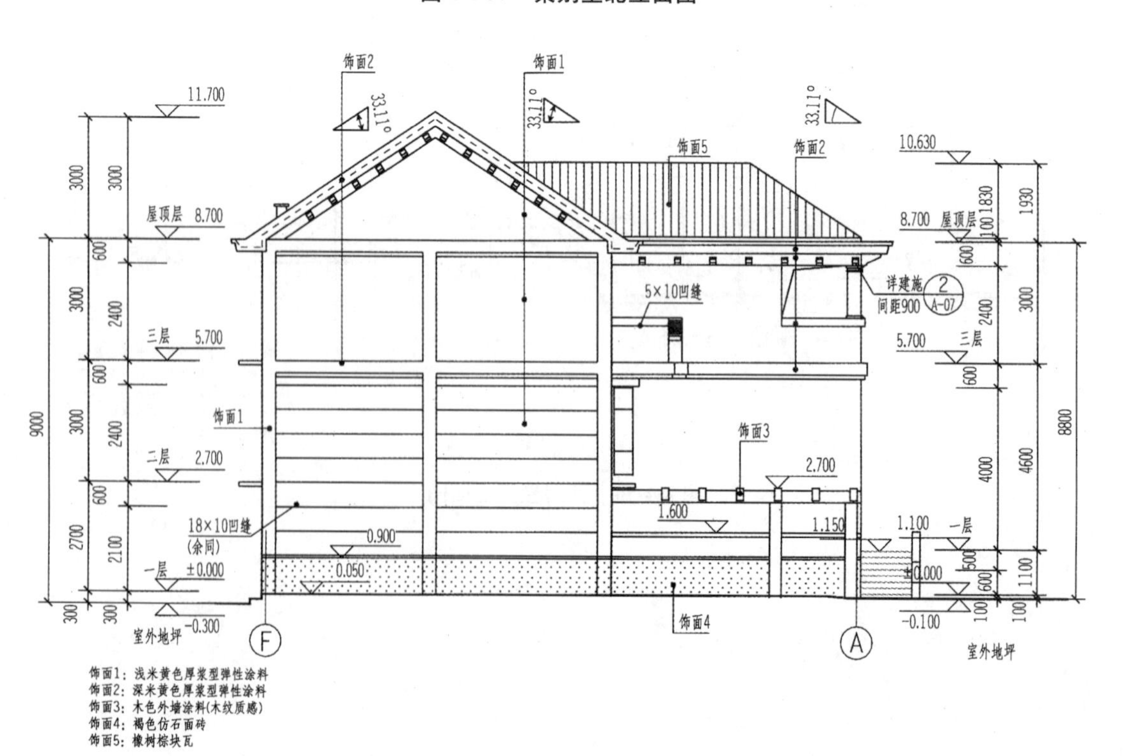

图 2-4-38　某别墅西立面图

4.1.2.2　两平面体相交

景观建筑物是由许多不同类型的几何形体通过某种方式组合而成的，形体在组合过程中，表面会产生许多交线，这些交线在建筑物平面图和立面图中都应该按要求详细地表示出来。

两平面体的相交又称两平面体相贯，其表面交线称为相贯线(图2-4-39)。两平面立体相贯，其相贯线为封闭的平面折线或空间折线。每一段折线都是两平面体某两棱面的交线，每一个转折点为一平面体的棱线与另一平面体某棱面的交点。因此，求两平面体的相贯线，实质上就是求直线与平面的交点或两平面交线的问题。

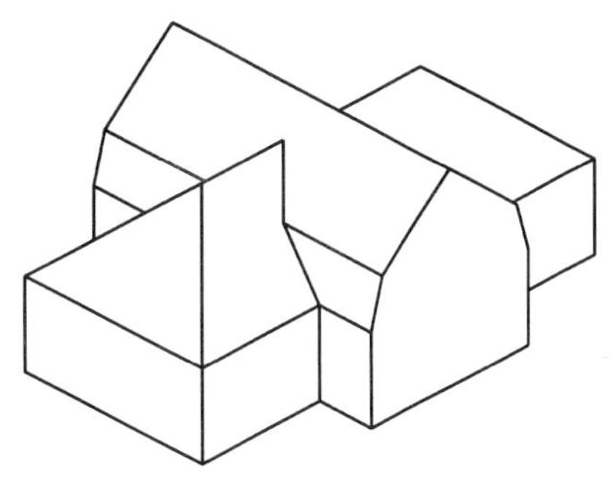

图2-4-39　两平面立体相交示意

(1)求相贯线的方法

①交点法　求出一平面体的棱线与另一平面体某棱面的交点。作图时，依次检查两平面体的各棱线与另一平面体的棱面是否相交，然后求出两平面体各棱线与另一平面体某棱面的交点，即相贯点，依次连接各相贯点，即得相贯线。

②交线法　直接求出两平面体某两棱面的交线，即相贯线段。作图时，依次检查两平面体上各相交的棱面，求出相交的两棱面的交线(一般可利用积聚投影求交线)，即为相贯线。

(2)求相贯线的步骤

①分析三棱柱的形体特征及与投影面的相对位置，确定相贯线的形状及特点，观察相贯线的投影有无积聚性。

②求其中一个平面体的棱线与另一平面体棱面的交点(贯穿点)。

③连接各交点。只有两个相邻的点同时位于两立体同一棱面上才能相连；相贯的两个立体应视为一个整体，一个立体位于另一立体内部的部分不必画出。

④判断可见性。只有两个可见棱面的交线可见，画实线；否则不可见，画虚线。

⑤整理图线。将相贯的各棱线延长至相贯点，完成两相贯体的投影。

[**例2-4-1**] 求直立三棱柱与水平三棱柱的相贯线(图2-4-40)。

分析：从水平投影和侧面投影可以看出，两个三棱柱部分贯穿；相贯线应是一组空间折线。

因为直立三棱柱的水平投影有积聚性，所以相贯线的水平投影必然积聚在直立三棱柱的水平投影轮廓线上；同样，水平三棱柱的侧面投影有积聚性，因此相贯线的侧面投影必然积聚在水平三棱柱的侧面投影轮廓线上。于是，在相贯线的3个投影中只需求出正面投影。

从水平投影和侧面投影中可以看出，水平三棱柱的D棱、E棱和直立三棱柱的B棱参与相交(其余棱线未参与相交)，每条棱线有两个交点，因而相贯线上总共应有6个折点，求出这些折点便可连成相贯线。

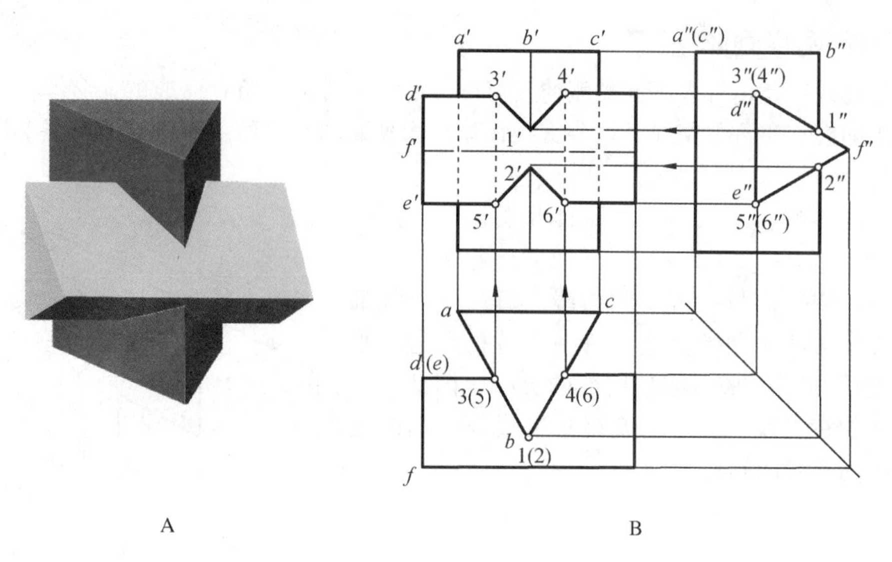

图 2-4-40 两个三棱柱相贯

A. 直观图 B. 三面投影图

作图：

①在水平投影和侧面投影上，确定6个折点1(2)、3(5)、4(6)和1″、2″、3″(4″)、5″(6″)；

②由3(5)、4(6)向上引联系线与 d' 棱和 e' 棱相交于3′、4′，和5′、6′，再由1″、2″向左引联系线与 b' 棱相交于1′、2′；

③连点并判别可见性(图中3′5′和4′6′两段是不可见的，应连虚线)。

［**例 2-4-2**］求带有三棱柱孔的三棱锥的水平投影和侧面投影(图 2-4-41)。

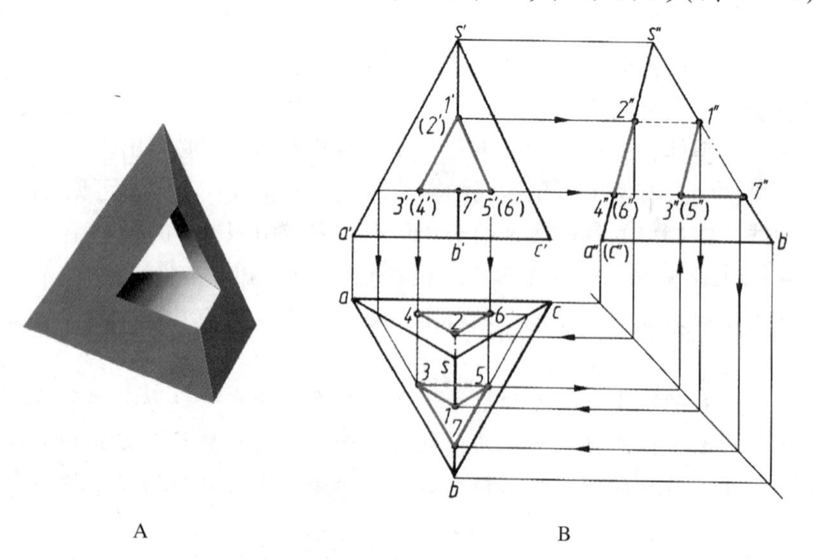

图 2-4-41 穿孔的三棱锥

A. 直观图 B. 三面投影图

分析：三棱锥上有一个由前向后穿透的三棱柱孔，因此三棱柱孔正面投影有积聚性，孔口线的正面投影积聚在三棱柱孔的正面投影轮廓线上，利用积聚性可以求孔口线的水平投影和侧面投影。

三棱柱孔的3条棱线和三棱锥的1条棱线参与相交，孔口线上折点有7个，4个点在前，3个点在后。

作图：

①在正面投影图上标出7个折点的投影1′、2′、3′、4′、5′、6′、7′。

②利用棱锥表面定点的方法，求出它们的水平投影1、2、3、4、5、6、7和侧面投影1″、2″、3″、4″、5″、6″、7″。

③将各折点按下述方法连接：水平投影上15、57、73、31连线(形成前部孔口线)，26、64、42连线(形成后部孔口线)；侧面投影上1″3″、3″7″连线(其余线与已画线重合)。

④用虚线画出三棱柱孔的棱线的水平投影和侧面投影，并擦掉1″7″一段侧面投影轮廓线。

4.1.2.3　平面体和曲面体相贯

求平面体与曲面体的相贯线，可归结为求平面体的表面与曲面体的截交线，以及求平面体的轮廓线与曲面体的贯穿点。相贯线是由若干段平面曲线(或直线)所组成的空间折线，每一段是平面体的棱面与回转体表面的交线。

求相贯线的方法为：

①求交线的实质是求各棱面与回转面的截交线。

②分析各棱面与回转体表面的相对位置，从而确定交线的形状。

③求出各棱面与回转体表面的截交线。

④连接各段交线，并判断可见性。

[**例2-4-3**] 求作四棱柱与圆锥的相贯线(图2-4-42)。

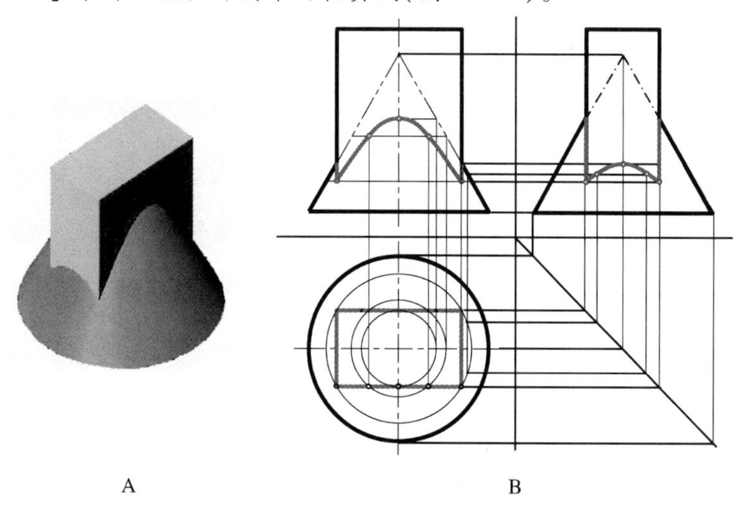

图2-4-42　穿孔的三棱锥

A. 直观图　B. 三面投影图

分析：从水平投影可知，相贯线是由四棱柱的4个棱面与圆锥相交所产生的4段曲线(前后对称，左右对称)组成的，四棱柱的4条棱线与圆锥的4个交点是4段曲线的结合点。

由于四棱柱的水平投影有积聚性，因此，4段曲线以及4个结合点的水平投影都积聚在四棱柱的水平投影上；确定水平投影中曲线上的最高点、最低点、中间点等位置，再根据“三等”关系求出相贯线。

作图：

①在水平投影中确定曲线上最高点、最低点、中间点的位置，过这些点作辅助圆，并求出辅助圆的正面投影。

②根据辅助圆的正面投影和各点的水平投影求出各点的正面投影，并连线。

③根据两面投影用作图法做出侧面投影。

④加粗投影线，清理无用的线条即可。

[**例2-4-4**] 求带有四棱柱孔的圆锥的水平投影和侧面投影(图2-4-43所示)。

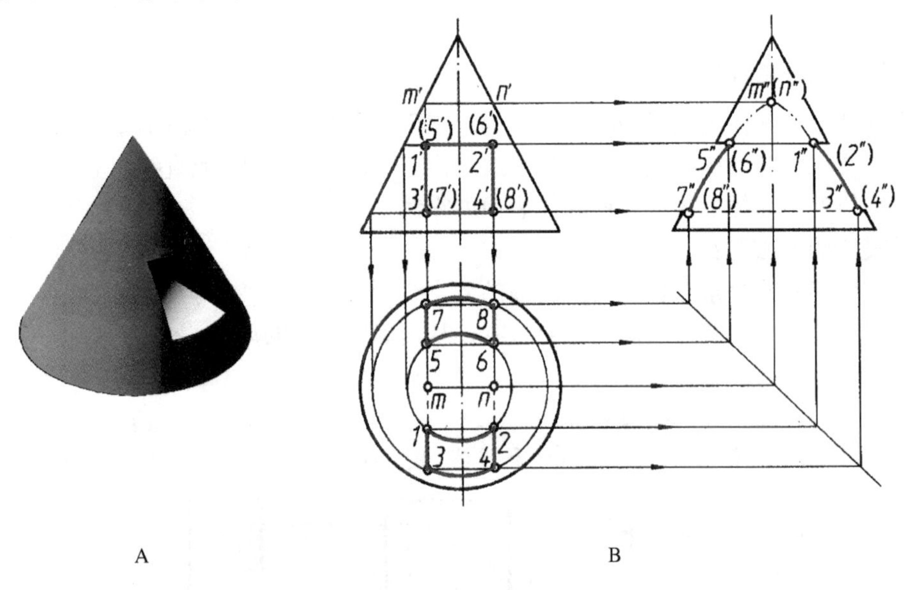

图2-4-43　穿孔的圆锥

A. 直观图　B. 三面投影图

分析：四棱柱孔与圆锥表面的交线相当于四棱柱与圆锥的相贯线，它是前后对称，形状相同的两组曲线。每组曲线都是由4段平面曲线组合成的，上、下两段是圆弧，左、右两段是相同的双曲线弧。相贯线的正面投影积聚在四棱柱孔的正面投影上，水平投影和侧面投影需要作图求出。

作图：

①在正面投影上，注出各段曲线结合点的投影1′(5′)、2′(6′)、3′(7′)、4′(8′)。

②在正面投影上，量取四棱柱孔的上、下棱面与圆锥的截交线——圆弧的直径，并在水平投影上直接画出其投影12、56、34、78四段圆弧，然后作出它们的侧面投影1″(2″)、5″(6″)、3″(4″)、7″(8″)。

③在正面投影上标出左右对称的双曲线的最高点m'、n'，并求得它们的水平投影

m、n 和侧面投影 $m''(n'')$，而后将 $3''1''m''5''7''$ 和 $(4'')(2'')(n'')(6'')(8'')$ 连成双曲线，两段双曲线左右重合，其中 $1''m''5''$ 一段和 $(2'')(n'')(6'')$ 一段是不存在的，可用双点画线画出(或不画)，四段双曲线弧的水平投影 31、57 和 42、68 分别积聚在四棱柱孔的左、右两个棱上。

④画出四条棱线的水平投影和侧面投影(虚线)，并擦去被挖掉的侧面投影轮廓线。

4.1.2.4 两曲面体相交

两曲面体相交所得相贯线，在一般情况下是封闭的空间曲线；在特殊情况下，可以是平面曲线或直线。

两曲面体的相贯线是两曲面体表面的共有线，相贯线上的点是两曲面体表面的共有点。求作两曲面体相贯线的投影时，一般是先作出两曲面体表面上一些共有点的投影，而后再连成相贯线的投影。

在求作相贯线上的点时，与作曲面体截交线一样，应作出一些能控制相贯线范围的特殊点，如曲面体投影轮廓线上的点，相贯线上最高、最低、最左、最右、最前、最后点等，然后按需要再求作相贯线上的一般点。在连线时，应表明可见性，可见性的判别原则是：只有同时位于两个立体可见表面上的相贯线才是可见的，否则不可见。

求作相贯线上点的方法为：

①表面取点法　当两个立体中至少有一个立体表面的投影具有积聚性(如垂直于投影面的圆柱)时，可以用在曲面体表面上取点的方法作出两曲面立体表面上的这些共有点的投影。具体作图时，先在圆柱面的积聚投影上，标出相贯线上的一些点；然后把这些点看作另一曲面上的点，用表面取点的方法，求出它们的其他投影；最后，把这些点的同面投影光滑地连接起来(可见线连成实线、不可见线连成虚线，图2-4-44、图2-4-45)。

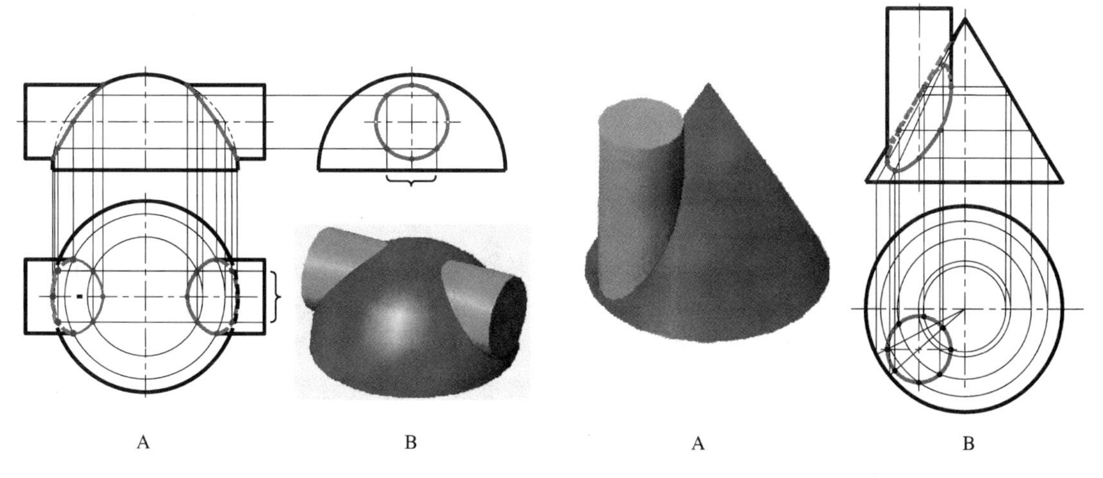

图2-4-44　圆柱与半球体相贯

A. 三面投影图　B. 直观图

图2-4-45　圆锥与圆柱的相贯

A. 直观图　B. 两面投影图

②辅助截平面法　为求两曲面体的相贯线，可以用辅助截平面切割这两个立体，切得的两组截交线必然相交，且交点为“三面共点”(两曲面及辅助截平面的共有点)，也就是相贯线上的点。用辅助截平面求得相贯线上的点并通过连点作出相贯线的方法就是辅助截平面法(图2-4-46)。

作图时，首先作辅助截平面；然后分别作出辅助截平面与已知两曲面体的两组截交线；最后找出两组截交线的交点，即相贯线上的点。

在作辅助截平面时要考虑截平面与两曲面立体相交所得截交线的投影是直线还是圆。这是选择辅助截平面的原则。为此，通常选择水平面或正平面为辅助截平面。

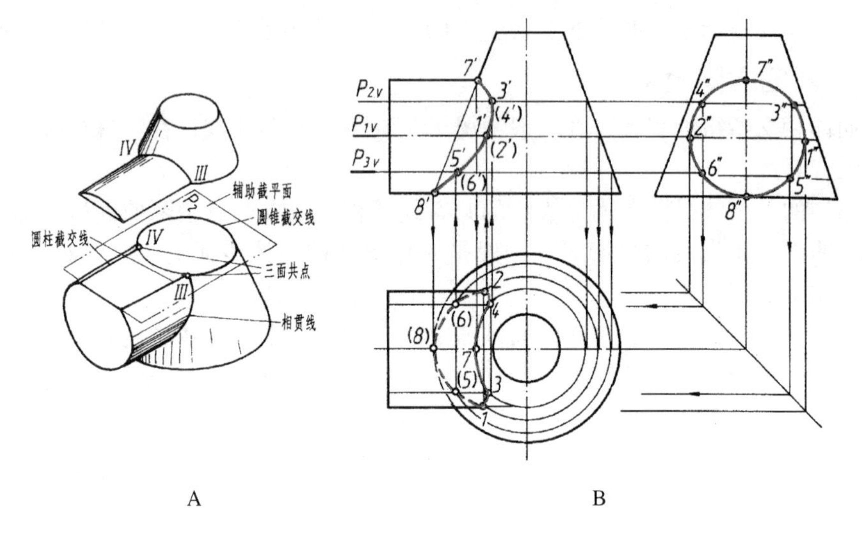

图 2-4-46　圆台与圆柱的相贯

A. 直观图　B. 三面投影图

任务实施

1. 绘制和识读景观建筑平面图（以某私人别墅和景观亭为例）

建筑平面图主要表现建筑物内部空间的划分、房间名称、出入口的位置、墙体的位置、主要承重构件的位置、其他附属构件的位置，以及适当的尺寸标注和位置说明（图 2-4-47）。

（1）绘制方法

①确定比例　建筑平面图一般采用 1∶100、1∶200 的比例绘制，根据确定的比例和图面大小，选用适当图幅，并留出标注尺寸、代号等所需位置，力求图面布置匀称。

②画出定位轴线及其编号　轴线是设计和施工的定位线，凡承重的墙、柱、梁、屋架等处均应设置轴线，轴线用细点画线画出，端部用细实线画直径为 8mm 的圆，并进行编号。水平方向用阿拉伯数字从左向右、竖直方向用大写拉丁字母自下而上依次编号，次要承重部位应设置附加轴线，编号以分数表示，分母表示前一轴线编号，分子表示前一轴线后附加的第几根轴线，如图 2-4-47 中即表示第 E 号轴线后附加的第一根轴线。但 I、O、Z 这 3 个字母不得作轴线编号，以免与数字 1、0、2 混淆。轴线编号宜注在平面图的下方与左侧。

③画图线　建筑平面图中的图线应粗细有别，层次分明。被剖切到的墙、柱的断面轮廓线用粗实线画出（而粉刷层在 1∶100 的平面图中不必画出，在 1∶50 或比例更大的平面图中则用细实线画出）；没有剖切到的可见轮廓线，如窗台、台阶、明沟、花台、梯段

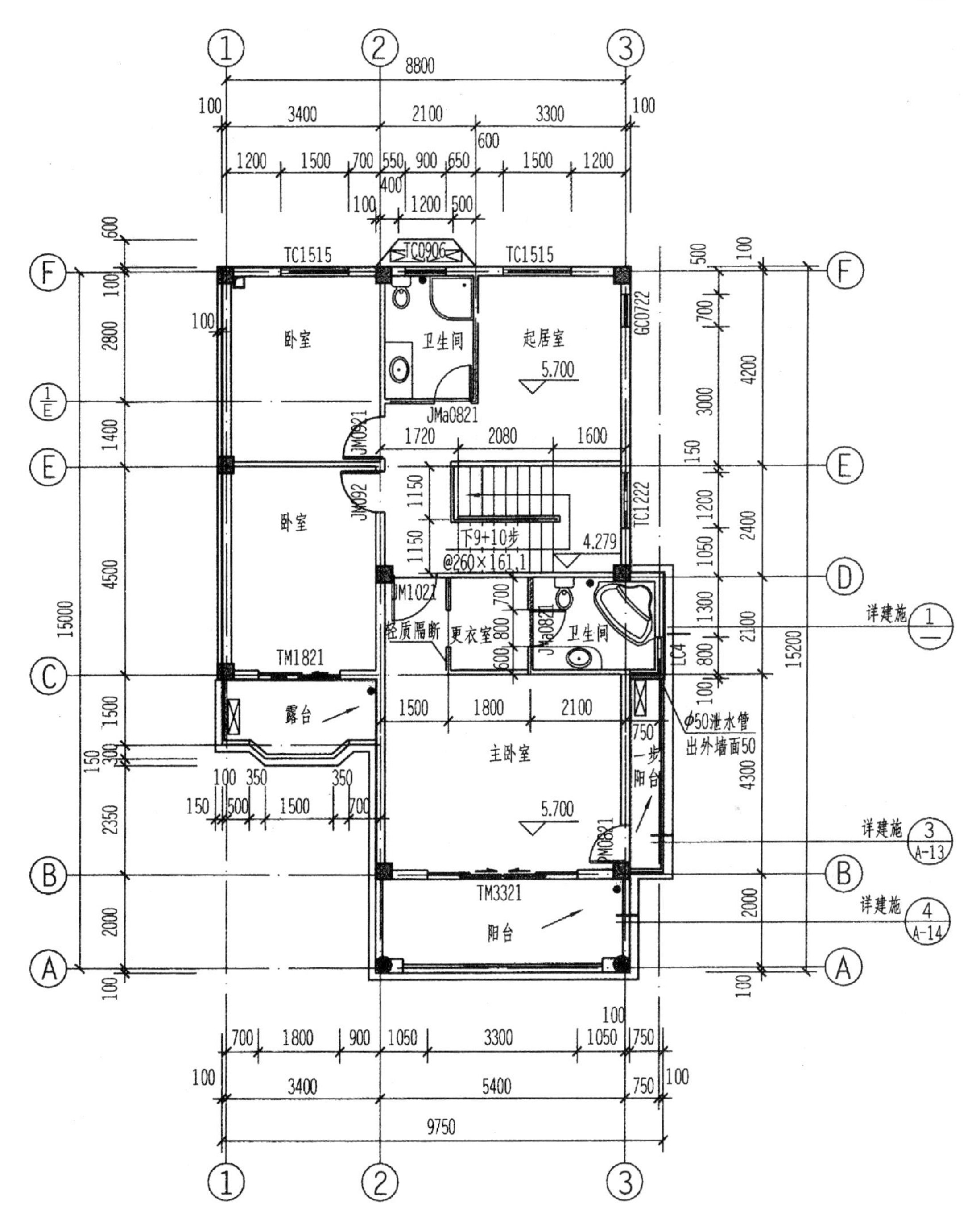

图 2-4-47　某私人别墅三层平面图

等用中粗线画出；尺寸线、标高符号、定位轴线的圆圈、轴线等用细实线和细点画线画出。表示剖切位置的剖切符号线则用粗实线表示。

④画图例　由于平面图一般采用 1∶100、1∶200 和 1∶50 的比例来绘制，所以门、窗等均按规定的图例来绘制，可参考附录中建筑平面图图例符号。用两条平行细实线表示窗框及窗扇，用中粗实线表示门及其开启方向。如用 LC2、TC1512 等表示窗的型号，M1、

PM1216 等表示门的型号。门窗的具体形式和大小可在有关的建筑立面图、剖视图及门窗通用图集中查阅。

在平面图中，凡是被剖切到的断面部分应画出材料图例。但在1∶200和1∶100小比例的平面图中，剖到的砖墙一般不画材料图例，在1∶50的平面图中砖墙也可不画图例，但在大于1∶50时，应该画上材料图例。剖到的钢筋混凝土构件的断面，当小于1∶50的比例时(或断面较窄，不易画出图例线时)可涂黑。

⑤标注尺寸 建筑尺寸标注一般分三道，最外一道是总尺寸，表明建筑物的总长和总宽；中间一道是轴间尺寸，一般表示建筑物的开间和进深；最里一道是细部尺寸，如门、窗、窗台、立柱等的尺寸及其相对位置。

在平面图上，除了标注出长度和宽度方向的尺寸之外，还要标注出楼面、地面等的相对标高，以表明楼面、地面对标高零点的相对高度。

⑥其他 标注图名、比例、指北针、剖面图的剖切符号，注写文字说明等。

(2)识读内容

根据景观建筑平面图能识读以下内容：

①层次、图名、比例。

②纵横定位轴线及其编号。

③各房间的组合和分隔，墙、柱的断面形状及尺寸等。

④门、窗布置及其型号。

⑤楼梯梯级的形状，梯段的走向和级数。

⑥其他构件如台阶、花坛、雨篷、阳台以及各种装饰等的位置、形状和尺寸及厕所等固定设施的布置等。

⑦尺寸和标高，以及某些坡度及其下坡方向的标注。

⑧底层平面图中应表明剖视图的剖切位置线和剖视方向及其编号，以及表示房屋朝向的指北针。

⑨各房间名称。

2. 绘制和识读景观建筑立面图

建筑立面图主要表明建筑物外立面的形状，门窗在外立面上的分布、外形，屋顶、阳台、台阶、雨篷、窗台、勒脚、墙面引条线、雨水管的外形和位置，外墙面装饰做法，室内外地坪、窗台、窗顶、檐口等各部位的相对标高及详图索引符号等(图2-4-48)。

(1)绘制方法

①写图名、比例 图名中应该注明建筑物的朝向，可以按照方位命名，如南立面图(①-③立面图)、北立面图(③-①立面图)、西立面图(Ⓕ-Ⓐ立面图)、东立面图(Ⓐ-Ⓕ立面图)。

②画主要承重构件的定位轴线及编号 在立面图中一般只画出两端的定位轴线及其编号，以便与平面图对照读图。所示的南立面图，只需标注①和③两条定位轴线便可确切地判明立面图的观看方向。

③画图线 为了使立面图外形清晰，房屋立面的外轮廓用粗实线绘制，主要部位轮廓线，如门窗洞、台阶、雨篷、阳台和立面上其他凸出结构的轮廓线画成中粗实线；次要部分的轮廓线，如门窗扇及其分格线、花饰、雨水管、墙面分格线(包括引条线)、外墙

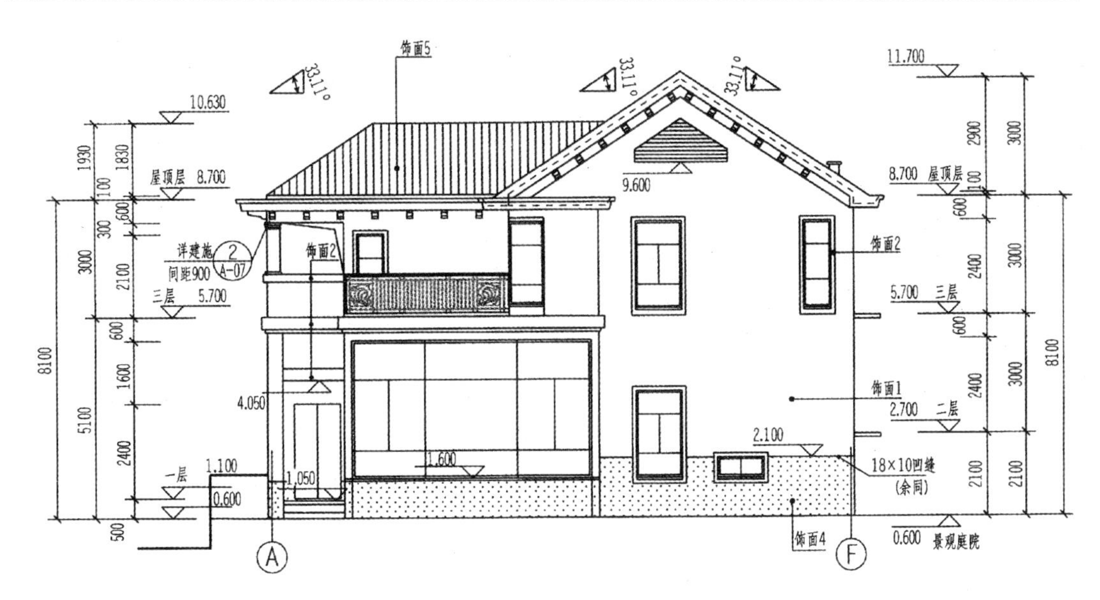

图 2-4-48　某私人别墅Ⓐ～Ⓕ轴立面图

勒脚线以及用料注释引出线和标高符号等都画细实线；室外地坪线用特粗线绘制。

④画图例　立面图和平面图一样，由于选用的比例较小，所以门、窗也按规定图例绘制，建筑在立面图中的部分窗上应画有斜的细线，细实线表示向外开，细虚线表示向内开。型号相同的窗无须都画上开启符号，只要画出其中一、二个即可。

⑤标注尺寸　立面图上的高度尺寸主要用标高的形式来标注。室内外地面、门窗洞口的上下口、女儿墙压顶面(如为挑檐屋顶，则注至檐口顶面)、进口平台面以及雨篷和阳台底面(或阳台栏杆顶面)等标高需要注出。

除了标高外，有时还注出一些无详图的局部尺寸。在立面图中，凡需绘制详图的部位，还应画上详图索引符号。

⑥写外部装饰材料名称　利用图例或者文字标注出建筑物外墙或者其分构件所采用的材料、做法等。

（2）识读内容

根据景观建筑立面图，对应平面图，应能识读以下内容：

①看图名、比例。

②了解建筑物的外部形状。

③看房屋立面的外形，门窗、檐口、阳台、台阶等形状及位置。

④查阅建筑各部位的标高及相应的尺寸。

⑤查阅房屋外墙表面及各细部的装修做法及施工要求等。

知识拓展

景观建筑小品平、立面图示例

1. 花坛树池平、立面图示例(图 2-4-49、图 2-4-50)

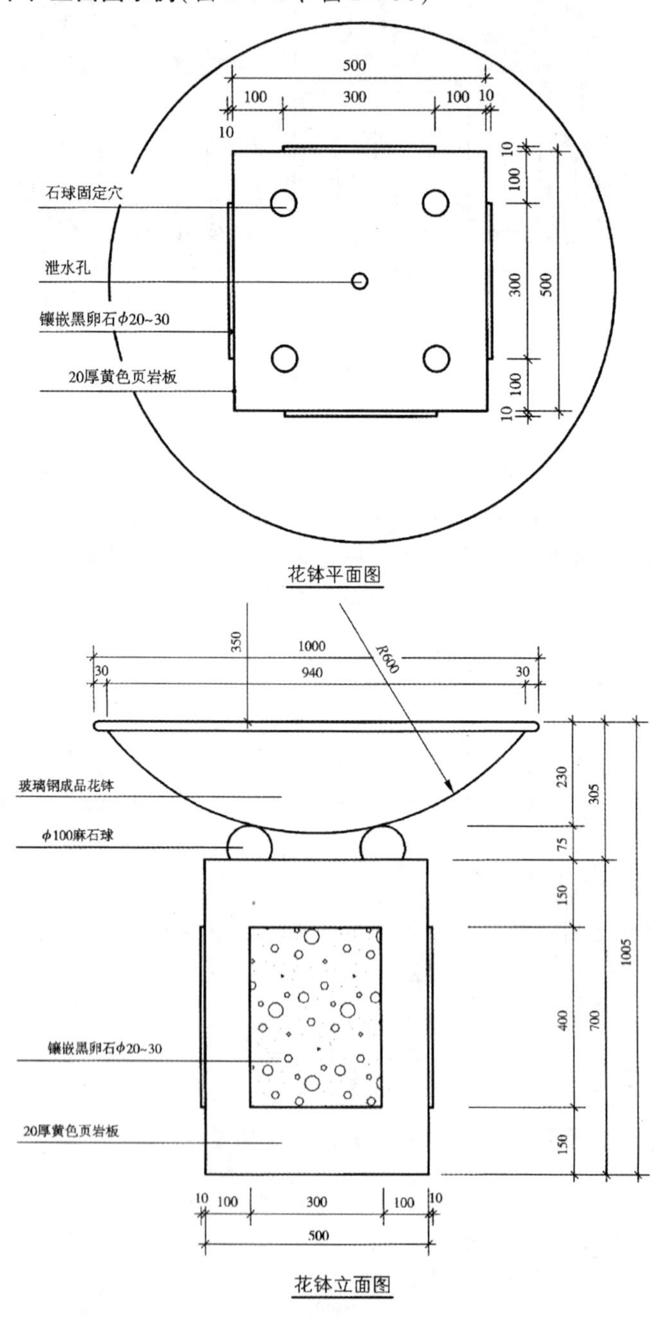

图 2-4-49 花钵的平、立面图

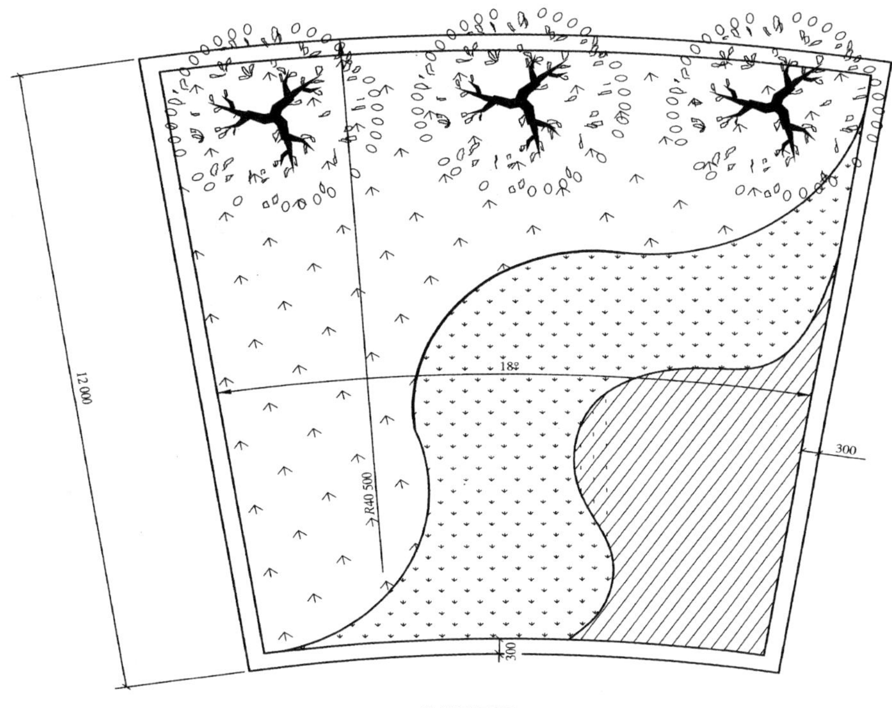

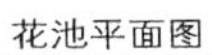

花池平面图

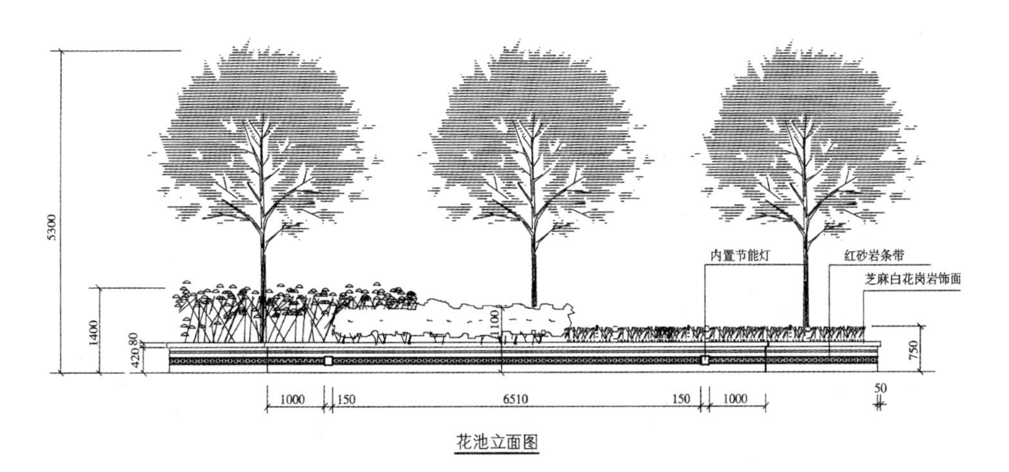

花池立面图

图 2-4-50　花池的平、立面图

2. 桌凳椅平、立面图示例（图 2-4-51）

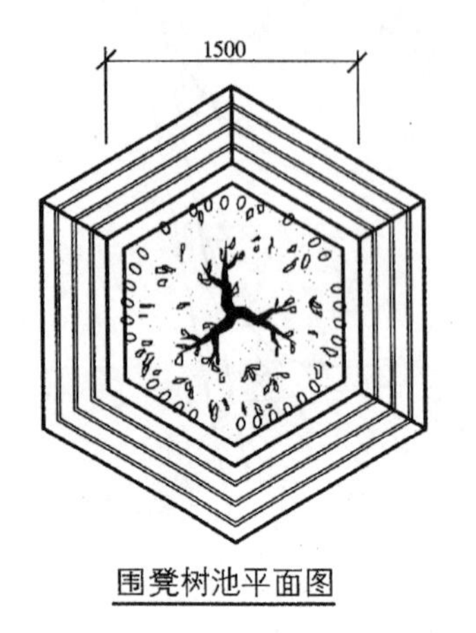

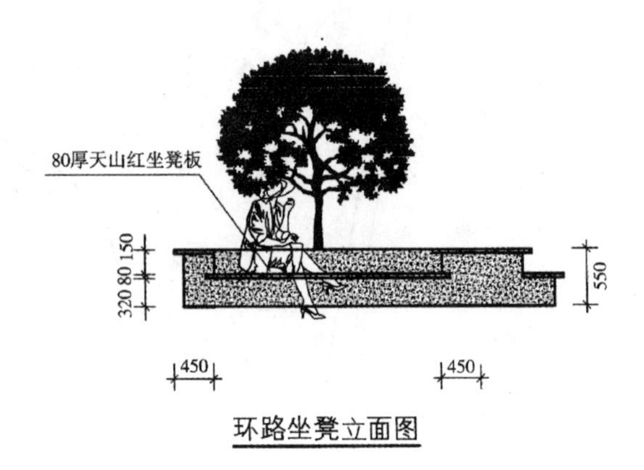

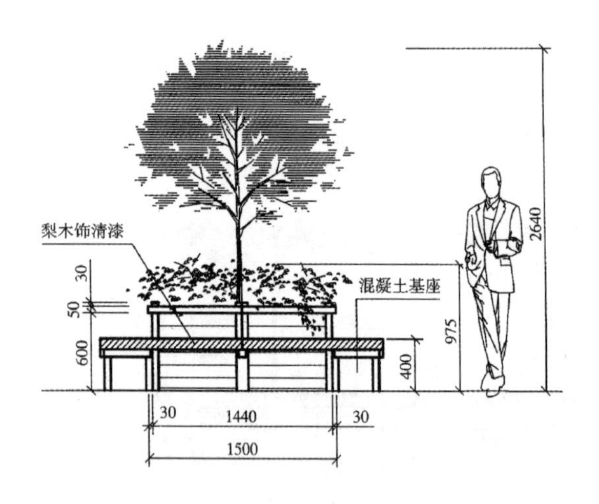

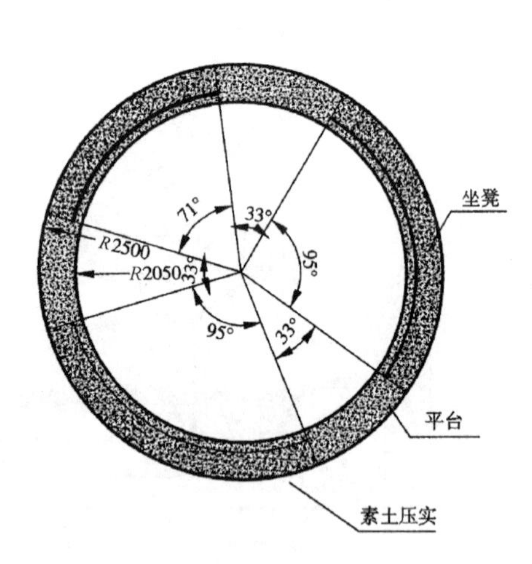

图 2-4-51　桌凳椅平、立面图

3. 景墙栏杆平、立面图示例（图 2-4-52、图 2-4-53）

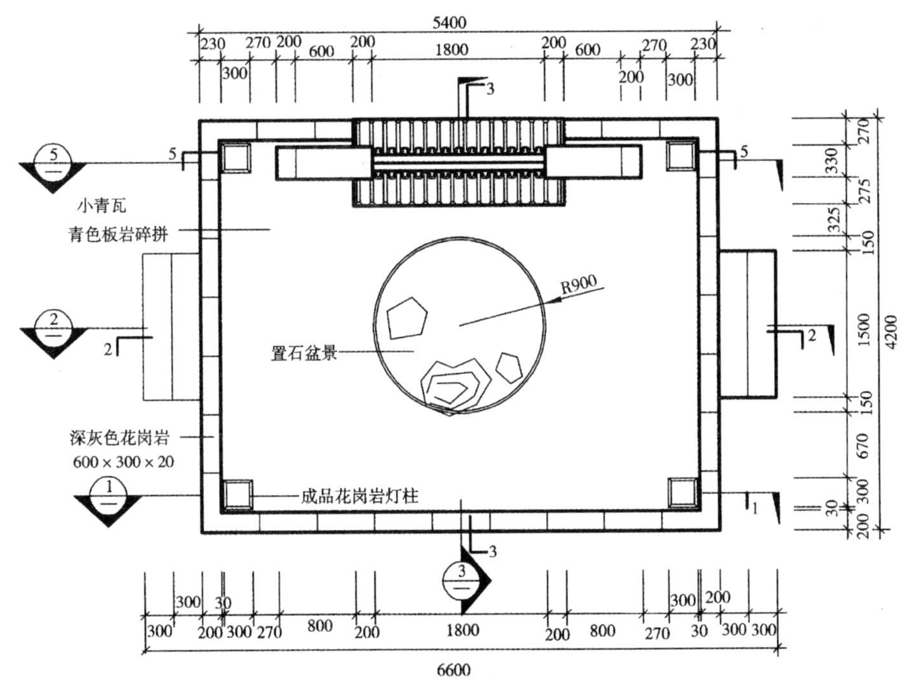

景墙盆景平面图

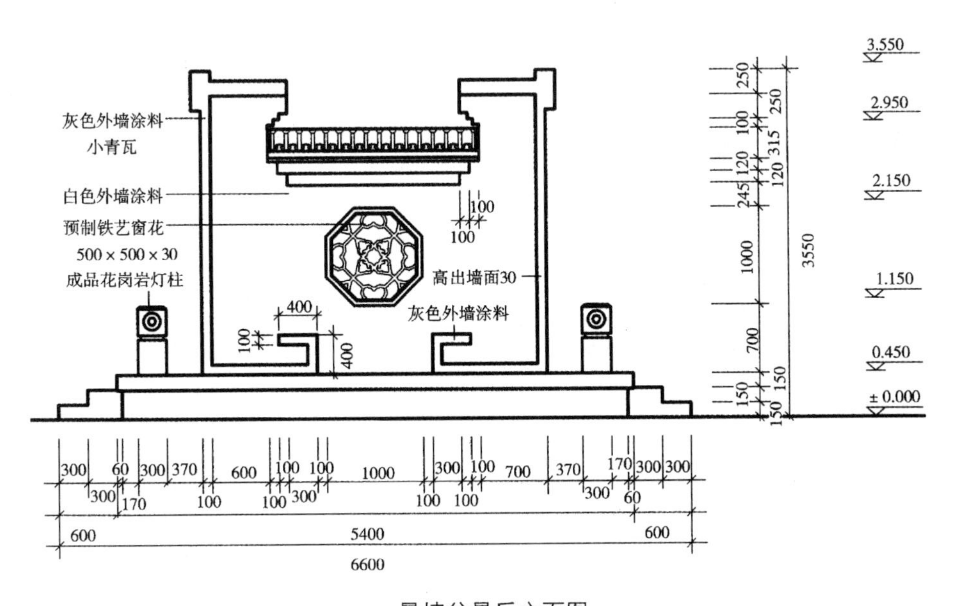

景墙盆景后立面图

图 2-4-52 景墙盆景平、立面图

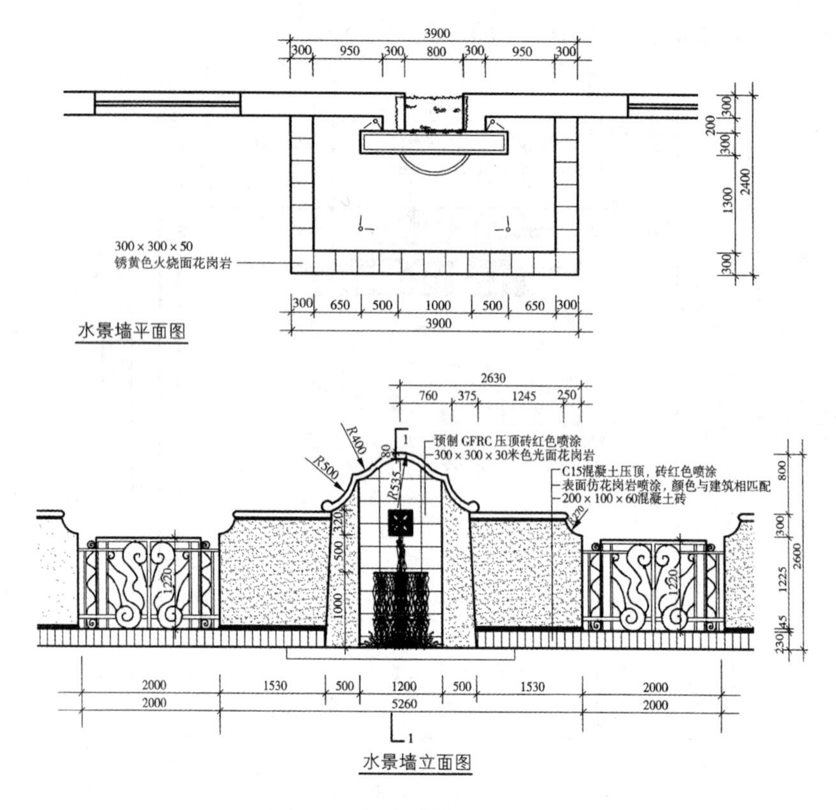

图 2-4-53　水景墙平、立面图

巩固训练

实测园林建筑主要构成如台阶、门窗、雨篷、梁、柱等几何形体及其组合的平、立、剖面图，理解其组合的关系，分析形体相交时产生的交线等。

自测题

1. 什么叫景观建筑？景观建筑包括哪些内容？
2. 什么叫景观建筑的平面图、立面图？平面图和立面图是怎样形成的？
3. 如何理解两平面体、平面体和曲面体相交、两曲面体相交？如何求其交线？

任务 4.2 绘制与识读景观建筑剖（断）面图

学习目标

【知识目标】

（1）掌握制图原理并区分景观建筑的各类剖（断）面施工图。

（2）掌握景观建筑剖面图的图示方法和绘制步骤。

（3）掌握景观建筑断面图的图示方法和绘制步骤。

【技能目标】

（1）能识读各种景观建筑剖（断）面施工图。

（2）能按照制图规范要求绘制景观建筑剖（断）面施工图。

知识准备

4.2.1 景观建筑剖面图、断面图基本知识

图2-4-54A所示为踏步（台阶）立体图。若用三视图表示，由于台阶两侧的栏板高于踏步，则在其左侧立面图中踏步将被栏板遮住，只能用虚线画出。为了将左侧立面图中的踏步用实线表示，现假想用一个侧平面（剖切平面），从踏步中间将台阶剖开（图2-4-54B），然后移开观察者与剖切平面之间的部分形体，将剩下的部分形体向与剖切平面平行的左侧立投影面投影，所得的投影图称为剖面图（即剖视图），简称剖面。剖面图除应画出剖切平面截切形体得到的截断面的投影外，还应画出形体剩下部分的投影（图2-4-54C）。

假想采用剖切平面将形体剖切开后，仅画出剖切平面截切形体得到的截断面的图形，称为断面图，简称断面（或截面）。断面图只需画出截断面的图形（图2-4-54D）。

如图2-4-54所示，可知剖面图实际上包含相应的断面图，它们的区别在于：

①断面图只画出形体被剖开后断面的投影，而剖面图要画出形体被剖开后整个余下部分的投影。剖面图除了画出台阶断面外，还画出台阶侧边栏板的投影。

②剖面图是被剖开的形体的投影，是体的投影，而断面图只是一个截口的投影，是面的投影。被剖开的形体必有一个截口，所以剖面图必然包含断面图在内，而断面图虽属于剖面图中的一部分，但一般单独画出。

③剖切符号的标注不同。断面图的剖切符号只画出剖切位置线，不画投射方向线，而剖面图不但标注剖切位置线，还要标注剖切方向线。

④剖面图中的剖切平面可转折，而断面图中的剖切平面不转折。

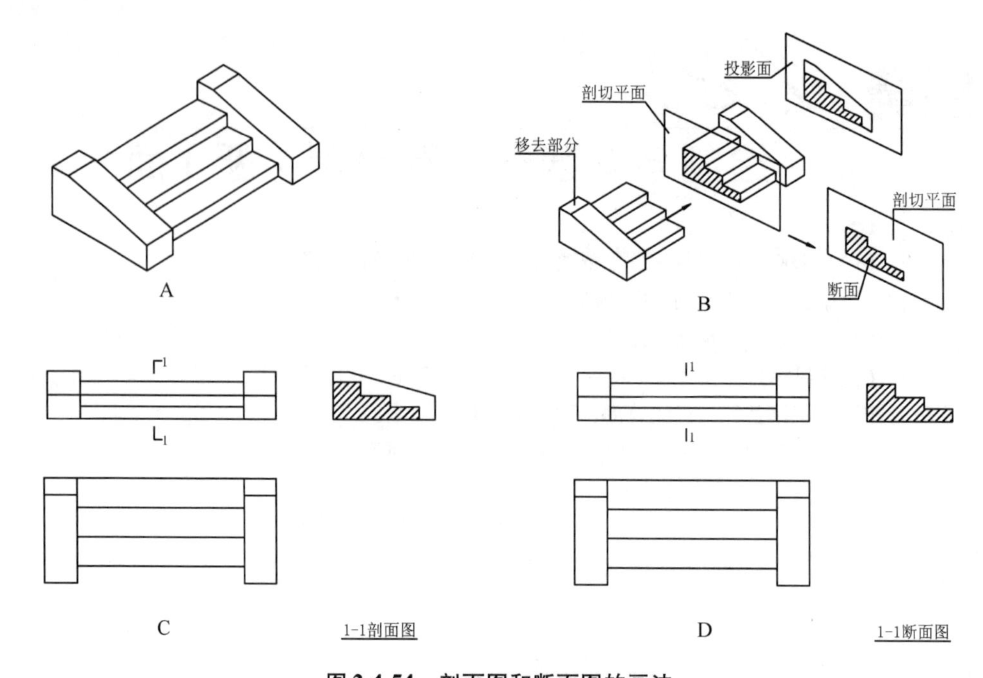

图 2-4-54　剖面图和断面图的画法

A. 踏步立体图　B. 剖切方法　C. 剖面图表示法　D. 断面图表示法

4.2.1.1　景观建筑剖面图示例(图 2-4-55 至图 2-4-60)

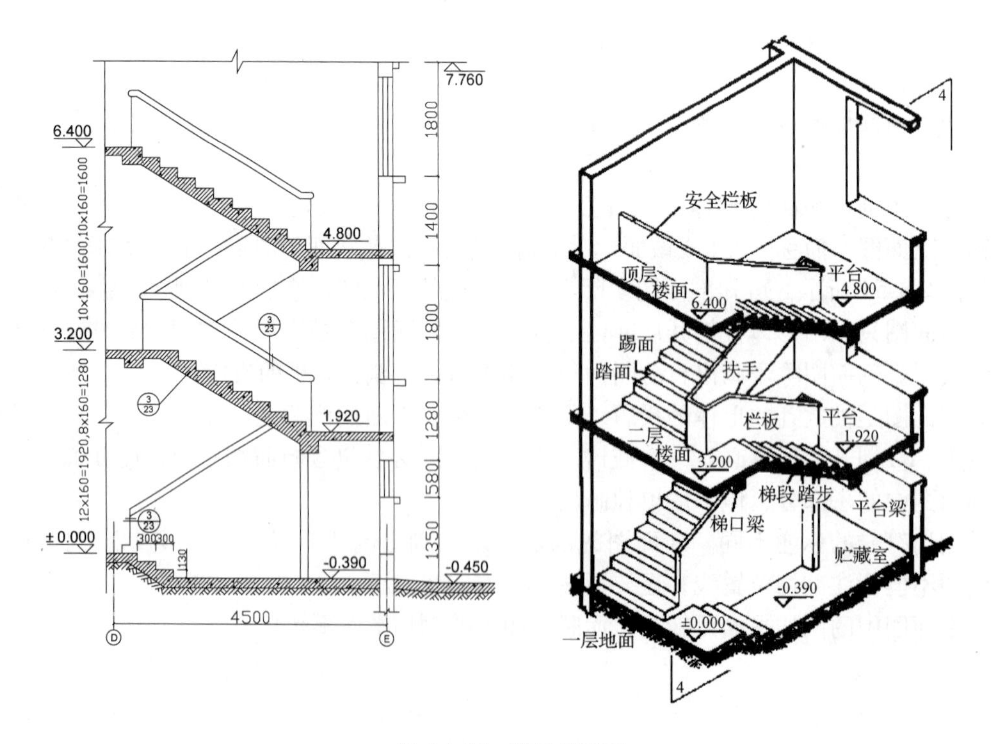

图 2-4-55　楼梯剖视图

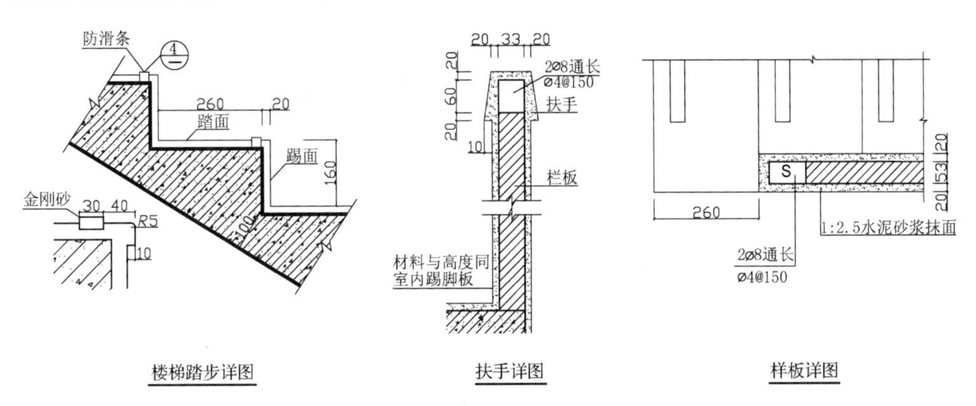

图 2-4-56　楼梯踏步、扶手、样板详图

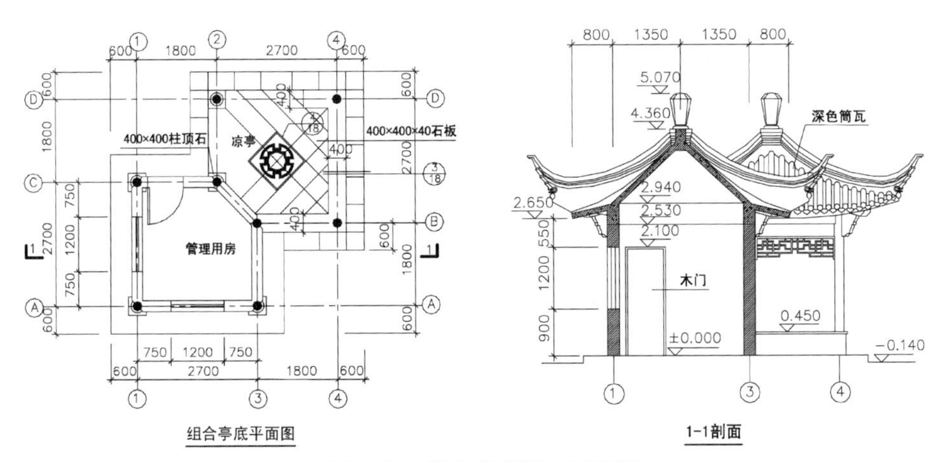

图 2-4-57　组合亭平面、剖面图

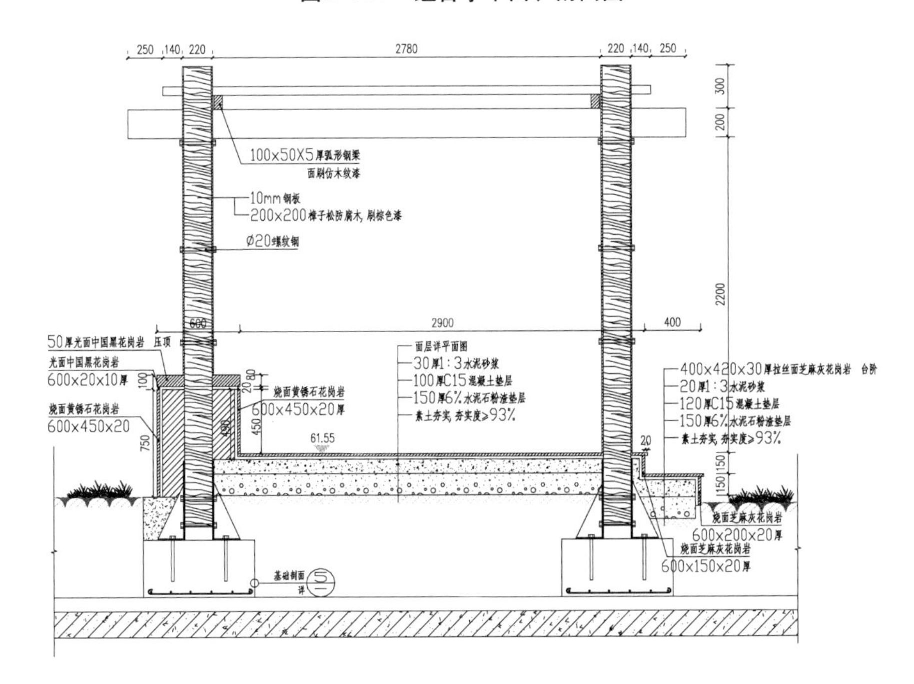

图 2-4-58　特色廊架剖面图

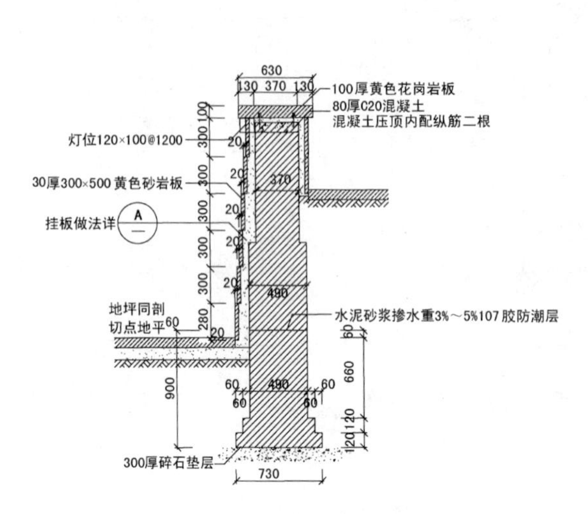

图2-4-59 挡土墙剖面图

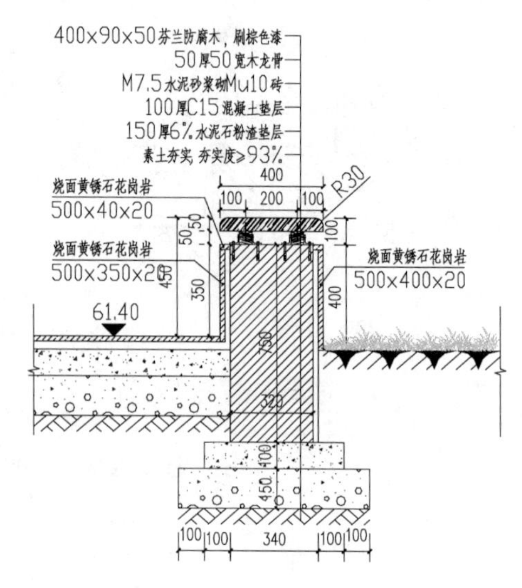

图2-4-60 木坐凳剖面图

4.2.1.2 景观建筑断面图示例(图2-4-61、图2-4-62)

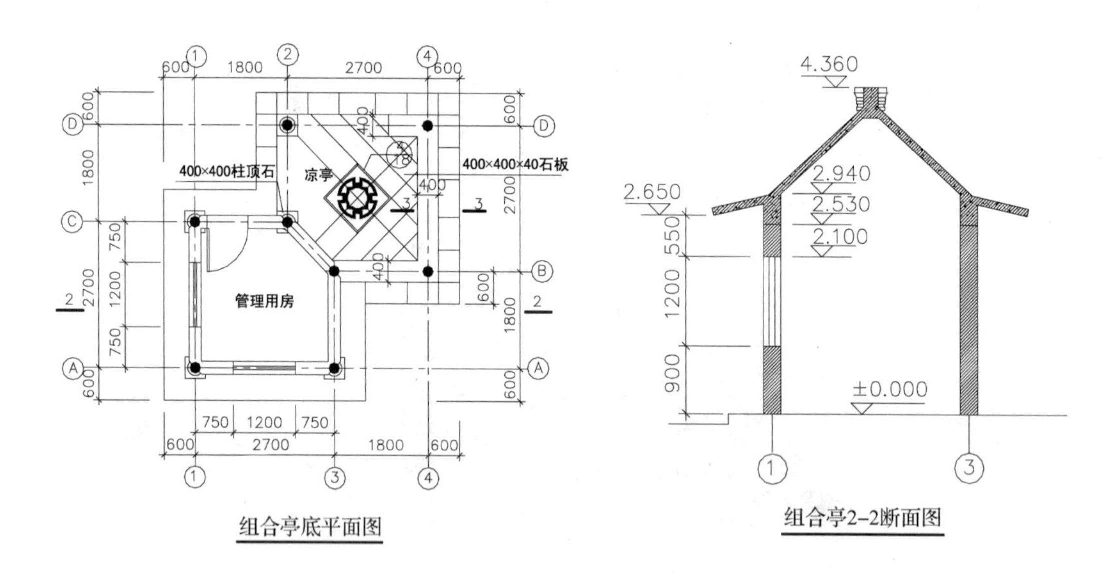

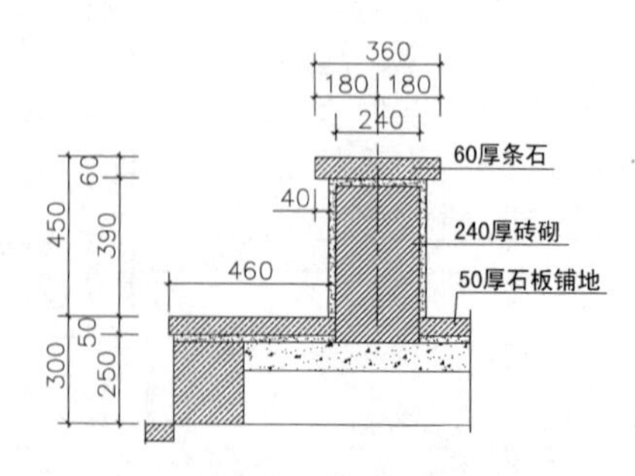

图2-4-61 组合亭断面图

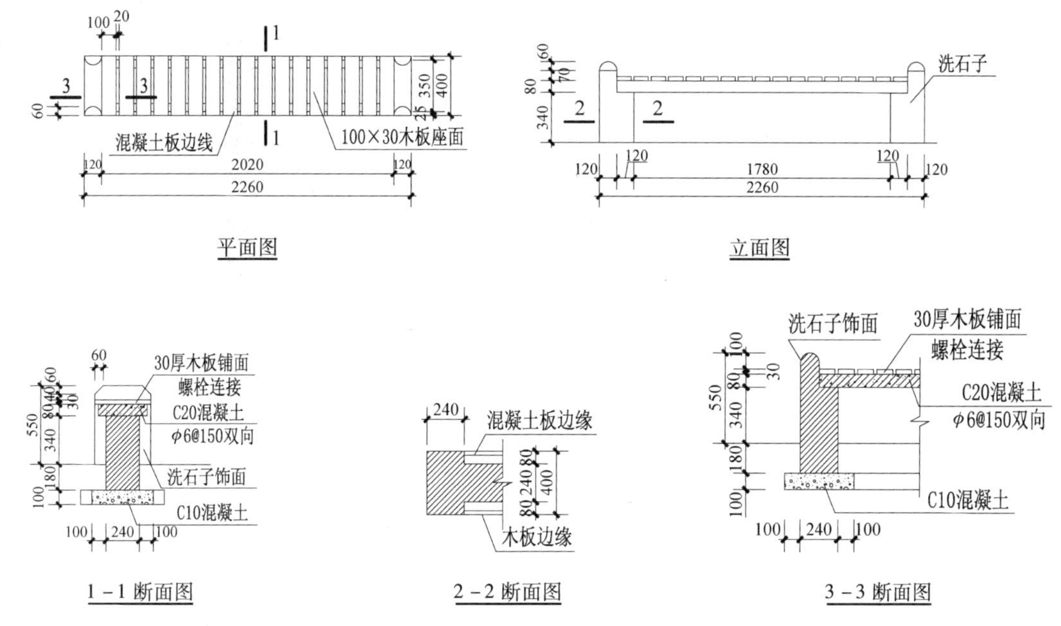

图 2-4-62　休闲座凳断面图

4.2.2　景观建筑剖、断面图绘制原理

建筑剖面图是表示园林建筑内部结构及各部位标高的图样，它是假想在建筑适当的部位作垂直剖切后得到的垂直剖面图。主要表示建筑内部的空间布置、分层情况，结构、构造的形式和关系，装修要求和做法，使用材料及建筑各部位高度(如房间的高度、室内外高差、屋顶坡度、各段楼梯的数量)等(图 2-4-63)。它与平面图、立面图相配合，可以完整地表达建筑，是建筑施工图中不可缺少的一部分。

剖面图的剖切部位，应根据图纸的用途或设计深度，在平面图上选择能反映全貌、构造特征以及有代表性的部位剖切。如选择内部结构、构造比较复杂和典型的部位，通过门、窗、洞的位置，多层建筑的楼梯间或楼层高度不同的部位。剖面图的图名应与平

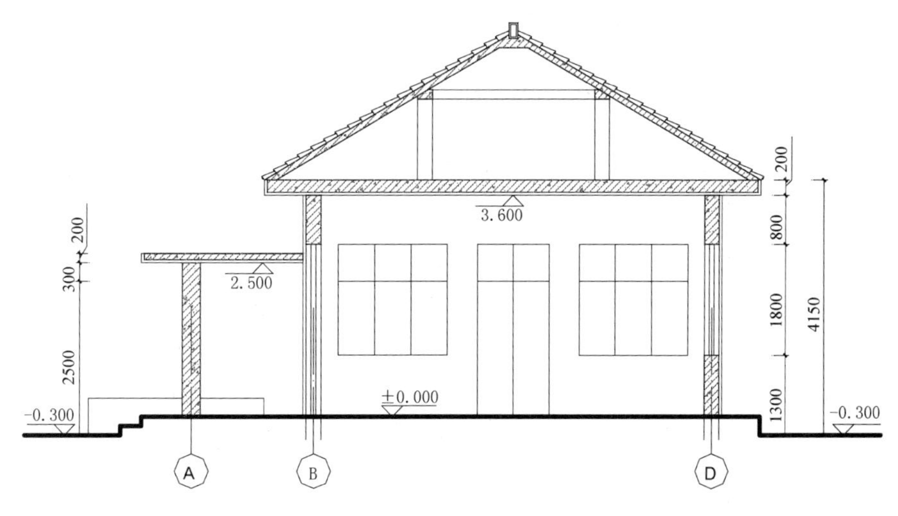

图 2-4-63　建筑剖面图

面图上所标注的剖切符号的编号一致。

与剖面图一样，断面图也是用来表示形体(如柱、梁、板等构件)的内部形状。

任务实施

1. 绘制工具

计算机软件，即园林计算机辅助设计 CAD(AutoCAD 或天正建筑 CAD)；若采用手绘制图，选用的工具有铅笔、碳素笔或针管笔、制图模板、三角板和圆规、比例尺等。

2. 绘制景观建筑剖面图

(1)图示方法

①选择比例　绘制建筑剖面图时可根据建筑物形体的大小选择合适的绘制比例，建筑剖面图所选用的比例一般应与其相应的平面图和立面图相同。

②定位轴线　在剖面图中凡是被剖切到的承重墙、柱等都要画出定位轴线，并注写与平面图相同的编号。

③剖切符号　为了方便看图，要求必须在平面图中明确地表示出剖切符号，并在剖面图下方标注与其相应的图名，如图 2-4-43B 所示的图名为“组合亭 1－1 剖面图”。剖切符号包括剖切位置线和剖切方向线，都是用短粗实线表示，剖切位置线长度宜为 6～10mm，剖切方向线宜为 4～6mm。在绘制过程中，剖切位置的选择非常关键，一般选在建筑内部构造有代表性和空间变化较复杂的部位，同时结合所要表达的内容确定，一般应通过门、窗等有代表性的典型部位，而剖切方向线是为了表明剖切后剩下部分形体的投影。

④线型要求　被剖切到的地面线(地平线)用特粗实线绘制。其他被剖切到的主要可见轮廓线用粗实线绘制(如墙身、楼地面、圈梁、过梁、阳台、雨篷等)，未被剖切到的主要可见轮廓线的投影用中粗实线绘制，其他次要部位的投影用细实线绘制(如栏杆、门窗分格线、图例线等)。

⑤尺寸标注　水平方向上剖面图应标注承重墙或柱的定位轴线间的距离，垂直方向应标注外墙身各部位的分段尺寸(如门窗洞口、勒脚、檐口高度等)。

⑥标高标注　应标注室内外地面、各层楼面、阳台、檐口、顶棚、门窗台阶等主要部位的标高。

⑦材料图例　形体剖开后，都有一个截口，即截交线围成的平面图形，称为断面。国标规定建筑断面图的轮廓线应用粗实线画出，并在断面图上必须画出建筑材料图例。若不指明材料，可以用等间距、同方向的 45°细斜线来表示断面。一些建筑构配件的断面图按《建筑制图标准》的规定：在 1∶200～1∶100 的剖视图中，可不画抹灰层，且可用简化的材料图例(如砖墙涂红、钢筋混凝土涂黑)，但宜画出楼层的面层线。

⑧图名　图名根据剖切的编号而定，可用阿拉伯数字“1－1”“2－2”或大写字母“A－A”、“B－B”表示。标注与平面图和立面图相应的比例及有关说明等。

(2)常用剖面图及其画法

①全剖面图　用一个假想的剖切平面完全地将形体剖切后所得到的剖面图，称为全剖面图(见图 2-4-57)。对于一些外形结构简单的景观建筑，为了更清楚地表达建筑内部的

构造时，常采用全剖面图。

②阶梯剖面图　当景观建筑内部形状和结构均较为复杂，若用一个剖切平面不能将处于相互平行且不重叠的建筑内部情况表达时，可假想用两个(或两个以上)相互平行的剖切平面，将建筑内部需要表达的位置剖开，所得的剖面图，称为阶梯剖面图，如图 2-4-64 所示。

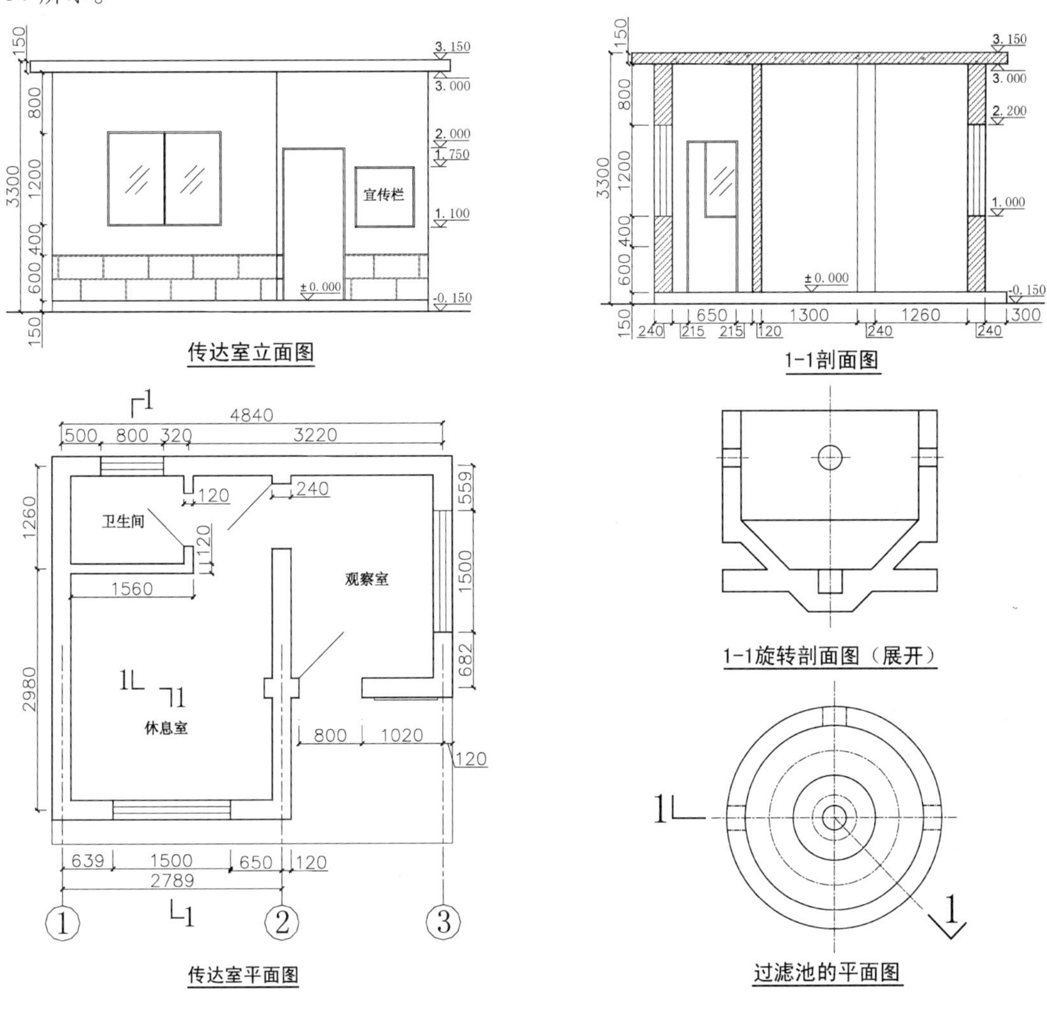

图 2-4-64　传达室阶梯剖面图

图 2-4-65　过滤池的旋转剖面图

③旋转剖面图　当景观建筑内部形状和结构用一个剖切平面不能表达完全时，可假想用两个(或两个以上)相交的剖切平面，将建筑内部需要表达的位置剖开，并将其中倾斜的部分旋转到与投影面平行的位置再进行投影，所得的剖面图，称为阶梯剖面图，所得的剖面图应在图名后加注“展开”两个字(图 2-4-65)。

④半剖面图　当景观建筑形体为左右对称或前后对称，且内外结构均需要表达时，将垂直于对称平面的投影面上的投影，以对称平面的积聚投影(对称中心线)为界，一半表示外形图，一半表示剖面图。这种剖面图称为半剖面图(图 2-4-66)。

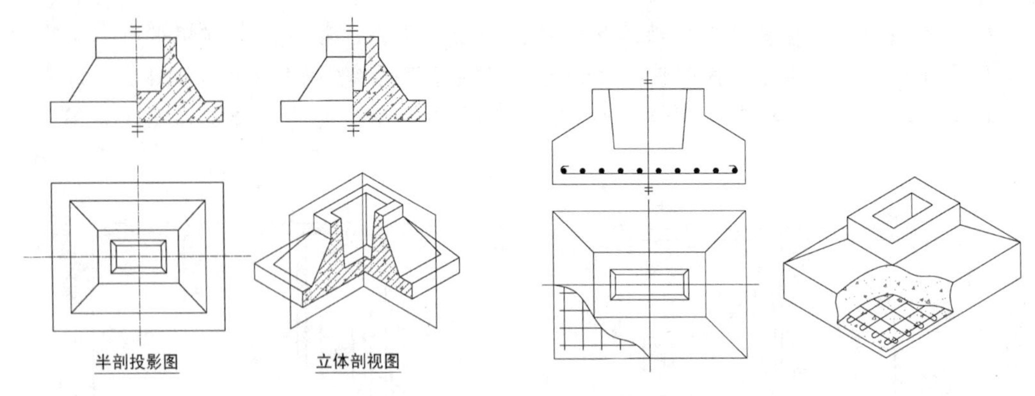

图 2-4-66　杯形基础半剖面图

图 2-4-67　杯形基础局部剖切图

⑤局部剖切图　有些景观建筑的构件，当其构造层次较多需要表达时，可假想用剖切平面局部地剖开形体，所得的剖面图，称为局部剖切图或局部剖面图(图 2-4-67)。

⑥分层剖切图　有些景观建筑的构件，当其构造层次较多需要表达时，可假想用剖切平面分层地剖开形体，所得的剖面图，称为分层剖切图或分层剖面图。分层剖切图一般局部剖切即可(图 2-4-68)。

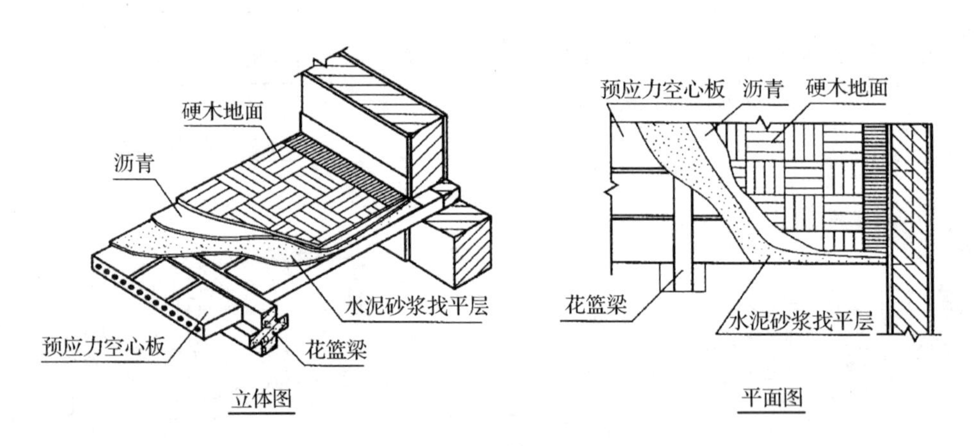

图 2-4-68　地面分层剖切图

3. 绘制景观建筑断面图

(1) 图示方法

景观建筑断面图图示方法同剖面图，两者的区别前文已述，特别强调的是断面图只有 6～10mm 短粗实线，即剖切位置线，断面图的剖切符号和图名宜用阿拉伯数字"1－1"、"2－2"表示，并按顺序连续编排。

(2) 常用断面图及画法

断面图根据其断面绘制的位置不同，可分为移出断面、重合断面和中断断面 3 种。

①移出断面图　将断面图绘制在形体的投影图之外的断面图，称为移出断面图。断面图一般绘制在形体的立面图的左侧或是下方(图 2-4-69)。

②中断断面图　在一些较长且其断面图形对称的构件中，可将断面图绘制在构件投影图的中断处，即中断断面图。一般不做任何标注(图2-4-70)。

③重合断面图　断面图直接绘制在形体的投影轮廓线以内，称为重合断面图。一般不做任何标注，只需在断面图的轮廓线之内或沿轮廓线边缘画出材料图例(图2-4-71)。

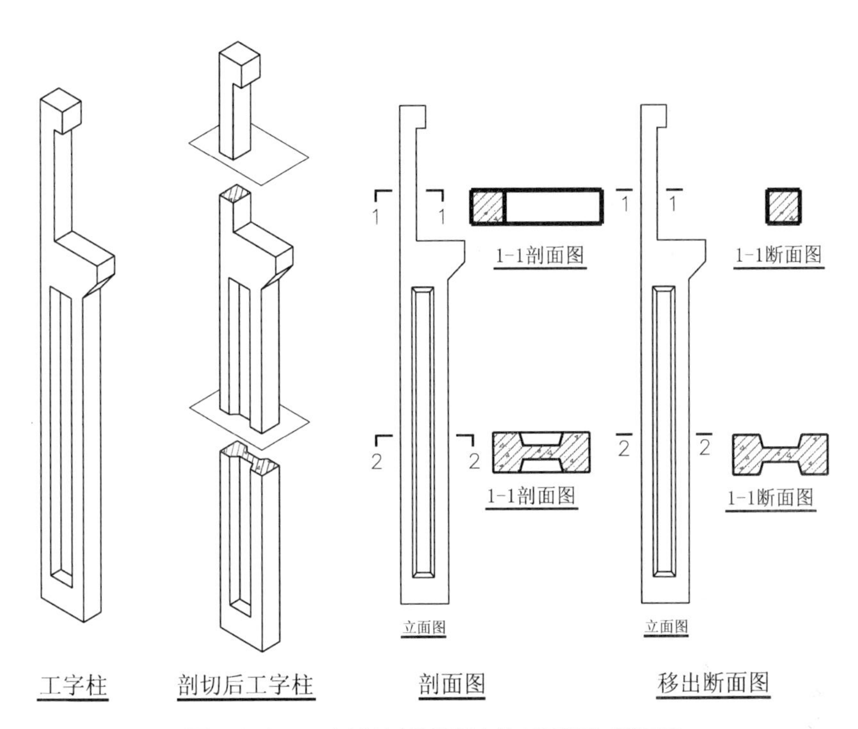

图2-4-69　工字形柱(牛腿柱)的剖面图与断面图

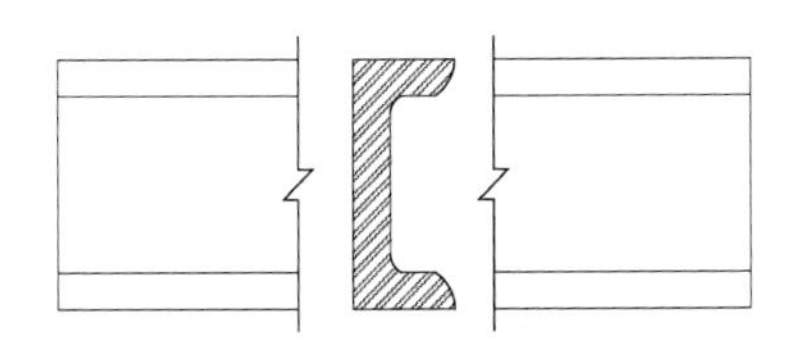

图2-4-70　槽型钢的中断断面图

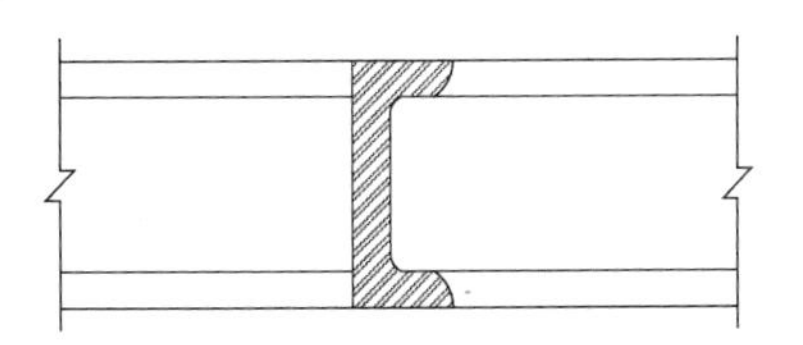

图2-4-71　槽型钢的重合断面图

知识拓展

景观建筑小品剖(断)面图示例

1. 景观塔的剖(断)面图示例(图 2-4-72)

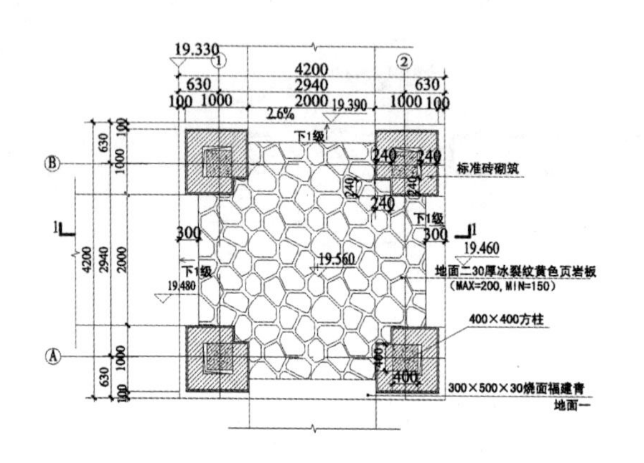

景观塔底平面图

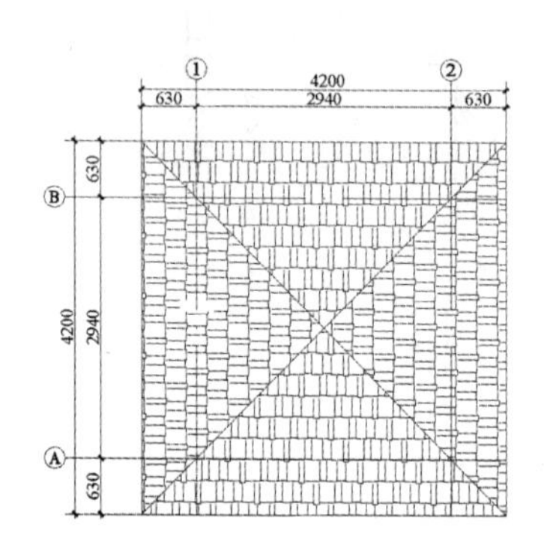

景观塔顶平面图

景观塔1-1剖面图

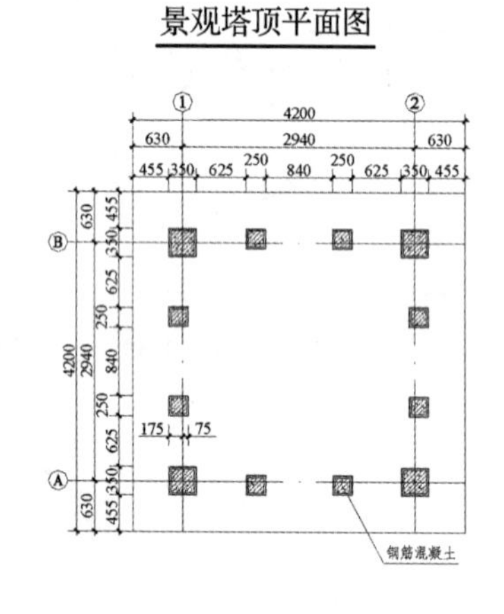

景观塔2-2断面图

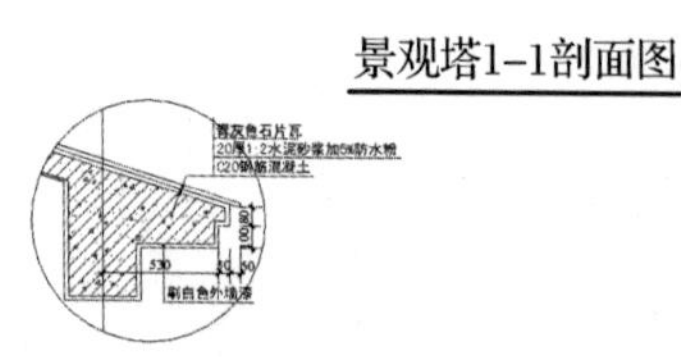

景观塔详图1

景观塔详图2

景观塔详图3

景观塔详图4

图 2-4-72　景观塔的剖(断)面图

2. 花坛树池的剖(断)面图示例(图 2-4-73)

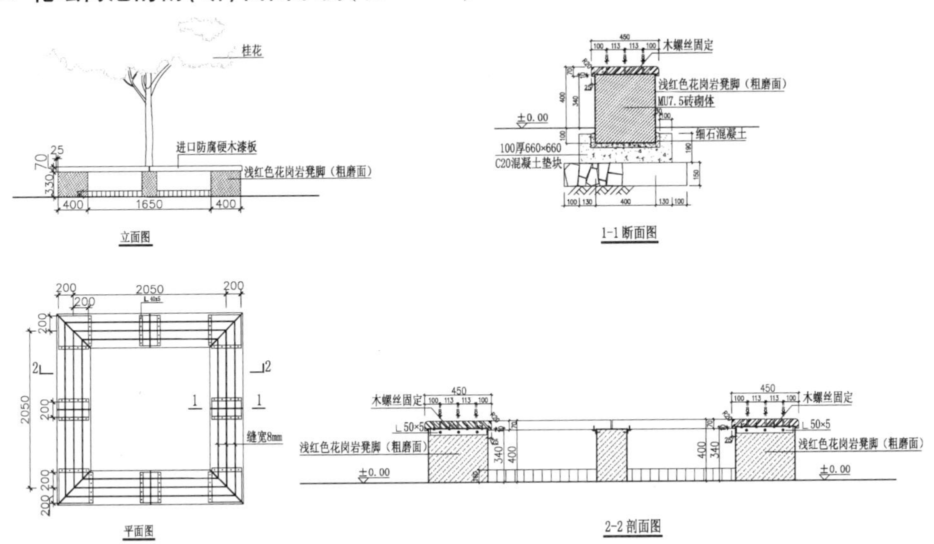

图 2-4-73　花坛树池的剖(断)面图

3. 景观栏杆剖(断)面图示例(图 2-4-74)

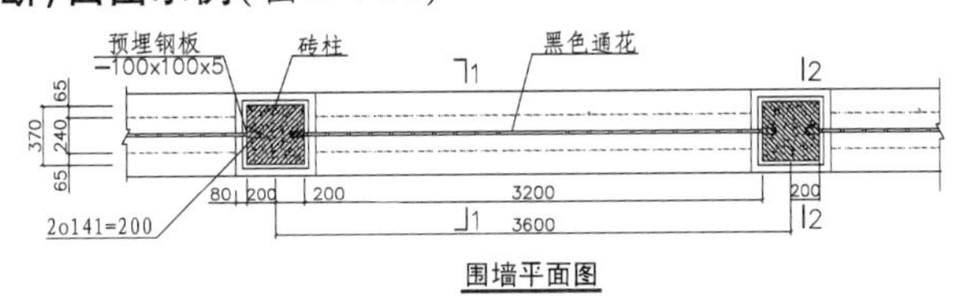

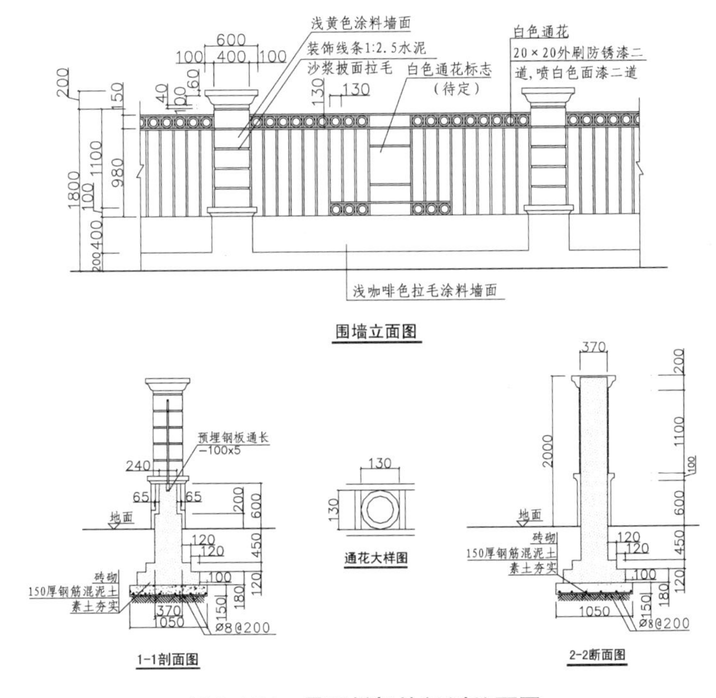

图 2-4-74　景观栏杆的剖(断)面图

巩固训练

抄绘某景观建筑的施工图，对照景观建筑实物分析其构造特点，掌握景观建筑剖面图和断面图绘制方法与识读技巧。

自测题

1. 什么是景观建筑剖面图？绘制景观建筑剖面图有哪些规定？怎样标注景观建筑剖面图的尺寸？

2. 什么是景观建筑断面图？绘制景观建筑断面图有哪些规定？怎样标注景观建筑断面图的尺寸？

3. 景观建筑剖面图与断面图有什么区别？

4. 剖面图有哪几种？它们各有哪些特点？如何标注？

5. 断面图有哪几种？它们各有哪些特点？如何标注？

项目5
植物景观设计图的绘制与识读

能准确识读并能规范、美观地绘制各类主要的植物景观设计图（平面图、立面图等）；明确植物景观设计图的类型、内容与表现特征；能较熟练地绘制植物的平、立面图。

任务5.1 绘制与识读种植设计平面图

学习目标

【知识目标】

（1）了解种植设计平面图的基本知识；熟悉种植设计平面图绘制的规范和要求。

（2）掌握种植设计平面绘制的方法和技巧。

【技能目标】

（1）能识别比较复杂的种植设计平面图和施工平面图。

（2）能绘制比较简单的种植设计平面图和施工平面图。

知识准备

5.1.1 种植设计平面图基本知识

5.1.1.1 种植设计平面图表现内容、类型与特点

在植物景观设计的平面、立面和效果图中，植物要素的表现有其特殊性、丰富性和一定的规范性。植物景观设计的平面图按设计程度可分为方案设计平面图、详细设计（初步或扩初设计）平面图以及施工平面图，其表现的深度和要求也不同；从表现的形式上来看可分为简略的轮廓型平面图、普通枝叶型平面图和质地型平面图；按照范围可分为种植设计总平面图、分区设计平面图和局部设计平面详图等。

植物景观设计一般也需要与环境和其他要素相协调，形成以植物景观为主体的综合性平面图。

(1)按设计阶段和程度不同分类

①植物景观方案设计平面图　在植物景观方案设计平面图中，植物一般不标出具体的树木名称，而是标出植物的大类和基本的空间布局关系(图 2-5-1)。植物大类是指如常绿或落叶乔木、常绿或落叶灌木、花灌木、色叶树、针叶或阔叶树、竹类、棕榈科植物、地被、草坪、水生植物(浮叶、沼生、沉水植物等)；也可以进一步细分如常绿大乔木、小乔木，高灌木、矮灌木等；还可以列出基调树种和骨干树种的名称等。表达要简略，大类要明确。同时要表现出植物景观空间布局(类型与序列)的情况，如哪些是空旷空间、哪些是封闭空间、哪些是狭长形空间等要基本明确。

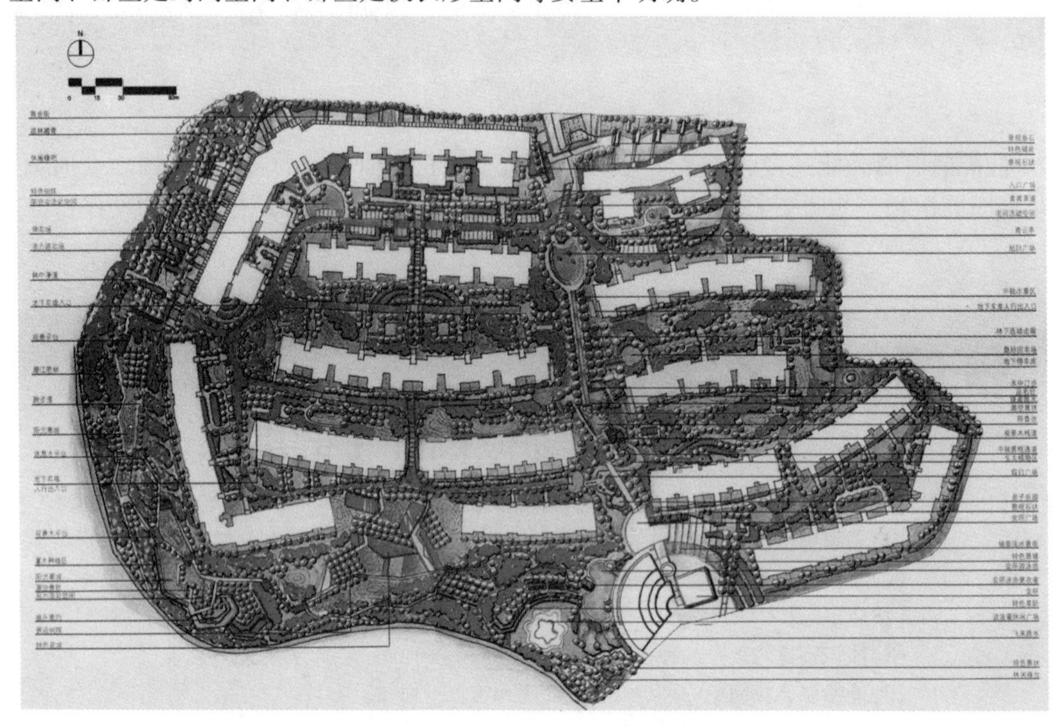

图 2-5-1　植物景观方案设计平面图的表现

②植物景观详细设计平面图　一般用 1∶500 ~ 1∶100 的比例，可绘制在一张图纸上，也可分区绘制。在方案设计基础上进行深化和细化，一般要标注树种名称及数量(图 2-5-2)。简单的设计可用文字注写在树冠线附近，较复杂的可用数字号码代表不同树种，然后表列说明树木名称和数量，相同的树木可用细线连接。

当种植设计比较简单时，如上层乔灌木和下层灌木及地被交错部分不大，基本能表达清楚植物景观的详细设计，可在同一张综合性平面图中表现出来；如上层植物与下层植物交错很多，不利于把下层灌木和地被表达清楚，则还要分别画出“上木”(上层树木)和“下木”(下层树木)平面图(图 2-5-3、图 2-5-4)。苗木名称和数量要列出，规格可标出也可以不标出(图 2-5-5)。

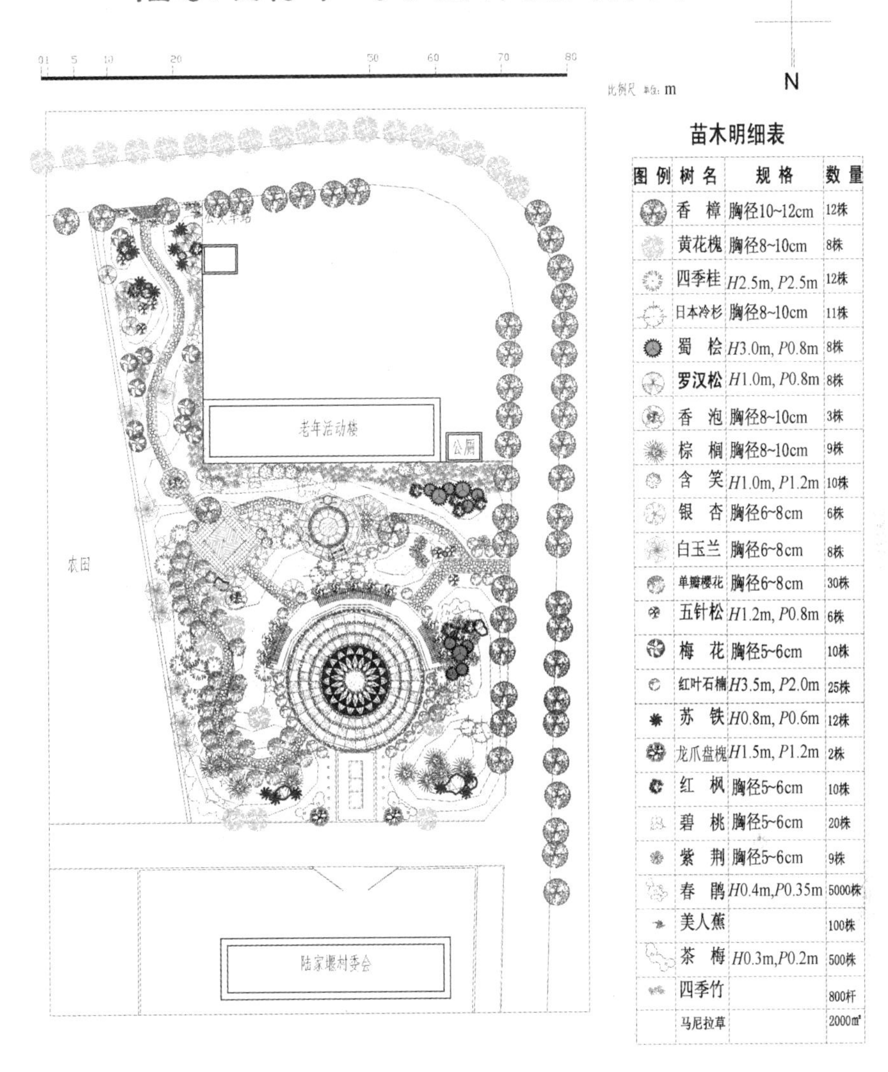

苗木明细表

图例	树名	规格	数量
	香樟	胸径10~12cm	12株
	黄花槐	胸径8~10cm	8株
	四季桂	H2.5m, P2.5m	12株
	日本冷杉	胸径8~10cm	11株
	蜀桧	H3.0m, P0.8m	8株
	罗汉松	H1.0m, P0.8m	8株
	香泡	胸径8~10cm	3株
	棕榈	胸径8~10cm	9株
	含笑	H1.0m, P1.2m	10株
	银杏	胸径6~8cm	6株
	白玉兰	胸径6~8cm	8株
	单瓣樱花	胸径6~8cm	30株
	五针松	H1.2m, P0.8m	6株
	梅花	胸径5~6cm	10株
	红叶石楠	H3.5m, P2.0m	25株
	苏铁	H0.8m, P0.6m	12株
	龙爪盘槐	H1.5m, P1.2m	2株
	红枫	胸径5~6cm	10株
	碧桃	胸径5~6cm	20株
	紫荆	胸径5~6cm	9株
	春鹃	H0.4m,P0.35m	5000株
	美人蕉		100株
	茶梅	H0.3m,P0.2m	500株
	四季竹		800杆
	马尼拉草		2000m²

图 2-5-2　植物景观详细(扩初)设计平面图的表现

③植物景观施工设计平面图　简单的植物景观设计，详细设计平面图即可以作为施工设计平面图。一般情况下也可以理解成为在详细设计平面图的基础上加上坐标或方格定位，并标明必要的施工定位尺寸等，尤其是重点植株的坐标位置应在图上标注清楚。苗木统计表要详细、准确列出树种、数量、规格和苗木来源。

(2)按设计表现手法和风格分类

①植物景观设计轮廓型平面图　一般在方案设计中应用，有时也用在详细设计平面图和施工图设计中，主要用圆圈和圆心点来表示。圆圈是树木树冠平面投影的抽象和简化，圆心表示树干或种植点位置。常绿树有时可加绘斜线来表示，也可以用不同色彩及浓淡来表现不同的类型(图 2-5-6)。这种表现快速、简练，但树木种类不容易区分，也缺少层次性，美感上略显不足。

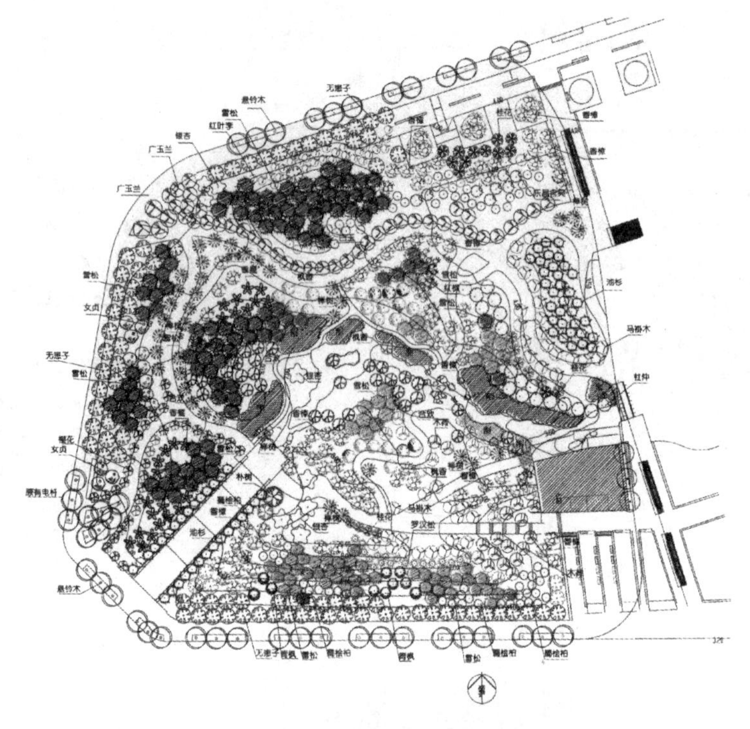

图 2-5-3　某自然生态园植物景观之上木设计图

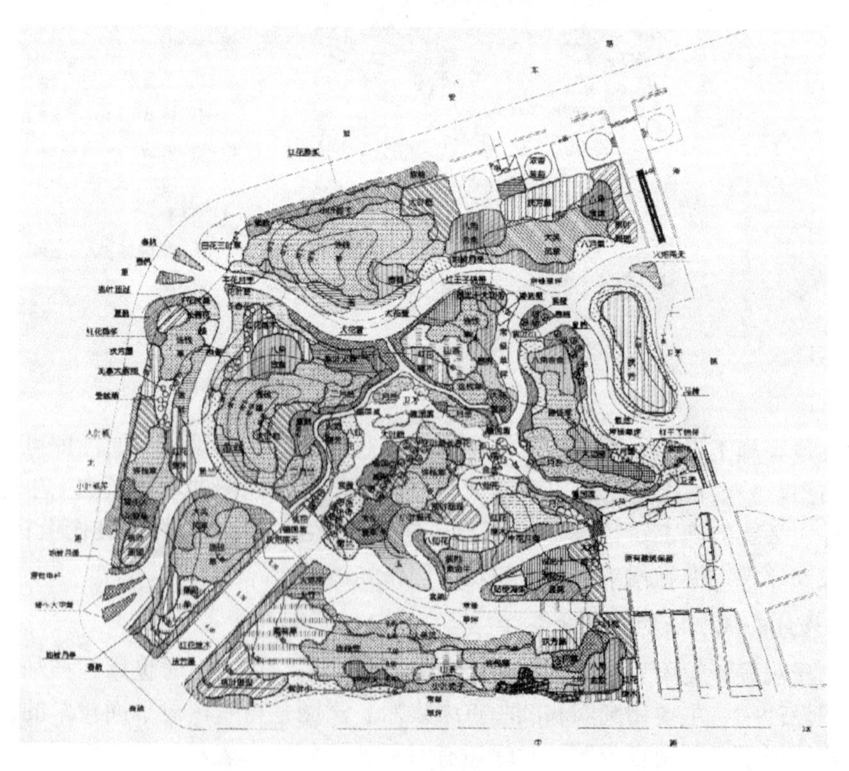

图 2-5-4　某自然生态园植物景观之下木设计图

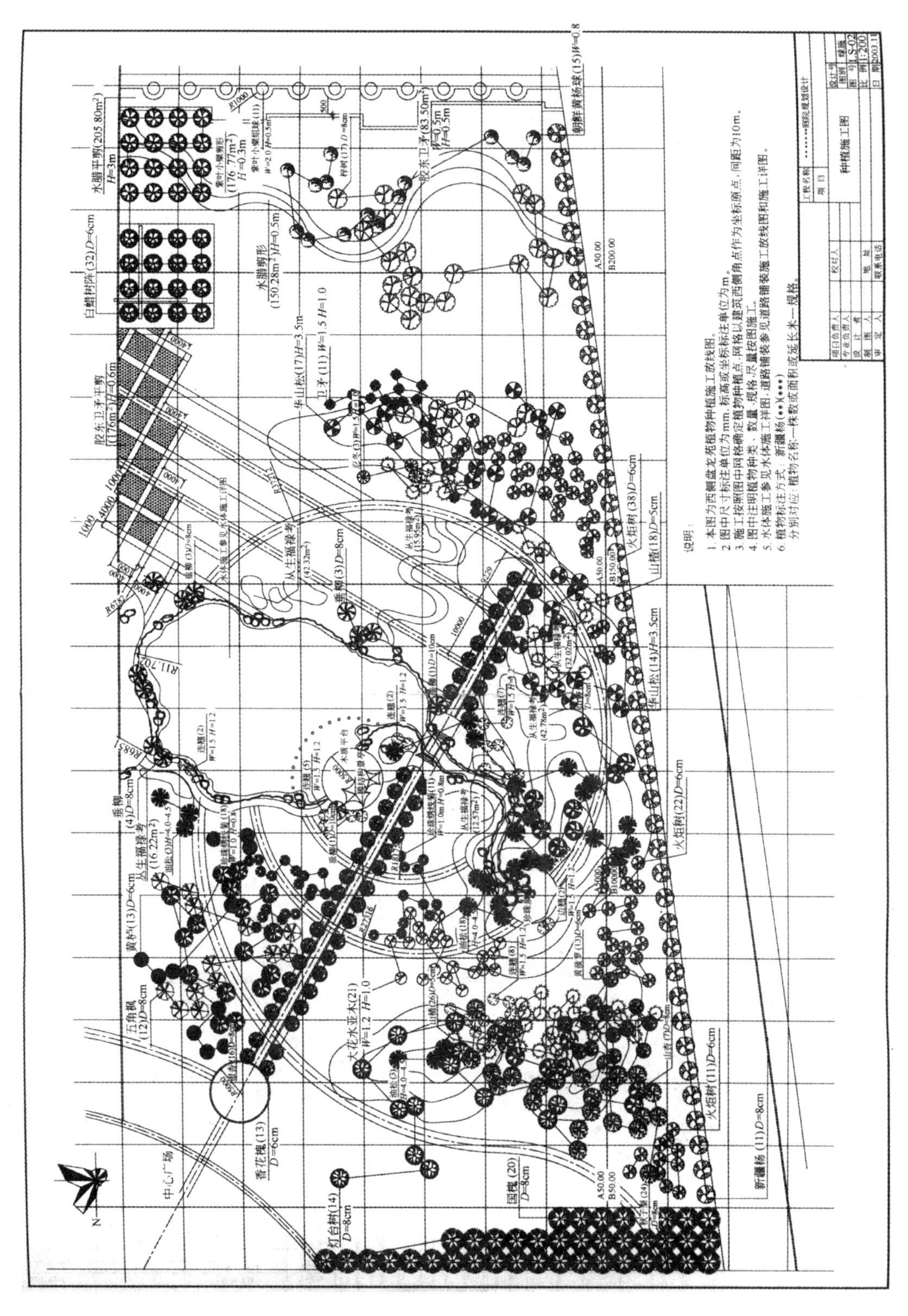

图 2-5-5　植物种植施工图

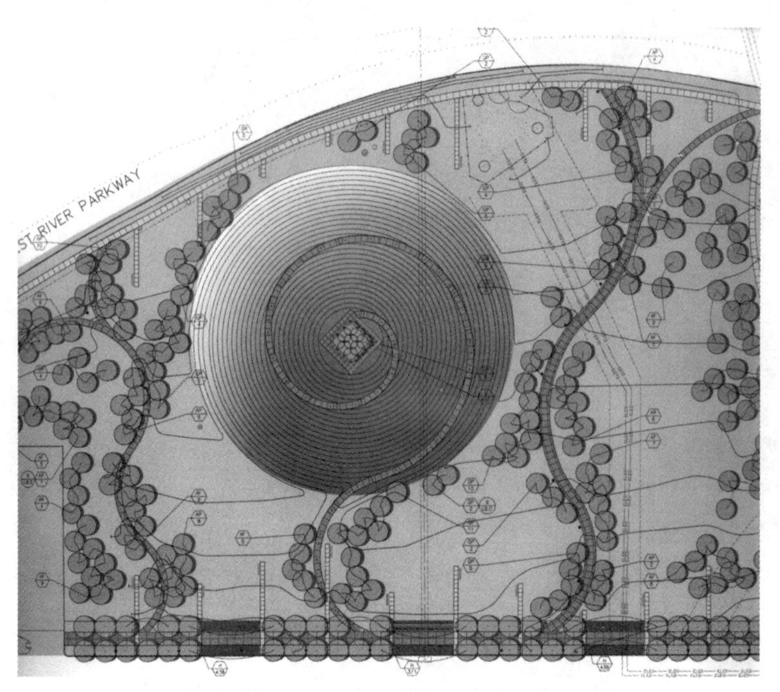

图 2-5-6　植物平面采用树冠抽象轮廓来表现

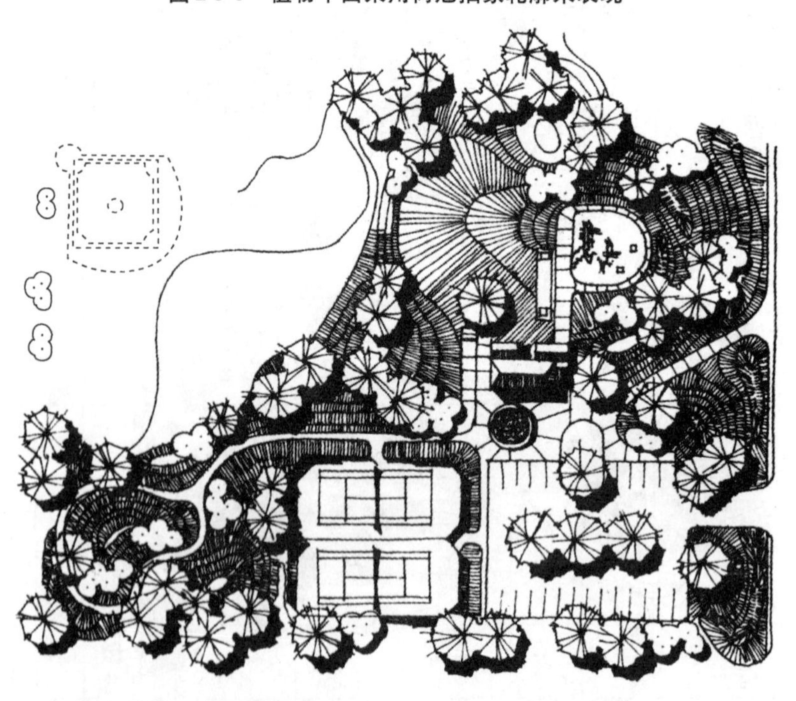

图 2-5-7　植物平面采用简洁枝叶投影来表现

②植物景观设计普通枝叶型平面图　在轮廓型的基础上加绘枝条，或者主要以主干和枝条来表现树木平面，增加区分度和层次性，纯枝条的平面一般表现落叶乔灌木，枝条和树冠轮廓结合的枝叶型平面一般表现常绿乔灌木；针叶树和阔叶树用不同的表现形式(图 2-5-7、图 2-5-8)。这种表现形式是最常见和基本的表现类型。

③植物景观设计质地型平面图　是枝叶型表现的细致和深化，并且是对不同树木类型特点的比较准确的概括和描绘，能比较细腻明确地表现出树木的不同类型，甚至能较为准确地表现出特定的树种如雪松、龙柏、松、竹类和棕榈科植物等；缺点是费时费力。手绘平面图和用 Photoshop(以下简称 PS)绘制的平面又有所不同，手绘可以稍微简略些，只要花工夫也可以绘制得比较细腻(图 2-5-9)；PS 图可以直接用植物的俯视照片来表现，更加逼真(图 2-5-10)。

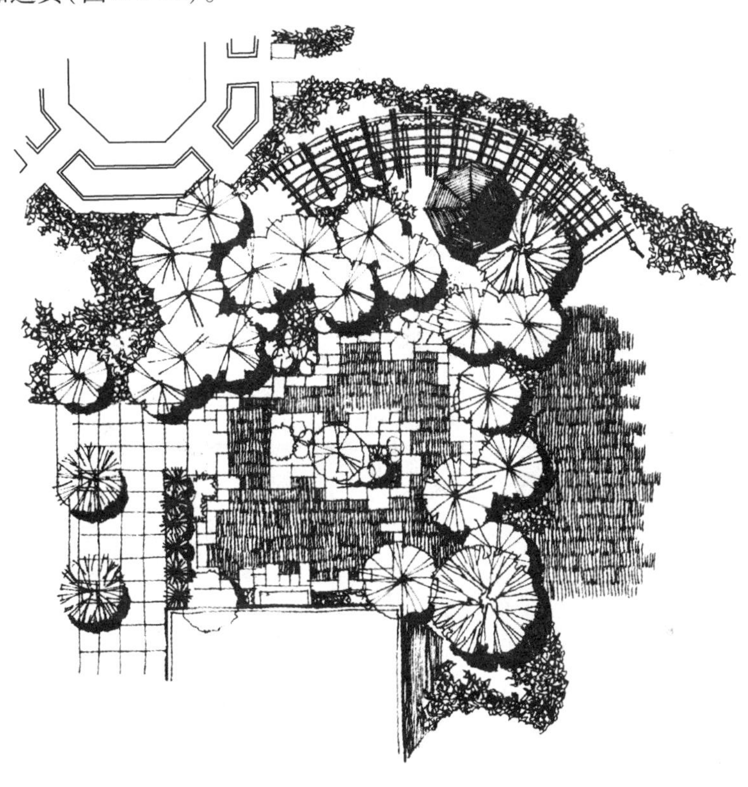

图 2-5-8　植物平面采用较为细致的枝叶投影来表现

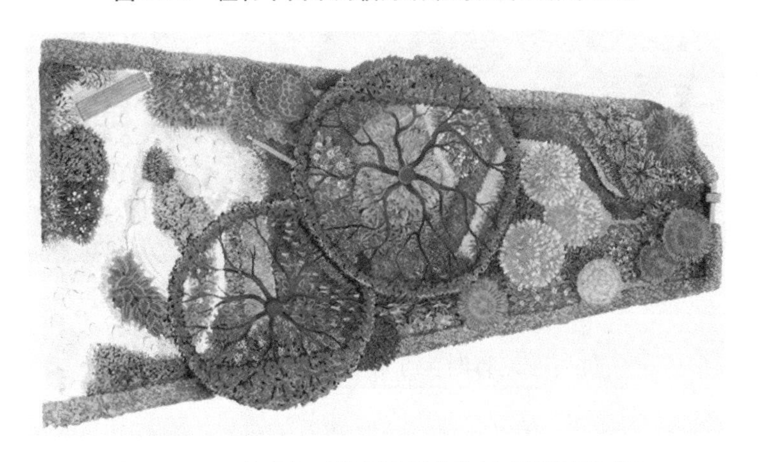

图 2-5-9　手绘很细致的质地型植物景观设计平面图

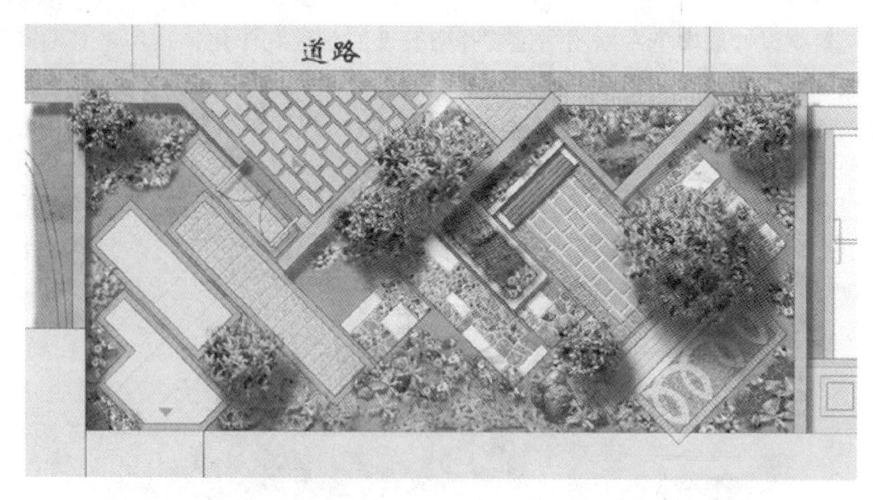

图 2-5-10 用 PS 绘制的很细致的质地型植物景观设计平面图

图 2-5-11 种植设计总平面图

以上几种植物景观平面表现，有时为了增加层次和体积感，增强表现力，可以加绘阴影。

(3)按设计表现范围和设计深度分类

设计范围不同，设计深度自然也有区别。设计深度一方面受设计阶段的影响，阶段不同，深度不同；另一方面受设计范围的影响，设计范围越大，设计深度一般越浅。因

此，设计总平面图到分区及局部平面图，其设计范围从大到小，而设计深度越来越深，这样才能把各部分的植物景观设计表达清楚。

①种植设计总平面图　整个设计项目的植物景观设计总体平面图(图2-5-11)。

②种植设计分区平面图　将总体平面图分成若干分区(如不同的功能或景观分区)，再将每个分区放大画出比较详细的设计平面图(图2-5-12)。

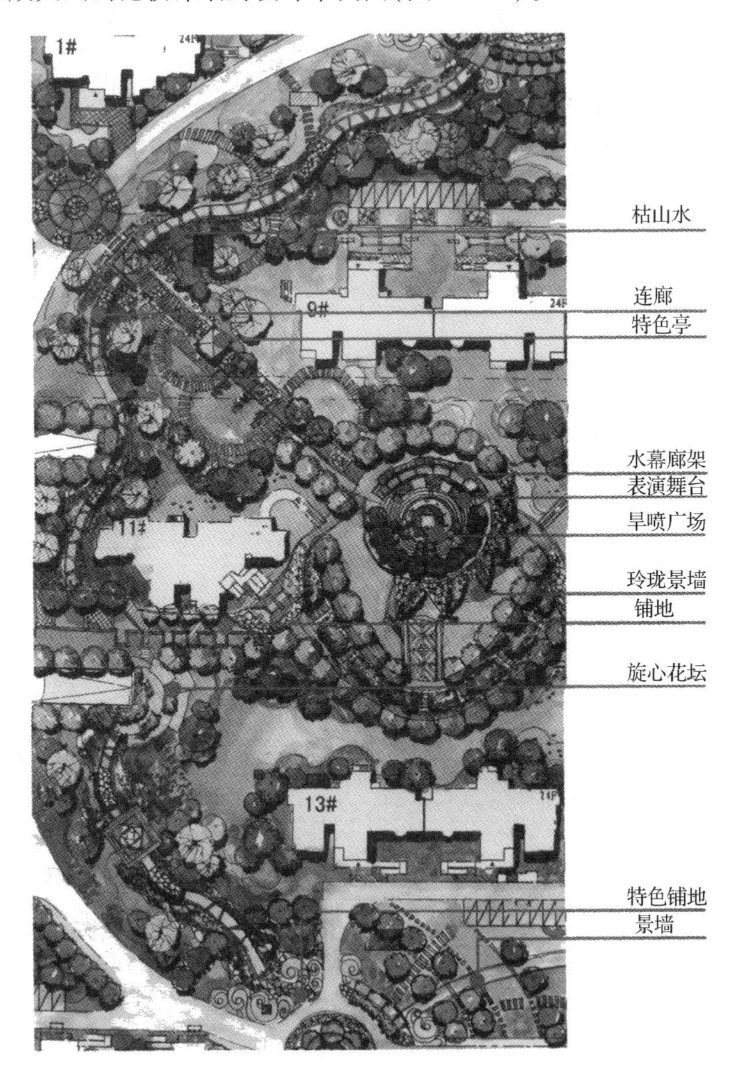

图2-5-12　植物景观设计某区域平面图

③种植设计局部(节点)平面详图　在分区平面图的基础上，将关键部分或者比较复杂的部分再放大，画出详细的平面图。如图2-5-13所示，在方案设计中，通常要画出该节点的景点透视图；在施工图绘制中要精确标注坐标尺寸及具体的植物名称、数量和规格等。在实际设计中硬质景观部分也不能割裂开来，也要画到相对应的程度，但应侧重植物的设计和标注。

不论方案设计图还是施工图设计，一般都有总平面、分区平面及局部平面详图之分。

图 2-5-13　某局部(节点)平面详图

5.1.1.2　种植设计平面图墨线图表现示例

如图 2-5-14 至图 2-5-17 所示，平面墨线图可以单纯地用点、线、面来表示，为了更好地表现层次和体积感，一般可用黑、白、灰 3 种调子来体现，黑和灰的表现可采用疏密交错打线的方法来表现。树木平面可用轮廓型、枝叶型及质地型来表现。

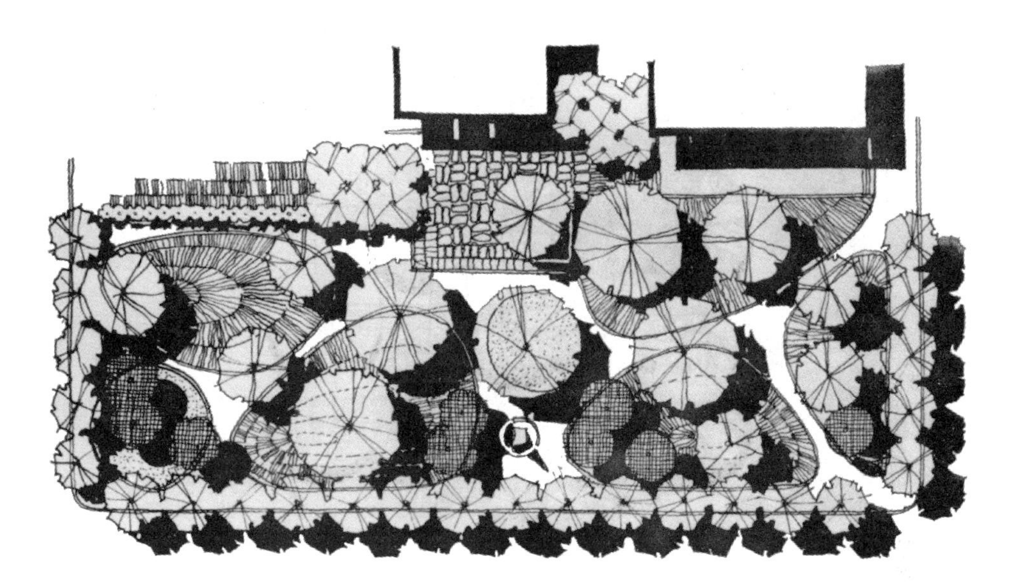

图 2-5-14　平面表现图示例(1)

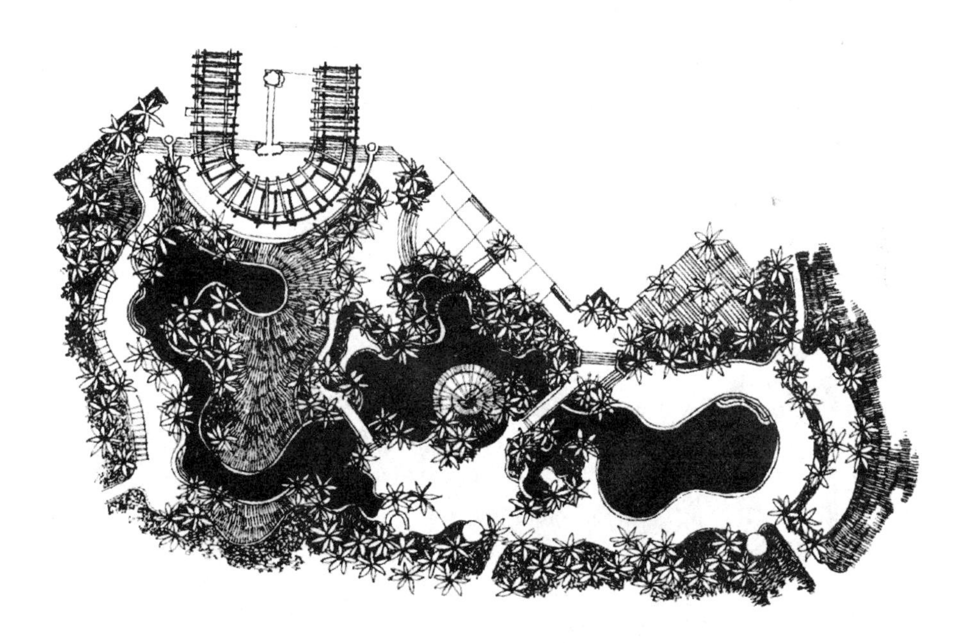

图 2-5-15　平面表现图示例(2)

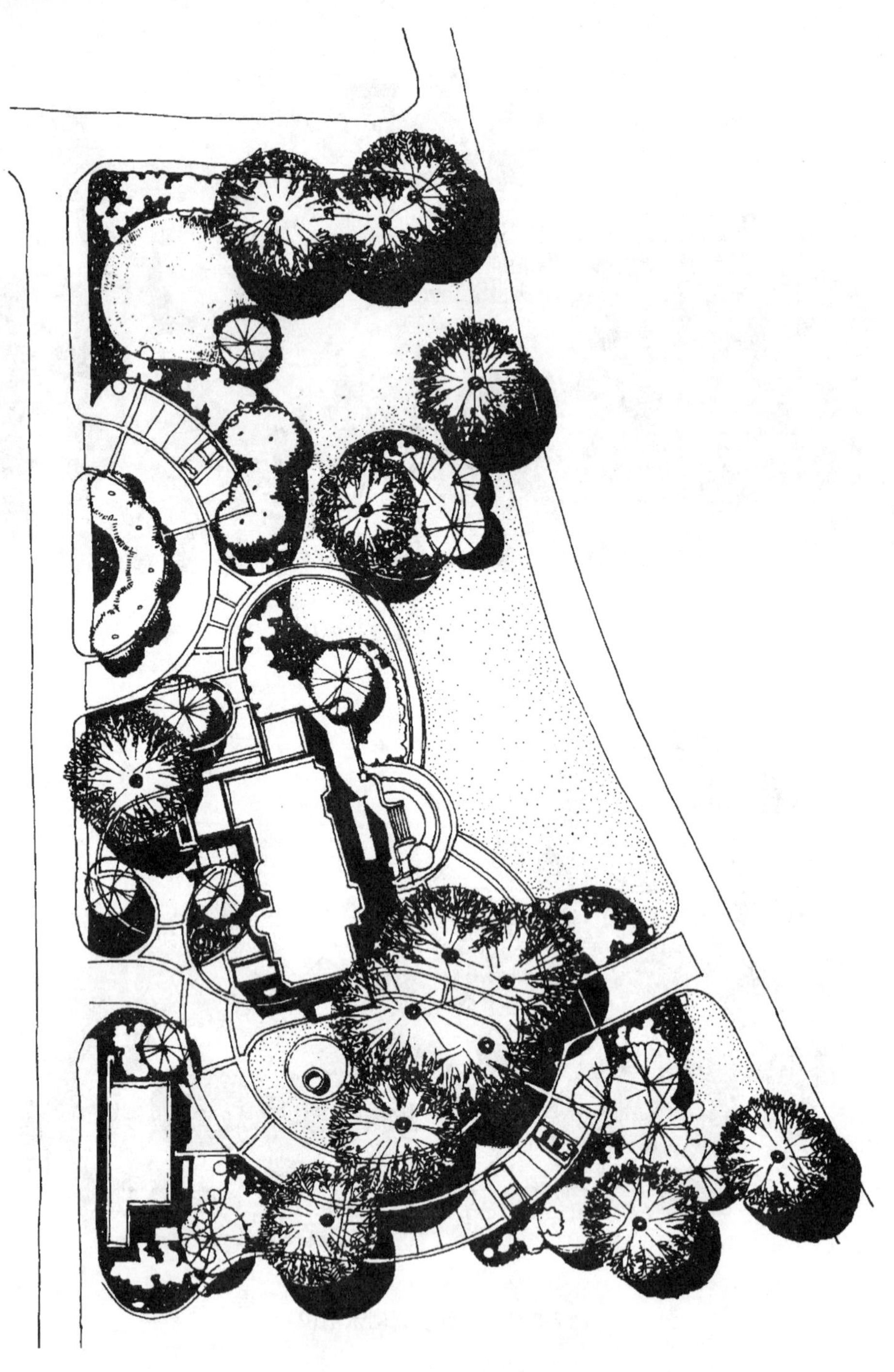

图 2-5-16　平面表现图示例(3)

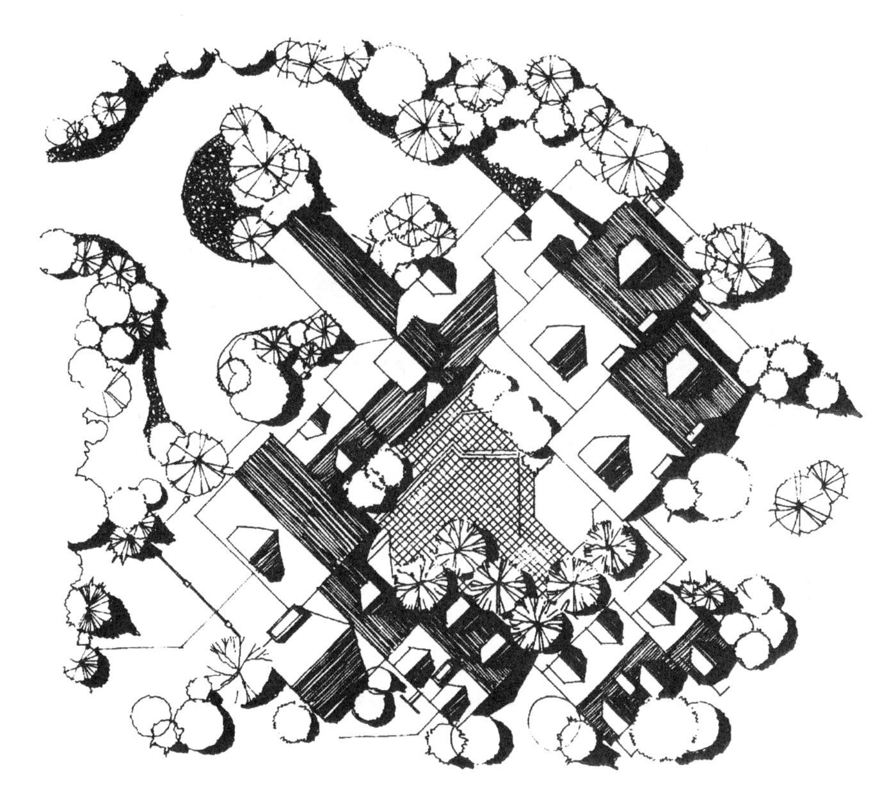

图 2-5-17 平面表现图示例(4)

5.1.2 种植设计平面图表示方法

园林植物是园林设计中应用最多，也是最重要的造园要素。园林植物的分类方法较多，这里根据各自特征，将其分为乔木、灌木、攀缘植物、竹类、花卉、绿篱和草地七大类。这些园林植物由于它们的种类不同，形态各异，因此画法也不同。但一般都是根据不同的植物特征，抽象其本质，形成“约定俗成”的图示来表现的。这些图按投影原理画，经过抽象和适当的形象化而成，有一定的规范性，但也有一定的随意性。

(1)树木的表示方法

园林植物的平面图是指园林植物的水平投影图(图 2-5-18)。一般都采用图例概括地表示，其方法为：用圆圈表示树冠的形状和大小，用黑点表示树干的位置及树干粗细，如图 2-5-19 所示。树冠的大小应根据树龄按画出，成龄的树冠大小如表 2-5-1 所示。

表 2-5-1 成龄树的树冠冠径

m

树 种	孤植树	大乔木	中小乔木	常绿乔木	花灌丛	绿 篱
冠 径	10 ~ 15	5 ~ 10	3 ~ 7	4 ~ 8	1 ~ 3	单行宽度：0.5 ~ 1.0 双行宽度：1.0 ~ 1.5

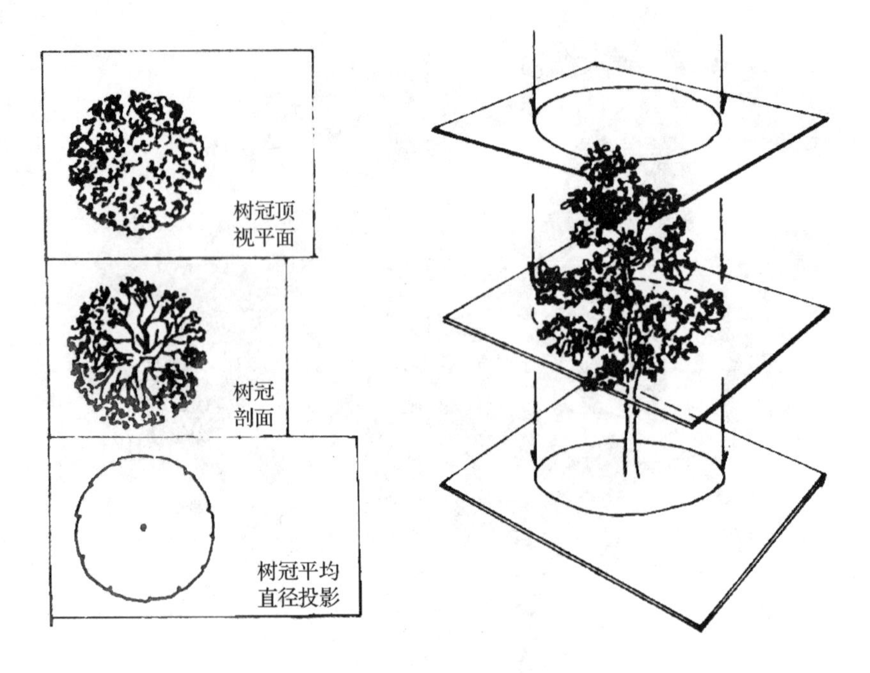

图 2-5-18　树木平面表示类型

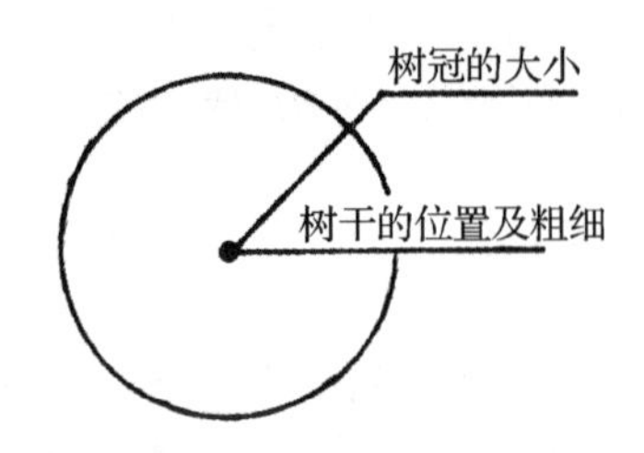

图 2-5-19　树木的平面表示方法

树木绘制为了风格、特色和美观表达的需要可以分为以下几种类型(图 2-5-20)：

①轮廓型　树木平面只用线条勾勒出轮廓，线条可粗可细，轮廓可光滑，也可带有缺口或尖突。

②分枝型　在树木平面中只用线条的组合表示树枝或枝干的分叉。

③枝叶型　在树木平面中既表示分枝又表示冠叶，树冠可用轮廓表示，也可用质感表示。这种类型可以看作是其他几种类型的组合。

④质感型　在树木平面中只用线条的组合或排列表示树冠的质感。

为了能够更形象地区分不同的植物种类，常以不同的树冠线型来表示(图 2-5-21)：针叶树常以带有针刺状的树冠来表示，若为常绿针叶树，则在树冠线内加画平行的斜线；阔叶树的树冠线一般为圆弧线或波浪线，且常绿的阔叶树多表现为浓密的叶子，或在树冠内加画平行斜线，落叶的阔叶树多用枯枝表现。

树木平面画法并无严格的规范，实际工作中根据构图需要，可以创作出许多画法。当表示几株相连的相同树木的平面时，应互相避让，使图面形成整体(图 2-5-22)。当表

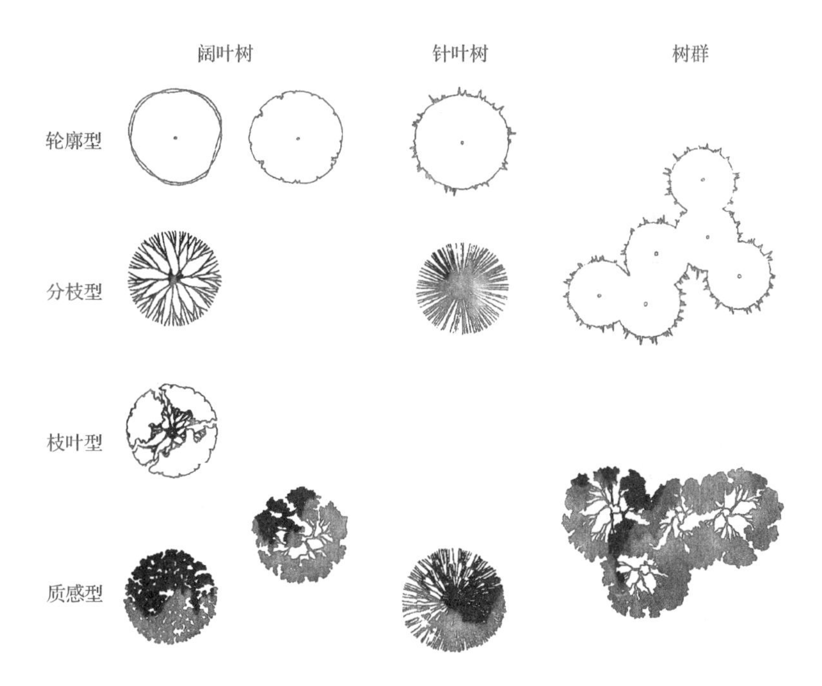

图 2-5-20 树木的4种平面表示类型

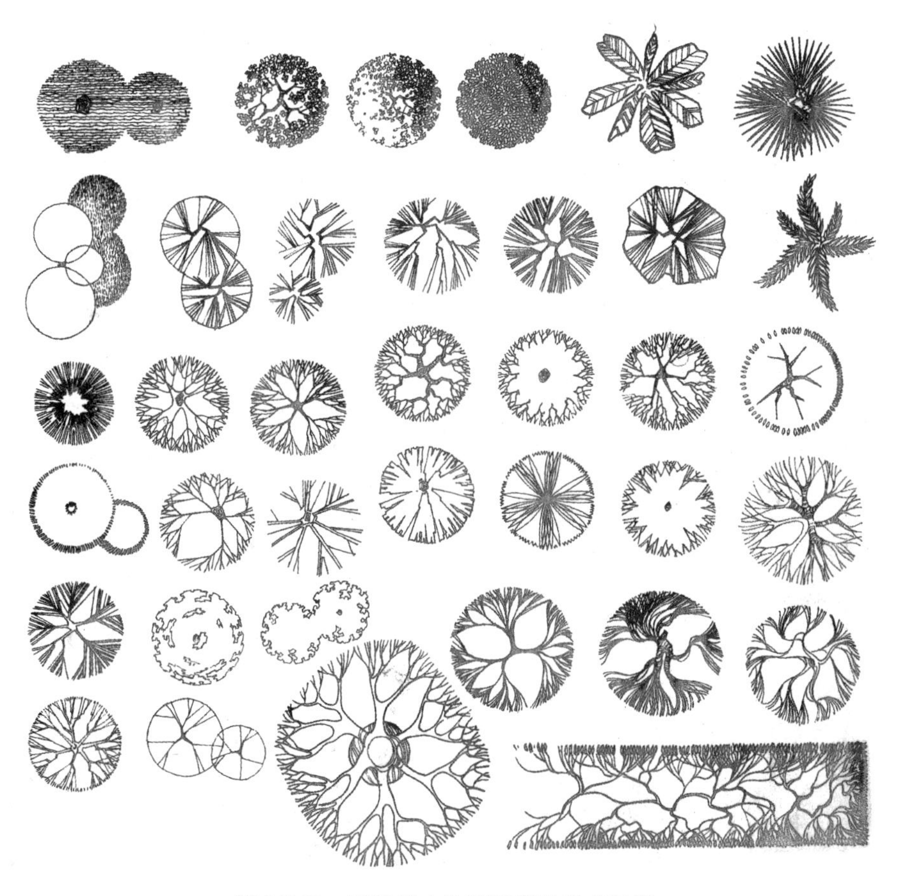

图 2-5-21 不同树木的平面表示形式示例

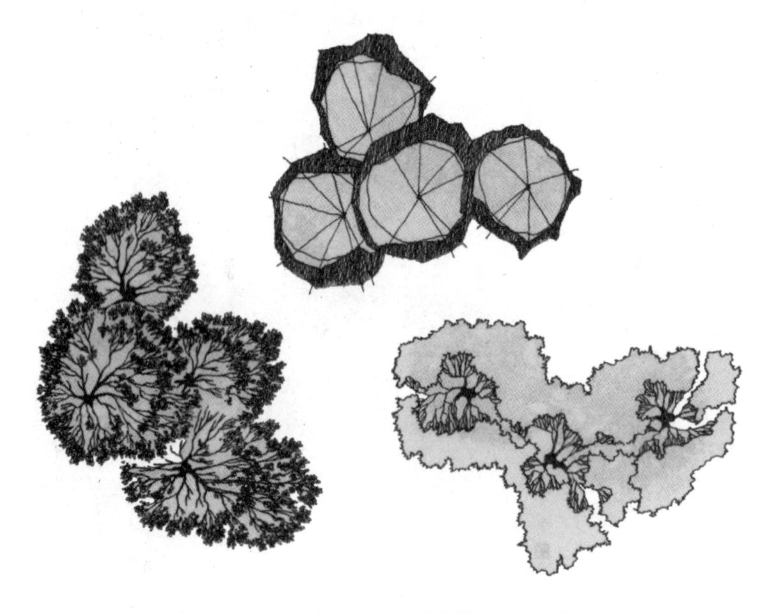

图 2-5-22 相同相连树木的平面画法

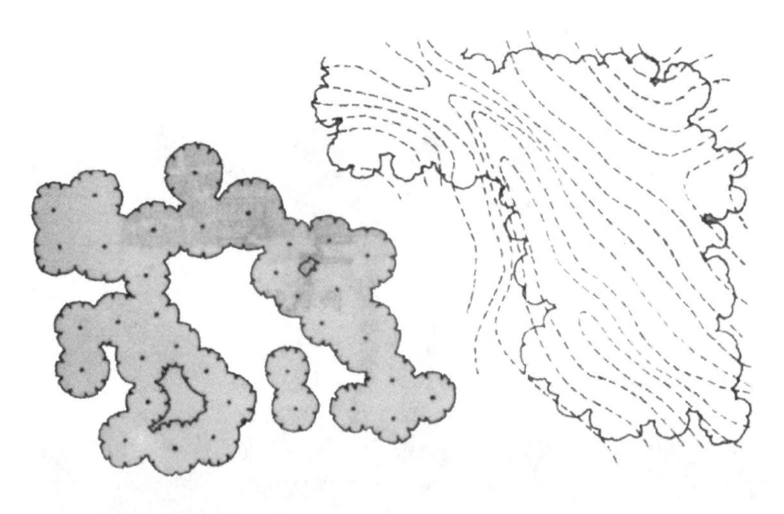

图 2-5-23 大片树木的平面表示法

示成群树木的平面时可连成一片。当表示成林树木的平面时可只勾勒林缘线(图 2-5-23)。

(2)灌木和地被物的表示方法

灌木没有明显的主干，平面形状有曲有直。自然式栽植灌木丛的平面形状多不规则，修剪的灌木和绿篱的平面形状多规则或不规则但平滑。灌木的平面表示方法与树木类似，通常修剪的大规模灌木可用轮廓、分枝或枝叶型表示，不规则形状的灌木平面宜用轮廓型和质感型表示，表示时以栽植范围为准。由于灌木通常丛生，没有明显的主干，因此灌木平面很少会与树木平面混淆(图 2-5-24)。

地被物宜采用轮廓勾勒和质感表现的形式。作图时应以地被栽植的范围为依据，用不规则的细线勾勒出地被的范围轮廓。

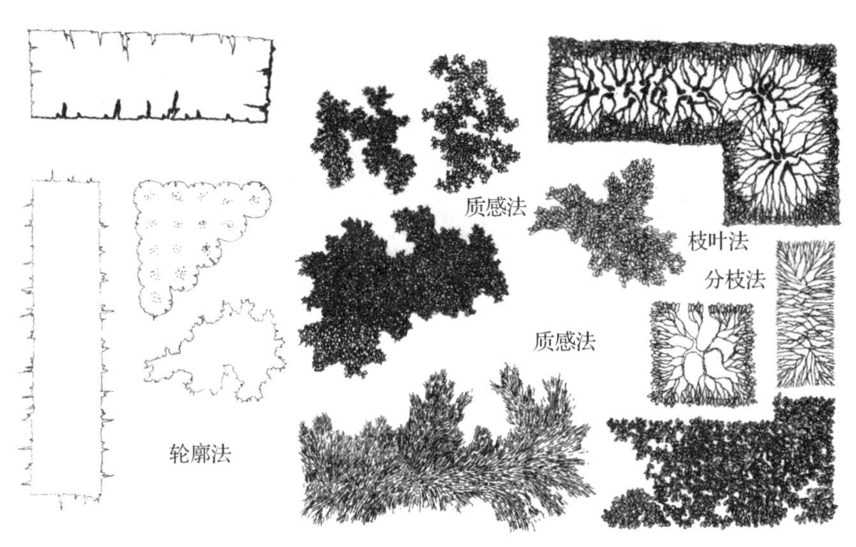

图 2-5-24　灌木与地被表示法

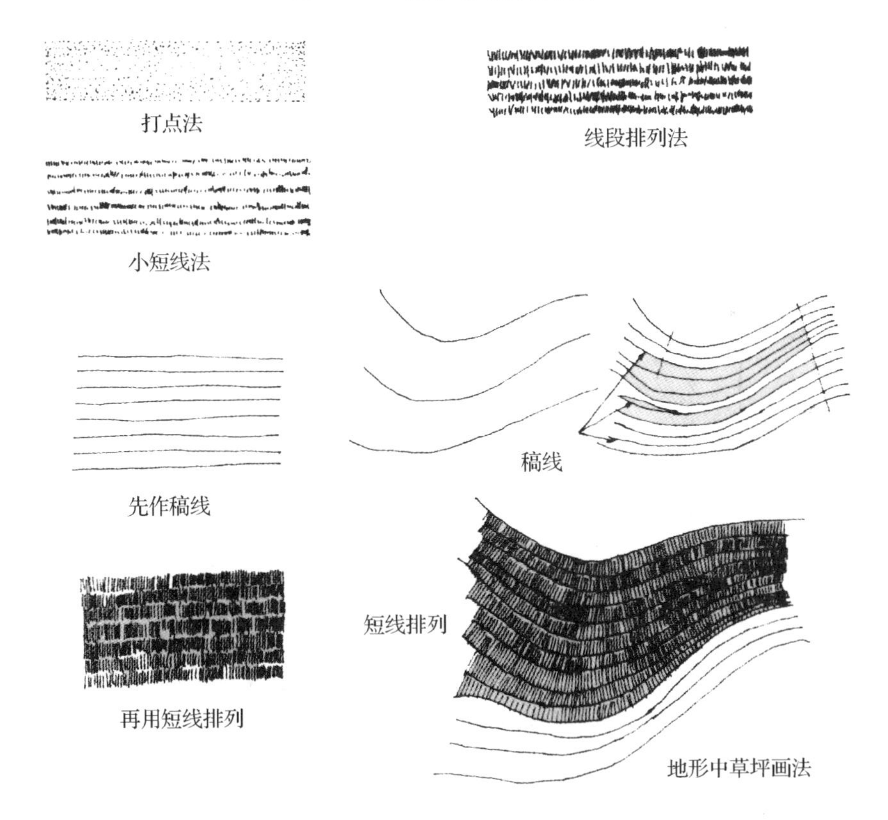

图 2-5-25　草坪的表示法

(3) 草坪和草地的表示方法

草坪和草地的表示方法很多，下面介绍一些主要的表示方法(图 2-5-25)：

①打点法　是较简单的一种表示方法。用打点法画草坪时所打的点的大小应基本一致，无论疏密，点都要打得相对均匀。

②小短线法　将小短线排列成行，每行之间的间距相近，排列整齐，可用来表示草坪；排列不规整的可用来表示草地或管理粗放的草坪。

③线段排列法　是最常用的方法，要求线段排列整齐，行间有断断续续的重叠，也可稍留些空白或行间留白。另外，也可用斜线排列表示草坪，排列方式可规则，也可随意。

任务实施

1. 绘制工具

圆模板、铅笔和墨水笔、图板、丁字尺、三角板和多用圆规等，图纸可用 A4 ~ A2 幅面的，课堂训练可用普通白纸，最好用打印纸；绘制正图应采用专用制图纸。

2. 绘制方法

（1）绘制步骤

如画纯植物平面，可用铅笔借助圆模板先画出圆点和圆周，以控制植物种植点和平面大小；再根据植物类型用墨线笔徒手画出植物平面图例。如画种植总平面图，应先利用相关工具画出建筑、道路和水体，再确定植物位置和大小，然后手绘完成。

种植设计图一般用 1∶500 ~ 1∶100 的比例，可绘制在一张图纸上，也可分区绘制。种植设计图主要是平面图，游园中的树丛、树群及花坛设计应配以透视图或立面图，以反映树木的配合。绘图步骤如下：

①用粗绘图笔描建筑平面，中粗笔画道路、水池等构筑物，红钢笔画管线平面位置。

②确定各种树木的种植位置，根据设计要求，在图纸上标出种植位置。

③分别画出不同树种的树冠线，树冠的平面符号应能在图纸上区分大乔木、中小乔木、常绿针叶树、花灌木等。

④标注树种名称及数量。简单的设计可用文字注写在树冠线附近，较复杂的种植设计，可用数字号码代表不同树种，然后表列说明树木名称和数量。相同的树木可用细线连接。

⑤注明株行距和定点放线的依据。成排种植的树木，在种植地段上标注几处即可。要把自然种植的树木之间的距离都标注在图纸上是很困难的，这时只标注重点树木的施工定点尺寸，一般树木可根据地物与自然点的大致距离来确定种植位置。也可以在种植设计图上按一定距离画方格网，这时重点树的坐标位置也应在图上标注清楚。

⑥在图纸空白处作苗木统计表，表明树种、数量、规格和苗木来源。

⑦写设计说明，画指北针、比例尺和图签。

（2）现状植物的表示

如果基地中有需要保留的植被，应该使用测量仪器测出设计范围内保留植被种植点的坐标数据，叠加在现状地形图上，绘出准确的植物现状图，利用此图指导方案的实施。在施工图中，用乔木图例内加竖细线的方法区分原有树木与设计树木，再在说明中讲明其区别(如果国家制图规范有此规定，则不必再加文字说明)。

（3）图例及尺寸标注

植物种植形式可分为点状种植、片状种植和草皮种植 3 种类型，从简化制图步骤和

方便标注角度出发，可用不同的方法进行标注。

①行列式栽植　行列式栽植形式(如行道树，树阵等)可用尺寸标注出株行距，始末树木种植点及其与参照物的距离。

②自然式栽植　自然式栽植形式(如孤植树)，可用坐标标注种植点的位置或采用三角形标注法进行标注。孤植树往往对植物的造型、规格的要求较严格，应在施工图中表达清楚，除利用立面图、剖面图表示外，可与苗木表相结合，用文字来加以标注。

片植、丛植：施工图应绘出清晰的种植范围边界线，标明植物名称、规格、密度等。对于边缘线呈规则的几何形状的片状种植，可用尺寸标注方法标注，为施工放线提供依据，而对边缘线呈不规则曲线的片状或图案种植，应绘坐标网格，并结合文字标注(图2-5-26、图2-5-27)。

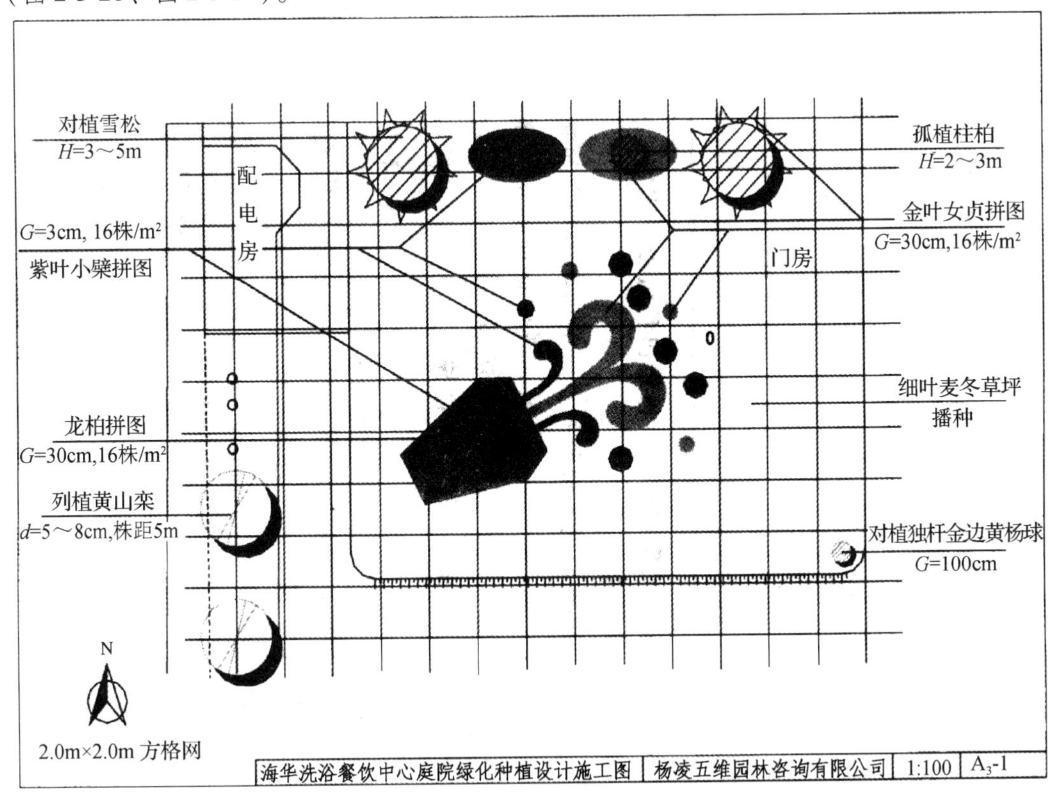

图2-5-26　拼图灌木施工放样图

草皮种植：草皮用打点的方法表示，应标明草种名及种植面积等。设计范围的面积有大有小，技术要求有繁有简，如果都只画一张平面图很难表达清楚设计思想与技术要求，制图时应区别对待。对于景观要求细致的种植局部，施工图应有表达植物高低关系、植物造型形式的立面图、剖面图、参考图或通过文字说明与标注。

此外，对于种植层次较为复杂的区域应该绘制分层种植图，即分别绘制上层乔木的种植施工图和中下层灌木、地被等的种植施工图，其绘制方法与要求同上。

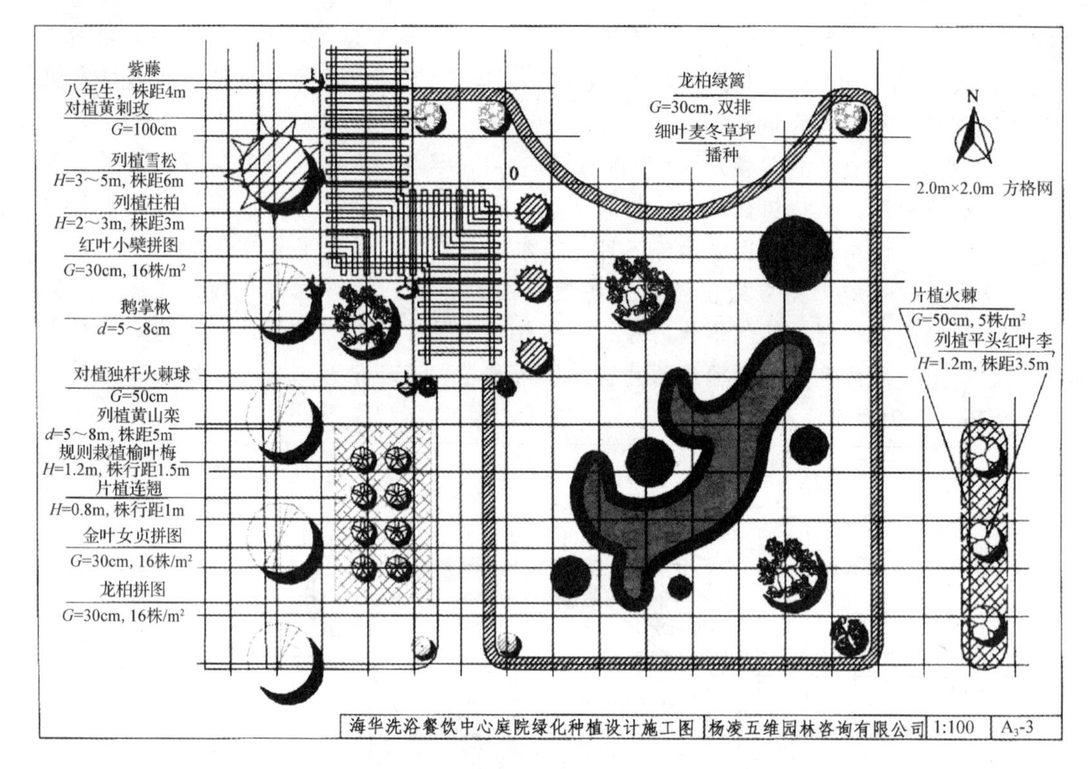

图2-5-27　不规则片状灌木施工放样图

3. 识读技巧

先明确图中建筑、道路和水体，再明确哪些是植物平面，然后辨别乔木、灌木、地被和草坪。乔木和灌木通常有常绿和落叶、阔叶和针叶之分，如有文字说明和标注，应以文字说明和标注为准。

知识拓展

《风景园林图例图示标准》植物平面部分

园林植物种类繁多，形态千变万化，其表达方法也是五花八门。本章图例仅取以最常用、最基本统一的部分，内容上分为乔木、灌木、绿篱、竹类、花卉、草皮及特种植物。凡未列入内容可按各地区的实际需要加以补充。

图例1～14　为乔木、灌木图例，其中又分为单株、疏林、树林、落叶与常绿、阔叶与针叶。凡落叶乔、灌木图例均不加45°细斜线；凡常绿乔、灌木应加上45°细斜线。凡阔叶树的图例外轮廓线为圆形或弧裂形线；凡针叶树的图例外轮廓线为锯齿形线或斜刺形线。凡乔木图例外形呈圆形，灌木图例外形呈不规则曲线形。图中左图为简化型图例，右图为变化型图例。

图例7～10　为阔叶及针叶乔木的疏林及密林的图例，其区别是疏林图例中留有一定的空隙，而密林图例中不留空隙。

图例11～14　为落叶及常绿灌木的疏林及密林的图例，其区别同上。如要表明观花灌木，可插入小圆符号。

图例15、16　为自然形绿篱与整形绿篱的图例，其区别是整形绿篱符号中加席纹线。

图例7　泛指装饰路边或花坛边缘的带

状花卉。

图例18、19 为草本花卉的图例，为区分一、二年生草本花卉及多年生、宿根草本花卉。前者均布小圆符号，后者均布三叶形符号。

图例20、21 为草皮图例。缀花草皮图例为草皮图例中插入花形符号。

图例22～27 为常见的特种植物的图例，其图例主要表示特种植物的形态特征。

图例22 整形树木为规则的圆形符号。

图例23 竹丛为“个”字形组合或外廓线形态。

图例24 棕榈植物为阔叶形符号。

图例25 仙人掌植物为曲线带刺形符号。

图例26 藤本植物为卷曲线符号。

图例27 水生植物为漂浮形符号。

序　号	名　称	图　例	说　明
1	落叶阔叶乔木		1～14中落叶乔、灌木均不填斜线；长绿乔、灌木加画45°细斜线。阔叶树的外围线用弧裂形或圆形线；针叶树的外围线用锯齿形或斜刺形线。乔木外形成圆形；灌木外形成不规则形乔木图例中粗线小圆表示现有乔木，细小十字表示设计乔木。灌木图例中黑点表示种植位置。凡大片树林可省略图例中的小圆、小十字及黑点
2	长绿阔叶乔木		
3	落叶针叶乔木		
4	长绿针叶乔木		
5	落叶灌木		
6	常绿灌木		
7	阔叶乔木疏林		
8	针叶乔木疏林		常绿林或落叶林根据图面表现的需要加或不加45°细斜线
9	阔叶乔木密林		
10	针叶乔木密林		

（续）

序　号	名　称	图　例	说　明
11	落叶灌木疏林		
12	落叶花灌木疏林		
13	长绿灌木密林	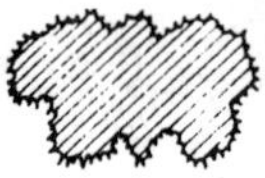	
14	长绿花灌木密林		
15	自然形绿篱		
16	整形绿篱		
17	镶边植物		
18	一、二年生草本花卉	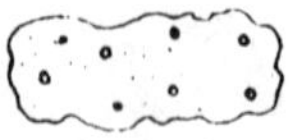	
19	多年生及宿根草本花卉		
20	一般草皮	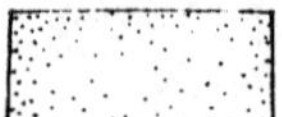	

（续）

序　号	名　称	图　例	说　明
21	缀花草皮		
22	整形树木		
23	竹丛		
24	棕榈植物		
25	仙人掌植物		
26	藤本植物		
27	水生植物		

巩固训练

课外抄绘由老师提供的典型植物景观设计平面样图一张，幅面大小为A3。

自测题

1. 植物平面与建筑平面形成的原理和表现有什么异同点？
2. 不同类型植物的平面表现如何区分？
3. 如何把握植物平面表现的规范性和灵活性？

任务 5.2 绘制与识读植物景观设计立（剖）面图

学习目标

【知识目标】

(1)了解植物景观设计立(剖)面图形成的基本原理和知识；熟悉植物景观设计立(剖)面图平面绘制的规范和要求。

(2)掌握植物景观设计立(剖)面图绘制的方法和技巧。

【技能目标】

(1)能识别比较复杂的植物景观设计立(剖)面图和施工立(剖)面图。

(2)能绘制比较简单的植物景观设计立(剖)面图和施工立(剖)面图。

知识准备

5.2.1　植物景观设计立(剖)面图的基本知识

5.2.1.1　植物景观的立面示例

在园林设计图表现中，植物景观设计、建筑和环境的绿化配景的立面图和透视图中，都要用到植物的立面效果(图 2-5-28、图 2-5-29)。在一般的立面图中，植物立面的明暗对比、立体感和层次感可表现得弱一些，在透视图中，植物的立面效果要表现得强一些。

图 2-5-28　植物在景观立面图中的立面效果

图 2-5-29 植物在景点透视图中立面效果

植物有大小、形态、色彩、质感和常绿与落叶之分，在表现的时候要根据景观设计的需要，树木的特点进行刻画。树木的分枝和叶的多少决定了树冠的形状和质感。当小枝密集、叶繁茂时，树冠的团块体积感强，小枝通常不易见到。树冠的质感可用短线排列、叶形组合或乱线组合法表现。其中，短线排列法常用于表现松柏类的针叶树，也可表现近景叶形相对规整的树木；叶形或乱线组合法常用于表现阔叶树，其适用范围较广，如近景中叶形不规则的树木多用乱线组合法表现。应根据树木的种类、远近、叶的特征选择适合的表示方法。

自然界树木千姿百态，由于树种的不同，其树形、树干纹理、枝叶形状表现出不同的特征。为了在以后的工作中更准确的表达设计意图，初学者需对树木的不同形态特征作深入的了解(图 2-5-30 至图 2-5-33)。

图 2-5-30 各种树形示例

图 2-5-31　枝干型树形示例

图 2-5-32　特殊型树形示例

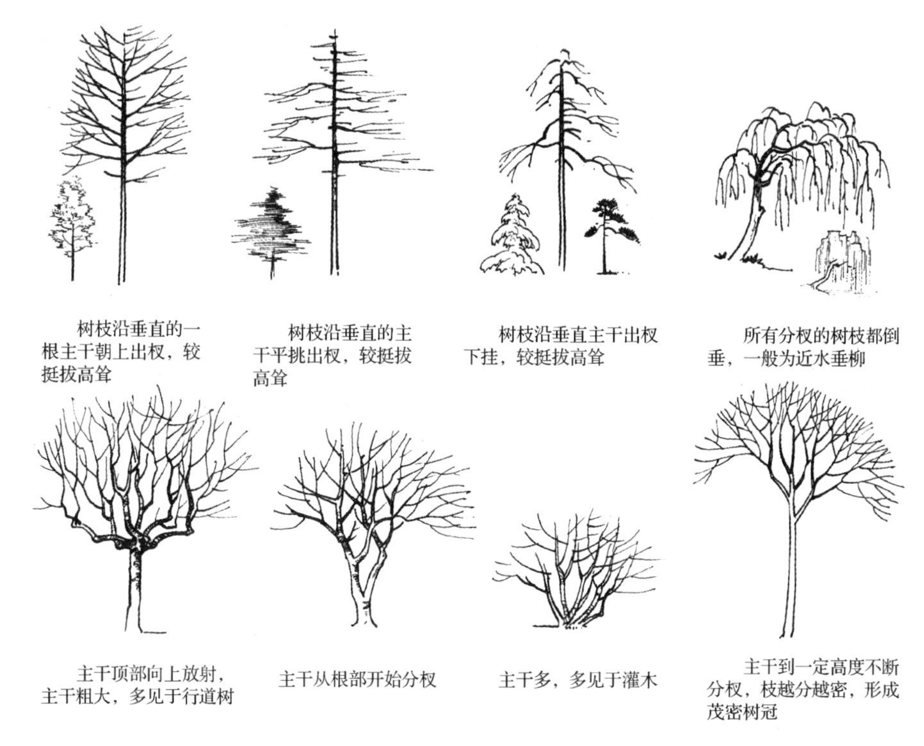

图 2-5-33　树干的结构形态

5.2.1.2　植物景观的剖面示例

在设计图中，植物本身不画剖面，因为没有意义，但植物与其他要素组成的景观有时要绘制剖面图，画剖面的部分主要是与植物景观紧密结合的地形、建筑或构筑物等，而植物本身画成一般的立面，可只画植物轮廓，也可画细致的植物立面(图 2-5-34)。

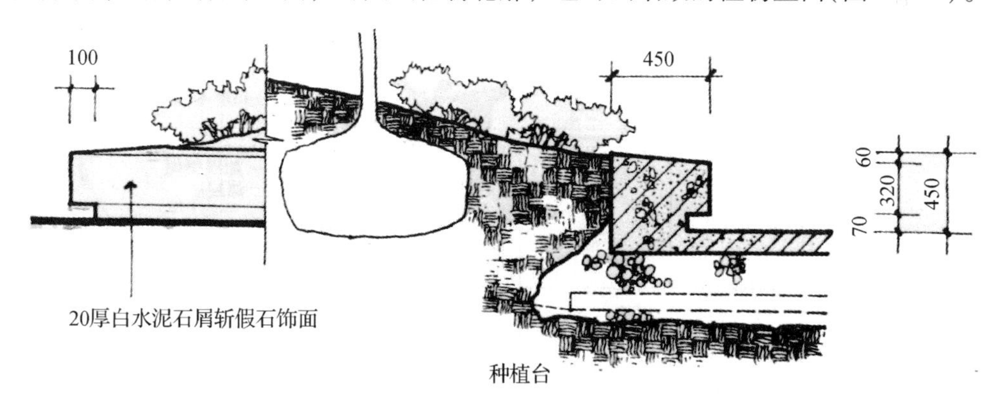

图 2-5-34　树坛剖面图

5.2.2　植物景观设计(立)剖面图的形成原理

5.2.2.1　植物景观设计立面图形成原理

植物及植物景观立面即植物景观在正立投影面上的投影，由于植物的特殊性和自然性，不可能像建筑那样准确而严谨地绘制，也不必要绘制得很精确。因为建筑是要人们建造的，要严格按尺寸材料去施工；而植物仅仅是到苗圃里选择，因而只要简略近似地画出即可，当然也要注意绘图的艺术效果。

植物立面的绘制，一般重点是画出树木的立面外轮廓，然后适当地刻画枝叶、树干及质地等，几种树木组成景观时，要注意林冠线的曲折变化、层次和虚实关系。立面图中植物景观的刻画可简略些，体积感和阴影要淡化；而透视图中的植物立面效果要注意体积感的塑造、明暗变化、远近层次等(图2-5-35至图2-5-41)。

图2-5-35　植物景观(与其他要素搭配)立面示例

图2-5-36　单株乔木立面示例

图 2-5-37　单株灌木立面示例

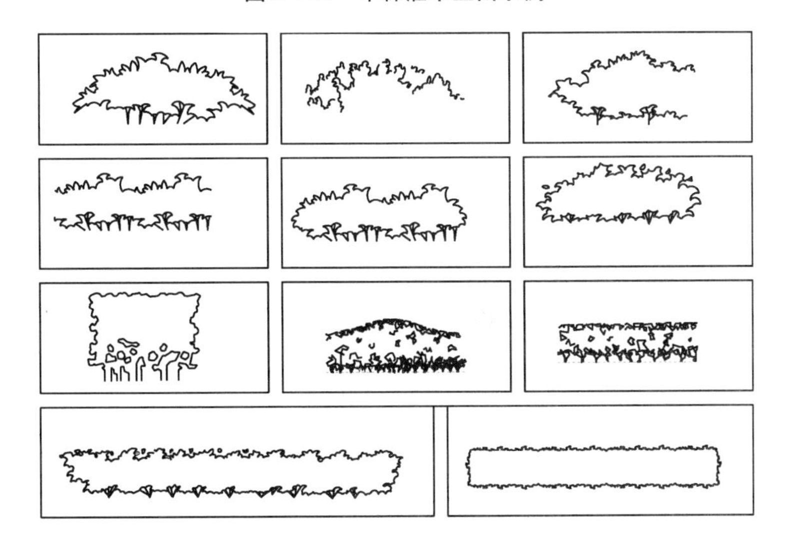

图 2-5-38　绿篱立面示例

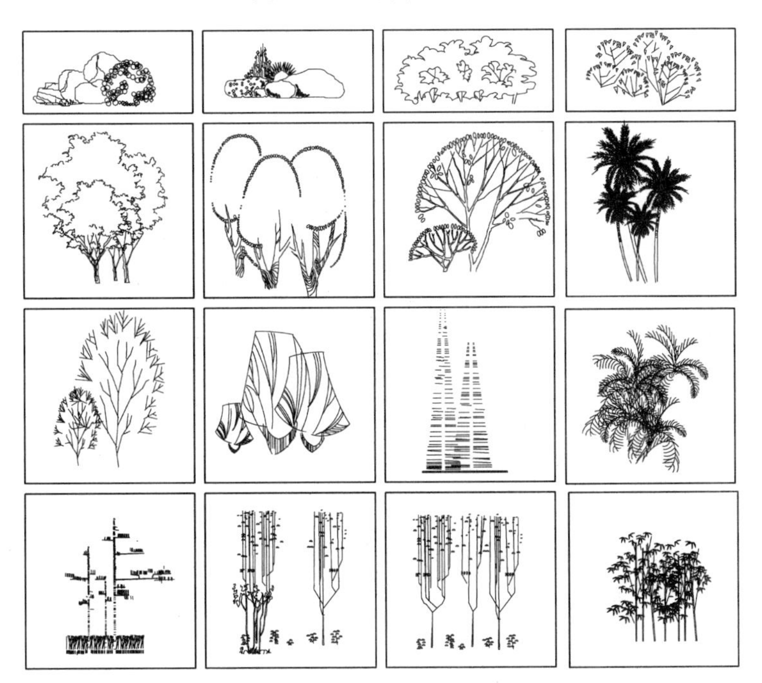

图 2-5-39　植物景观立面示例

5.2.2.2　植物景观设计剖面图形成原理

在植物景观设计中，植物本身是不画剖面的；换句话说，植物景观设计剖面图其实剖的不是植物，而是剖树木的种植池及地面，以展示植物景观种植的具体位置和种植池的连接节点。因此，所谓植物景观设计剖面图中的植物展示的还是植物的外在立面，而硬质景观(如种植池)剖到的部分要用粗实线表现出来，以明确剖面图中的剖切部分(图2-5-40、图2-5-41)。

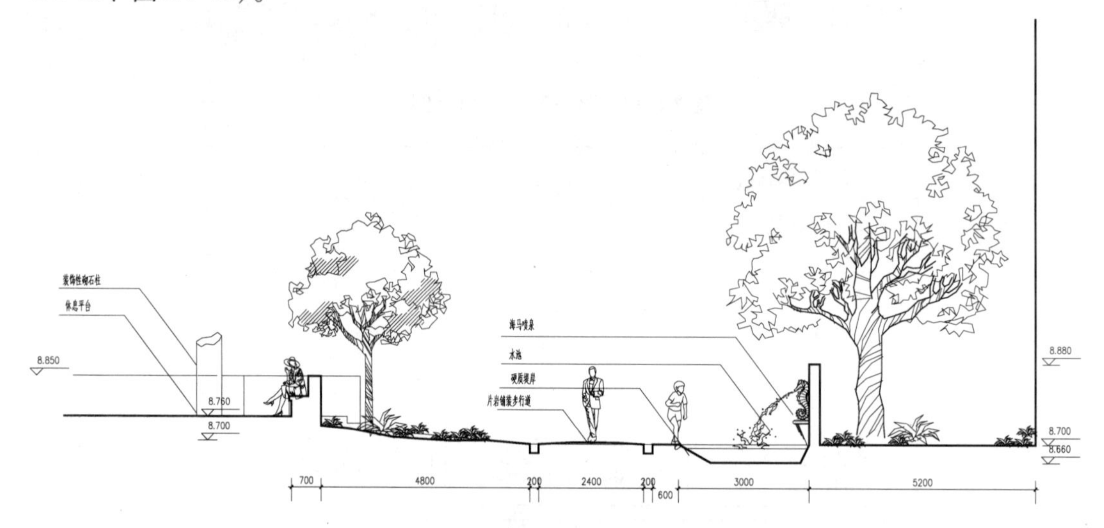

图2-5-40　植物景观设计剖面图示例(1)

图2-5-41　植物景观设计剖面图示例(2)

任务实施

1. 绘制工具

植物立面主要采用徒手绘制，故主要工具有铅笔、各类墨水笔，图纸可用A4～A2幅面的纸，课堂上课用A2幅面的图板，也可用课桌桌面；在外写生描绘可用速写本或其他替代工具。初学者只用素描表现，以后也可上色，如用彩色铅笔、马克笔等，一般以钢笔淡彩为宜。

2. 绘制与识读植物景观设计（立）剖面图

（1）树木立面轮廓画法

自然界中的树木千姿百态，有的颀长秀丽，有的伟岸挺拔，各具特色。各种树木的枝、干、冠构成以及分枝习性决定了各自的形态和特征。因此画树木时，首先，应学会

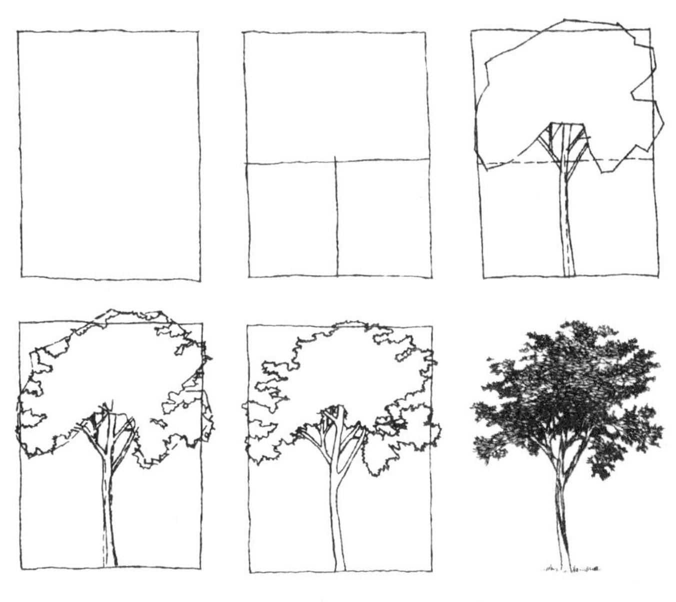

图 2-5-42　树木临摹和写生的一般步骤

观察各种树木的形态、特征及各部分的关系，了解树木的外轮廓，整株树木的高宽比和干冠比，树冠的形状、疏密和质感，掌握冬态落叶树的枝干结构。树木临摹或写生的一般步骤如下(图 2-5-42)：

①确定树木的高宽比，画出四边形外框，若外出写生则可伸直手臂，用笔目测出大约的高宽比和干冠比。

②略去所有细节，只将整株树木作为一个简洁的平面图形，抓住主要特征修改轮廓，明确树木的枝干结构。

③分析树木的受光情况。

④选用合适的线条体现树冠的质感和体积感、主干的质感和明暗，并用不同的笔法表现远、中、近景中的树木。

树木的表现有写实的、图案式的和抽象变形的 3 种形式。写实的表现形式较尊重树木的自然形态和枝干结构，冠叶的质感刻画得也较细致，显得较逼真，即使只用小枝表示树木也应力求其自然错落。图案式的表现形式较重视树木的某些特征，如树形、分枝等，并加以概括以突出图案的效果，因此，有时并不需要参照自然树木的形态而可以很大程度地发挥，而且每种画法的线条组织常常都很程式化。抽象变形的表现形式虽然也较程式化，但它加入了大量抽象、扭曲和变形的手法，使画面别具一格。

(2)树木枝干画法

画树应先画枝干，枝干是构成整株树木的框架。画枝干以冬季落叶乔木为佳，因为其结构和形态较明了，应注重枝和干的分枝习性。分枝应讲究粗枝的安排、细枝的疏密以及整体的均衡。主干应注意主、次干和粗枝的布局安排，力求重心稳定、开合曲直得当，添加小枝后可使树木的形态栩栩如生(图 2-5-43、图 2-5-44)。

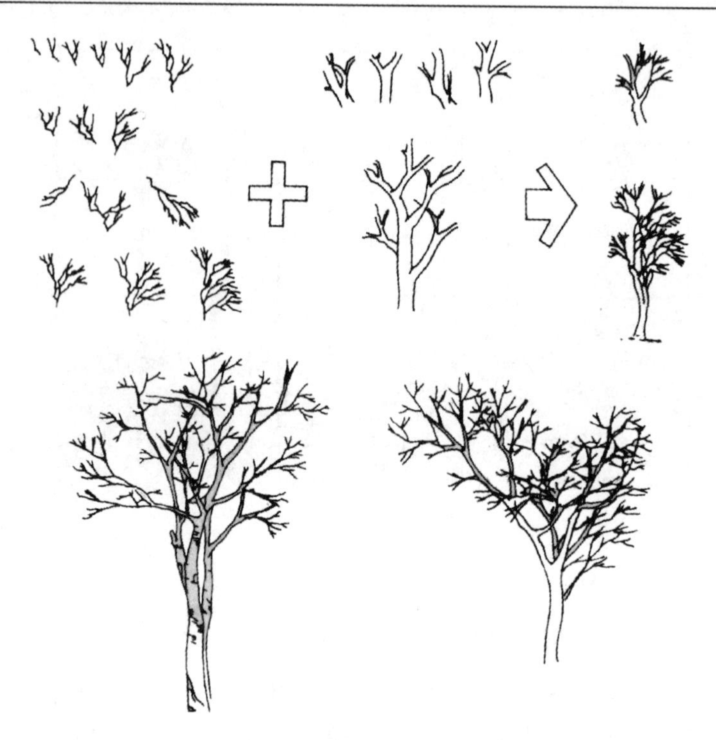

图 2-5-43　树木枝干画法步骤

图 2-5-44　树干纹理的表现

（水平型纹理要注意透视效果，主干的纹理在视平线上下的弯曲方向是相反的。另外，枝干前伸与后伸的纹理弯曲方向也是有显著差别的）

（3）树木叶丛画法

树形可以叶丛的外形和枝干的结构形式为其特征，后者也常见于画面。尤其在建筑物前，为了减少对建筑物的遮挡，常以枝干的表现为主。也可以叶丛的外形为主表现树形(图2-5-45)。

（4）树丛立面（植物景观）画法(图2-5-46、图2-5-47)

图2-5-45　叶丛的表现

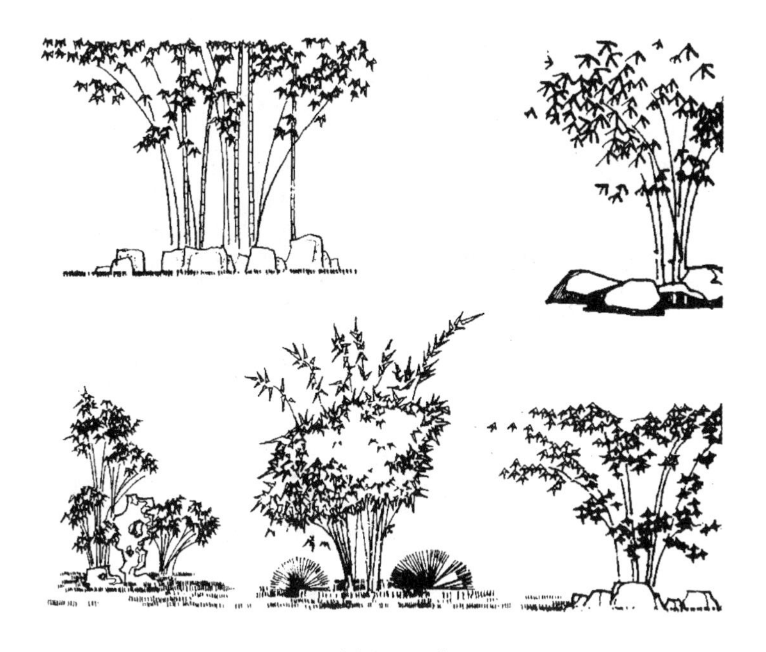

图2-5-46　树丛立面表现示例(1)

图 2-5-47　树丛立面表现示例(2)

(5)景点透视中树丛立面(植物景观)画法(图 2-5-48、图 2-5-49)

图 2-5-48　景点透视中树丛立面表现示例(1)

图 2-5-49　景点透视中树丛立面表现示例(2)

知识拓展

《风景园林图例图示标准》中的植物立面部分

树木形态可谓千姿百态，种类不同，形态有别，即使同一种类的树木。其不同的生长阶段，形态也有很大差异。本章图示仅列举最为常见的形态。

1. 枝干形态

枝干形态指由树干及树枝构成的树木形态特征，可分为常见的6个类型，即有主轴干侧分枝形（多数为针叶树），主轴干无分枝形（棕榈类植物），无主轴干多枝形（多数阔叶树），无主轴干垂枝形（垂柳、龙爪槐等），无主轴干丛生形（多数灌木），无主轴干匍匐形（地柏、火棘、迎春等）。

序　号	名　称	图　例	说　明
1	主轴干侧分枝形		
2	主轴干无分枝形		
3	无主轴干多枝形		

（续）

序　号	名　称	图　例	说　明
4	无主轴干垂枝形		
5	无主轴干丛生形	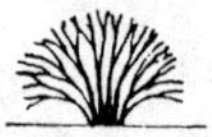	
6	无主轴干匍匐形		

2. 树冠形态

树冠形态指由枝叶与干的一部分所构成的树木外形特征。可分为常见的6种基本形态，即圆锥形、椭圆形、圆形、垂枝形、伞形、匍匐形。书馆轮廓线凡针叶树用锯齿形、凡阔叶树用弧裂形表示。

序　号	名　称	图　例	说　明
1	圆锥形	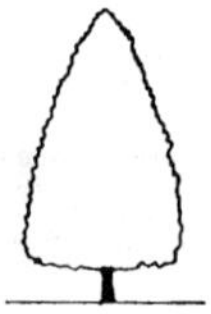	树冠轮廓线，凡针叶树用锯齿形；凡阔叶树用弧裂形表示
2	椭圆形		
3	圆球形		
4	垂枝形	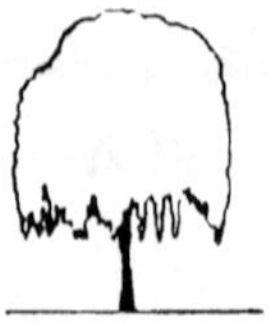	
5	伞　形		
6	匍匐形		

巩固训练

参考下面几幅图，进行课堂绘制训练。注意植物景观设计图绘制中平面与立面的对应关系(图2-5-50至图2-5-52)。

课外以抄绘临摹老师提供的范图为主，并抽时间在校园里选择树木进行写生练习。

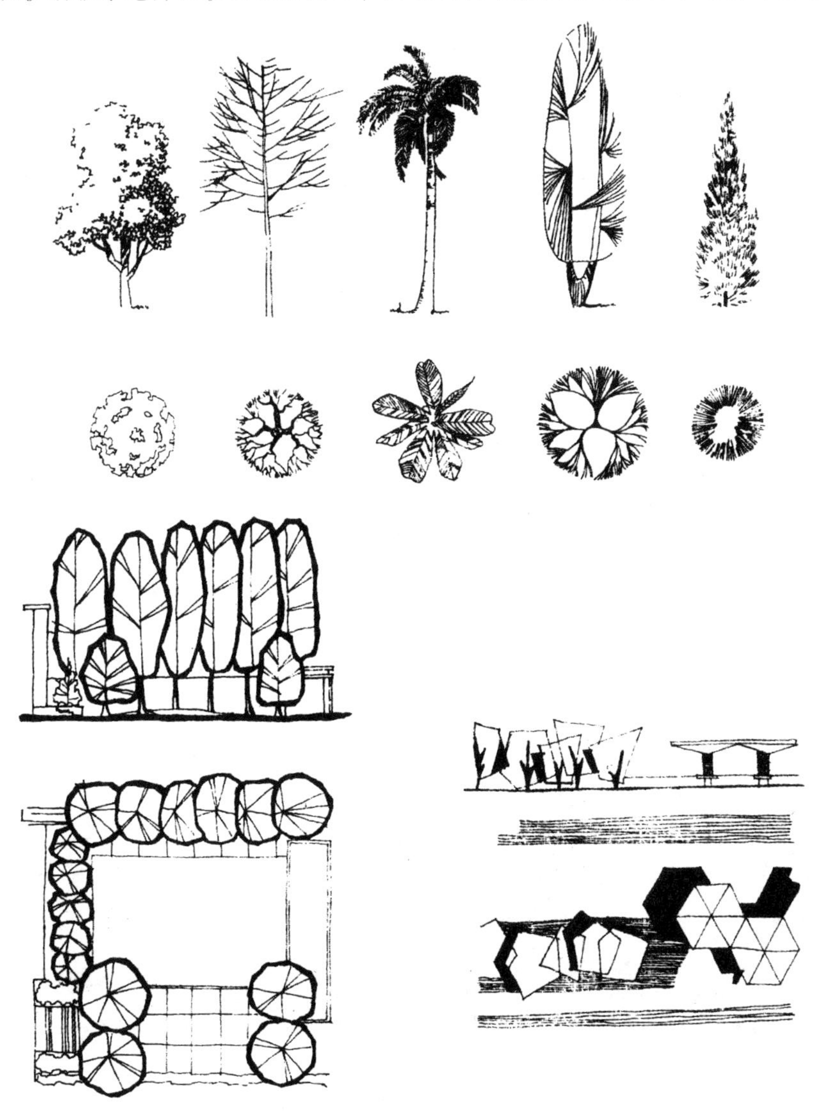

图2-5-50　树木平、立面的统一(1)

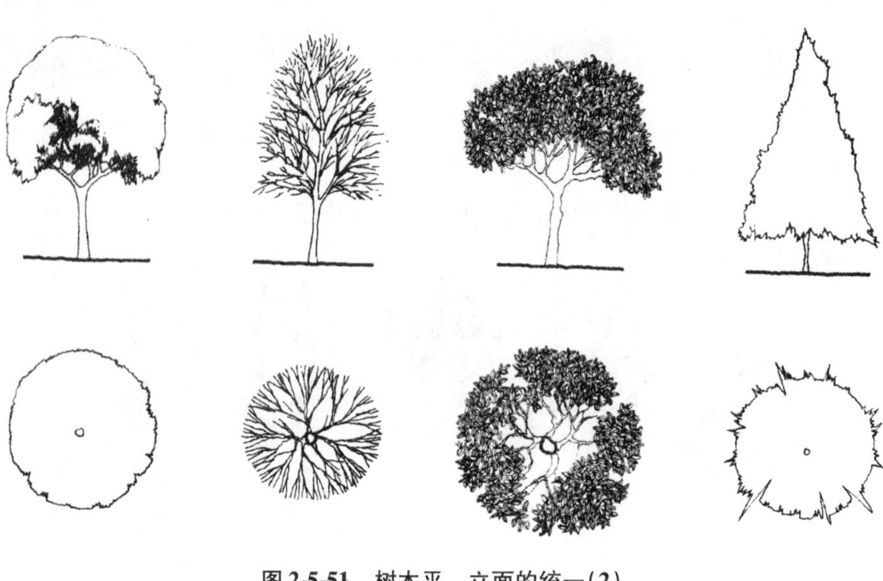

图 2-5-51　树木平、立面的统一(2)

图 2-5-52　树木平、立面表现手法的统一(3)

自测题

1. 山石、水体、植物、建筑在平面图和立面图表现中有什么区别？

2. 注意区别以树冠树叶为主的植物和冬态植物立面的表现技巧。

3. 临摹和写生是植物立面表现两个不可或缺的环节，你认为临摹和写生学习的核心分别是什么？

项目 6
园林效果图的绘制与识读

熟悉透视图和轴测图绘制的基本原理和知识；掌握园林景物或建筑的效果图(轴测图、景点透视图、园林景物鸟瞰图等)绘制的基本方法；能绘制园林景物或建筑的轴测图与景点透视图；能绘制园林景物整体环境的鸟瞰图。

任务 6.1
绘制与识读工程轴测图

学习目标

会园林景物(建筑)轴测图的绘制。

【知识目标】

(1)熟悉正等测图、正二轴测图、正面斜轴测图、水平斜轴测图形成的基本原理。

(2)掌握几种主要轴测图的绘制方法。

【技能目标】

(1)能够绘制几种建筑(景观)轴测图。

(2)能够进行建筑轴测图与三视图的转换绘制。

知识准备

6.1.1 工程轴侧图的基本知识

6.1.1.1 轴测图的用途

有时为了施工图中直观性详图表现效果、快速表现园林景物的立体效果(图 2-6-1)、建筑单体与组合的景观效果(图 2-6-2、图 2-6-3)以及室内设计效果(图 2-6-4)的需要等，一般都采用轴测效果来表现。轴测图虽然不如透视图真实和生动，但

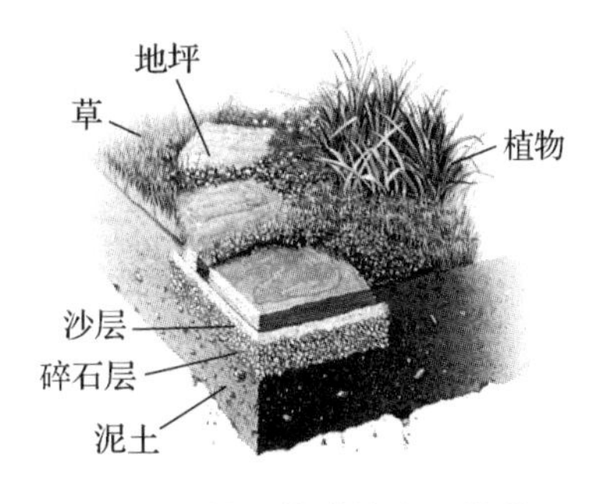

图 2-6-1 景观构造的直观性详图

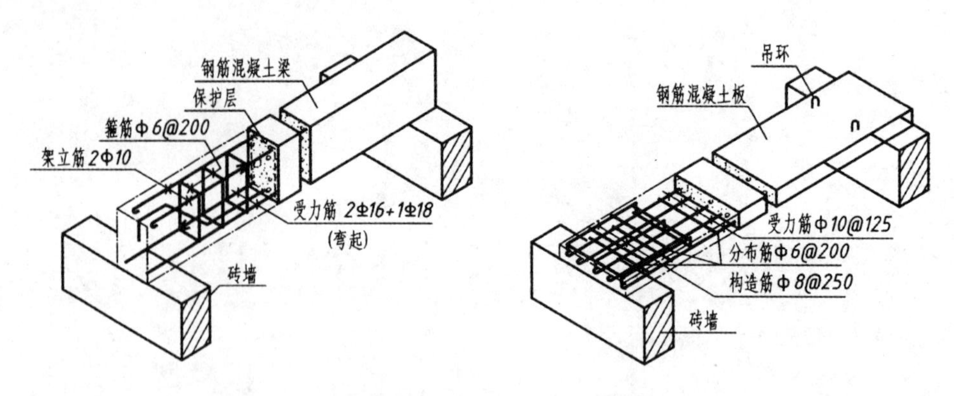

图 2-6-2　用轴测图直观表示房屋构件的构造与结构

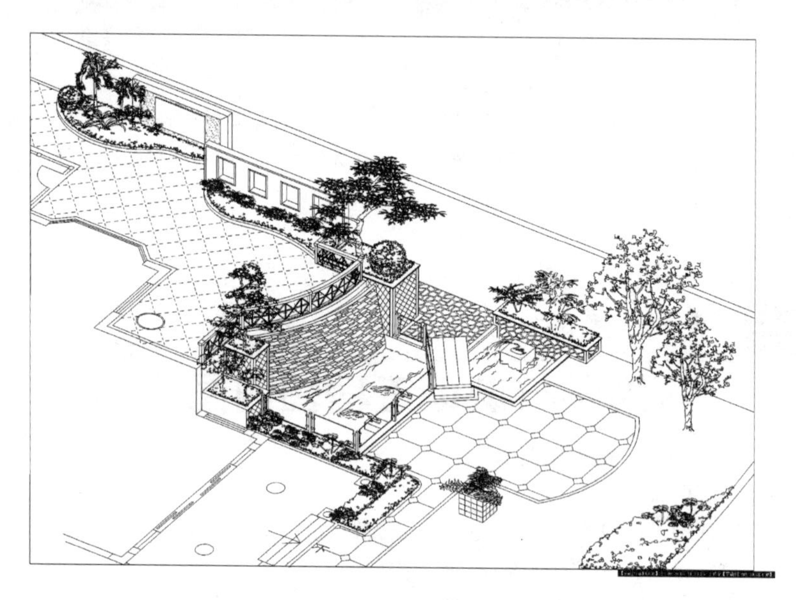

图 2-6-3　用轴测图表示庭院景观效果

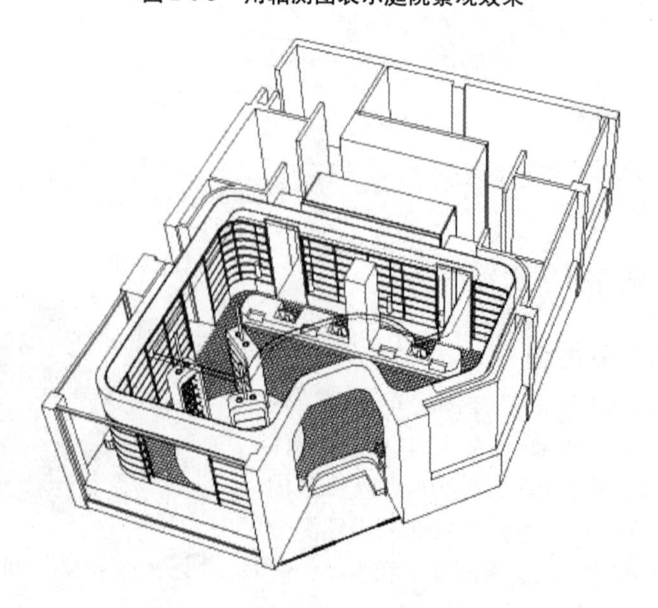

图 2-6-4　用轴测图表示室内设计效果

绘制快速、简单，而且没有透视变形，还能度量尺寸，故应用还是比较广泛的。

6.1.1.2　轴测图的形成及基本特征

在前面的学习中，一般采用正投影图表达建筑形体的形状和大小，如图2-6-5A所示，将物体放于3个相互垂直的投影面之间，并使物体的坐标轴线方向与3个投影面交线(坐标轴)方向一致，然后用3组分别垂直于各投影面的投射线进行投射而得到正投影图。正投影图能够准确地表达建筑形体一个方向上的形状和大小，但是它不能反映形体的空间形状，缺乏立体感；而图2-6-5B所示的轴测图则有立体感。

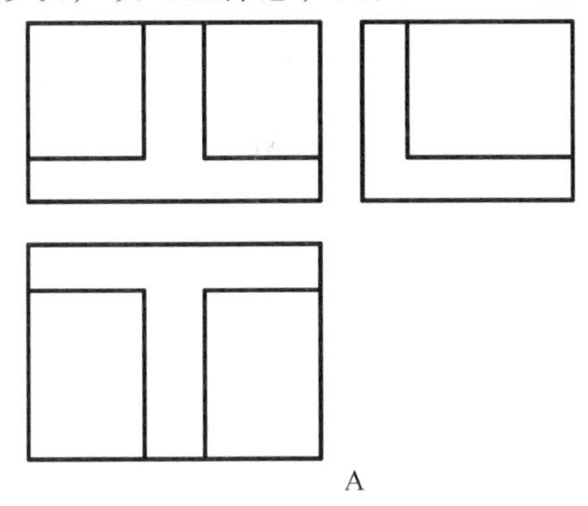

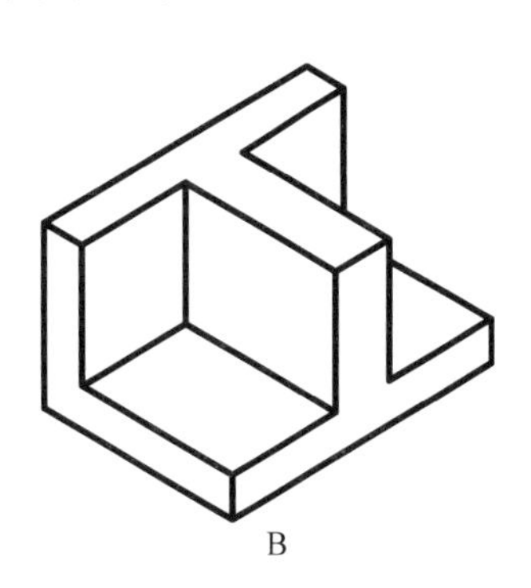

图2-6-5　正投影图与轴测图

A. 正投影图　B. 轴测图

(1)轴测图的形成

如图2-6-6所示，如果改变形体对投影面的相对位置，或者改变投射线的方向，使投影线(每条投射线互相平行)相对于物体的3个轴线都倾斜，则能得到富有立体感的平行投影，这种能反映形体3个面的投影称为轴测投影。用轴测投影方法画成的图，称为轴测图。

在轴测投影中，轴测投影所在的平面 P 称为轴测投影面。3个直角坐标轴 OX、OY、OZ 的轴测投影 O_1X_1、O_1Y_1、O_1Z_1 称为轴测投影轴(简称轴测轴)。轴测轴上某段长度与它的实长之比，称为该轴的轴向伸缩系数(简称伸缩系数)。X、Y、Z 轴的伸缩系数分别为 p、q、r，即：$p = O_1X_1/OX$；$q = O_1Y_1/OY$；$r = O_1Z_1/OZ$；轴的伸缩系数≤1。

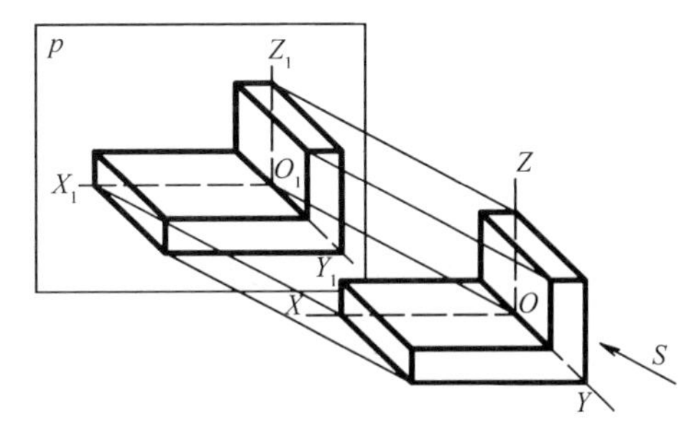

图2-6-6　轴测图的形成

(2)轴测投影(图)的基本特征

①直线的轴测投影，仍然是直线。

②空间平行直线的轴测投影仍然互相平行。所以，与坐标轴平行的线段，其轴测投影也平行于相应的轴测轴。

③只有与坐标轴平行的线段，才与轴测轴发生相同的变形，其长度才按伸缩系数 p、q、r 来确定和测量。

轴测图虽然也有较强的立体感，但与我们日常观察到的园林实景(透视图)不同，没有“近大远小”的透视变形。由于轴测图绘制比透视图更快捷、方便，因此也可作为效果图或者施工图中的直观详图。

6.1.1.3　轴测图常见类型与特点

由上可知，投影面、物体和投影线的不同位置，得出的轴测图也不同。一般可分为正轴测图和斜轴测图两大类。其中正轴测图可分为正等测图和正二测图；斜轴测图可分为正面斜轴测图和水平面轴测图。各种不同轴测图的轴向伸缩系数也不相同，投影后的轴间角也由原来的90°发生变化，一般有等于90°、大于90°、小于90° 这3 种(表2-6-1)。

表 2-6-1　常用轴测图的轴间角、轴向伸缩系数、简化伸缩系数及示例

种　类	轴间角	轴向伸缩系数	轴测图示例
正等测图	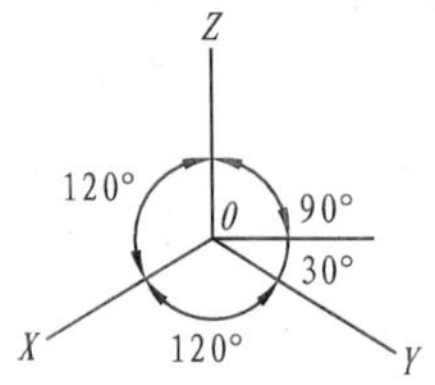 Z, X, Y, O; 120°, 90°, 30°, 120°	$p_1=q_1=r_1\approx0.82$ （简化伸缩系数：$p=q=r=1$）	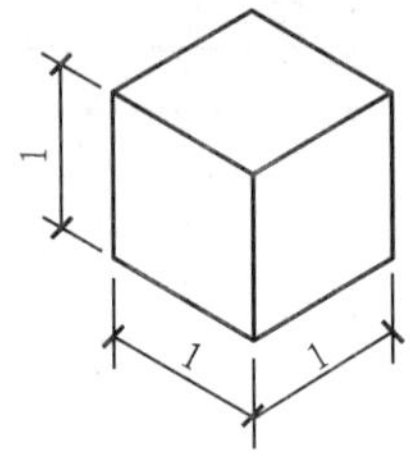 1, 1, 1
正二测图	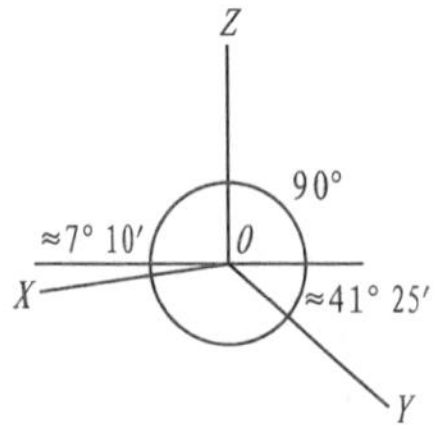 Z, X, Y, O; 90°, ≈7° 10′, ≈41° 25′	$p_1=r_1\approx0.94$ $q_1\approx0.47$ （简化伸缩系数：$p=r=1$，$q=1/2$）	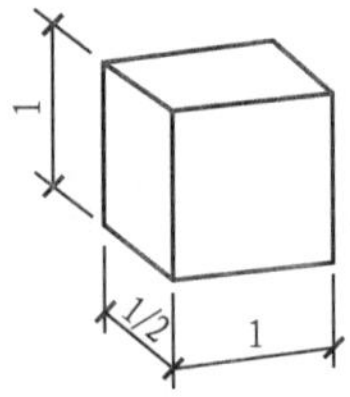 1, 1/2, 1
斜等测图	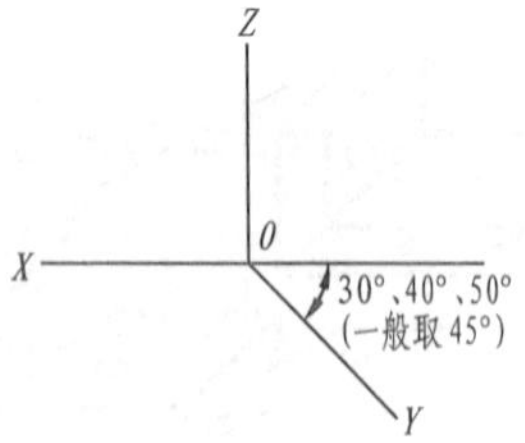 Z, X, Y, O; 30°、40°、50°（一般取45°）	$p_1=q_1=r_1=1$	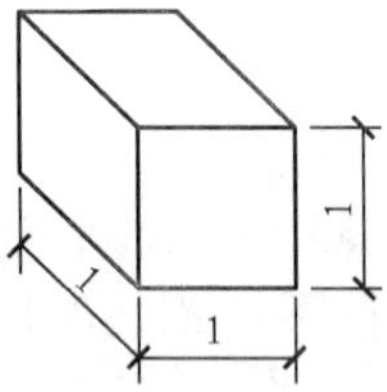 1, 1, 1
		$p_1=r_1=1$ $q_1=0.5$	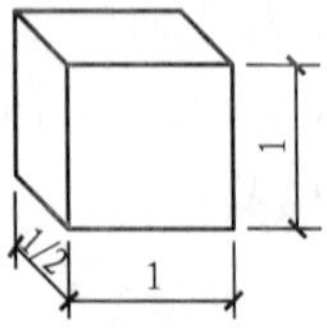 1, 1/2, 1

(1) 正等测图

空间形体的3 个坐标轴与轴测投影面的倾角相等时，轴间角相等，轴向伸缩系数也相等，这样得到的正轴测投影即为正等测图(图2-6-7)。

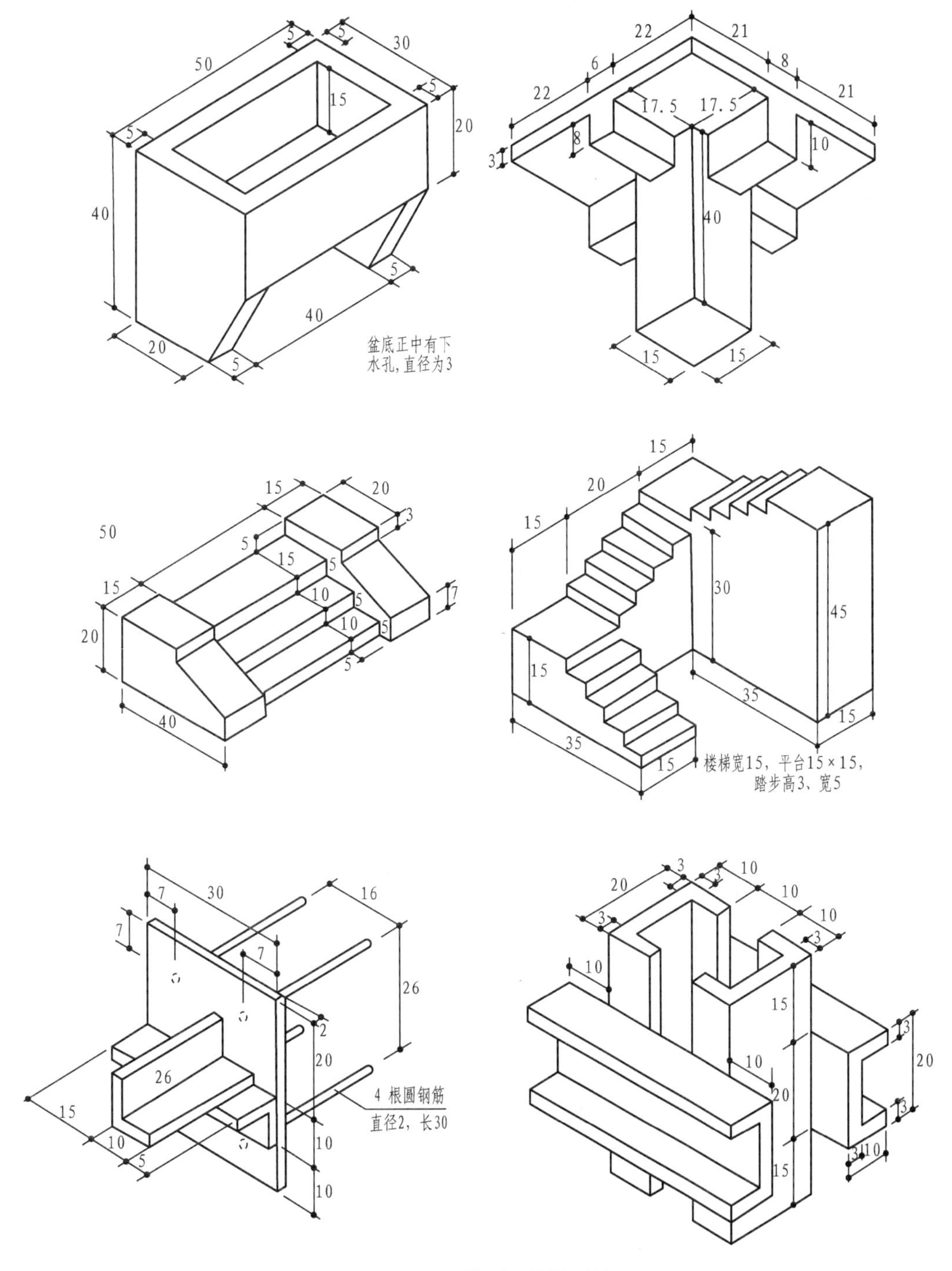

图 2-6-7　正等测图的轴测轴

由于 3 个坐标轴与轴测投影面的倾角相等，它们的伸缩系数也就相等。经计算，可知：$p = q = r = 0.82$。

伸缩系数为 0.82，作图时计算比较麻烦。故实际使用时常把它简化为 l，称为简化系数，即 $p = q = r = l$。但这样画出来的图形，要比实际的大一些，即各轴向线段的长度是实长的 1.22 倍。

(2)正二测图

当3个坐标轴只有两个与轴测投影面的倾角相等时，这两个轴的轴向伸缩系数一样，有两个轴间角相等，这样得到的正轴测投影称为正二测图。

根据计算，正二测的3个伸缩系数是：$p=r=0.94$，$q=0.47$。

为方便作图，同样可将正二测的伸缩系数简化为：$p=r=1$，$q=0.5$。但这样画出来的图要比实际的略大一些，即各轴向线段的轴测投影长度是实长的1.06倍(图2-6-8)。

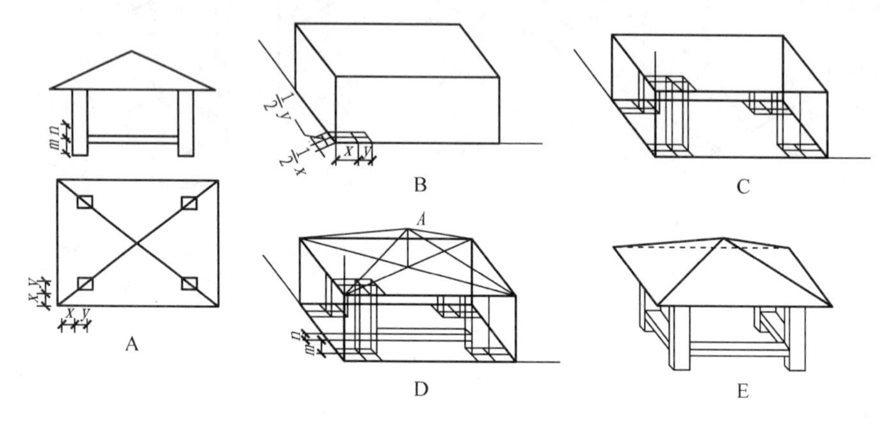

图2-6-8 四角亭的正二测图

(3)正面斜轴测图

当空间形体的正面平行于正平面，而且以该正平面作为轴测投影面时，所得到的斜轴测投影称为正面斜轴测图。它的特点是：空间形体的坐标轴 OX 和 OZ 平行于轴测投影面(正平面)，其投影不发生变形，即$p=q=r=1$，轴间角为90°。

坐标轴 OY 与轴测投影面垂直，但因投影线方向 S 是倾斜的，OY 的轴测投影也是一条倾斜线，其与轴测轴 O_1X_1(或水平线)的夹角，一般取45°。伸缩系数 q 可取1或0.5，通常取0.5。轴测轴 O_1Y_1 的方向可根据作图需要选择，如图2-6-9所示。

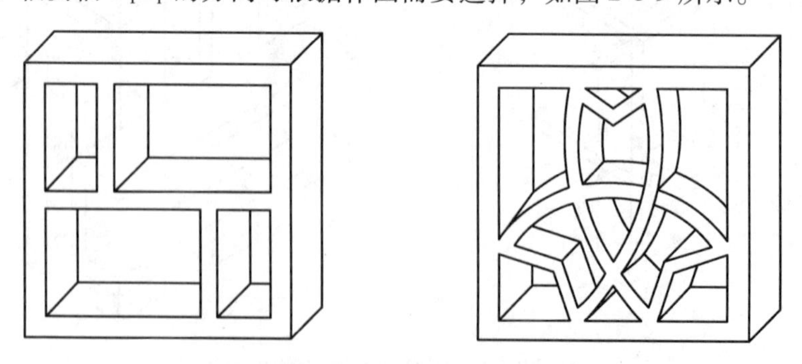

图2-6-9 预制混凝土花饰的正面斜轴测图

(4)水平面斜轴测图

当空间形体的底面平行于水平面，而且以该水平面作为轴测投影面时，所得到的斜轴测投影称为水平面斜轴测图。它的特点是：空间形体的坐标轴 OX 和 OY 平行于水平的轴测投影面，所以 OX 和 OY 或平行 OX 及 OY 方向的线段的轴测投影长度不变，即伸缩

系数 $p = q = 1$，其轴间角为 90°。

坐标轴 OZ 与轴测投影面垂直。由于投影线方向 S 是倾斜的，轴测轴 O_1Z_1 则是一条倾斜线。但习惯上仍将 O_1Z_1 画成铅垂线，而将 O_1X_1 和 O_1Y_1 相应偏转一个角度。伸缩系数 r 应小于 1，但为了简化作图，通常仍取 $r = 1$；有时也可取 $r = 0.5$。

水平面斜轴测图，常用于绘制建筑小区的总体规划图。作图时只需将小区总平面图转动一个角度，然后在各建筑物平面的转角处画垂线，再量出各建筑物的高度，即可画出其水平斜轴测图，如图 2-6-10 所示。

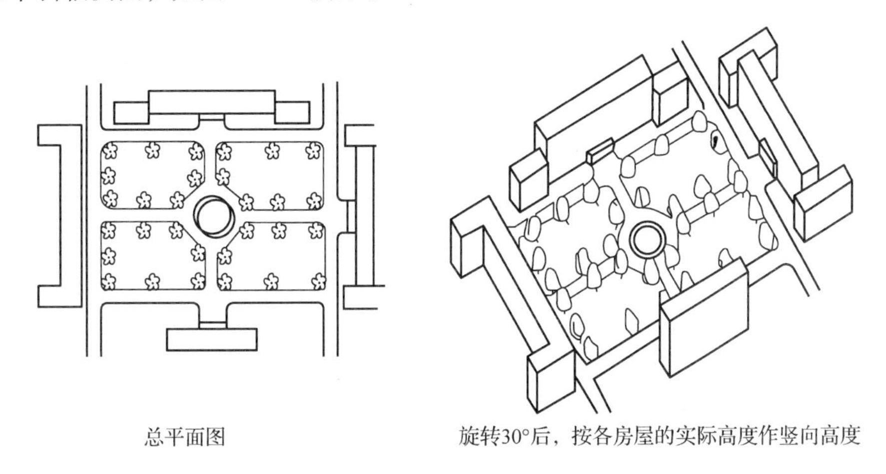

图 2-6-10　建筑小区的水平面斜轴测图

6.1.2　轴测图绘制原理

6.1.2.1　正轴测图绘制原理

(1) 正等测图

由下形体的 3 个坐标轴与轴测投影面的倾角相等，则 3 个轴测轴之间的夹角也一定相等，即每两个轴测轴之间的夹角均为 120°；作图时，规定把 O_1Z_1 轴画成铅垂线，故其余两轴与水平线的夹角为 30°，可直接用三角板配合丁字尺求作图，所以正等轴测图的轴测轴画法比较简便，如图 2-6-11 所示。

(2) 正二测图

正二测的轴测轴形成的条件是：当 3 个坐标轴只有两个(通常是 OX 和 OZ 轴)与轴

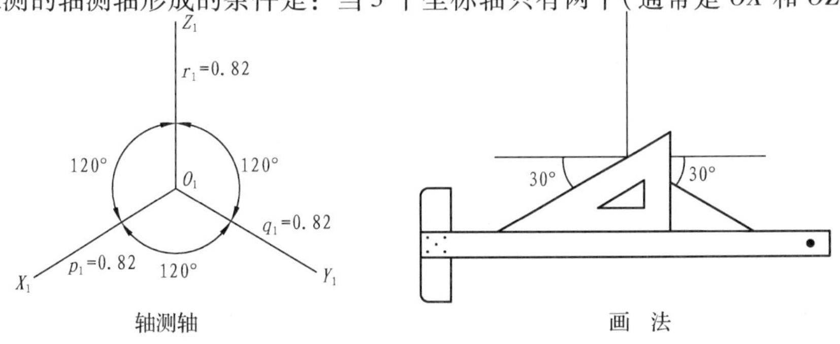

图 2-6-11　正等测图的轴测轴画法

测投影面的倾角相等时，这两个轴的轴向伸缩系数一样，有两个轴间角相等；而且投影以后的 O_1Z_1 轴不一定处在铅垂状态。正二测的轴测轴画法，习惯将 O_1Z_1 轴仍然画成铅垂线，O_1X_1 轴与水平线的夹角为 7°10′，加 90°就是 O_1X_1 轴与 O_1Z_1 轴的轴间角，等于 97°10′；O_1Y_1 与水平线的夹角为 41°25′，加 90°就是 O_1X_1 轴与 O_1Y_1 轴的轴间角或 O_1Z_1 轴与 O_1Y_1 轴的轴间角，等于 131°25′(图 2-6-12A)。画轴测轴时可用近似方法作图，即分别采用 1∶8 和 7∶8 作直角三角形，再利用其斜边求得(图 2-6-12B)。

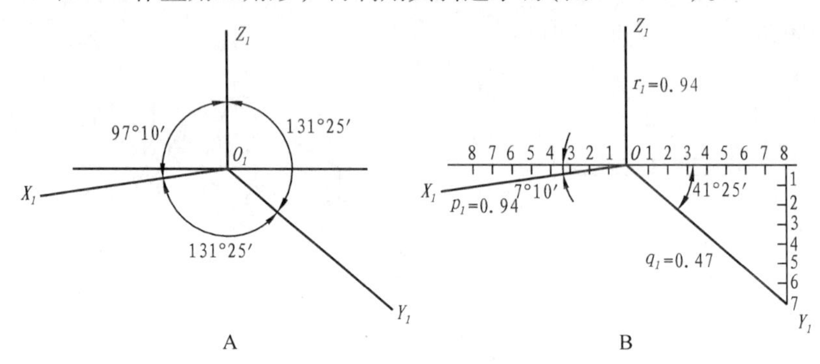

图 2-6-12　正二测图的轴测轴画法

6.1.2.2　斜轴测图绘制原理

常用的斜轴测图有两种，即正面斜轴测图和水平面斜轴测图。正面斜轴测图和水平斜轴测图又都称为斜二测图，简称斜二测。

(1)正面斜轴测图

形成的原理是物体正立面与投影面平行，摆放位置与正投影中物体位置一致，但投射线方向与投影面是倾斜的，以立方体为例，在投影面上就投射出物体的 3 个面。由于物体的正面与投影面平行，所以反映实形，所以 O_1X_1 轴和 O_1Z_1 轴向及与之相平行的直线变形系数为 1，即 $p=r=l$；投射线的方向不同，O_1Y_1 轴的倾斜度也不同，它和水平线的夹角可以为任意角度，可取 45°或 135°，而 O_1Y_1 轴向变形系数通常取 0.5，如图 2-6-13 所示。

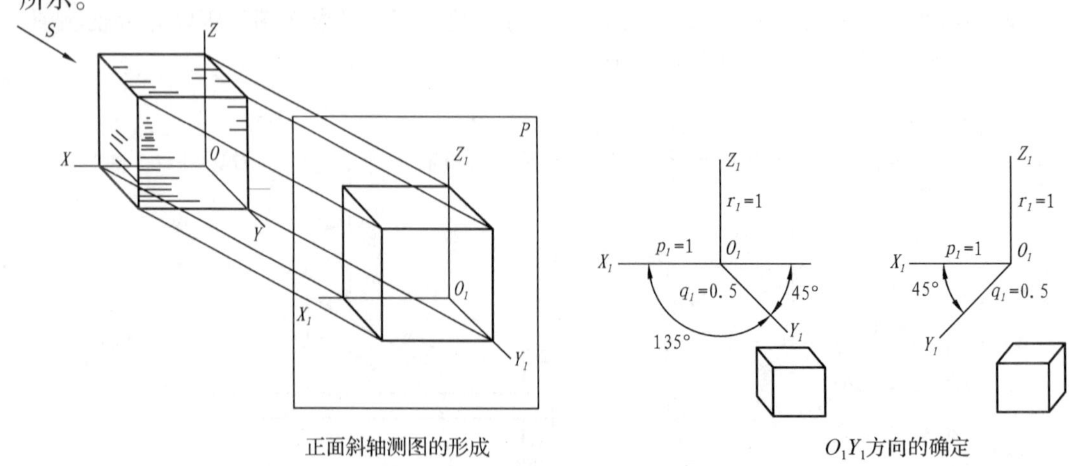

图 2-6-13　正面斜轴测图的形成及轴测轴画法

(2)水平面斜轴测投影图

当空间形体的底面平行于水平面，而且以该水平面作为轴测投影面时，所得到的斜轴测投影称为水平面斜轴测图。它的特点是：空间形体的坐标轴 OX 和 OY 平行于水平的轴测投影面，所以 OX 和 OY 或平行 OX 及 OY 方向的线段的轴测投影长度不变，即伸缩系数 $p=q=1$，其轴间角为90°。

坐标轴 OZ 与轴测投影面垂直。由于投影线方向 S 是倾斜的，轴测轴 O_1Z_1 则是一条倾斜线。但习惯上仍将 O_1Z_1 画成铅垂线，而将 O_1X_1 和 O_1Y_1 相应偏转一个角度。伸缩系数 r 应小于1，但为了简化作图，通常仍取 $r=1$；有时也可取 $r=0.5$，如图 2-6-14 所示。

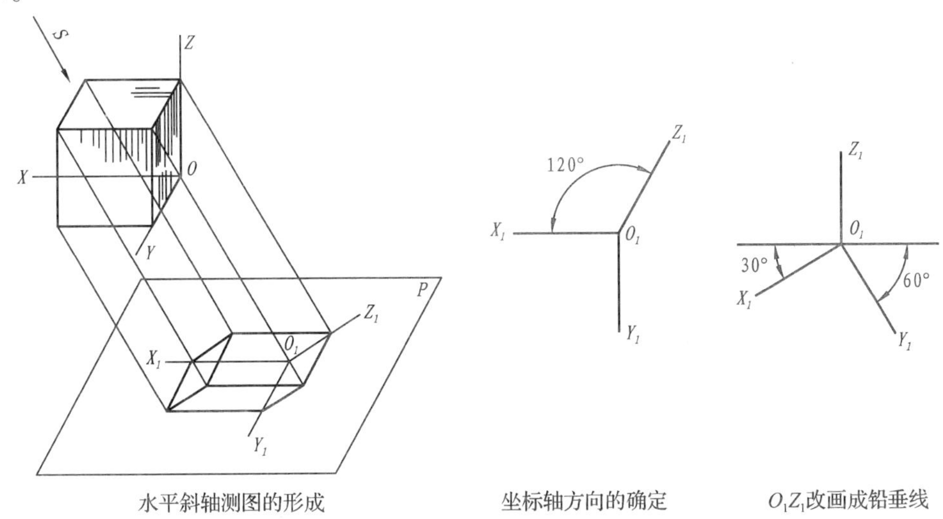

图 2-6-14　水平面斜轴测图的形成和轴测轴画法

任务实施

1. 绘制工具

绘制轴测图一般选用2号图板及配套的丁字尺、三角板，另外还需要多用圆规和建筑模板等；制图铅笔可选用中华牌系列的如6H、4H、2H、HB、2B等，打底稿要求用6H、4H等硬一点铅笔，加粗可用较软的HB、2B等铅笔；如要上正图，一般用针管笔，在底稿图上直接按要求用不同粗细的针管笔加绘；课堂训练用纸可采用A4、A3的普通白纸或打印纸，课外作业(含考核作业)要求用A3、A2的正规图纸绘制。

其他辅助工具包括：单面刀片，削铅笔用；双面刀片，刮画错的墨线，也可用来裁纸；橡皮，擦铅笔线；排刷，用来清理橡皮末和纸屑等。

2. 绘制方法

轴测图绘制需要两个前提条件：一是轴测图的轴测轴画法(含各个轴向变形系数)；二是景物的正投影三视图。可以借助景物的轴测图来画景物的三视图，反之，也要依据景物的三视图来准确绘制轴测图(图 2-6-5)。

(1)正等轴测图绘制方法

画正等轴测图时，首先应对形体(或所给形体的正投影图)作初步分析。为使形体充分表示清楚，应确定形体在坐标轴间的方位(如果按形体的正投影绘制轴测投影，则可直接选用形体在坐标轴间的位置)，即合适的观看角度，然后画出轴测轴，并按轴测轴方向正等测的伸缩系数(用简化系数为1)，确定形体各顶点及主要轮廓线段的位置，最后画出形体的轴测投影。作图时应当注意，平行于坐标轴的线段，在轴测图中应与对应的轴测轴平行，而且只有这种平行于坐标轴的线段，才可按简化系数1量取。

根据形体特点，通过形体分析可选择各种不同的作图方法，如叠加法、切割法和坐标法等。

[例2-6-1] 如图2-6-15A所示，根据已知柱基础的正投影图，求作它的正等测图。

分析：从图2-6-15A正投影中可以看出，这是由3个四棱柱体上下叠加而成的柱基础。这类形体适合用叠加法求作。

作图：

①画轴测轴，作出底部四棱柱A的轴测图(图2-6-15B)。

②在四棱柱A的上表面中心位置，作出四棱柱B的轴测图(图2-6-15C)。

③用同样方法作出顶部四棱柱C的轴测图(图2-6-15D)

④擦去被遮挡的棱线和轴测轴，加深图线，即得柱基础的正等测图(图2-6-15E)。

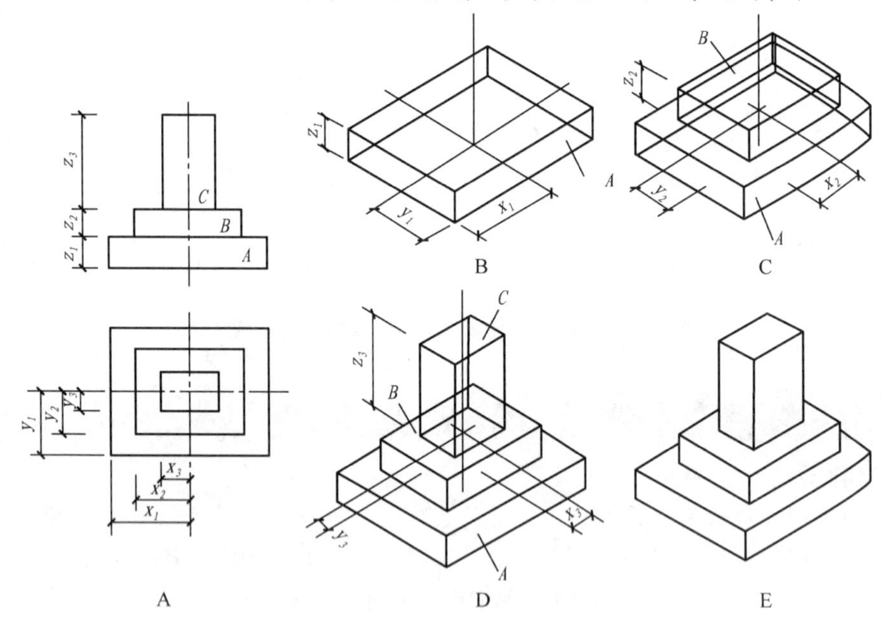

图2-6-15 用叠加法画正等测图

[例2-6-2] 如图2-6-16A所示，根据已知形体的正投影图，求作它的正等测图。

分析：如图2-6-16A所示的正投影图是由一个长方体切去一个三棱柱和一个四棱柱所形成的，这种形体适合用切割法作图。

作图：

①画轴测轴，作出长方体的轴测图(图2-6-16B)。

②切去三棱柱A(图2-6-16C)。

③切去四棱柱B(图2-6-16D)。

④擦去多余的轮廓线和轴测轴(注意形体被切割后所产生的表面交线，哪些应擦去，

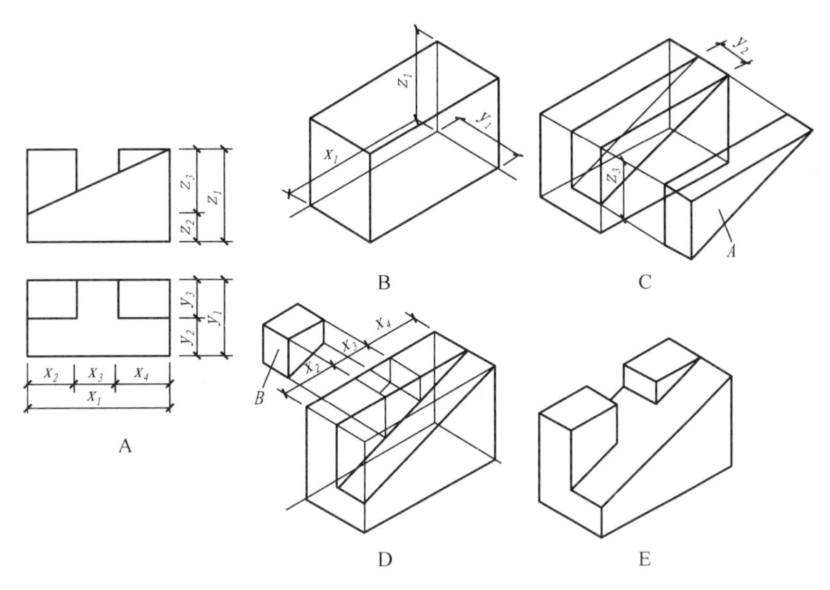

图 2-6-16　用切割法画正等测图

哪些应保留），最后加深图线（图 2-6-16E）。

［**例 2－6－3**］如图 2-6-17A 所示，根据已知四坡房屋的正投影图，求作它的正等测图。

分析：如图 2-6-17A，四坡屋顶可分解为上、下两个部分，即下部的四棱柱（墙身）和上部具有倾斜表面的屋顶。对此类形体，常采用坐标法作图。

作图：

①画轴测轴，先作出下部四棱柱的轴测图（图 2-6-17B）。

②在四棱柱的上表面，沿轴向分别量取 x_1 和 y_1，得交点，过交点作垂线，在垂线上量取 z_1（图 2-6-17C）。

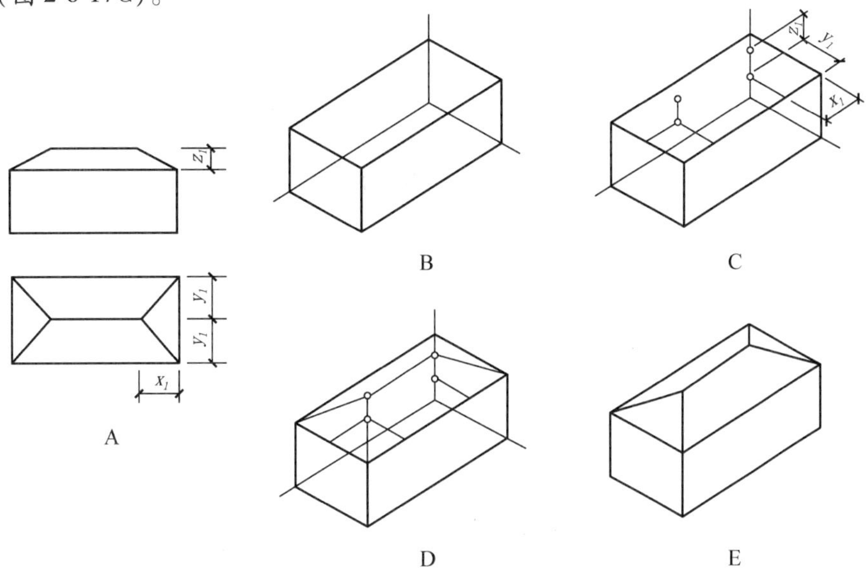

图 2-6-17　用坐标法画正等测图

③连中央屋脊线和 4 条斜脊线(图 2-6-17D)。

④擦去多余的图线和轴测轴，加深图线，即得四坡房屋的正等测图(图 2-6-17E)。

通过上面的例题，介绍了叠加法、切割法和坐标法 3 种轴测图的作图方法。在实际作图中，遇到比较复杂的形体时，上述 3 种方法可以综合运用。

(2)正二测图绘制

学会了绘制正等侧轴测图的方法就能绘制正二测轴测图；所不同的是轴侧轴的轴间角不同；而且进深方向(即 OY 轴方向)变形系数取 0.5，即取实际长度的一半。其他两个轴向量取实际长度即可。

[例 2－6－4] 如图 2-6-18A 所示，已知钢筋混凝土杯形基础的正投影图，求作剖去形体 1/4 的正二测图。

分析：这是由一个杯形基础切去 1/4 形体后形成的，适合用切割法作图。

作图：

①作出未剖切前基础的正二测图(图 2-6-18B)。

②沿对称平面将基础 1/4 切去。

a. 作两剖切平面与基础表面的交线，即为各边中点的连线(图 2-6-18C)。

b. 擦去被剖切部分(图 2-6-18D)。

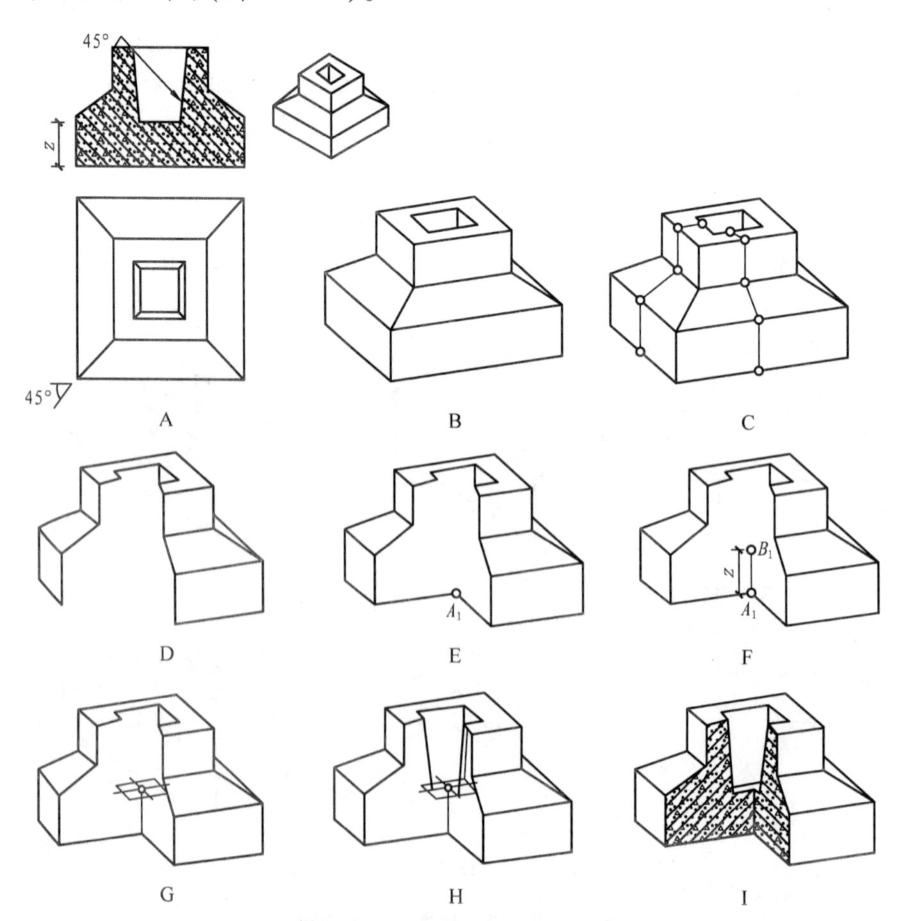

图 2-6-18　杯形基础带截面的正二测图

c. 作出基础底面与两剖切平面的交线，它们应平行于 O_1X_1 和 O_1Y_1 轴并相交于 A_1（图 2-6-18E）。

d. 作出两剖切平面的交线 A_1B_1。它与 O_1Z_1 平行，等于基础底面至杯口底面的距离 z（图 2-6-18F）。

e. 以 B_1 为中心，作杯口的底面（图 2-6-18G）。

f. 连杯口顶面与底面的对应顶点，又连侧面及底面与剖切平面的交线（图 2-6-18H）。

③加深图线，完成轴测图（图 2-6-18I）。

（3）正面斜轴测图绘制

［**例 2－6－5**］如图 2-6-19A 所示，根据已知台阶的正投影图，求作它的正面斜轴测图。

分析：由于正面斜轴测图中 OX 和 OZ 轴不发生变形，故常利用这个特点，即将形体轮廓比较复杂或有特征的面放在与轴测投影面平行的位置，这样作图比较方便。

作图：

①画轴测轴，并按台阶正投影图中的 V 面投影，作出台阶侧面的轴测投影因台阶侧面平行于轴测投影面，故两者图形不变（图 2-6-19B）。

②过台阶侧面轮廓线的各转折点，作 45°斜线（图 2-6-19C）。

③按伸缩系数，在各条斜线（即 OY 轴的轴向线段）上量取正投影中原线段的长度 OY 轴方的 1/2，并连接各点（图 2-6-19D）。

④擦去轴测轴，加深图线，即得台阶的正面斜轴测图（图 2-6-19E）。

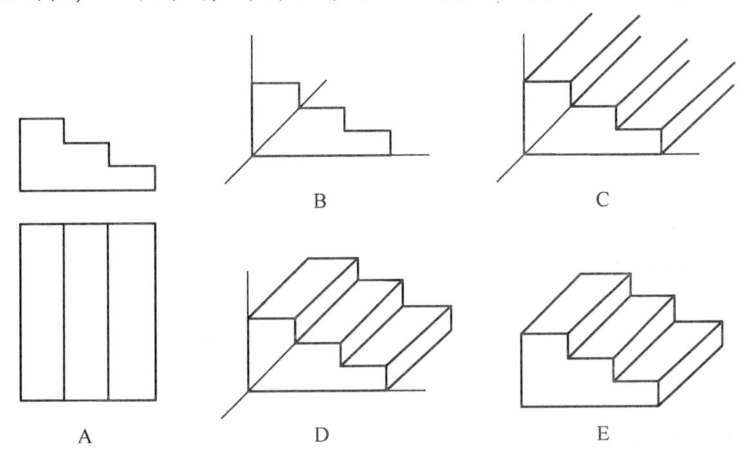

图 2-6-19　正面斜轴测图画法

（4）水平面斜轴测图绘制

［**例 2－6－6**］如图 2-6-20A 所示，根据已知建筑群的平立面图（正投影图），求作它的水平面斜等测轴测图。

分析：水平面斜轴测图中，平面图不发生变形，OX、OY 轴之间成 90°，轴向变形系数也为 1。等测轴测图，OZ 轴向变形系数是 1，由于高度方向习惯是铅垂方向，因此，必须旋转平面图才能完成，一般转动 30°，即建筑的长边（OX 轴）与水平线的夹角等于 30°。

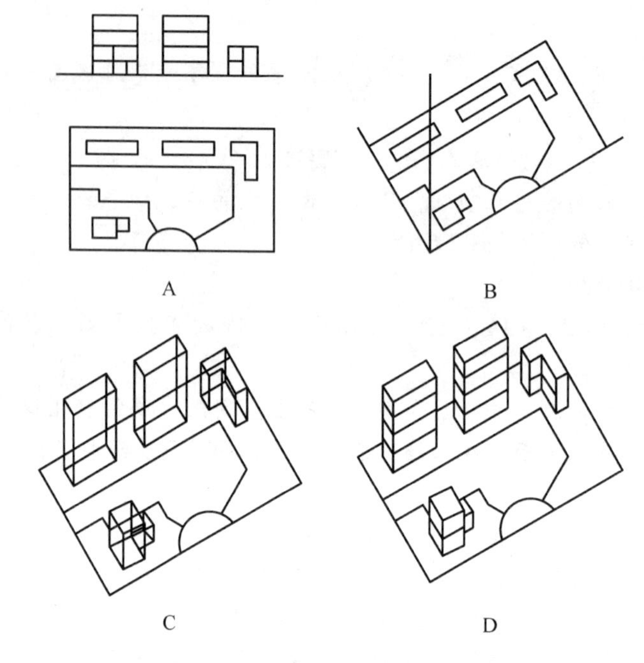

图 2-6-20　建筑群水平面斜轴测图画法

作图：

①画轴测轴，将平面图旋转30°，确定建筑群基础平面位置(图2-6-20B)。

②在建筑各角点作铅垂线，量取各自原有高度，以确定建筑群轮廓(图2-6-20C)。

③擦除不可见线，画出建筑细部，完成建筑群轴测图(图2-6-20D)。

3. 识读技巧

轴侧投影图识读主要要解决两个问题：一是判断轴侧图的类型；二是识别轴测图各个面和不同方向上每条线的位置关系和特点。

(1)判断轴测图的类型

根据轴测图的三维坐标轴线的轴间角、轴向变形系数(一般要借助物体的三视图尺寸)等来判断轴测图的类型，有时也可以从轴测图中水平面或立面的变形情况初步判断该轴测图是正等测图、正二测图、水平面斜轴测图还是正面斜轴测图。

(2)判断轴测图线面位置和特点

在明确了轴测图的类型以后，就可以判断轴测图的各表面的位置关系和形状，以及线的位置关系和长短情况。与轴侧轴方向一致的直线位置和大小很容易判别，而与轴测轴方向不一致的直线位置和大小要仔细分析判断，不可轻易得出结论，如四坡顶的房屋，四条坡脊线坡度和大小是一致的，但在轴测图中会感觉不一样，故要仔细分析、判断和识读。

知识拓展

圆周轴测投影绘制及轴测投影的选择

1. 圆周的轴测投影

(1)圆周轴测投影的一般特性

①当圆周平面平行于投影方向时，其轴测投影为一直线。

②当圆周平面平行于投影面时，其轴测投影为一个同等大小的圆周。

③一般情况下，圆周的轴测投影为一椭圆。其中，椭圆圆心为圆心的轴测投影；椭圆的直径为圆周直径的轴测投影；圆周上任一对互相垂直的直径，其轴测投影则为椭圆的一对共轭轴。

(2)八点法作圆周的轴测椭圆

[例2-6-7] 如图2-6-21所示，已知半径为 R 的圆周，作其正面斜轴测图。

分析：作圆周的轴测投影时，通常先作出圆的外切正方形的轴测投影，再在其中作出圆的轴测投影(椭圆)。

作图：

①过圆心建立 OX、OY 轴，并画圆外切正方形，得切点 a、b、c、d 及正方形对角线与圆的交点 e、f、g、h(图2-6-21A)。

②确定正面斜轴测图的轴测轴，取伸缩系数 $p=r=1$，$q=0.5$。

③取 $O_1a_1=O_1c_1=R$，$O_1b_1=O_1d_1=R/2$，得 a、b、c、d 的轴测投影 a_1、b_1、c_1、d_1。

④过此4点作轴测轴的平行线，得圆外切正方形的轴测投影，即椭圆外切平行四边形。

⑤以 b_1n_1 为斜边，作一等腰直角三角形 $b_1n_1s_1$，以 b_1 为圆心，b_1s_1 为半径画圆交 b_1n_1 于 p_1，过 p_1 作 O_1Y_1 轴平行线与两对角线交于 f_1、g_1 两点。同法作 e_1、h_1。

⑥用曲线板连接 $a_1 \sim h_1$ 8个点，即得椭圆。

此法适用于画任何一类的轴测图(图2-6-21B)。

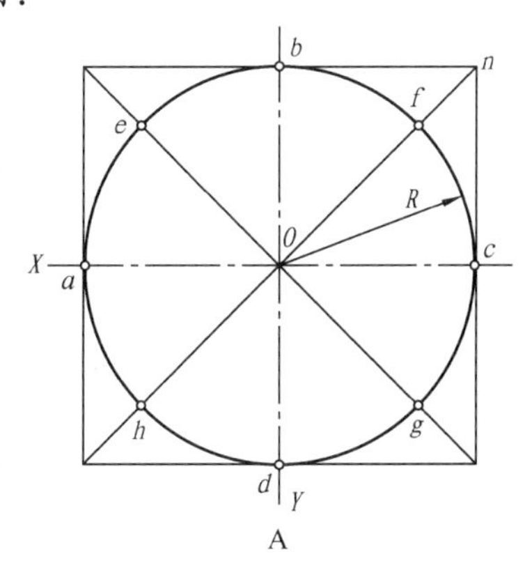

A

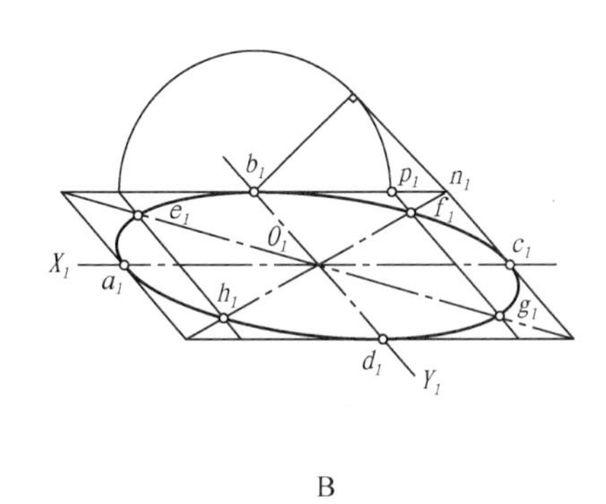

B

图2-6-21　八点法作圆周的正面斜轴测图

(3)圆周的正等测投影(椭圆)的近似画法——四心圆法

[例2-6-8] 如图2-6-22A所示，已知半径为 R 的圆周，作其正等测图。

分析：当轴测椭圆的一对共轭轴的长度相等时，则所作的外切平行四边形必成为菱形，因而可用4段圆弧近似画椭圆。

作图：

①画出圆的外切四边形的正等测图(菱

形)，并作出切点的正等测图 $a_1b_1c_1d_1$。

②定四心。菱形短对角线端点 o_1、o_2 为两个圆心，连 b_1o_1、c_1o_1(必垂直于相应的菱形边)交菱形长对角线于 o_3、o_4，此为另两个圆心。

③作椭圆。分别以 o_1、o_2 和 o_3、o_4 为圆心，o_1b_1、o_2d_1 和 o_3b_1、o_4c_1 为半径作4段圆弧 b_1c_1、a_1d_1、a_1b_1、c_1d_1，即得近似椭圆。

同理，V、W 面上的圆的正等测图(椭圆)的画法分别如图 2-6-22B、C 所示。

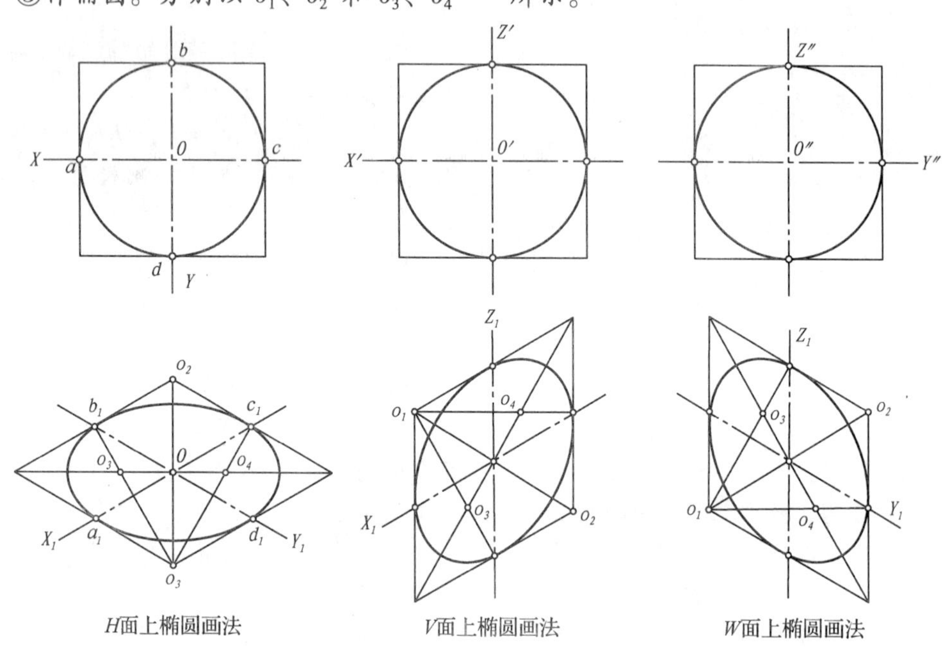

图 2-6-22　正等测图中椭圆的近似画法

(4)圆角的正等测图

[例 2-6-9] 如图 2-6-23A 所示，求作圆角的正等测图。

分析：圆角的正等测图，也可以按上述近似法求作。图 2-6-23A 中的圆角的正等测投影实际上为1/4 椭圆。

作图：

①延长与圆角相切的两边线使其成为直角，并按直角作出它的正等测图。

②以角顶点为起点，在两边量取半径为 r 的长度得 a_1、d_1。

③过 a_1、d_1 作所在边投影的垂线，两垂线交于一点(圆心)。

④以交点为圆心作圆弧与两直线相切，即完成圆角的正等测图(图 2-6-23B)。

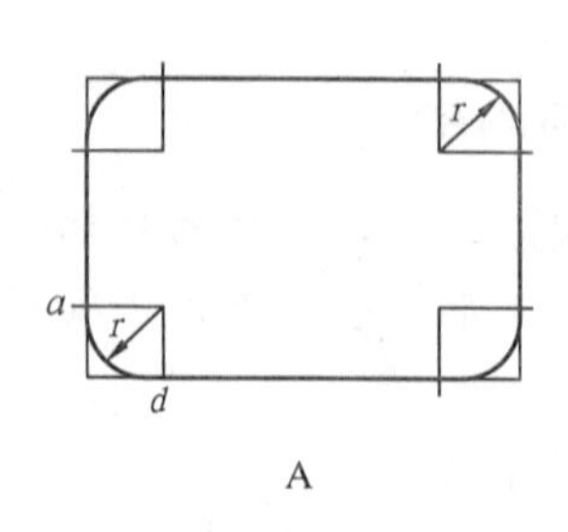

A

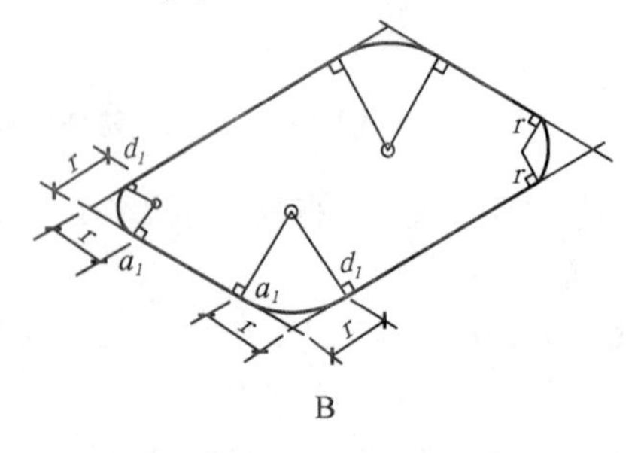

B

图 2-6-23　圆角的正等测图

(5)曲面立体(轴测图)

掌握了平面上圆的轴测图画法，就可以作简单的曲面体轴测图了。

[例2－6－10] 如图2-6-24A所示，根据已知圆柱的正投影图，求作它的正等测图。

分析：画圆柱的正等测图，可先用近似法作出顶面和底面的正等测图(两个椭圆)，再作上、下两椭圆左、右的两条切线。本例中圆柱的上部有一切口，顶端和切口处均为半个圆。连同底面共有3个圆，因此在画正等轴测图时要注意确定它们的正确位置。

作图：

①画圆柱轴线，在轴线上量取圆柱高度z_1，再在上、下两个端点分别作圆外切正四边形的正等测图——菱形，图2-6-24B。

②在上、下两菱形内，用近似法作椭圆，并作上、下两椭圆左、右的两条切线(图2-6-24C)。

③量取切口高度z_2作切口处半圆的正等轴测图，同时画出其他相应的轮廓线(图2-6-24D)。

④擦去辅助线，加深图线，即得带切口圆柱的正等轴测图(图2-6-24E)。

[例2－6－11] 如图2-6-25A所示，根据已知半圆锥的正投影图，求作它的正二测图。

分析：此题是求作半圆锥的正二测图，所以圆的轴测投影只能用八点法求作。

作图：

① 先画出正二测图的轴测轴，按伸缩系数定出锥体底面的位置，并作底面半圆外切四边形的正二测图(图2-6-25B)。

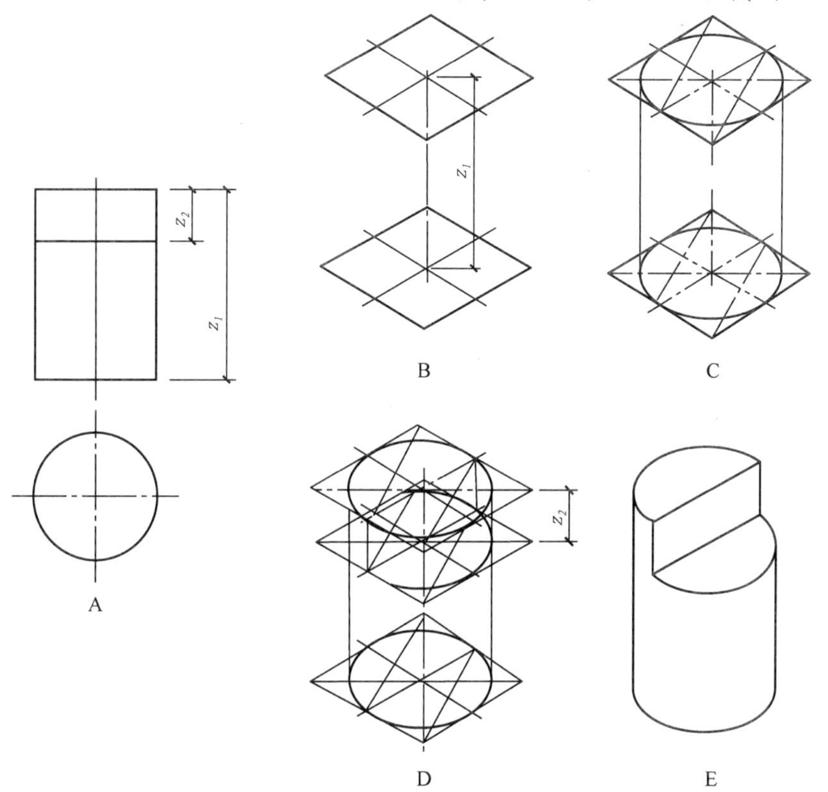

图2-6-24　圆柱的正等测图

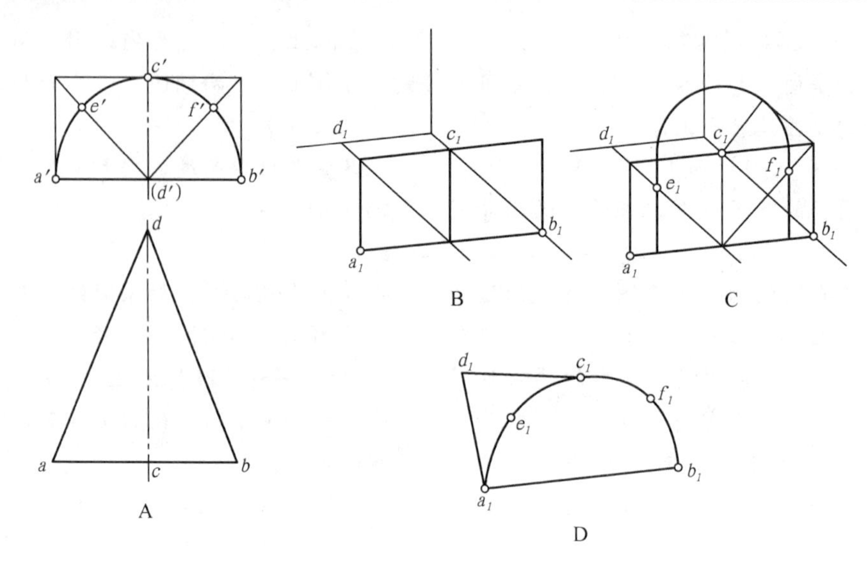

图 2-6-25　半圆锥的正二测图画法

②用八点法求出底面半个椭圆上的5个点 a_1、e_1、c_1、f_1 和 b_1（图2-6-25C）。

③用曲线板光滑地连接上述5点，得半个椭圆，并自圆锥顶点作椭圆的切线，然后擦去辅助线，加深图线，即得半圆锥的正二测图（图2-6-25D）。

2. 轴测图的选择

（1）选择轴测图的原则

轴测图的种类繁多，究竟选择哪种轴测图来表达一个形体最合适，一般应从以下3个方面考虑：

①轴测图形要完整、清晰。

②轴测图形直观性好，富有立体感。

③作图简便。

（2）轴测图的直观性分析

影响轴测图直观性的因素主要有两个：形体自身的结构，轴测投影方向与各直角坐标面的相对位置。

用轴测图形表达一个建筑形体时，为了使其直观性良好，表达更清楚，应注意以下几点：

①避免被遮挡　轴测图中，应尽量多地将隐蔽部分（如孔、洞、槽）表达清楚。如图2-6-26所示，该形体中部的孔洞在正等测图中看不到底（被左前侧面遮挡），而在正二测图和正面斜轴测图中能看到底，

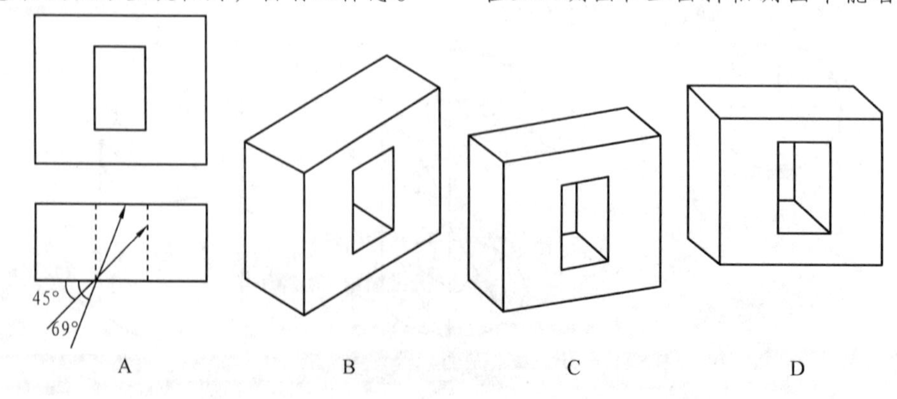

图 2-6-26　避免被遮挡

A. 正投影图　B. 正等测图　C. 正二测图　D. 正面斜轴测图

故直观性较好。

②避免转角处交线投影成一直线　如图2-6-27所示，在正等测图中，由于形体左前方转角处的交线A_1B_1、B_1C_1、C_1D_1，均处在与V面成45°的同一平面上，与投影方向平行，必然投影成一直线，故直观性不如图2-6-27C、D。

③避免投影成左右对称的图形如图2-6-27所示，正等测图方向恰好与形体的对角线平面平行，故轴测图左右对称。而图2-6-27E、D则不是这样，直观性相对较好。

④合理选择投影方向　如图2-6-28所示，反映出轴测图4种不同投影方向及其图示效果。显然，该形体不适合做仰视轴测图（图2-6-28D、E），而适合作俯视轴测图（图2-6-28B、C），且图2-6-28D的表达效果又好于图2-6-28C。究竟从哪个方向投影才能清楚地表达建筑形体，应根据具体情况选择。

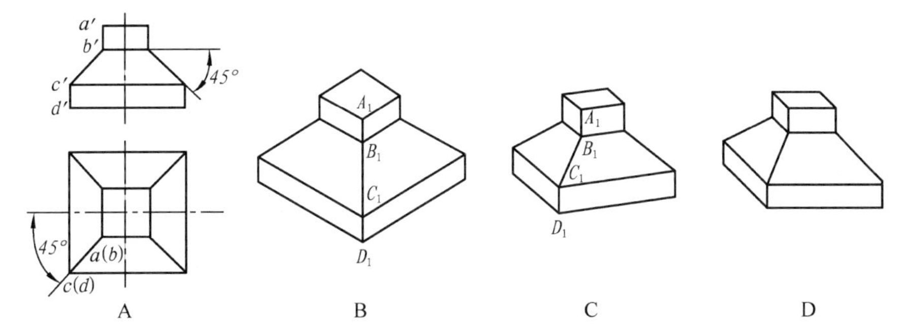

图2-6-27　正投影及3种轴测图

A. 正投影图　B. 正等测图　C. 正二测图　D. 正面斜轴测图

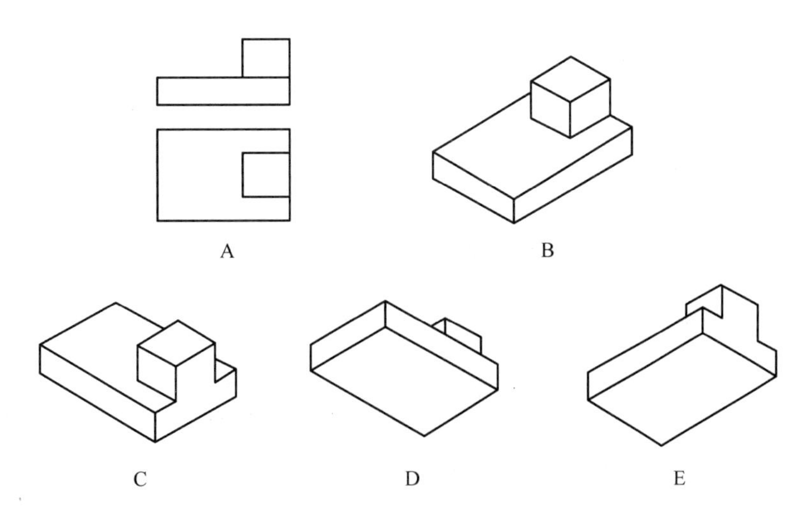

图2-6-28　轴测图的4种投影方向及图示效果

A. 正投影图　B. 由左前上向右后下投影

C. 由右前上向左后下投影　D. 由左前下向右后上投影　E. 由右前下向左后上投影

巩固训练

在一张 A2 幅面的图纸上绘制圆拱门的正二测图和正面斜轴测图。

自测题

1. 明确几种轴测图形成的条件和表现的意义。
2. 正等测图和斜轴测有哪些区别?
3. 轴测变形系数为什么小于1?
4. 轴测投影与正投影有哪些区别?
5. 什么情况下适合画正面斜轴测图? 什么情况下适合画水平面斜轴测图?

任务 6.2 绘制与识读园林景点透视图、 平视图

学习目标

【知识目标】

(1)熟悉园林景点透视绘图原理。

(2)掌握正常高度下的景点透视图的求作方法(视线法、量点法及集中真高法)。

【技能目标】

(1)会用视线法和量点法绘制平行透视与成角透视。

(2)会用集中真高法求高度,以求比较复杂的景点透视效果图。

知识准备

6.2.1 园林景点透视图的基本知识

6.2.1.1 园林景点透视图的作用

园林景点透视图指的是在某个固定视角所见到的园林景物局部透视效果图,一般在人的正常视高下所绘制的透视图(包括一点透视和两点透视),偶尔也包括局部鸟瞰图(鸟瞰图在后面章节专门介绍,这里主要要求掌握平视条件下的景点透视图)。

园林景点透视图的主要作用有两点:第一,便于设计师审视自己的设计作品,方案推敲完善;第二,让业主(包括会审专家)更加直观地审视作品效果,便于提出修改、完善方案的意见。如果是房地产中的园林景观设计,其景点透视图则具有营销推广的作用,使业主能直观地见到预期的环境效果。

6.2.1.2 园林景点透视图的类型、特点与示例

园林景点透视图从表现的内容来看可以是建筑、植物、山水和道路广场的单体和综

合景观；建筑景观透视图可以精确绘制，而植物景观的景点透视图则可画得粗略些。

从物体与画面的相对关系或者人对物体的视角来看，园林景点透视可分为成角透视（两点透视，物体的两组互相垂直的直线有两个透视灭点）和平行透视（一点透视，物体的一组直线与画面平行无灭点，另一组直线与画面垂直有灭点）。

园林景点透视图的重点是求作建筑透视图。根据建筑效果和氛围表现的需要，确定适合的透视条件（站点的位置、视高、视距，以及建筑与画面的位置关系等），绘制透视效果图。

园林建筑透视图应以简洁为主，配景为辅。配景应以总平面图的环境为依据，避免遮挡建筑物，进行取舍。建筑透视图的视点一般选择游人集中处，如图 2-6-29、图 2-6-30。

图 2-6-29　建筑景点透视图（成角透视也叫两点透视）

图 2-6-30　园林景点透视图（平行透视）

含有建筑的透视图，通常通过建筑和道路的线条变化，如近大远小、近宽远窄、近高远低等变化来展示。当然植物部分也有透视变形，同样是近大远小、近高远低，但没有建筑线条的变化那样明确和精细(图2-6-31)。

不论纯植物景观还是建筑与植物结合的景观，需要细致刻画时，还应表现质地粗细、色彩浓淡、远近虚实等，使园林景点透视图更加精准、丰满、细腻和美观。线条的透视变化是绘制园林景点透视图的核心知识和技能，这一点将在后面章节加以阐述。

图2-6-31　园林景点透视图(主要是植物景观)

6.2.2　景点透视图绘制原理

6.2.2.1　透视图形成条件和特征

(1)常用术语及符号

透视图和轴测图一样，都是单面投影。不同之处在于轴测图是用平行投影法画出的图形，虽具有较强的立体感，但不够真实，不太符合人们的视觉习惯；而透视图是以人的眼睛为投影中心的中心投影，即人们透过一个平面来观察物体时，由观看者的视线与该面相交而成的图形。此时，投影中心称为视点，投影线称为视线，投影面称为画面，如图2-6-32所示。

由于透视图符合人们的视觉印象，具有明显的空间感和真实的立体感，所以在建筑设计中，它常作为表现图供评判和审定之用(图2-6-33)。

透视作图中常用的术语与符号如图2-6-34所示。

①基面 G　放置景物的水平面，相当于投影面 H。

②画面 P　透视图所在的平面，一般垂直于基面，在基面上的正投影用 pp 表示。

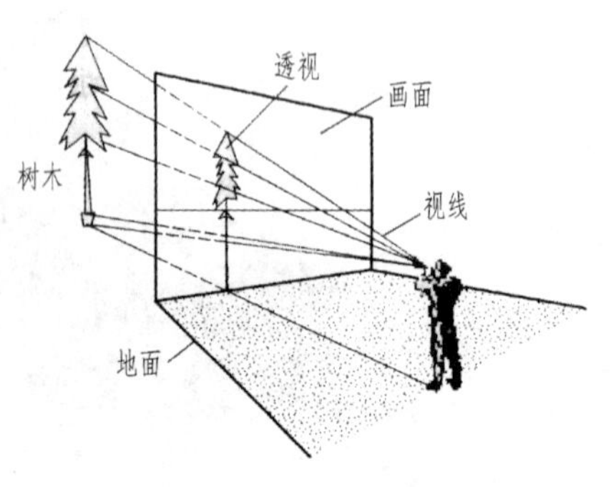

图2-6-32　透视图的形成

③基线 gg　基面 G 和画面 P 交线。

④视点 S　相当于人眼所在的位置，即投影中心。

⑤站点 s　视点 S 在基面上的正投影，相当于观察者的站立点。

⑥主视点 s'　视点 S 在画面上的正投影，又称视中心点、心点。

⑦视线　视点 S 与所画景物各点的连线。

⑧中心视线 Ss'　视点 S 与心点 s' 的连线，又称主视线。

⑨视高 Ss　视点 S 到站点 s 的距离，即人眼的高度。

图 2-6-33　建筑物透视图实例

⑩视距　视点到画面的距离。

⑪视平面　过视点 S 所作的水平面。

⑫视平线 hh　视平面与画面的交线。

⑬透视　空间任意一点 A 与视点的连线（过点 A 的视线 SA）与画面的交点就是空间点 A 在画面上的透视，用 A° 表示。

⑭基透视　空间任意点 A 在基面上的正投影 a 称为空间点的基点。基点 a 的透视 a° 称为基透视或次透视。

⑮透视高度　空间点 A 的透视 A° 与基透视 a° 之间的距离 $A^\circ a^\circ$ 为 A 的透视高度，且始终位于同一铅垂线上。

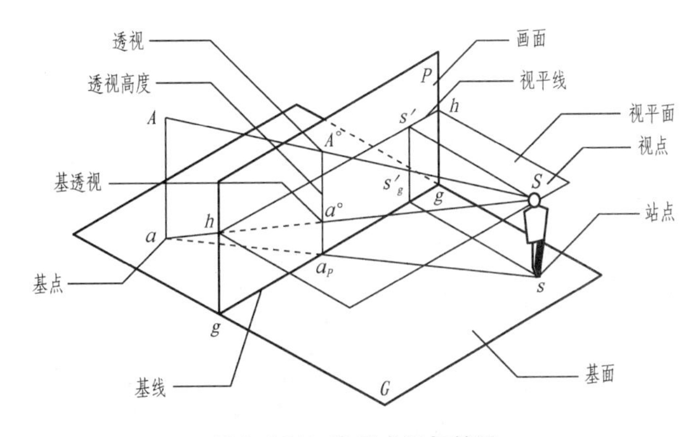

图 2-6-34　常用术语与符号

⑯真高线　如果 A 在画面内，Aa 的透视就是其本身。通常把画面上的铅垂线称作真高线。

⑰迹点　不与画面平行的空间直线与画面的交点称为直线的画面迹点，常用字母 T 表示。迹点的透视 T° 即其本身。直线的透视必然通过直线的画面迹点 T，如图 2-6-35 所示。其基透视 t° 在基线上。直线的基透视也必然通过迹点的基透视 t°。

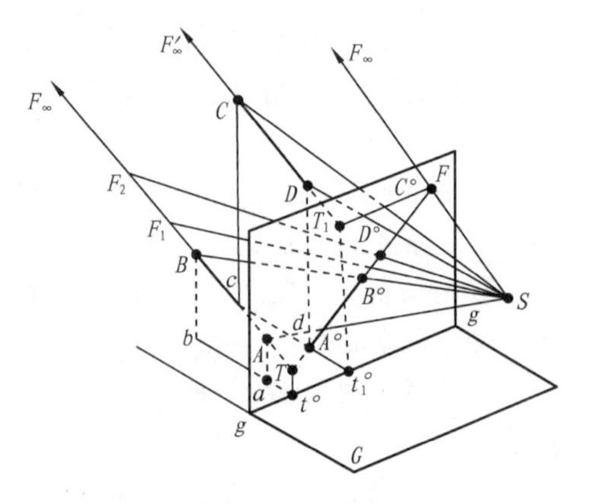

图 2-6-35　直线的迹点、灭点、全透视

⑱灭点　直线上距画面无限远的点的透视称为直线的灭点，常用字母 F 表示。如图 2-6-35 所示，欲求直线 AB 的灭点，也就是求其无限远点 $F\infty$ 的透视 F。自 S 向无限远点引视线 $SF\infty // AB$，与画面相交于 F 点，F 点即 AB 的灭点。直线 AB 的透视一定通过其灭点 F。

⑲全透视　迹点与灭点的连线。

(2) 直线灭点的规律

①相互平行的直线只有一个共同的灭点。$CD // AB$，其灭点均是 F。

②垂直于画面的直线其灭点即主视点。

③与画面平行的直线没有灭点。

④基面上或平行于基面的直线即水平线的灭点必定落在视平线上。

作为直线的全透视，直线的透视必然在该直线的全透视上。如图 2-6-35 所示，TF 为直线的全透视，$A°B°$ 必在 TF 上。

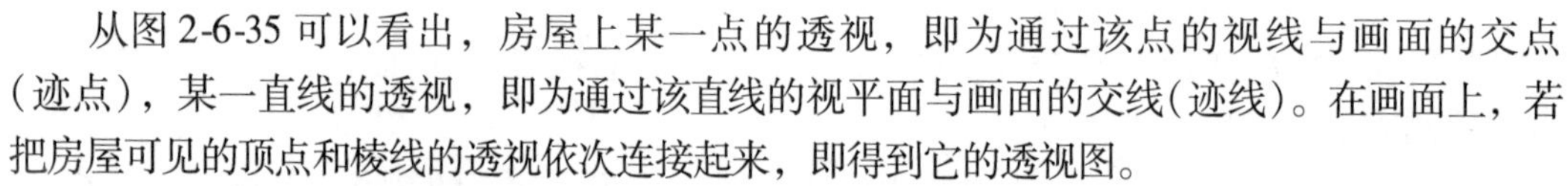

从图 2-6-35 可以看出，房屋上某一点的透视，即为通过该点的视线与画面的交点（迹点），某一直线的透视，即为通过该直线的视平面与画面的交线(迹线)。在画面上，若把房屋可见的顶点和棱线的透视依次连接起来，即得到它的透视图。

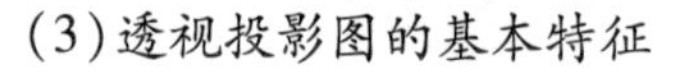

(3) 透视投影图的基本特征

如图 2-6-36 所示为一建筑物的透视，从中可以看到透视投影图有以下特点：

①近大远小　建筑物上等体量的构件，距视点近的透视投影大，远的透视投影小。

②近高远低　建筑物上等高的柱子，距视点近的高，远的低。

③近疏远密　建筑物上等距离的柱子，距视点近的柱距疏，远的柱距密。

④水平线交于一点　建筑物上平行的水平线，在透视图中，延长后交于一点。

图 2-6-36　透视现象

6.2.2.2　透视图基本画法

随着物体与画面的相对位置的改变，物体的长、宽、高3组主要方向的轮廓线可能与画面平行或相交。由于平行于画面的直线没有灭点，而与画面相交的直线有灭点。据此，可以将透视图分为一点透视图、两点透视图、三点透视图三大类。因三点透视图做法较烦琐，且在园林设计表现中很少用，因此，在此只学习一点透视图和两点透视图的画法。作图的步骤：先求出物体的基透视图，再利用真高线画出各部分高度，从而完成整个物体的透视图。在作图时根据作图原理的不同，又分为视线法和量点法。

(1)视线法

视线法作图原理就是中心投影法，即过投影中心S作一系列视线(投影线)与实物上各点相连，这些视线与画面(投影面)相交，得到各投影点，将各投影点相连而成的图形就是该物体的透视图。

如图2-6-37A所示，假如空间有一点A，现用视线法求它的透视。首先连视点S与A得视线SA，与画面P交于$A°$点，$A°$即为A点的透视。对此，我们可以这样分析，A的水平投影是a，连Sa与画面相交得$a°$，由于Aa垂直于基面，Ss垂直于基面，则$SsaA$为垂直于基面的四边形。画面P也垂直于基面，因此，$SsaA$与画面的交线$A°a°$也垂直于基面，即$A°a°$垂直于基线gg。现将主视点s'和A在画面上的正投影a'相连，$s'a'$实质上是视线SA在画面上的正投影，因此，交点必是同一点$A°$。同理，视线Sa在画面上的正投影是$s'a'_g$，$a°$也必在其上。据此就可以作图了。

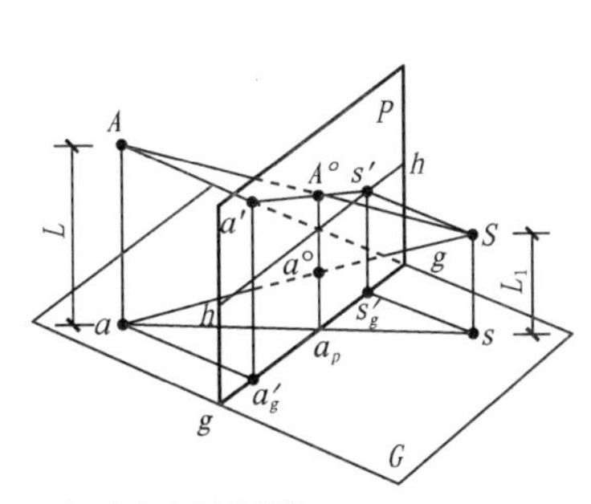

a' 为A点在画面上的投影
a 为A点在基面上的投影
a_p 为视线sa与画面的交点
a'_g 为a'在基面上的投影或a在画面上的投影

A

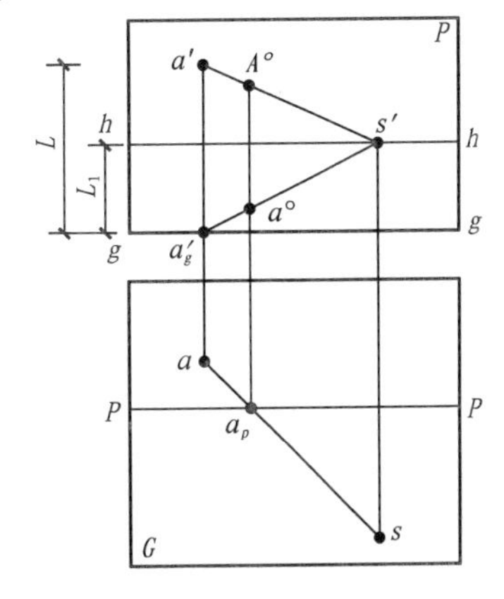

B

图2-6-37　视线法作图原理

如图2-6-37B所示，将画面和基面分开，上下对齐画出(图2-6-37B可看成是图2-6-37A在平面和立面上的正投影)，已知视高L_1即画面上视平线与基线gg的距离，视平线hh与基线gg确定了画面，以后作图时不再画出画面边界线。在基面上，视点S的位置与视距即基面上站点S到画面的水平投影pp的距离，pp与gg实质上是同一条线，同样，站点s与基线pp确定了基面，a是A的基点。以后作图时不再画出基面边界线。

在基面上连sa与pp相交得a_p点；在画面上根据a和L找到A和a的投影a'和a_g(在基线上)及主视点s'，然后连接$s'a'$及$s'a'_g$；由a_p向上作垂线，与$s'a'$相交即得透视

A°点，与 $s'a'_g$ 相交即得基透视 a°点。画面上的铅垂线 $a'a'_g$ 等于 A 点离基面的高度 Aa，故 $a'a'_g$ 也称为点 A 的真高线。

(2)量点法

利用量点作透视图的方法称为量点法。量点法的作图原理如下：

如图2-6-38A 所示，基面上有直线 AB。为求 AB 的透视，首先延长 AB 求得 AB 的迹点 T，过视点 S 作 AB 的平行线与视平线相交得 AB 的灭点 F，连 FT 即为 AB 的全透视（透视方向线），AB 透视 $A^\circ B^\circ$必在 TF 上。为了确定A°在 TF 上的位置，在基线上找一点 A_1，使 $tA=TA_1$，连接辅助线 AA_1 并求其灭点 F_1，连接 F_1A_1 为辅助线 AA_1 的全透视，AA_1 的透视必在 F_1A_1 上。因此，对于 A 点的透视 A°，它既在 TF 上，又在 AA_1 上，那么它必在这两条直线的交点上，所以两透视方向线的交点 A°即为 A 点的透视。同理可求出 B°。图中辅助线的灭点 F_1 称为量点，用 M 表示。

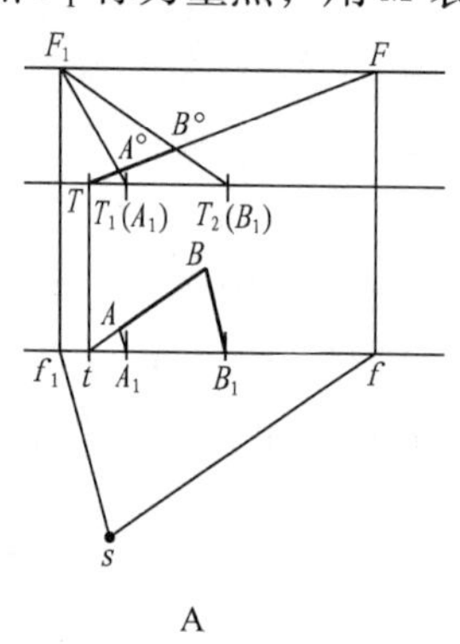

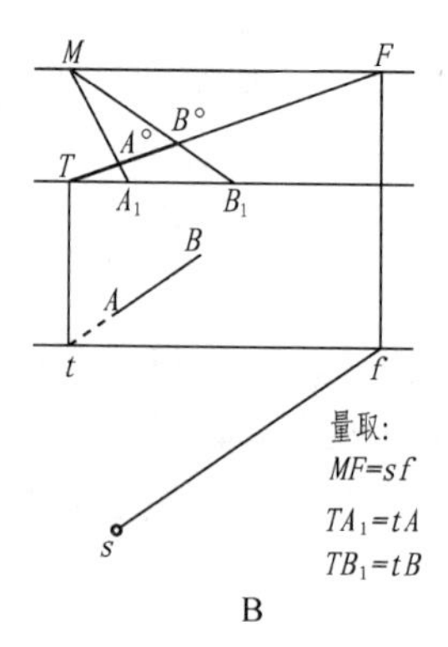

图2-6-38 量点法的作图原理

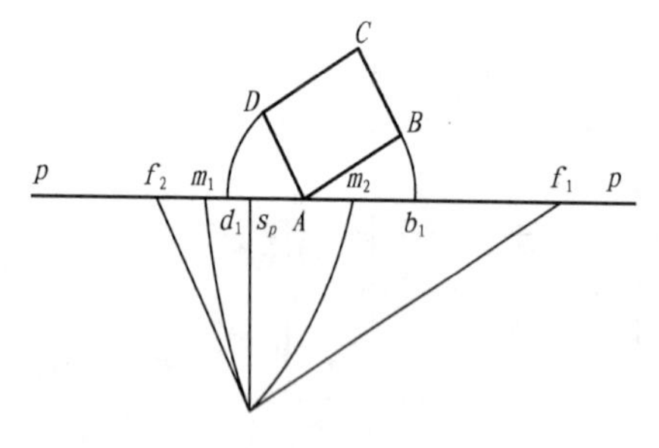

图2-6-39 灭点、量点的求法

那么量点如何求作呢？从图2-6-38A 中可知，$\triangle tAA_1$ 是等腰三角形，$tA=tA_1$。而在$\triangle fsf_1$ 中，因为 $sf /\!/ tB$，$sf_1 /\!/ AA_1$，所以$\triangle t\ AA_1$ 与$\triangle fsf_1$ 是相似三角形，$\triangle fsf_1$ 也是等腰三角形，sf_1 是底边，其两腰$fs=ff_1$。在视平线上的 FF_1 等于基线上的 ff_1。因此，在实际绘图过程中，只要在视平线上过灭点 F 量取长度为视点到灭点的距离处即为量点 M，如图2-6-38B 所示，通常是先在基面上作出灭点和量点，如图2-6-39 所示，以灭点f_1、f_2 为圆心，以 f_1s、f_2s 为半径画弧交 pp 于 m_1、m_2，再由 m_1、m_2 垂直向上交视平线即为 M_1、M_2。

6.2.2.3 集中真高线法

由点的透视可知：空间一点的透视和基透视在同一条铅垂线上，并且两点间的线段长度是空间点的透视高度。当空间点在画面上时，它的透视高度就是空间点的实际高度。由此可以得出：在画面上的铅垂线的透视就是其本身，它能够反映该铅垂线的真实高度，所以在画面上的铅垂线被称为真高线，用 TH 表示。真高线主要用途就是求取不在画面上的铅垂线的透视高度。

集中真高线法的作图原理：等高的铅垂线，如果基透视都处在同一画面水平线上，则其透视高度相同。

如图 2-6-40 所示，直线 Aa 垂直于基面，经过点 A 和点 a 作两条相互平行的水平线 AA_1 和 aa_1，A_1 和 a_1 是直线 AA_1 和 aa_1 的迹点，并且 $A_1a_1 = Aa$。按照前面介绍的方法借助 A_1a_1 很容易就可以确定出直线 Aa 的透视。通过对图 2-6-40 的分析发现，辅助线 AA_1 和 aa_1 的方向可以任意，尽管辅助线灭点的位置会随之发生改变，但是铅垂线 Aa 的透视 $A°a°$ 不变，基于这一规律，只要知道直线的基投影和实长就可以得到直线的透视。

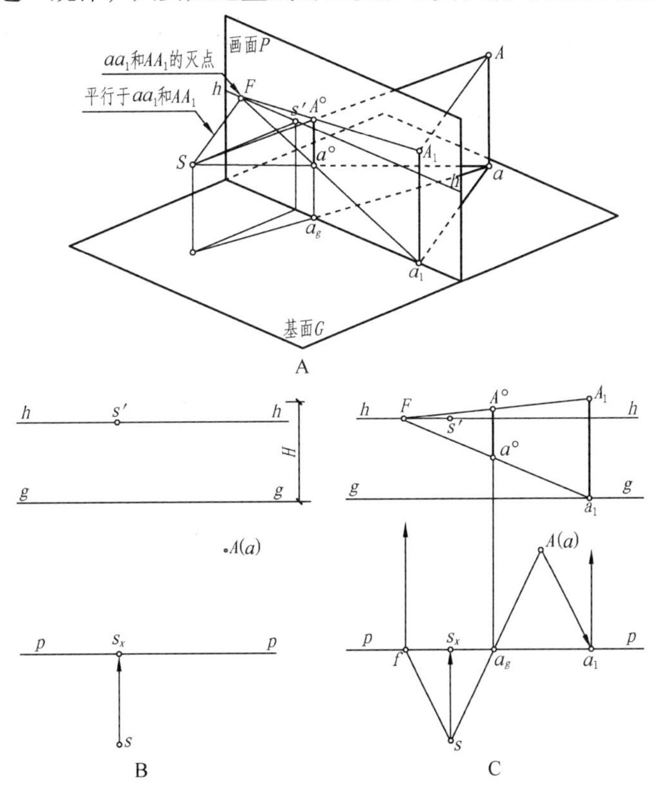

图 2-6-40　真高线作图原理

任务实施

1. 绘制工具

学生绘制园林景点透视图一般选用 2 号图板及配套的丁字尺、三角板；条件允许，最好用 1 号或 0 号图版及配套的丁字尺、三角板绘制，另外还需要多用圆规和建筑模板等。制图铅笔可选用中华牌系列的如 6H、4H、2H、HB、2B 等，打底稿要求用 6H、4H 等硬一点铅笔，加粗可用较软的 HB、2B 等铅笔；如上正图，一般用针管笔，在底稿上直接按要求用不同粗细的针管笔加绘；山石、植物等也可用美工笔绘制。课堂训练用纸可采用 A2 幅面的普通白纸或打印纸，课外作业（含考核作业）要求用 A2 或更大幅面（A1、A0）的正规图纸绘制。

其他辅助工具包括：单面刀片、双面刀片、橡皮、排刷等。

2. 绘制方法

（1）视线法作图

视线法就是根据透视形成的基本原理，即某点的透视其实就是这点和视点的连线与画面的交点。利用透视形成原理，以水平面上(基面)的正投影和正立投影面(画面)上的正投影作为基本条件求出透视。由于正立投影面与画面重合，故所求透视必然落在立面上。

［例2－6－12］如图2-6-41A所示，已知基面上的平面 *abcd* 及画面的位置、站点、视高，用视线法求平面的透视。

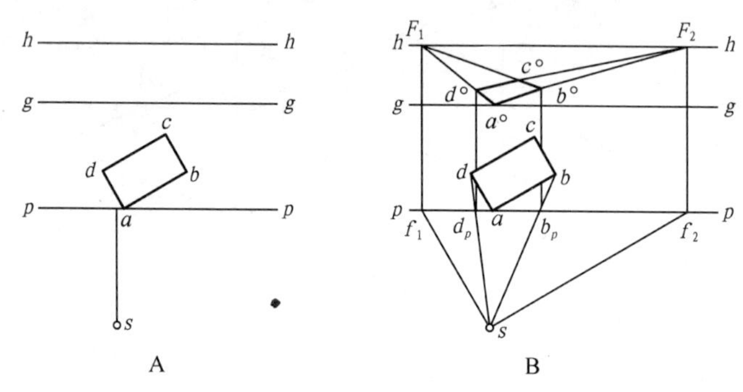

图2-6-41 视线法作图

作图(图2-6-41B)：

①作迹点。由于 a 点在画面上，故 a 为 ab、ad 的迹点。由 a 向上作垂线，交 gg 于 $a°$，$a°$ 为 a 的透视，也是 ab、ad 的迹点。

②求灭点。过 s 分别作 ad、ab 的平行线，交 pp 于 f_1 和 f_2，由 f_1、f_2 向上作垂线交 hh 于 F_1、F_2，F_1 为 ad 和 bc 的灭点，F_2 是 ab 和 dc 的灭点。

③作全透视。连接 $a°F_1$ 和 $a°F_2$。

④连视线。连视线 sd 和 sb 分别交 pp 于 d_p、b_p 两点，由这两点向上作垂线，分别交 $a°F_1$ 及 $a°F_2$ 于 $d°$ 及 $b°$。

⑤交基透视。连 $d°F_2$ 和 $b°F_1$，两线相交于 $c°$，则 $a°b°c°d°$ 为所求 $abcd$ 的透视。

［例2－6－13］如图2-6-42A所示的形体，以及画面的位置、站点、视高。试用视线法求立体的透视。

分析：空间点的透视高度是利用真高线的概念求作的。即点在画面上时，点的透视高度反映点的空间高度。

作图(图2-6-42B)：

①作基透视，即作 $a°b°c°d°$，方法见例题2-6-12。

②确定透视高度。由于 A 点在画面上，A 的透视高度反映真实高度，量取 $A°a°$ 等于形体的高度 H_1，得到上顶面的 $A°$ 点。

③作出顶面的透视 $A°B°C°D°$。连 $A°F_1$ 和 $A°F_2$，过 $b°$、$d°$ 点分别作铅垂线交 $A°F_1°$ 和 $A°F_2°$，即得 $B°$、$D°$，再连 $B°F_2°$ 和 $D°F_1°$ 交于 $C°$。

④加深形体外形轮廓，完成作图。

（2）量点法作图

量点法与视线法的区别主要在于在作景物或建筑的基透视时，直线交点透视的求法

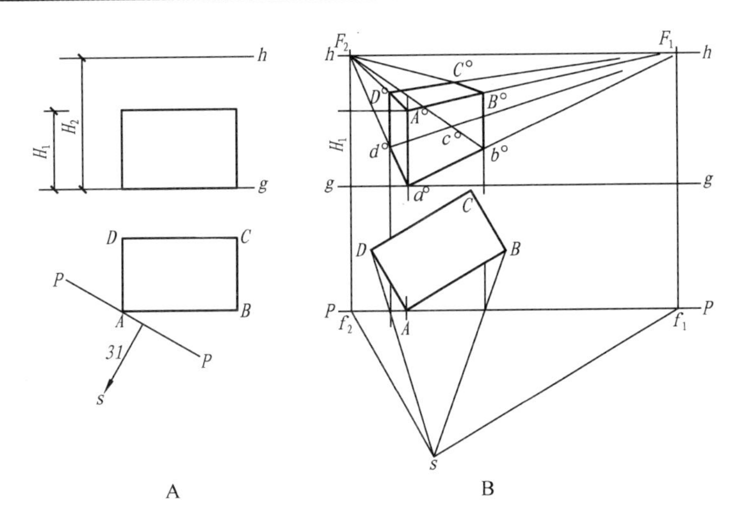

图2-6-42　立体的透视

不同，确定透视高度的方法与视线法相同。

提示：应用量点法作图时，量点的数量应与图形边长(通常是互相垂直的两组边长)方向数量相同，要清楚它们的对应关系。量点其实是辅助线的灭点，在 *pp* 线上以迹点为圆心，以图形相对应的边长为半径画弧交画面 *pp* 线为一点，如图2-6-43中 B_1、D_1 点，M_1 其实就是 BB_1 的灭点；M_2 其实就是 DD_1 的灭点。最后，迹点与灭点相连，辅助点(实长点)与量点相连，即可求出透视点。这些透视点的求法是根据两条直线的交点的透视等于两条直线透视的交点的原理绘制而成的。

[例2-6-14] 如图2-6-43*A* 所示，已知基面上的平面ABCD及画面的位置、站点、视高，用量点法求其透视。

分析：先利用量点法求出物体的基透视，再通过与画面平行的铅垂线的透视依旧为铅垂线的原理，利用基透视向上作铅垂线，然后通过真高线来求出其他空间点的透视高度。所谓真高线是位于画面上的线，即空间点在画面上时，点的透视高度反映点的空间真实高度。

作图(图2-6-43*B*、*C*)：

①作灭点。过 *s* 分别作 *AB*、*AD* 的平行线，交 *pp* 于 f_1 和 f_1，由 f_1f_2 向上作垂线交 *hh* 于 F_1、F_2，F_1 为 *AB* 和 *DC* 的灭点，F_2 是 *AD* 和 *BC* 的灭点。

②求量点。在视平线上量取 $M_1F_1 = sf_1$，$M_2F_2 = sf_2$，即得 M_1、M_2。

③求辅助点。在画面上量取 $A°$、$B_1 = AB$、$A°$、$D_1 = AD$，得到 B_1D_1(实长点)(图2-6-43*B*)。

④连线交透视。连接 $A°F_1$、和 $A°F_2$ 和 B_1M_1、D_1M_2，$A°F_1$ 与 B_1M_1 相交于 $B°$，$A°F_2$ 与 D_1M_2 相交于 $D°$，$D°F_1$ 与 $B°F_2$ 相交于 $C°$，则 $A°B°C°D°$ 为所求(图2-6-43*C*)。

⑤立高度。在迹点 *a* 处立高 $Aa = Z$，再由 *A* 作出顶面 *BCD* 即可(图2-6-44)。

(3)集中真高线法

利用真高线求作各铅垂线的透视。

[例2-6-15] 如图2-6-45A，已知直线 *Aa* 的高度以及直线的基投影，求作直线的透视。

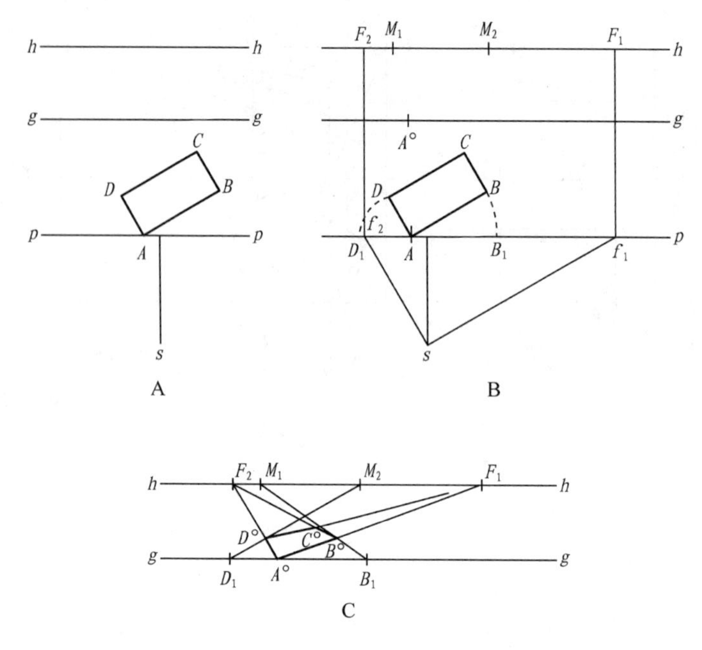

图 2-6-43　量点法作基透视

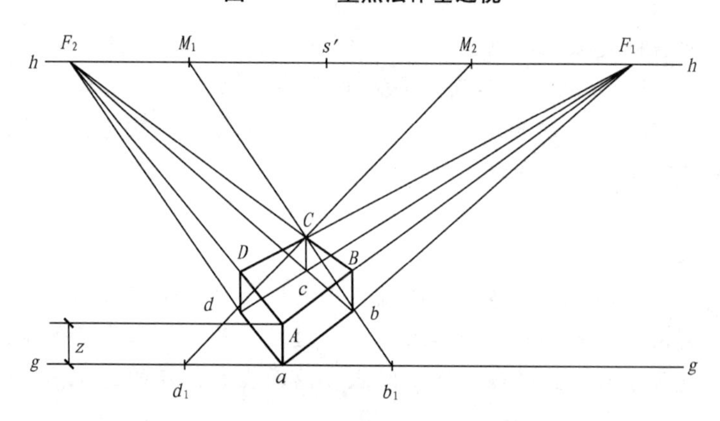

图 2-6-44　透视高度求法(立高度)

作图:

①在基面中经过直线基投影作任意直线，与基线交于点 a_1。

②经过点 s 作直线 aa_1 的平行线，与基线交于点 f，即辅助线的灭点的基投影。

③在画面中经过辅助线的迹点作一条铅垂线，量取 $A_1a_1=Aa$，即直线的真高线。

④在画面中作出辅助线的灭点 F，连接 FA_1、Fa_1，得到辅助线的透视方向。与经过点 $a°$量的铅垂线相交于 $A°$，那么 $A°a°$就是直线 Aa 的透视，如图 2-6-45C 所示。

如果知道了铅垂线的实长和基透视，可以直接在画面中作出直线的透视。如图 2-6-45 所示，经过点 $a°$作任意直线与基线交于点 a_1，与视平线交于点 F。经过点 a_1 作直线的真高线，使 $A_1a_1=Aa$，连接 FA_1，经过 $a°$作铅垂线，与 FA_1 的交点即为 $A°$。

在作图过程中经常会遇到一系列铅垂线，这时可以采用集中真高线法求取这些直线的透视高度。

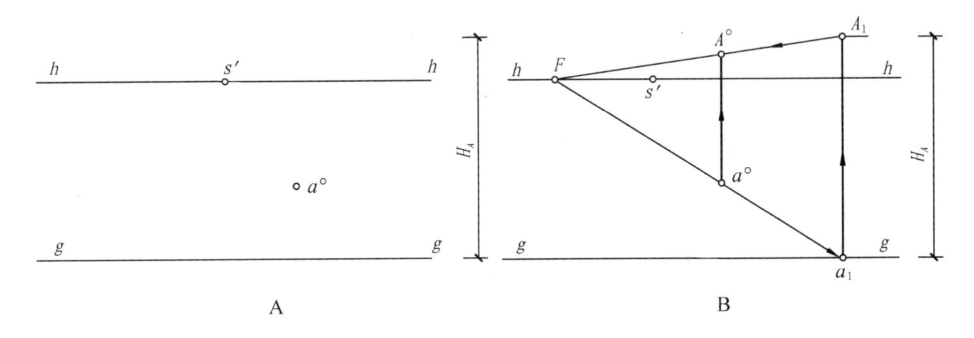

图 2-6-45 利用真高线求铅垂线的透视

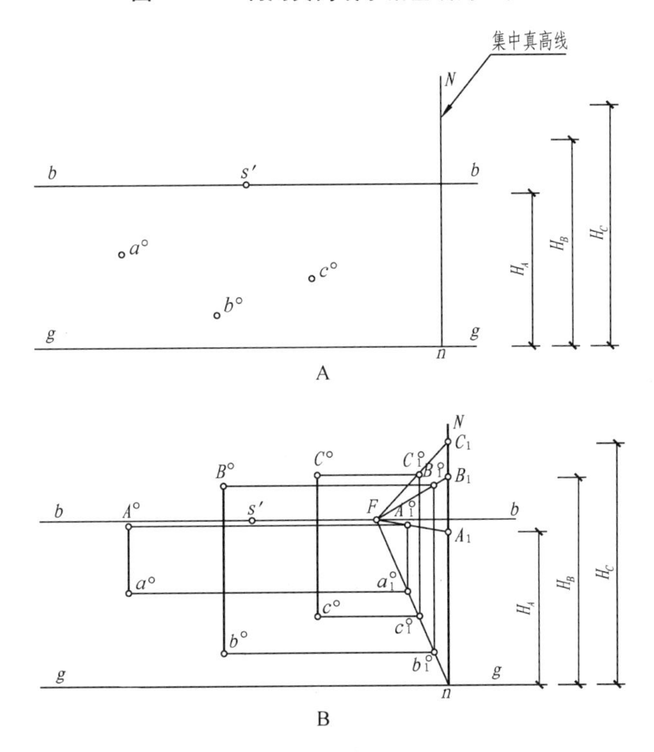

图 2-6-46 利用集中真高线法求取铅垂线的透视高度

如图 2-6-46 所示，已知铅垂线 Aa、Bb 和 Cc 的基透视和实长，并且 3 条直线都在基面上，只需要一条真高线即可以求出各条直线的透视。为了避免真高线与作图线混淆，一般将真高线放置在远离图纸的位置。在基线上任选一点 n，经过 n 点作铅垂线 nN 作为真高线。在真高线上量取直线的高度，得到量高点 A_1、B_1 和 C_1。在视平线上任选一点 F 作为灭点（点 F 也应该远离作图区域），连接灭点 F 和各量高点及点 n。经过点 A 的基透视 a° 作水平线，与 Fn 交于点 a_1°，经过点 a_2° 向上作铅垂线，与 FA_1 相交，两个交点的距离就是 A_1n 的透视高度 $A_1^\circ a_1^\circ$，也就是铅垂线 Aa 的透视高度（图 2-6-46），根据透视高度作出点 A 的透视。按照相同的方法，可以求出直线 Bb 和 Cc 的透视。

提示：因为铅垂线 Aa、Bb 和 Cc 都在基面上，所以都是以 Fn 作为基准，铅垂线基点不在同一水平面上的时候，对应的 n 点是不相同的。

当然在实际作图中不仅仅是一根直线或者一个点，但是不管怎样复杂的建筑或园林景观都是由最基本的几何元素——点、线组成，只要掌握了最基本的作图方法，完成复杂的透视效果图也就不难了。

［例2-6-16］假设空间4棵树的高度分别为 GA、GB、GC、GD，它们的基透视位置分别为 A'、B'、C'、D'，如图2-6-47所示，求作树木的透视高度。

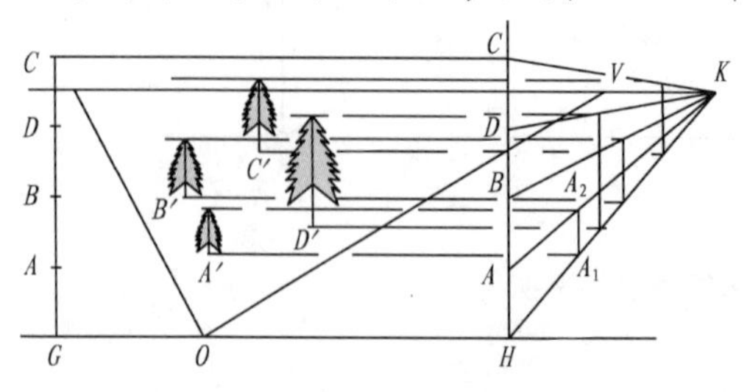

图2-6-47 集中量高线法画透视图

作图：

①在不影响透视图画面的情况下，在基线上任取一点 H，过 H 作铅垂线，截取树木真高得 HA、HB、HC、HD，在视平线上任取一点 K，连接 HK。

②由 A' 点作水平线，与 HK 交于 A_1 点，过 A_1 作铅垂线交 KA 于 A_2 点，A_1A_2 即为此树的透视高度，可由 A_2 向回引水平线，再过 A' 点作铅垂线，画出树木轮廓，则得树木的透视图。

③重复上述步骤，画出其他树木的透视图，图中 HC 即为集中量高线，在作园林透视图时，经常用到。

3. 识读技巧

园林景点透视图立体感强，符合人的视觉习惯，与照相机拍摄的照片效果近似而更简略和概括，一般是给非专业的客户(甲方)或者主管领导看的，当然也可作为专业人员的参考。这里的识读是针对初学的专业人员(学生)来说的。由于受到透视变形的影响，相同大小或者高度的景物由于所处的远近位置不同，会产生近大远小的透视变化，不能因为这种变化而误判景物或建筑的实际位置和大小关系；作为以后的专业人员更要具有对实景或设计形象的准确表现能力。

另外，要根据图中建筑、地面或道路的透视情况判断出是一点透视还是两点透视；甚至还要能判断视距的远近和视点的高低。如果在景点的地面或者建筑中有平行的水平线，而视线方向的直线透视变形很大，而且远处相交于一点，则是一点透视；如果有两组线分别在不同方向相交，而且两个交点在一条水平线，那么就是两点透视。对一点透视而言，视距越近，物体侧面越大，反之则小；视点越高，物体基面透视线越倾斜，反之则越缓。对两点透视而言，视距越近，两组不同方向的透视线角度越小，反之则大；视点越高，物体基面两组透视线越倾斜，反之则越缓。

注意，视距远近要适中，太远透视过小；太近，透视失真。视点高度也要适中，一般要和人站在地面上的高度接近，略低或略高都可以。不能过低，景物透视效果过于夸张，不符合平时的视觉习惯，过高就成鸟瞰图了，景点透视一般不常用鸟瞰图效果。

知识拓展

圆的透视及景点透视视点画面的选择

一、圆的透视

圆周平面与画面的位置不同，其透视也不相同。圆周的透视与一般直边的图形不同，透视变形比较特别。与画面平行的圆周重点在于找到圆心的透视位置和半径的透视变化；不平行画面的圆周要利用外切正方形的透视来求其透视。

1. 平行于画面的圆周平面的透视

当圆周平面在画面上时，其透视为其实形。当圆周平面平行于画面时，其透视仍为圆，但直径缩小。作圆周平面平行画面的透视较容易。如图2-6-48所示，设圆与基面相切，在基线上定出切点 A，然后向上作垂线，据圆的半径求得圆心 O。根据圆周离画面的距离用量点法作切点的透视 $A°$，并由此向上作铅垂线。过圆心 O 作透视方向线得到圆心的透视 $O°$，从而完成圆周平面平行画面的圆的透视。

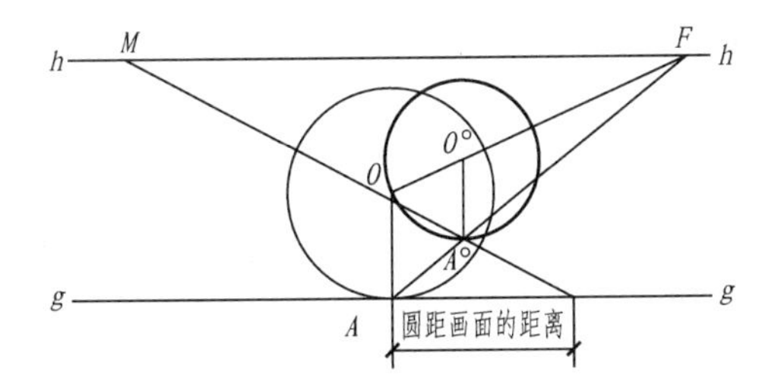

图2-6-48　平行于画面的圆周平面的透视画法

2. 不平行于画面的圆平面的透视

圆周平面不与画面平行时，常用八点圆的方法来求作圆的透视，即利用圆周的外切正方形与圆的切点及圆的对角线与圆的交点来求圆的透视。图2-6-49A为水平圆的透视做法。

(1)首先求作圆的外切正方形透视及对角线和中线的透视。中线透视与正方形透视的交点为圆与正方形4个切点的透视。

(2)在基线上，作一辅助半圆。然后过辅助半圆的圆心作两条45°线与半圆相交，过交点向上引垂线与基线相交于 A、E，再分别过 A、E 作透视方向线与对角线透视相交，其交点即为对角线与圆相交的4个点的透视。

(3)将4个切点和4个交点的透视点用光滑曲线连接起来即为圆的透视。图2-6-49B所示为铅垂圆的透视，做法与水平圆类似。

二、视点、画面的选择

为使透视效果图形象逼真，能够较全面反映景物的真实性，作图时应适当选择视点、画面与景物的相对位置，如图2-6-50所示。

(1)先选择画面的位置

一般选择 pp 与景物两直角边成30°、60°角，即长边或景物主要观赏面与画面成30°角。

(2)选择站点位置

①自景物两角向画面作垂线，初步框定透视图的宽度范围 B，再将 B 二等分和三等分。

②在中间1/3和1/2线段范围内取合适的点作 pp 的垂线，确定主视线(中心视线)，在主视线上量取线段长为 B 的1.5～2倍，确定站点 S，则视点、画面的位置基本确定。

(3)确定视高

一般人的身高是1.5～1.8m。根据建筑物的相对高度确定视高位置，一般取在建筑中下部1/3处。

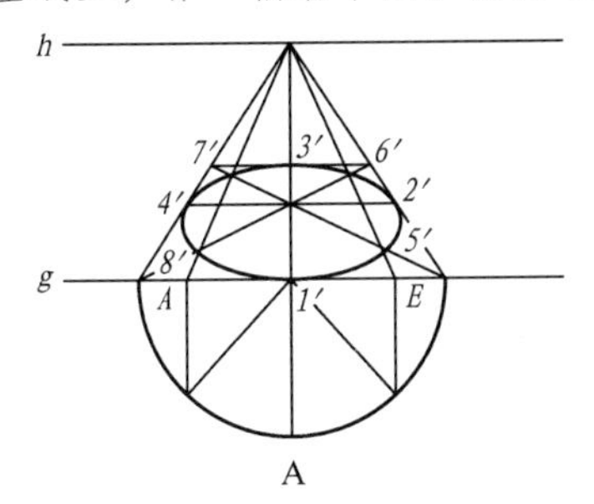

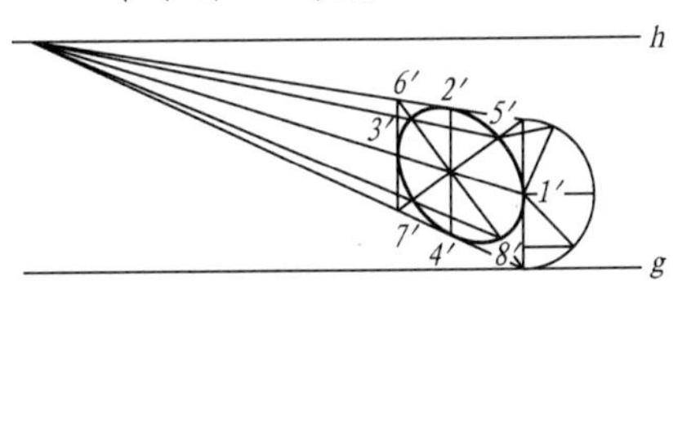

图2-6-49　不平行与画面的圆的透视画法

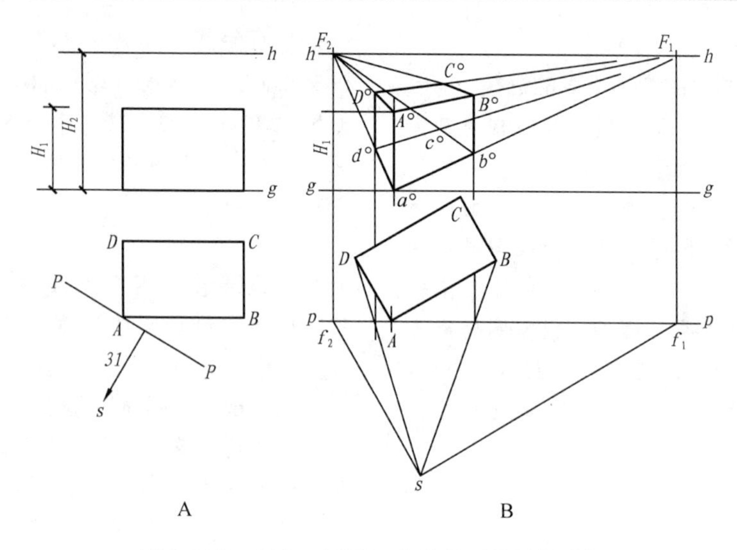

图 2-6-50 视点、画面、物体相对位置的选择

巩固训练

园林景点透视图绘制训练，利用 A2 幅面的图纸绘制。

自测题

1. 视线法求透视与量点法透视有什么不同？什么情况下采取何种方法比较适合？
2. 真高线是指什么？集中真高线法的原理或前提是什么？
3. 一点透视与两点透视有什么区别？
4. 站点位置、视高以及画面与景物的相对位置关系对透视有什么影响？

任务 6.3

绘制与识读鸟瞰图

学习目标

【知识目标】

(1)熟悉园林景物鸟瞰图形成的基本原理。

(2)掌握利用透视方格网法绘制鸟瞰图的基本方法。

【技能目标】

(1)能够绘制平行和成角透视鸟瞰图。

(2)能够根据实际景物表现需要选绘不同的鸟瞰图。

知识准备

6.3.1　园林鸟瞰图基本知识

6.3.1.1　园林鸟瞰图的一般特征

在做园林设计方案时，为了表现全局设计效果，通常要绘制鸟瞰图。鸟瞰图一般是指视点高于景物的透视图。根据人的视觉特点和规律，站得高，看得远。人可以站在建筑、山顶等高点，甚至可以在飞机上俯瞰大地景观。之所以称为鸟瞰图就是因为人可以像鸟一样在空中俯视地面的景物。因此，绘制鸟瞰图的首要条件就是视高高于要表现场景的高度，而且要有一定的角度和视距，角度和视距不同就会形成不同效果的鸟瞰图。

鸟瞰图与一般景点透视图一样，也遵循近大远小的变形规律，但不如一般景点透视明显；而且鸟瞰图中景物的透视线是近低远高，向远上方消失，但也落在视平线上。

6.3.1.2　园林鸟瞰图类型与特点

根据画面与表现对象之间的关系，透视鸟瞰图分为顶视、平视和俯视三大类，其中平视和顶视鸟瞰图在园林设计中比较常用，而俯视鸟瞰，特别是俯视三点透视鸟瞰图由于作图烦琐，在园林效果表现中很少采用。本书重点介绍平视鸟瞰图的做法。

对于小型的园林景观鸟瞰图的绘制较为简单，通常灭点或者距点都在图面中，可以采用前面介绍的方法——视线法、量点法进行绘制，作图方法没有变化，只是视高高于正常值。对于大型的场景，如城市公园、居住小区等，构图较为复杂，并且往往灭点或者距点不可达，这时可借助透视网格进行辅助作图，这种方法称为网格法。平视鸟瞰图也可以按照观察视角的不同(与画面的角度不同)分为一点鸟瞰图(图2-6-51)和两点鸟瞰图(图2-6-52、图2-6-53)；因此，网格法分为一点透视网格法和两点透视网格法。

图2-6-51　园林景观鸟瞰图(一点透视)

图2-6-52　园林景观鸟瞰图(两点透视)

6.3.2　鸟瞰透视图绘制原理

6.3.2.1　一点透视网格制作园林鸟瞰图的原理

平面网格中有两个方向的直线——*X*轴方向和*Y*轴方向，在一点透视中，平面网格纵向(*Y*轴向)网格线垂直于画面，其透视方向就是轴线上的等分点与心点的连线。水平

图 2-6-53　城市景观局部鸟瞰图(两点透视)

方向（X 轴向）的网格线与画面平行，在透视图中仍然保持水平，只是间距由近及远会逐渐缩小，缩小的间距需要借助方格网的45°对角线求取，在一点透视中45°对角线有共同的灭点，灭点就是距点 D。

（1）一点透视网格的绘制方法

如图 2-6-54 所示。

①在图面上定出视平线 hh、基线 gg、心点 s' 和网格的坐标原点 O；视高最好取最高景物的 2～3 倍。

②在基线上以点 0 为起点，依次截取等长，确定各等分点，并进行标注，如图 2-6-54 所示。连接心点 s' 和各等分点，得到垂直于画面的网格线（Y 轴向网格线）的透视。

提示：绘制透视网格的时候，最好与平面网格成一定比例，以便于精确定点和按比例缩放。

③在视平线上定出距点。视距可以取画幅宽度的 1～2 倍，本例取 1 倍画幅宽度。通常情况下，距点会在图面之外，这时可以取 1/2 视距或者 1/3 视距，分别记作距点 $D_{1/2}$ 和 $D_{1/3}$。连接点 0 和 $D_{1/2}$（$D_{1/3}$），与 $s'1$ 相交于点 a_1（b_1），经过点 a_1（b_1）作水平线，与 $s'2$（$s'3$）交于点 a_2（b_3），直线 $0a_2$（$0b_3$）是经过原点的45°对角线的透视，直线 $0a_2$（$0b_3$）的延长线与视平线的交点就是点 D。

④经过 $0a_2$（$0b_3$）与 Y 轴向网格线的交点作水平线，即得水平网格线（X 轴向网格线）。

⑤在图面上定出真高线，并作出侧面透视网格。

这时绘制出的透视网格只占图纸的一部分，可以利用对角线的透视将透视网格延

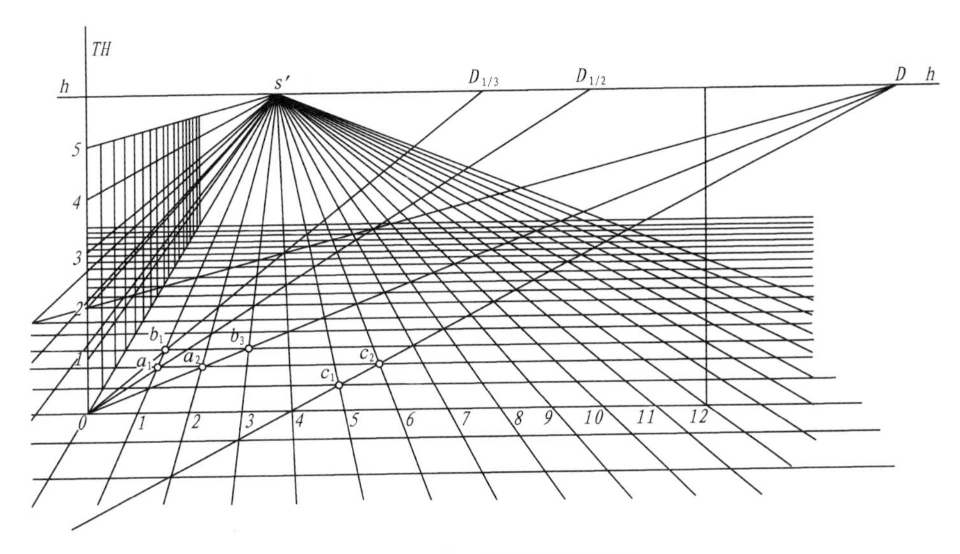

图 2-6-54　一点透视鸟瞰网格

展。在图中任选一个透视方格的对角点，如点 c_1 和点 c_2，连接并双向延长，将 X 轴向的交点与心点相连得到 Y 轴向的网格线，经过与 Y 轴向的交点作水平线得到 X 轴向的网格线，如图 2-6-54 所示。

(2)利用一点透视网格求园林鸟瞰图

①可用硫酸纸画好平面方格网固定在平面图的适合位置，也可以在平面图上直接画好平面方格网，水平方向用数字标序，纵向用字母标序。

②在画好的一点透视方格网中，按平面方格中景物的对应位置画出园林景物的地平面透视。

③按园林景物的高度，参照比例，利用集中真高线法求出各景物的透视高度。

④精确画出建筑、道路和水体的透视，较为准确地画出山石、植物的透视。

⑤将景物外轮廓加粗，并擦去多余的透视求作线(学生作业可以保留求作线，以判断绘制的准确性)，即完成鸟瞰图的绘制。

⑥润色处理，如对园林各景物进行质地和虚实的处理等，如需要还可上色等。

6. 3. 2. 2　两点透视网格绘制园林鸟瞰图的原理

两点透视鸟瞰图适合表现场景更大，景物更复杂和丰富的建筑或园林景观。这种透视图的绘制需要借助于两点透视网格。

(1)两点透视网格的绘制方法

两个灭点可达的透视网格绘制比较简单，所以主要介绍两个灭点不可达时透视网格的绘制。制作方法如下：

①如图 2-6-55 所示，在图纸中适当位置布置视平线 hh、基线 gg 以及网格的坐标原点 0，在基线上以坐标原点为起点向两侧截取网格单位长度，得到分点 1_1、2_1、3_1 和 1_2、2_2、3_2 等。

②在线段 1_10 上选定一点 a，设 $0a/01_1=k$，根据需要选定 $k=0.3$ 左右，则 X 轴、Y 轴的透视较陡，夹角较小；如果 $k=0.8$ 左右，则 X 轴、Y 轴的透视较平缓，夹角较大。

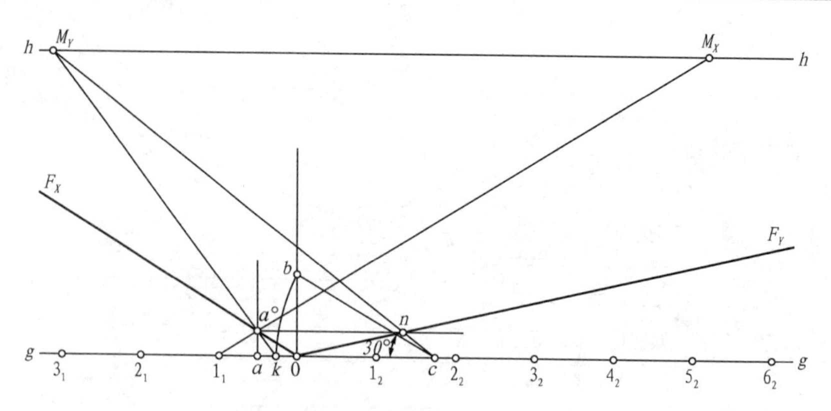

图 2-6-55　量点、轴的做法

③在视平线上任意位置定出量点 M_x，连接 M_x1_1，与经过点 a 的铅垂线交于点 a°，连接 $0a^\circ$ 并延长，即得到 X 轴的透视。

④经过点 0 作铅垂线，在其上截取 $b0=1_10$（一个单位长度），经过点 b 作倾斜直线（本例直线倾斜角度为 30°）。倾斜直线与基线交于点 c，以点 c 为圆心，以 bc 为半径作弧，交基线于点 k。连接 $a^\circ k$ 并延长，与视平线的交点就是点 M_Y。连接 M_Yc，与经过点 a° 的水平线相交于点 n，连接点 0 和点 n 并延长，得到 Y 轴的透视。

提示：经过点 b 的斜线的夹角等于 Y 轴与画面的夹角。

可以看出图中 X 轴、Y 轴的灭点都在图面之外，需要借助方格网的对角线进行辅助作图，所以还需要确定对角线的灭点。

⑤按上述步骤，如图 2-6-56 所示，在基线与视平线之间的任意位置作一条水平线，与 X、Y 轴透视分别交于点 f_x 和点 f_y，以 f_xf_y 为直径作圆，经过圆心作铅垂线，交圆周于点 p。以 f_y 为圆心，以 f_ym_y 为半径向下作弧，与圆周交于点 q，连接 pq，与 f_xf_y 交于点 f_{45°，连接点 0 和 f_{45° 并延长，与视平线的交点就是方格网对角线的灭点 F_{45°。

⑥如图 2-6-57 所示，分别连接对应量点和基线上的等分点，与对应轴相交，得到轴向上的等分点的透视——点 $1^\circ{}_1$，$2^\circ{}_1$，$3^\circ{}_1$ 和点 $1^\circ{}_2$、$2^\circ{}_2$、$3^\circ{}_2$ 等。连接 $2^\circ{}_12^\circ{}_2$，与 $0F_{45^\circ}$ 交于点 f_1，$f_11^\circ{}_1$ 和 $f_11^\circ{}_2$ 就是一条 Y 轴向和 X 轴向网格线。再连接对角线和任意等分点，与

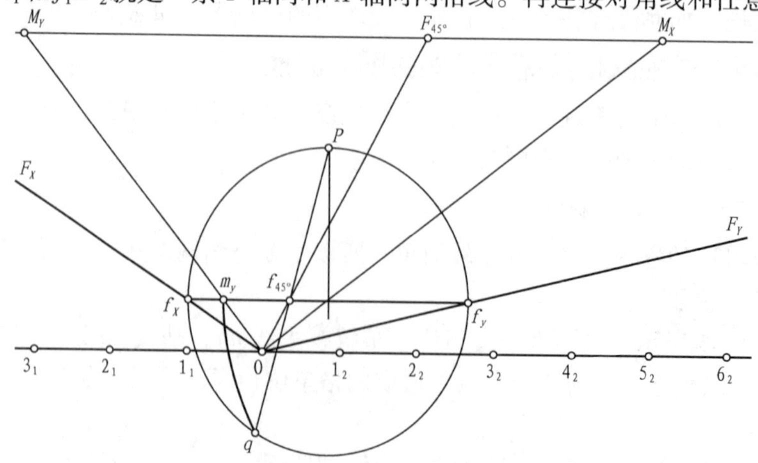

图 2-6-56　对角线灭点的做法

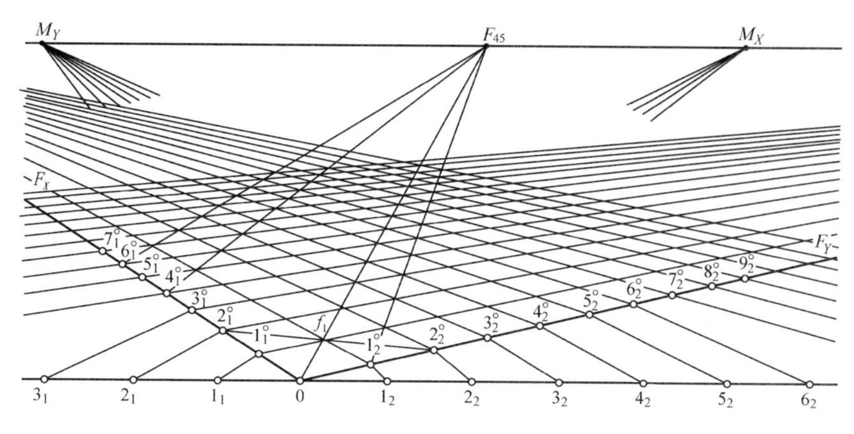

图 2-6-57　完成两点透视网格的绘制

已经完成的网格线相交，连接交点和对应分点又可以绘制一条网格线，用同样的方法就可以完成两点透视网格的绘制。

（2）利用两点透视网格求园林鸟瞰图

①可用硫酸纸画好平面方格网固定在平面图的适合位置，也可以在平面图上直接画好平面方格网，水平方向用数字标序，纵向用字母标序。

②在画好的两点透视方格网中，按平面方格中景物的对应位置画出园林景物的地平面透视。

③按园林景物的高度，参照比例，利用集中真高线法求出各景物的高度。

④精确画出建筑、道路和水体的透视，较为准确地画出山石、植物的透视。

⑤将景物外轮廓加粗，并擦去多余的透视求作线(学生作业可以保留求作线，以判断绘制的准确性)，即完成鸟瞰图的绘制。

⑥润色处理，如对园林各景物进行质地和虚实的处理等，如需要还可上色等。

任务实施

1. 制图工具

学生绘制园林景物鸟瞰图一般选用2号图板及配套的丁字尺、三角板；条件允许，最好用1号或0号图版及配套的丁字尺、三角板绘制，另外还需要多用圆规和建筑模板等。制图铅笔可选用中华牌系列的如6H、4H、2H、HB、2B等，打底稿要求用6H、4H等硬一点的铅笔，加粗可用较软的HB、2B等铅笔；如上正图，一般用针管笔，在底稿图上直接按要求用不同粗细的针管笔加绘；山石、植物等也可用美工笔绘制。课堂训练用纸可采用A2幅面的普通白纸或打印纸，课外作业(含考核作业)要求用A2或更大幅面尺寸(A1、A0)的正规图纸绘制。

其他辅助工具：单面刀片，削铅笔用；双面刀片，刮画错的墨线，也可用来裁纸；橡皮，擦铅笔线；排刷，用来清理橡皮和纸屑等。

2. 绘制方法

(1)利用一点透视网格作图

利用透视网格绘制鸟瞰图之前，先画好一张方格网(最好绘制在硫酸纸上)，然后将方格网覆在平面图上。将绘制鸟瞰图的图纸覆在透视网格之上，将平面图中各点通过目测定位到透视网格对应的位置，连接对应点，得到透视平面图。经过各点向上量取透视高度，进而完成鸟瞰图绘制。

在这一过程中绘制透视平面图较为简单，关键是量取透视高度，可以采用集中真高线法取定铅垂线的透视高度，但是集中真高线作图繁琐，并且误差较大，这就需要一些技巧了。

[例2-6-17] 已知某一街角景观的平面图和立面图(图2-6-58)，利用网格法绘制一点透视鸟瞰图。

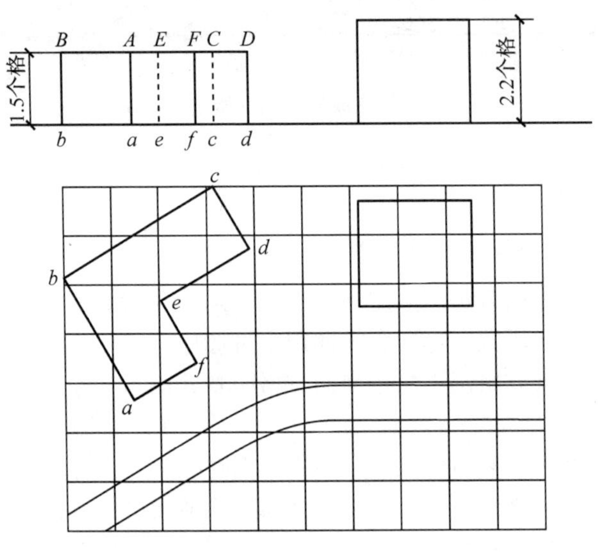

图2-6-58　街角景观平面图和立面图

作图：

①绘制平面透视图。

②量取透视高度。由于平行于画面的正方形，透视仍然是一个正方形，即高度和宽度是相等的。如图2-6-59所示，经过铅垂线 Aa 的基透视 $a°$ 作水平线，根据 V 面投影测

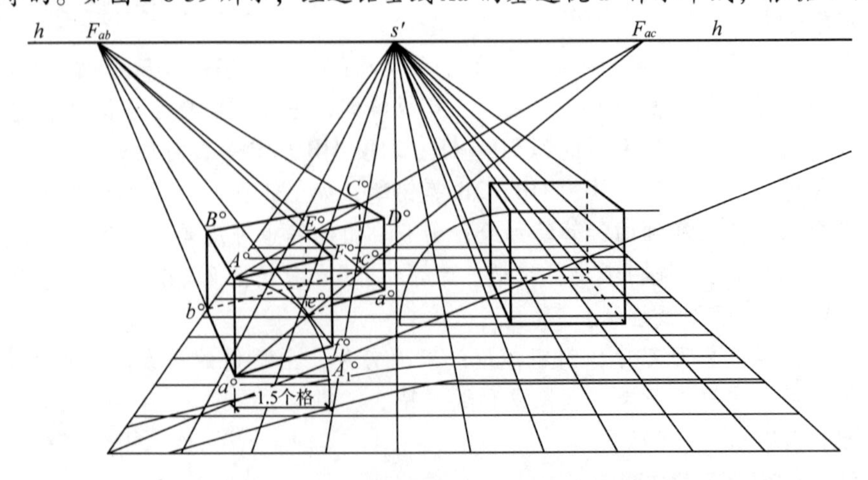

图2-6-59　街角景观的一点透视鸟瞰图

算Aa对应的网格数量——1.5个，在水平线上从点$a°$开始起量1.5个网格宽度，得到$A_1°$，将$a°A_1°$以$a°$为圆心"立"起来，就是该点的透视高度。

③同理求得其他各点的透视高度。擦除多余的线条，整理得到一点透视鸟瞰图。

提示：透视高度还可以利用透视规律来求得，如点$B°$，连接$a°b°$并延长，与视平线交于一点F_{ab}，F_{ab}也是$A°B°$的灭点，所以连接$A°F_{ab}$与经过$b°$的铅垂线的交点就是$b°$。

[例2-6-18] 如图2-6-60所示。已知园景的平面和立面，观察者的视高和视点及画面位置。求作该园景的一点透视鸟瞰图。

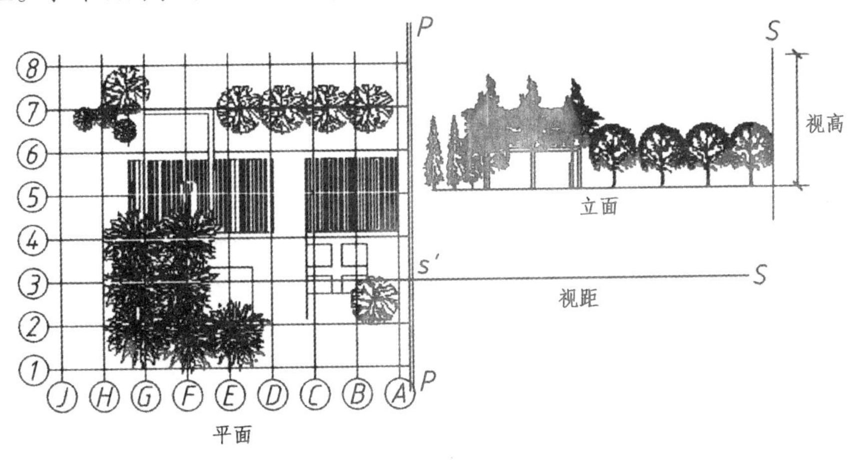

图2-6-60　园景的平面、立面及视高、视点和画面位置

作图：

①根据园景平面图的复杂程度，确定网格的单位尺寸，并在园景平面图上绘制方格。为了方便作图，分别给网格编上号。通常顺着画面方向，即网格的横向采用阿拉伯数字编号，纵向采用英文字母编号。

②定出基线gg，视平线hh和主视点s'。

③在视平线hh上于s'的右边取视距得量点M。按一点透视网格画法，把平面图上的网格绘制成一点网格透视图。

④按透视规律，将平面图上景物的各控制点定位到透视网格相对应的位置上，从而完成景物的基透视图。

⑤在网格透视图的右边设一集中真高线，借助网格透视线分别作出各设计要素的透视高。

⑥运用表现技法，绘制各设计要素，然后擦去被挡部分的网格线，完成园景的一点透视鸟瞰图，如图2-6-61所示。

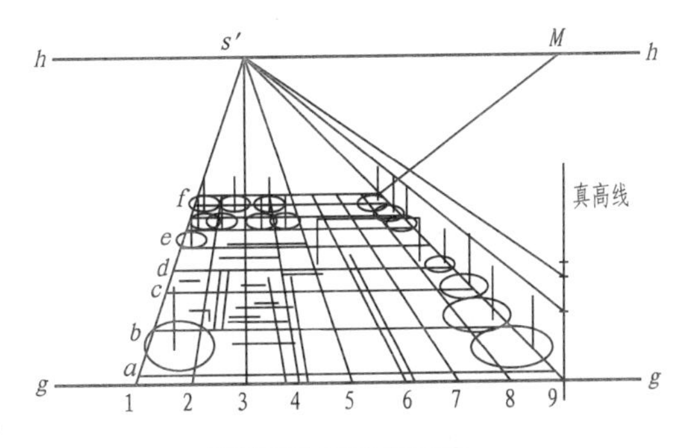

鸟瞰图的基透视画法

图2-6-61　园景鸟瞰图(一点透视)

(2)利用两点透视网格作图

基本方法步骤与一点网格透视接近，只是透视条件不同，两点网格透视绘制起来要复杂一些，绘制时要细心准确。

[例2－6－19] 已知某小区的平面图和立面图(图2-6-62)，利用两点透视网格法绘制鸟瞰图。

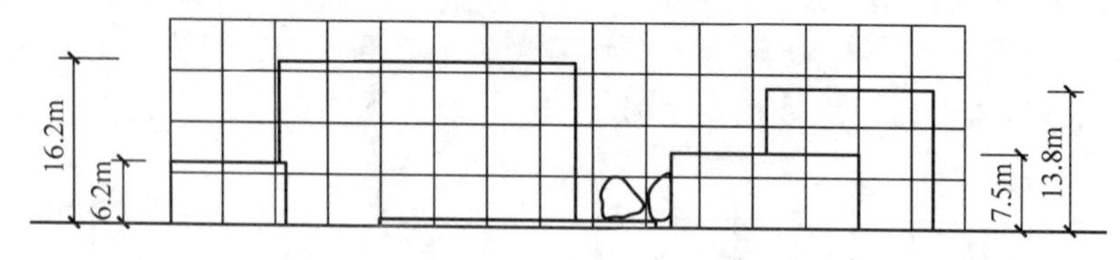

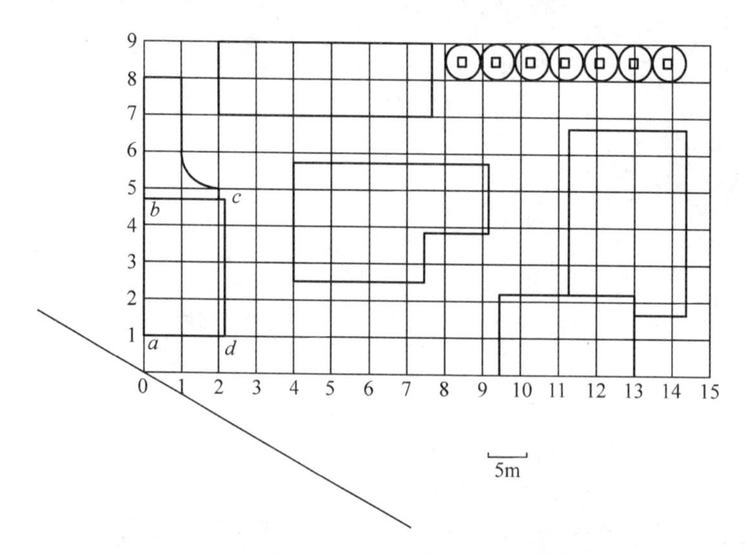

图2-6-62　小区平面图和立面图

作图：

①绘制透视平面图。

②量取透视高度。经过点0作铅垂线0K，所有的透视高度都需要以这条铅垂线作为起量的基准。以求取Aa处墙角线的透视高度为例，过a°作水平线，与0K交于a_1点。根据图2-6-63中的立面图，a°处的真实高度为6.2m(每个单元格5m)，在基线上按比例确定距离点0为6.2m的点k_1，连接Kk_1，与过a°的水平线交于点a_2，a_1a_2即为a°。处的透视高度。过a°的垂线上取$a^\circ A^\circ = a_1a_2$，即得墙角线Aa的透视。再如Dd的透视高度，经过点d°作水平线，与0K和Kk_1交于点d_1和d_2，则d_1d_2就是Dd的透视高度。同理可求出这栋建筑物其他墙体线的透视高度。

其实在绘制的过程中，并不需要一一求出各条铅垂线的透视高度，某一立体(建筑)有若干条等高的墙角线，当求出其中两条墙角线的透视高度之后，其他墙角线的透视可以利用对角线及其透视关系求得。如图2-6-63B中最右侧的建筑物，按照前面介绍的方法求出$E^\circ e^\circ$和$F^\circ f^\circ$的透视高度，连接对角线$e^\circ g^\circ$并延长，与视平线交于点F_{ge}，点F_{ge}是对角线$e^\circ g^\circ$和$E^\circ G^\circ$的共同灭点，所以连接F_{ge}和E°与经过点g°的铅垂线的交点就是G°。

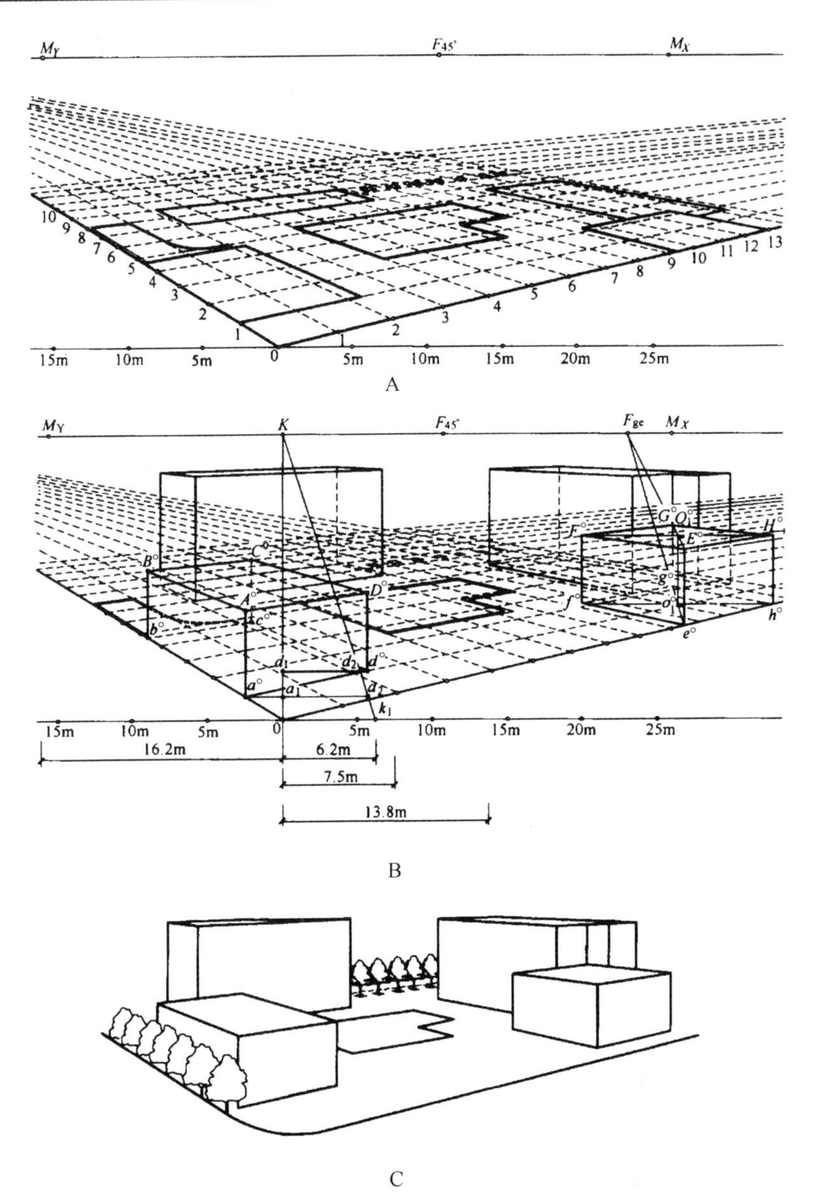

图 2-6-63 小区鸟瞰图

A. 平面透视图 B. 确定透视高度 C. 作图结果

再连接对角线$f^{\circ}h^{\circ}$，与$e^{\circ}g^{\circ}$交于点o°，经过点o°向上作铅垂线，交$E^{\circ}G^{\circ}$于点O°，连接$F^{\circ}O^{\circ}$并延长，与过点h°的铅垂线的校点即是点H°。

③连接对应点完成建筑物的透视图，然后添加配景，完成鸟瞰图的绘制（图 2-6-63C）。

对园林设计来说，用网格法作鸟瞰图比较实用，尤其对不规则图形和曲线状景物作鸟瞰图更为方便。

3. 识读技巧

园林鸟瞰图识读技巧同“景点透视图识读技巧”，此处不再重述。

知识拓展

顶视鸟瞰图

1. 顶视鸟瞰图的特征

顶视鸟瞰相当于画面平行于地面的一点透视图，只不过顶视鸟瞰图没有视平线，只有距点线(*DL*)；没有基线，只有与 *DL* 平行的量深线 *TD*。由于顶视鸟瞰图的画面与地面平行，所以作图比较简单，可以直接在平面图上作出鸟瞰效果。在绘制顶视鸟瞰图的时候最主要的两个参数是视距和心点，视距通过视角加以控制，最佳的视角为 30° ~ 40°。心点则根据需要选定，可以在图面之内，也可以在图面之外(图 2-6-64)。

提示：由于视角的限定，对于狭长地段或者范围较广的场景，不宜用顶视鸟瞰图进行表现，可以采用动点顶视鸟瞰图或者平视鸟瞰图(图 2-6-65)。

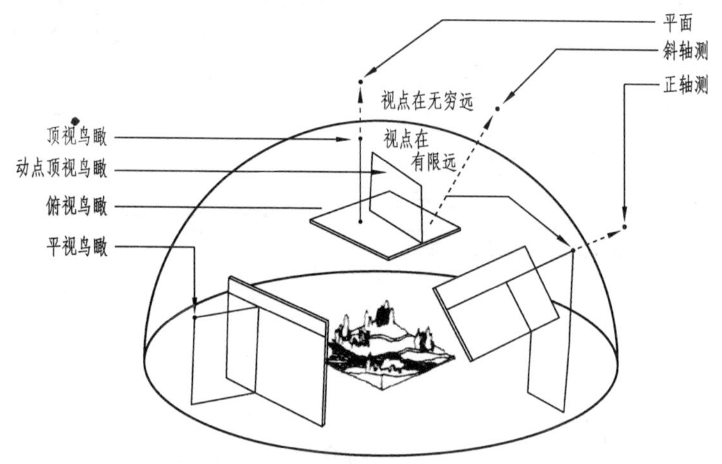

图 2-6-64 顶视鸟瞰图与其他鸟瞰图形成条件关系图

图 2-6-65 顶视鸟瞰图

2. 顶视鸟瞰图的绘制

顶视鸟瞰图绘制方法与一点透视图相似，具体步骤如下：

①如图 2-6-66 所示，定画面、视距和心点。画面通常选择景物的顶面（图 2-6-66A）或者地面（图 2-6-66B），保证视角在 30°～40°，视距可以选择画幅宽度的 1.5～2 倍。

②定距点 D。以心点 s' 为圆心，以视距为半径作圆，与经过心点 s' 的任意直线的交点都可以作为距点，图 2-6-66A、B 中选择 D_1 作为距点。

③作透视。以图 2-6-66A 为例，连接画面上的点 A（铅垂线的迹点）与心点 s'，得到画面垂直线的透视方向。经过迹点 A 作距点线 $s'D_1$ 的平行线，在平行线上从点 A 开始向着距点 D_1 相反方向量取景物的高度，得到点 n，连接 nD_1，与 As' 相交于点 A°_1，点 A 到交点 A°_1 的距离就是所求直线的透视深度。

提示：无论距点在什么位置，量取景物实际高度的直线一定要平行于距点线（距点与心点的连线）。

量取实际距离的时候，应该注意，如果所求点的透视在画面的下方，则应该向着远距点的方向量取，如图 2-6-66A 所示；如果所求点的透视在画面的上方，则应该向着靠近距点的方向量取，如图 2-6-66B 所示。

由于图幅有限，有时候距点在图面之外，这时可以在距点线上量取 $1/k$（k 取任意值）的视距，距点记作为 $D_{1/k}$。按照前面介绍的方法确定景物的实际距离，如图 2-6-67 所示，Am 等于景物的实际高度，将 Am 等分成 k 等份，定出从点 m 开始的第一个分点 m_1，连接 $mD_{1/k}$ 和 m_1s'，两条直线交于点 a_1，经过点 a_1 作 Am 的平行线，与 As' 交于点 A°_1，AA_1 为所求的透视深度。作图原理如图 2-6-67 右图所示。

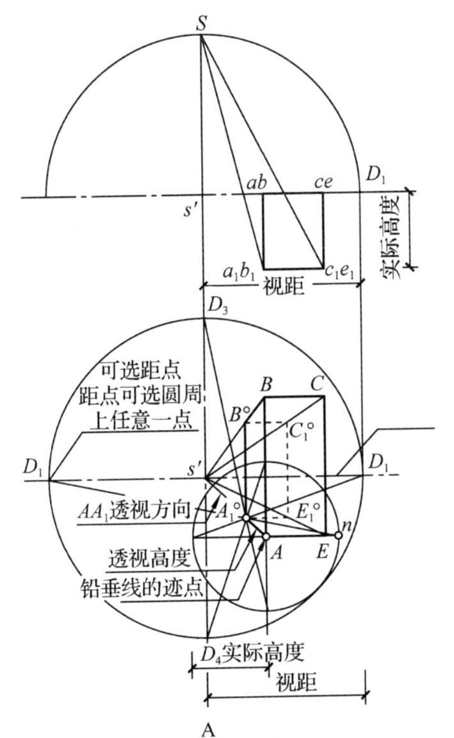

A

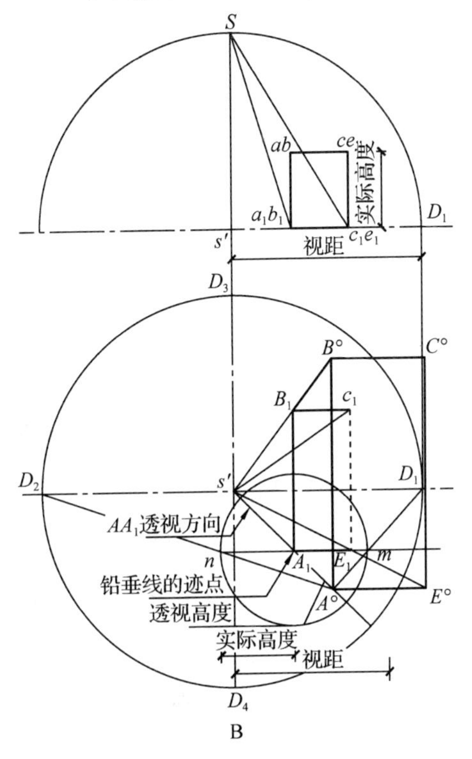

B

图 2-6-66 顶视鸟瞰的作图方法

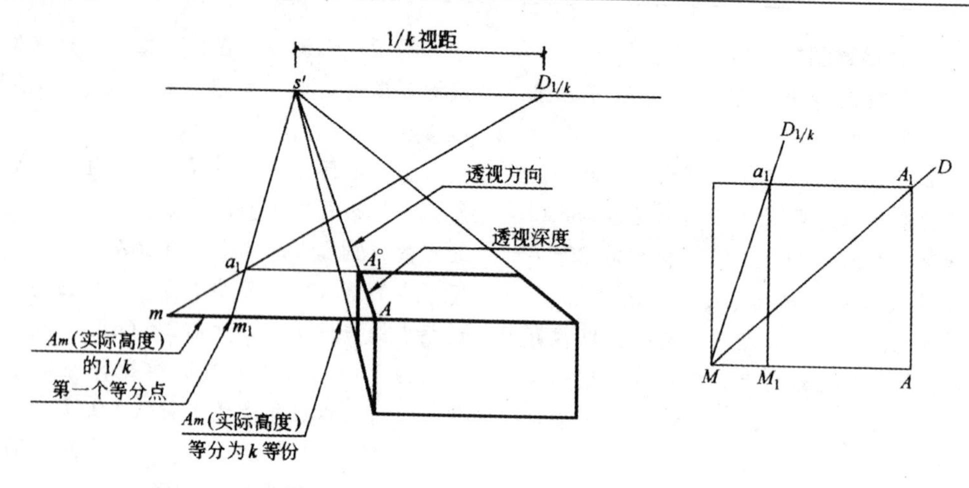

图 2-6-67 距点不可达时透视深度的量取

[例 2-6-20] 已知某庭院平面图、立面图(图 2-6-68),求作庭院的顶视鸟瞰效果。

作图:

①确定画面、视距、视点、距点的位置。如图 2-6-69 所示,选择地面作为画面,在立面图中定出视点、视距,在画面上定出心点 s'和距点 D。

②确定透视方向。因为顶视效果图中平面不变,所以可直接在平面图上作图。连接 H 面投影和心点 s',得到画面垂直线的透视方向。

③量取透视深度。经过直线的迹点作平行于距点线的直线,在平行线上从迹点开始向距点方向量取景物的实际高度,连接截点和对应距点,与经过迹点的透视方向线相交(本例中是两者延长线相交),交点到迹点的距离即为透视深度。如图 2-6-69 中,经过点 A 作平行于$s'D$的直线,在其上截取建筑物的高度 h_1,连接距点 D 和截点并延长,与经过点 A 的透视方向 $s'A$ 的延长线相交,AA_1 就是建筑透视高度。

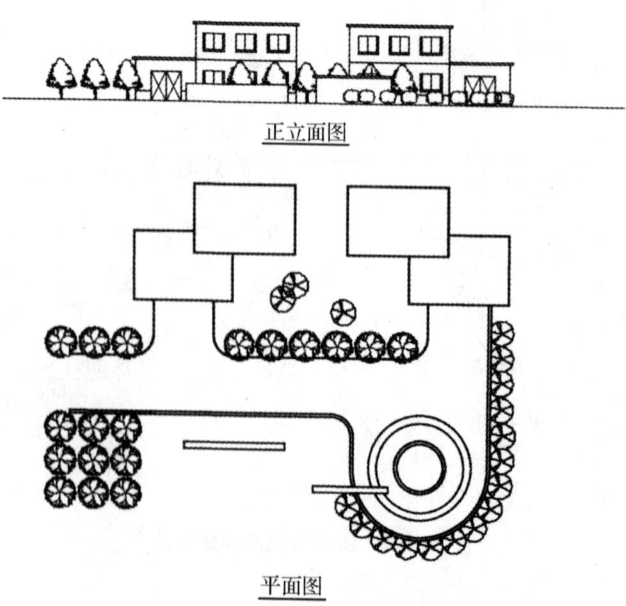

图 2-6-68 庭院立面图和平面图

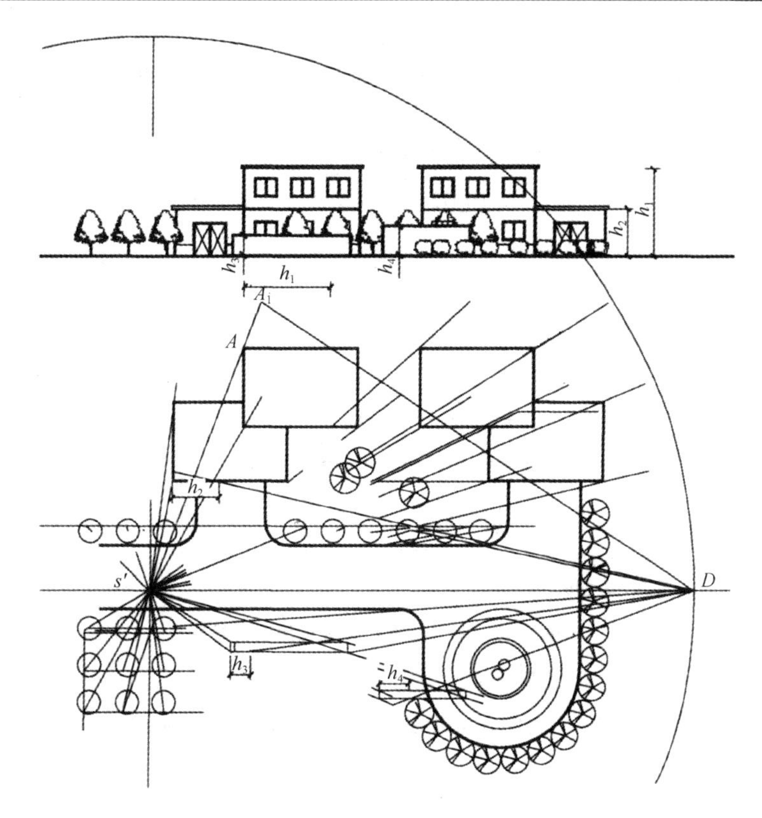

图 2-6-69　庭院顶鸟瞰图效果绘制过程

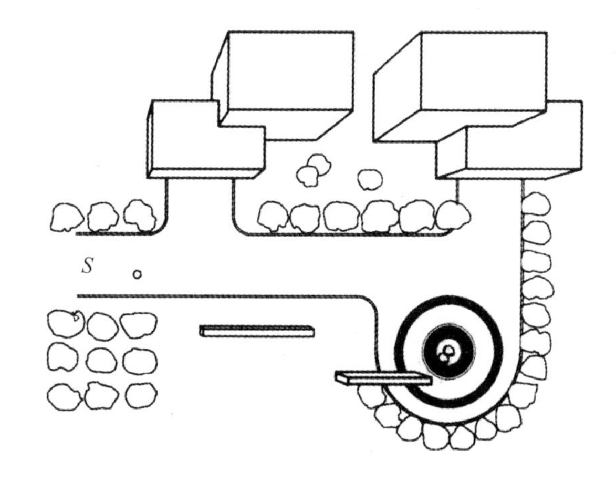

图 2-6-70　作图结果

④作出顶面的透视。因为平行于画面的一组平行线在透视图中仍然相互平行。根据这一规律，只要求出顶面一个点的透视，其他点的透视就可求。如图 2-6-70 所示，确定建筑物顶面一点的透视 A_1 后，经过 A_1 作水平线和铅垂线，与相应的透视方向的交点就是与其相邻的两个顶点的透视，按照同样方法，第四个顶点的透视也可求。同理，作出其他建筑物、构筑物的透视。

⑤整理、检查，擦除多余的线条，添加配景，得到庭院的顶视鸟瞰效果，如图 2-6-70 所示。

巩固训练

站在高绘制景观环境局部鸟瞰图，感受鸟瞰效果与求作效果的对比，同时注意观察和刻画鸟瞰图中的建筑、小品、道路广场和植物景观效果。

自测题

1. 平视鸟瞰图与顶视鸟瞰图有什么区别？
2. 仰视透视图与鸟瞰图的形成条件和效果有什么区别？
3. 平行透视鸟瞰图与成角透视鸟瞰图有什么区别？分别适合表现什么场景？

参考文献

935 景观工作室．2011．园林细部设计与构造图集 2[M]．北京：化学工业出版社．
孛随文，刘成达．2010. 园林制图[M]．郑州：黄河水利出版社．
陈雷，李浩年．2001．园林景观设计详细图集 2[M]．北京：中国建筑工业出版社．
董南．2005. 园林制图[M]．北京：高等教育出版社．
高远．2007. 建筑装饰制图与识图[M]．北京：机械工业出版社．
谷康，李晓毅，朱春艳．2003. 园林设计初步[M]．南京：东南大学出版社．
谷康．2004. 园林制图与识图[M]．南京：东南大学出版社．
何斌，陈锦昌，陈炽坤．2001. 建筑制图[M]．北京：高等教育出版社．
何铭新，郎宝敏，陈星铭．2001．建筑工程制图[M]．北京：高等教育出版社．
胡长龙，胡桂林．2010．园林景观手绘表现技法[M]．2 版．北京：机械工业出版社．
黄晖，王云云．2006. 园林制图[M]．重庆：重庆大学出版社．
蒋晓燕．2010. 建筑工程施工图实例图集[M]．北京：人民交通出版社．
金煜．2005. 园林制图[M]．北京：化学工业出版社．
卢仁，金承藻．1989．园林建筑设计[M]．北京：中国林业出版社．
毛培琳．2003．园林铺地设计[M]．北京：中国林业出版社．
穆亚萍，张远群．2009．园林工程制图[M]．北京：中国林业出版社．
上林国际文化有限公司．2006．居住区景观规划 100 例[M]．武汉：华中科技大学出版社．
史小娟．2008. 园林制图与计算机绘图[M]．北京：中国劳动社会保障出版社．
宋安平，等．1999. 土木工程制图[M]．北京：高等教育出版社．
田建林．2009．园林景观铺地与园桥工程施工细节[M]．北京：机械工业出版社．
王晓俊．2009．风景园林设计[M]．南京：江苏科学技术出版社．
吴机际．2009. 园林工程制图[M]．广州：华南理工大学出版社．
夏振平．2008. 园林制图[M]．北京：中国农业出版社．
张吉祥．2004. 园林制图与识图[M]．北京：中国建筑工业出版社．
张淑英．2005. 园林工程制图[M]．北京：高等教育出版社．
赵林，等．2004．园林景观设计详细图集 4[M]．北京：中国建筑工业出版社．
钟训正．1985．建筑画环境表现与技法[M]．北京：中国建筑工业出版社．
周业生．2005. 园林设计基础[M]．北京：高等教育出版社．
朱祥明．2004. 园林景观设计详细图集 5[M]．北京：中国建筑工业出版社．
筑龙网．2007. 园林古建小品设计、园林景观构造及细部设计[M]．北京：机械工业出版社．